셀프 네일아트 테크닉북

강민서 지음

BM 성안당

내 손끝에서 펼쳐지는 러블리 메이크업 시크릿 75

셀프 네일아트 테크닉북

2017. 2. 22. 1판 1쇄 인쇄
2017. 2. 28. 1판 1쇄 발행

지은이 | 김민서
펴낸이 | 이종춘
펴낸곳 | BM 주식회사 성안당

주소 | 04032 서울시 마포구 양화로 127 첨단빌딩 5층(출판기획 R&D 센터)
10881 경기도 파주시 문발로 112 출판문화정보산업단지(제작 및 물류)

전화 | 02) 3142-0036
031) 950-6300

팩스 | 031) 955-0510
등록 | 1973. 2. 1. 제406-2005-000046호
출판사 홈페이지 | www.cyber.co.kr
ISBN | 978-89-315-8039-6 (13590)
정가 | 18,000원

이 책을 만든 사람들
책임 | 최옥현
기획 · 진행 | 박종훈, 앤미디어(master@nmediabook.com)
교정 · 교열 | 앤미디어
본문 · 표지 디자인 | 앤미디어
이미지 | Freepik
홍보 | 박연주
국제부 | 이선민, 조혜란, 고운채, 김해영, 김필호
마케팅 | 구본철, 차정욱, 나진호, 이동후, 강호묵
제작 | 김유석

 Preface 머리말

인터넷의 발달에 따라 각종 패션 정보도 누구나 쉽게 얻을 수 있게 되었습니다. 이러한 정보의 손쉬운 접근으로 성별, 나이를 불문하고 최신 패션에 관심을 가지는 사람이 많아졌습니다.

필자 또한 패션에 대해 다시 생각해보게 되었고, 진정한 멋이란 명품 옷이나 명품 가방을 두르는 것만이 아닌 디테일한 부분까지 감각 있게 신경 쓰는 것이란 생각이 들었습니다. 그 중에서도 이 책에서 다루는 디테일은 바로 네일 아트입니다.

젤 네일의 등장으로 스스로 네일을 하는 사용자들이 많아졌습니다. 네일 책도 쉽게 찾아볼 수 있게 되었고, 인터넷 블로그를 통해서 서로 노하우를 공유하기도 합니다. 손톱이라는 작은 도화지 위에 자신의 개성을 쏟아내는 모습이 아름답다고 생각합니다. 자신만의 아름다움을 완성하는데 이 책이 지름길이 되었으면 좋겠습니다.

이 책에는 현장에서 직접 보고 익힌 네일아트의 노하우가 담겨 있습니다. 손재주가 없어서 네일아트를 시도하지 못했던 분들도 쉽게 따라 할 수 있게 만들었습니다. 자신의 개성을 펼치고자 하는 많은 사람들의 작은 손을 응원합니다. 이 책을 집필하며 나에게 많은 도움을 준 제자 이세련 선생님, 백서연 선생님, 모델 서지우, 강민정, 강지수 님에게 고마움을 전합니다.

강민서

Contents 목차

Part 4 플라워 네일아트

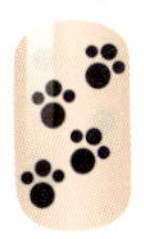

$\mathcal{C}ontents$ 목차

$Part\,5$ 데칼 네일아트

Part 6 캐릭터 네일아트

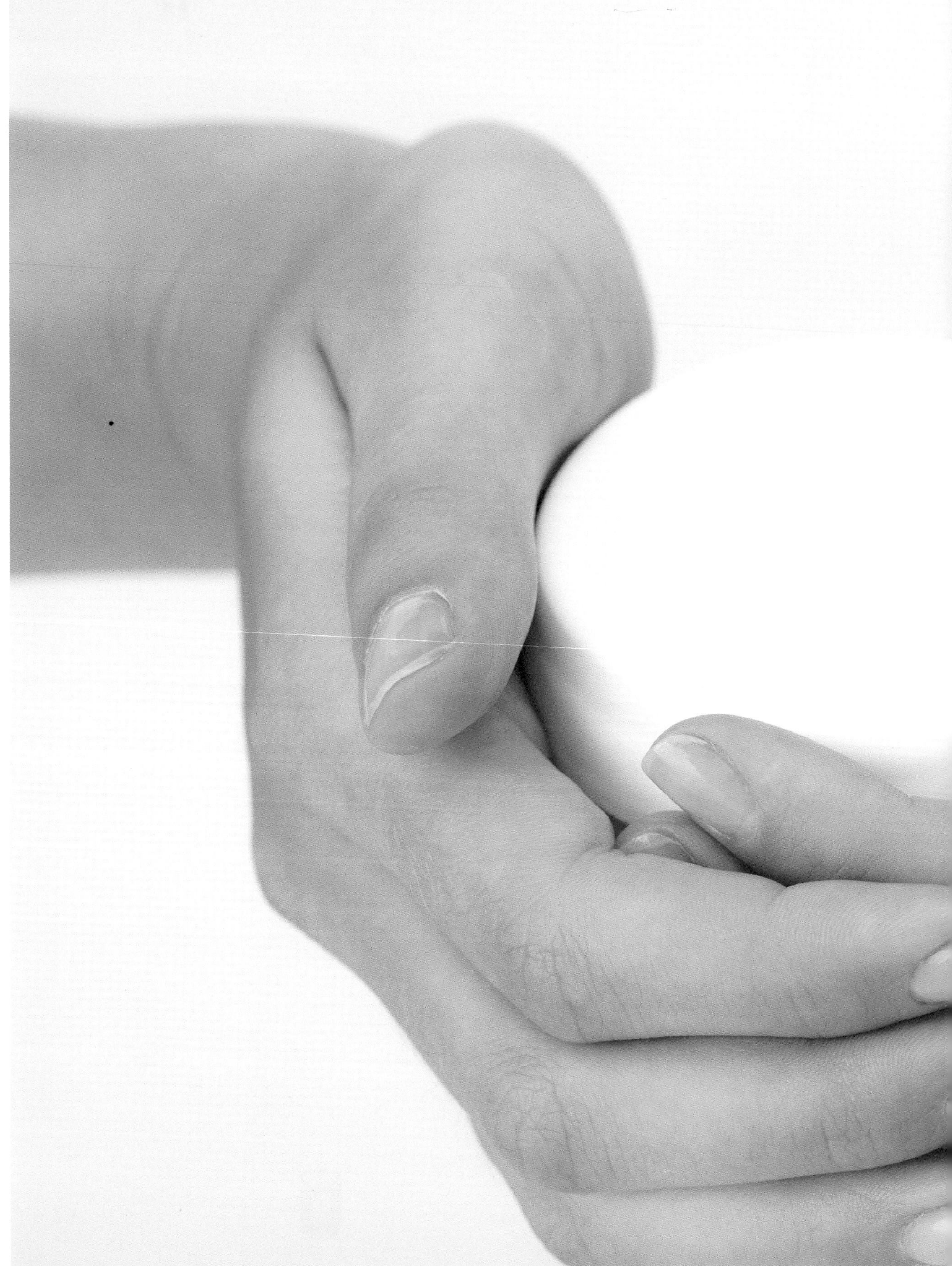

Part 01
네일아트의 시작

Basic 01

네일아트 기본 재료

젤 폴리시

UV 또는 LED 램프로 큐어링해 건조하는 방식이며 긴 지속력이 장점입니다.

통 젤

브러시가 내장되어 있지 않고 케이스에 담겨 있는 형태로, 여러 가지 컬러가 있습니다.

데칼

워터 데칼, 포토 데칼, 드라이 데칼 등 여러 종류가 있으며 디자인과 사이즈를 원하는 대로 고를 수 있습니다.

파츠 글루

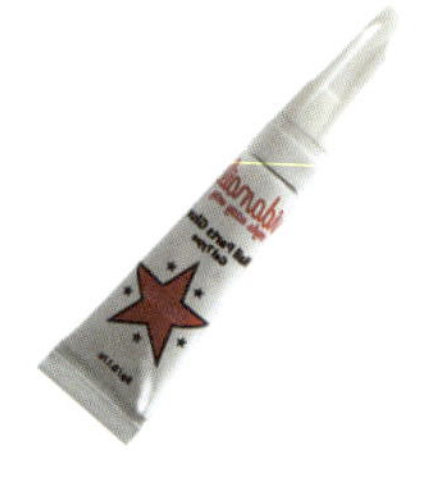

파츠나 스톤을 붙일 때 사용하는 글루입니다.

파츠

다양한 재질과 디자인이 있어 취향에 따라 골라 사용할 수 있습니다.

본더

자연 손톱의 유·수분을 조절하며 젤의 접착력을 높여주는 역할을 합니다.

호일

주로 솜에 아세톤을 묻혀 손톱에 얹은 후 감싸 젤 폴리시를 제거할 때 사용하며 아트에 활용하기도 합니다.

필러 파우더

팁을 연장하거나 두께를 조절할 때 사용합니다.

젤 클리너

젤 폴리시를 큐어링한 다음 표면에 남아있는 미경화된 젤을 닦아내는 역할을 합니다.

클리어 & 빌더 젤

손톱의 길이를 연장할 때 사용합니다.

젤 라이너

내장된 브러시가 얇기 때문에 따로 라인 브러시를 사용하지 않아도 간편하게 라인을 그릴 수 있습니다.

베이스 젤 & 탑 젤

베이스 젤 : 컬러 젤을 도포하기 전, 손톱을 보호하고 착색을 방지하며 표면을 매끄럽게 정리해주는 역할을 합니다.
탑 젤 : 컬러 젤을 도포한 후 네일 표면에 광택을 주고 지속력을 높이는 역할을 합니다.

오렌지 우드스틱

큐티클을 밀어내거나 손톱 주위에 묻은 에나멜을 제거할 때 사용합니다.

글루 드라이

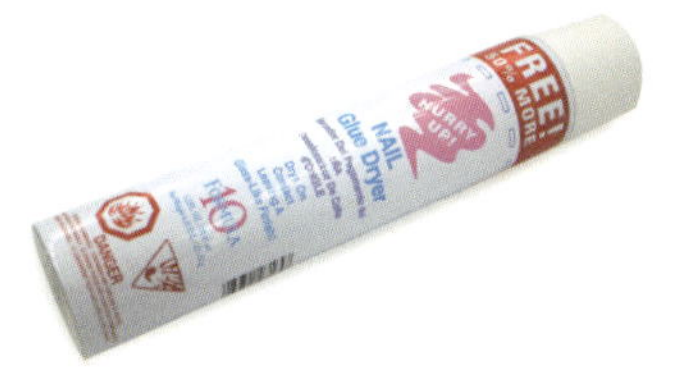

글루나 젤을 빠르게 건조시키고 강도를 높이는 스프레이로, 분사 시에는 15~20cm 정도 거리를 두고 사용합니다.

라이트 글루

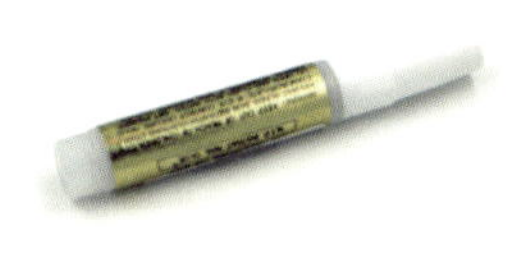

랩이나 팁을 접착할 때 사용합니다.

젤 글루

랩이나 팁의 지속력을 높이기 위해 사용하며 글루보다 강한 접착력을 가지고 있습니다.

리무버

아세톤 타입은 네일 팁 등을 녹일 때 사용하며 넌 아세톤 타입은 폴리시 색상을 제거할 때 사용합니다.

젤 브러시

손톱의 길이를 연장할 때 사용하는 브러시와 섬세한 아트에 사용하는 브러시 등 다양한 종류가 있습니다.

디펜디쉬

아크릴 리퀴드 등 액체를 덜어서 사용합니다.

샌딩 버퍼

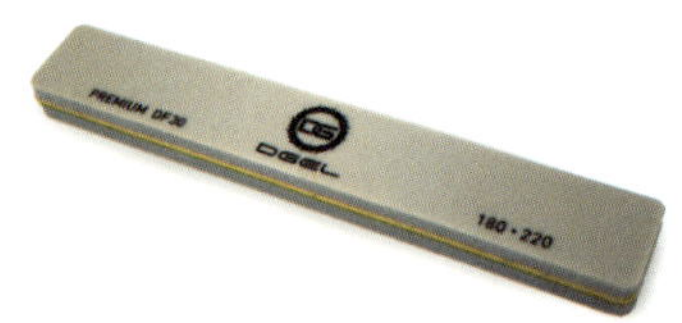

손톱의 거친 결을 정리할 때 사용합니다.

파일

연장한 인조 네일의 표면과 두께를 조절하는데 사용합니다.

우드 파일

가장 부드러운 파일로 자연 손톱을 정리할 때 사용합니다.

크리스탈 판(팔레트)

젤 폴리시를 덜어서 사용합니다.

더스트 브러시

파일링한 뒤 생기는 가루나 먼지 등을 제거하는데 사용합니다.

UV/LED 램프

전문 용어로 '젤 큐어링 카이트기'라고 하며 도포한 젤을 굳힐 때 사용하는 기구입니다.

샌딩 블록

손톱의 표면을 매끄럽게 정리할 때 사용합니다.

니퍼

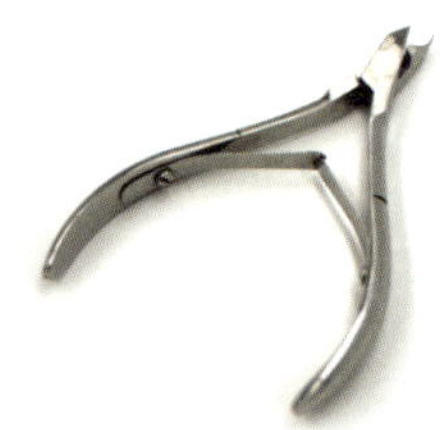

손톱 주변의 굳은 살, 거스러미, 큐티클을 제거할 때 사용합니다.

푸셔

큐티클을 밀어 올려 정리합니다.

스톤

다양한 형태와 컬러의 보석으로 취향에 맞춰 사용할 수 있습니다.

광파일

손톱 연장 혹은 케어 후 손톱 표면에 광을 낼 때 사용합니다.

팁

손톱을 연장하거나 고르지 않은 손톱을 교정할 때 사용합니다.

가위

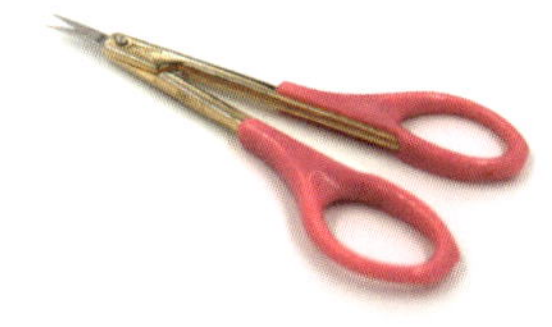

실크나 폼지를 재단할 때 사용합니다.

클리퍼

손톱이나 팁의 길이를 조절할 때 사용합니다.

아크릴 파우더

클리어, 핑크, 화이트, 컬러 파우더 등이 있으며 손톱 길이를 연장하거나 아트를 할 때 사용합니다.

큐티클 오일

손톱 주변의 피부가 트는 것을 방지하기 위해 유 · 수분을 공급하는 역할을 합니다.

큐티클 리무버

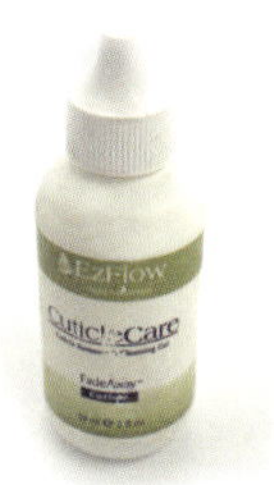

큐티클을 제거하기 전에 큐티클 주변에 발라 큐티클을 부드럽게 만듭니다.

손톱 모양 잡기

손 모양이나 손가락 길이, 굵기, 직업을 고려하여 어울리는 모양을 선택할 수 있어야 합니다.
손톱 끝 형태를 정확히 만들고 구별하는 기술과 그에 따른 장단점을 알아봅니다.

라운드 쉐입

파일을 45도 각도로 눕혀서 파일링하고 스트레이트 포인트부터 직선을 유지하며 전체적으로 둥글게 모양을 잡습니다.

남녀노소 누구에게나 어울리는 쉐입으로 손끝을 가늘어 보이게 하며 손톱이 잘 갈라지지 않고 충격에 강한 것이 특징입니다.

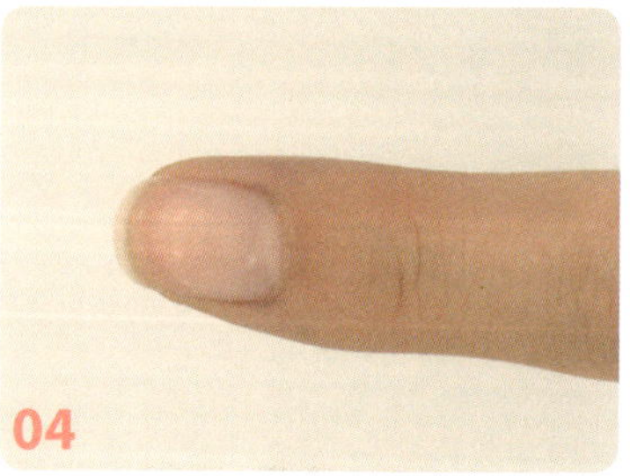

TIP 파일이란 손톱의 길이와 모양을 조절하며 손톱 표면을 다듬는데 사용합니다. 파일 표면 입자의 굵기에 따라 그릿(GRIT)으로 표기하며 그릿의 숫자가 낮을수록 표면이 거칠고 숫자가 높을수록 부드럽습니다. 자연 손톱의 쉐입을 잡을 때는 면이 부드러운 우드 파일을 사용합니다.

파일을 90도 각도로 눕혀서 파일링하고 스트레이트 포인트부터 직선을 유지하며 직각이 되도록 모양을 잡아 줍니다.

사무직 종사자들이 선호하는 쉐입입니다. 단, 손가락이 굵거나 짧을 경우 손톱이 부각될 수 있으니 피하는 것이 좋습니다.

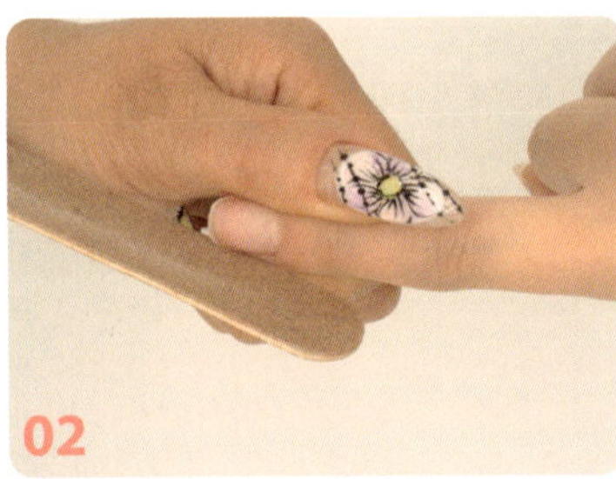
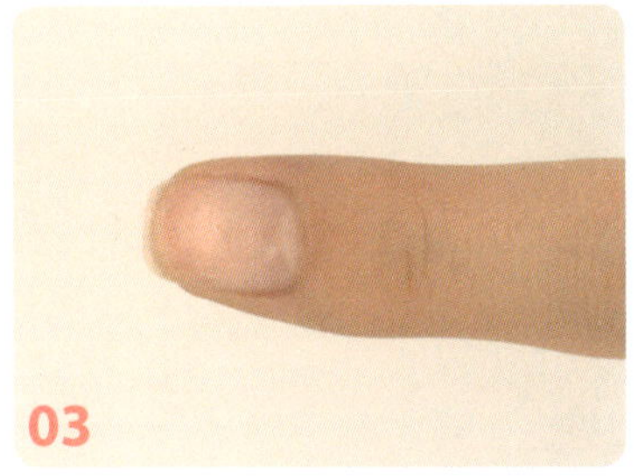

스퀘어 쉐입의 변형된 형태로 스퀘어 쉐입을 잡은 상태에서 양 모서리를 살짝 갈아 부드럽게 굴립니다. 손톱 길이가 길거나 인조 손톱을 붙인 경우 가장 많이 활용됩니다.

잘 부러지지 않기 때문에 손톱이 얇은 사람에게 좋으며 스퀘어 쉐입의 단점을 보완한 쉐입입니다.

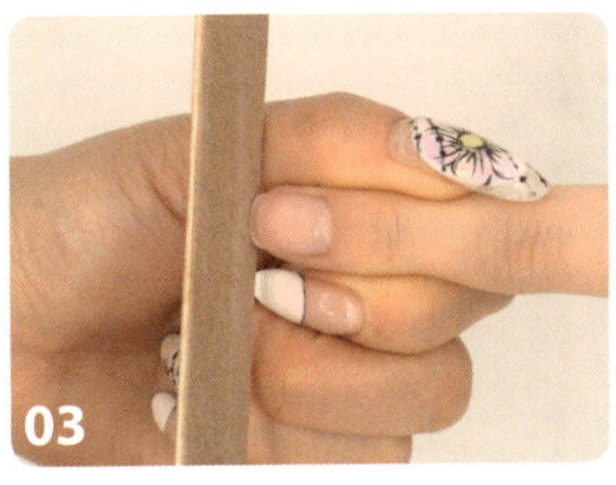
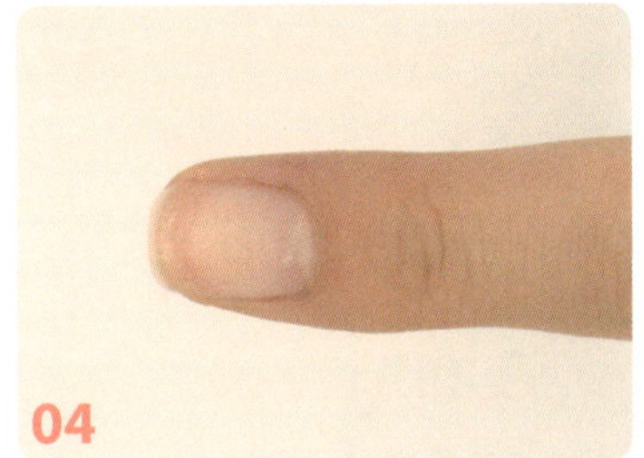

습식 매니큐어 바르기

손톱 표면 정리하기

손톱 면이 고르지 않을 경우 샌딩을 이용해 손톱 표면을 정리합니다.

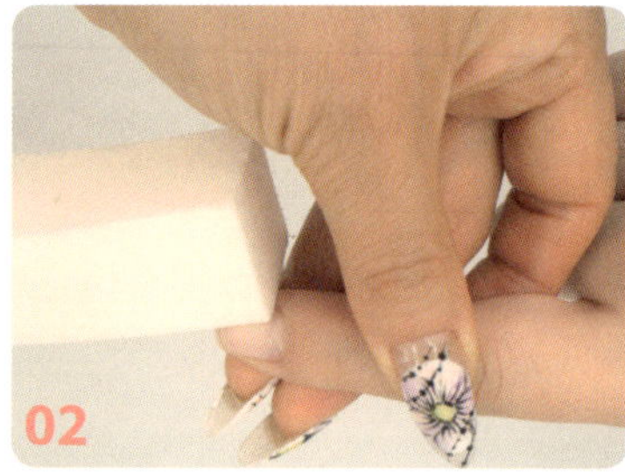

> **TIP** 니퍼를 오래 사용하려면 니퍼에 충격이 가해지지 않게 조심하고 사용 후 깨끗이 닦아 니퍼 캡을 씌워 보관합니다.

큐티클 정리하기

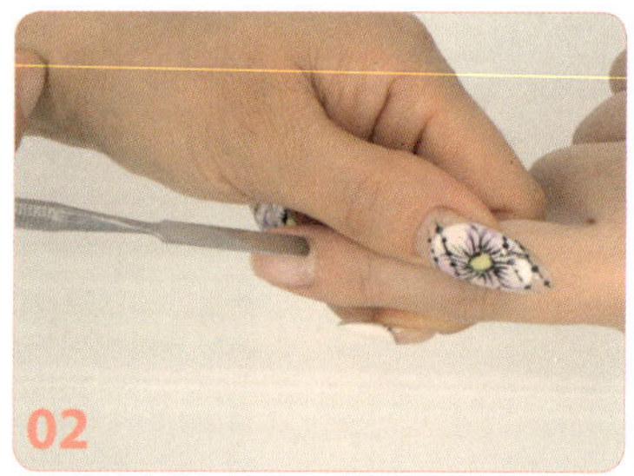

큐티클을 부드럽게 하기 위해 큐티클 오일과 큐티클 리무버를 바릅니다.

푸셔를 이용해 부드러워진 큐티클과 큐티클 주변의 루즈스킨을 밀어 올립니다.

니퍼를 이용해 밀어 올린 큐티클을 자릅니다.

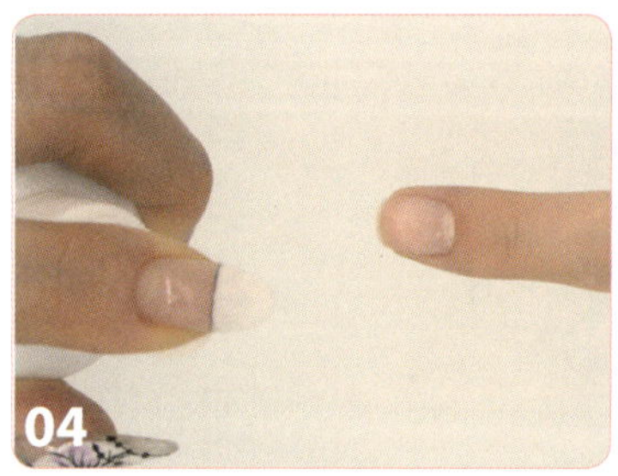

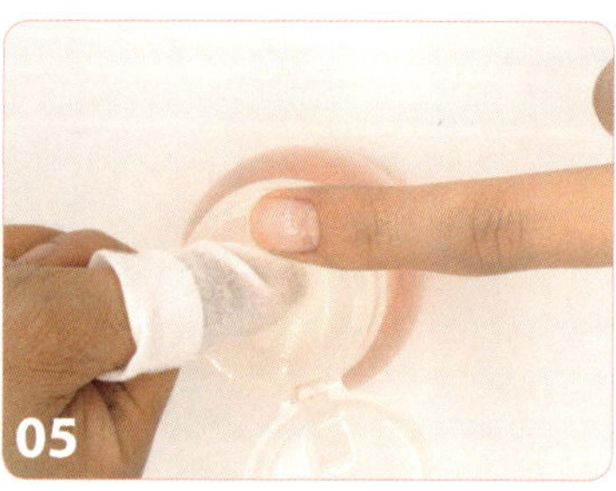

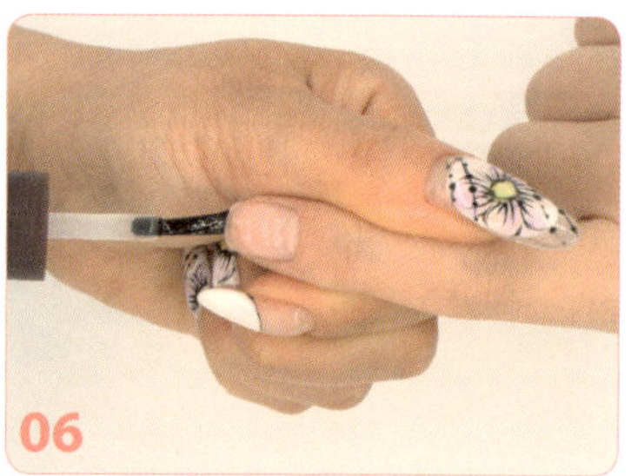

세균 번식을 방지하기 위해 스킨 소독제를 뿌립니다.

리무버로 손톱 표면의 유분기를 닦아냅니다.

컬러의 착색을 방지하고 컬러가 잘 밀착되게 하기 위해 베이스 코트를 프리 엣지까지 꼼꼼히 바르고 큐어링해서 마무리합니다.

풀컬러 바르기

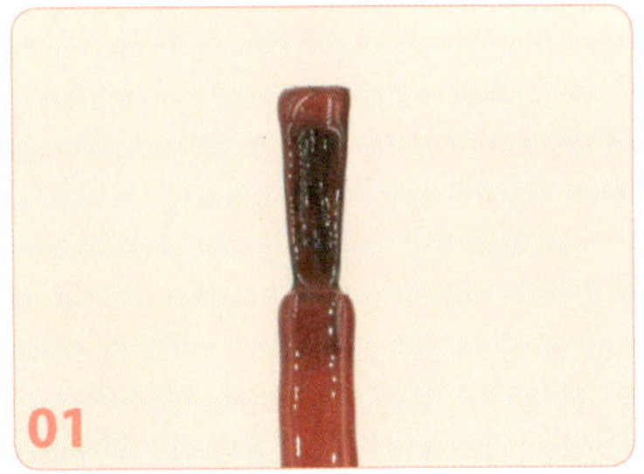

01

브러시에 컬러 볼을 뜹니다.

02

브러시 45도 각도로 세워서 손톱 가운데 부터 폴리시를 바릅니다.

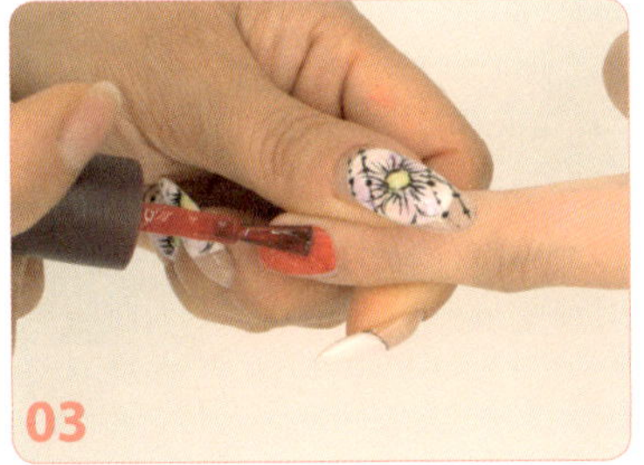

03

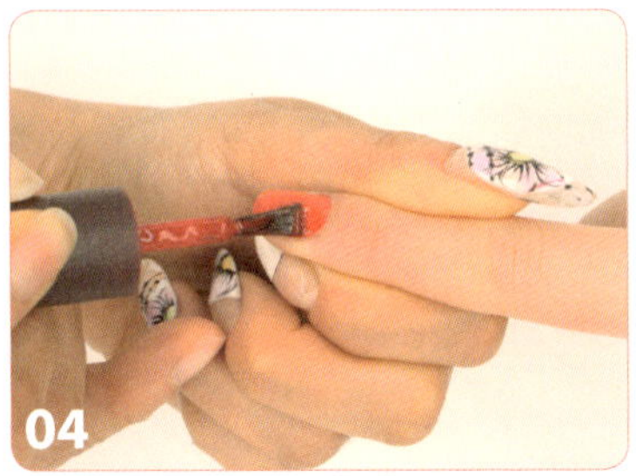

04

05

경계선이 생기지 않게 주의하며 빈 공간을 채우듯이 폴리시를 바릅니다.

반대쪽도 같은 방법으로 바릅니다.

프리 엣지까지 꼼꼼하게 바르고 큐어링합 니다.

06

선명한 발색을 위해 위 과정을 한 번 더 반 복합니다.

07

컬러의 지속성을 높이기 위해 탑 젤을 바 르고 큐어링해서 마무리합니다.

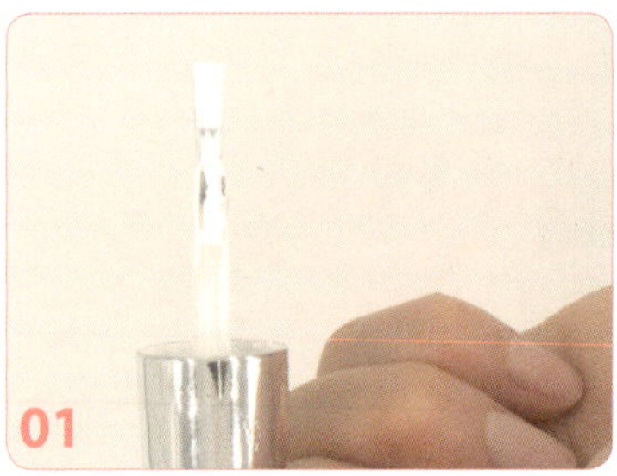

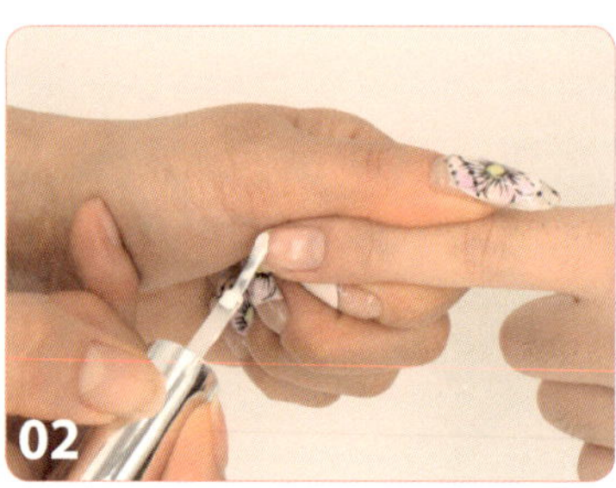

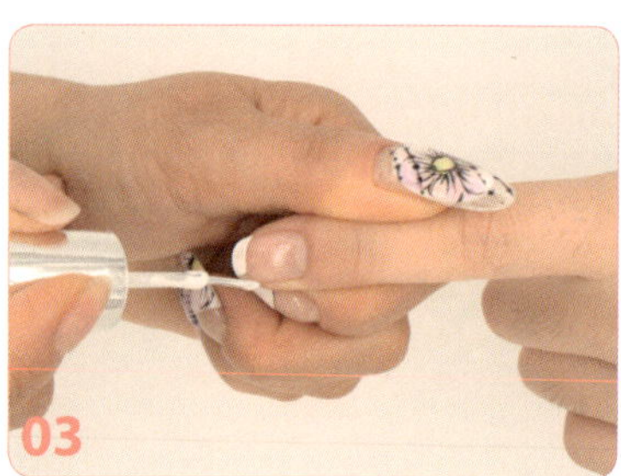

손톱 표면에 베이스 코트를 바르고 폴리시 브러시로 컬러 볼을 뜹니다.

옐로우 라인을 따라 손톱 가장자리부터 가운데까지 둥글게 폴리시를 바릅니다.

반대쪽도 같은 방법으로 가장자리부터 가운데까지 폴리시를 바르고 큐어링합니다.

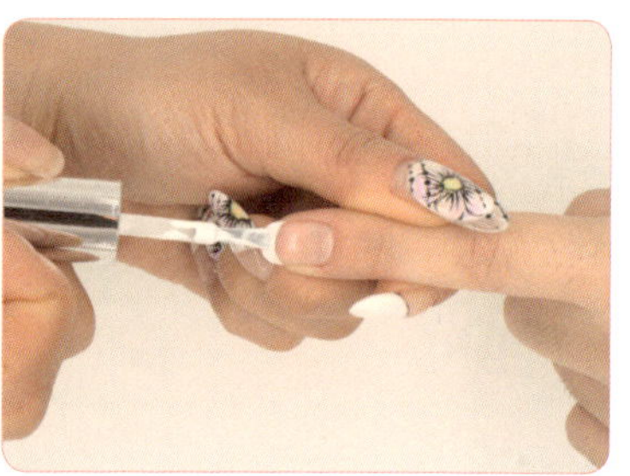

선명한 발색을 위해 위 과정을 한 번 더 반복합니다.

탑코트를 바르고 큐어링해서 마무리합니다.

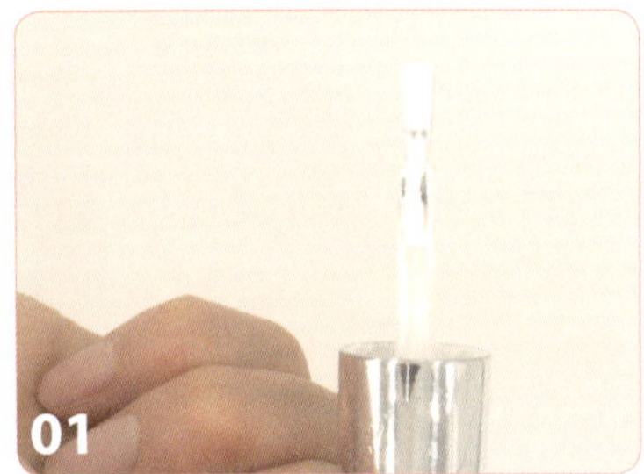

01 손톱 표면에 베이스 코트를 바른 다음 폴리시 브러시로 컬러 볼을 넉넉하게 뜹니다.

02 손톱의 조반월을 제외한 부분에 컬러를 바릅니다.

03 프렌치를 바를 때처럼 손톱 가장자리에서 가운데를 향해 둥글게 바릅니다.

04 반대쪽도 같은 방법으로 바르고 큐어링합니다.

05 발색을 위해 위의 과정을 한번 더 반복합니다.

06 탑코트를 바르고 큐어링해서 마무리합니다.

01 손톱 표면에 베이스 코트를 바른 다음 손톱 절반만큼 컬러 젤 폴리쉬를 바릅니다.

02 스펀지로 폴리시의 경계선을 톡톡 두드려 펴준 다음 큐어링합니다.

03 이전에 바른 것과 같은 컬러의 젤 폴리시를 손톱 끝부분에 자연스럽게 바릅니다.

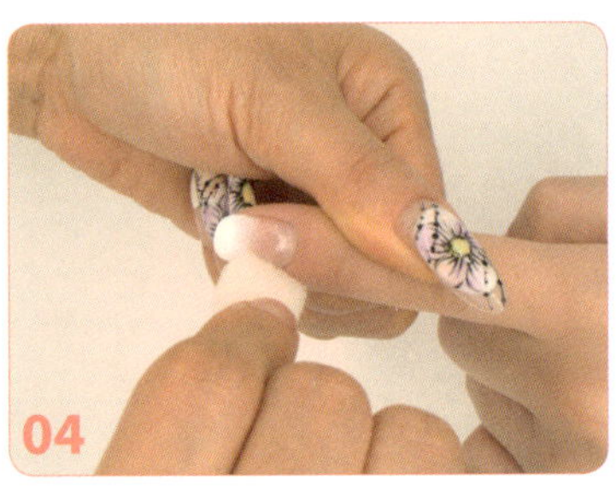

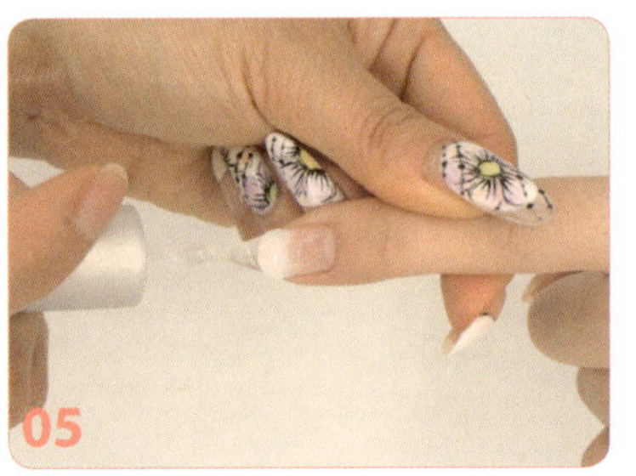

자연스러운 그러데이션을 표현하기 위해 다시 한 번 깨끗한 스펀지로 톡톡 두드리고 큐어링합니다.

그러데이션이 자연스럽게 표현되면 탑코트를 바르고 큐어링해서 마무리합니다.

손톱 표면에 베이스 코트를 바른 다음 글리터 젤 폴리시를 손톱 끝에 올리듯이 바릅니다.

오렌지 우드스틱을 이용해 뭉쳐있는 글리터를 고르게 편 후 큐어링합니다.

다시 한 번 글리터를 올립니다.

오렌지 우드스틱으로 글리터를 고르게 펴고 큐어링합니다.

글리터가 고르게 펴지면 탑코트를 바르고 큐어링해서 마무리합니다.

젤 제거하기

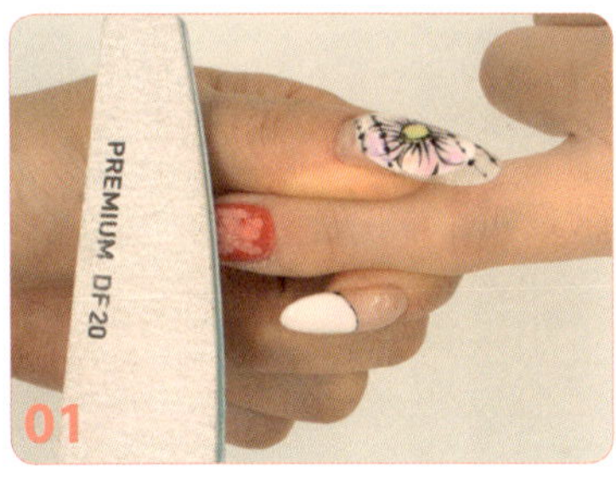

파일로 손톱 표면에 바른 컬러 젤 폴리시에 스크래치를 내서 아세톤이 잘 스며들도록 합니다.

솜에 아세톤을 묻힙니다.

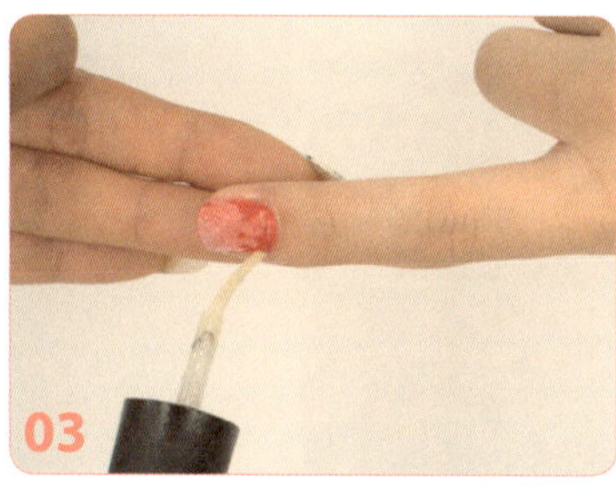

손톱 주변을 보호하기 위해 오일을 바릅니다.

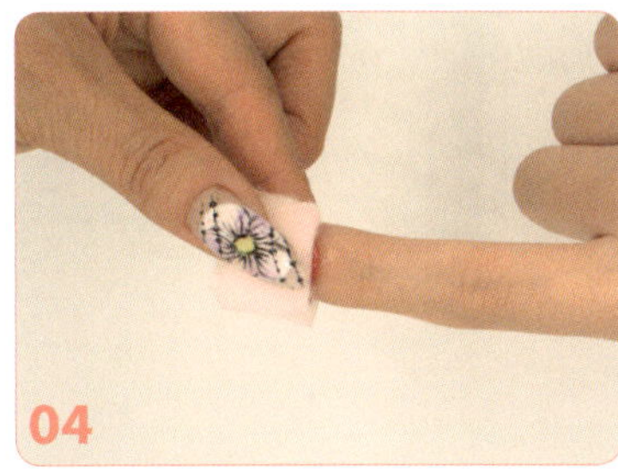

손톱 표면에 아세톤을 묻힌 솜을 올립니다.

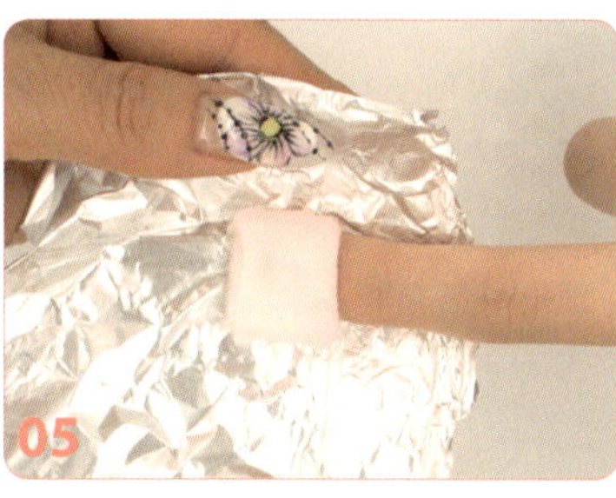

호일로 꼼꼼하게 감싸줍니다.

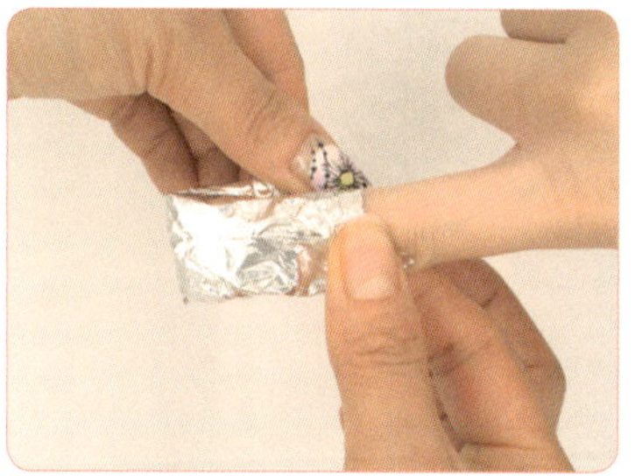

남아 있는 젤 폴리시를 푸셔로 밀어 벗겨냅니다.

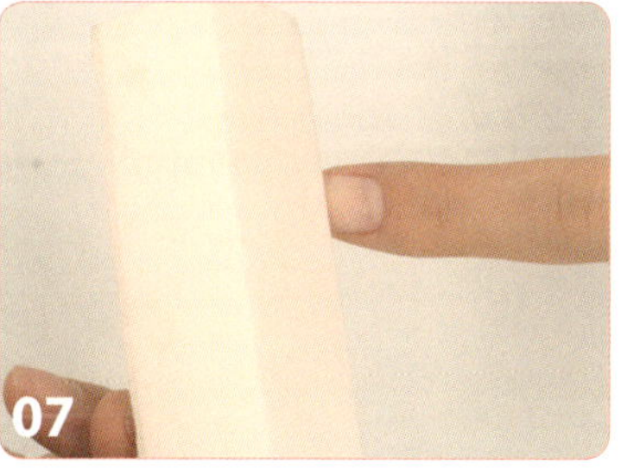

샌딩으로 손톱 표면을 정리합니다.

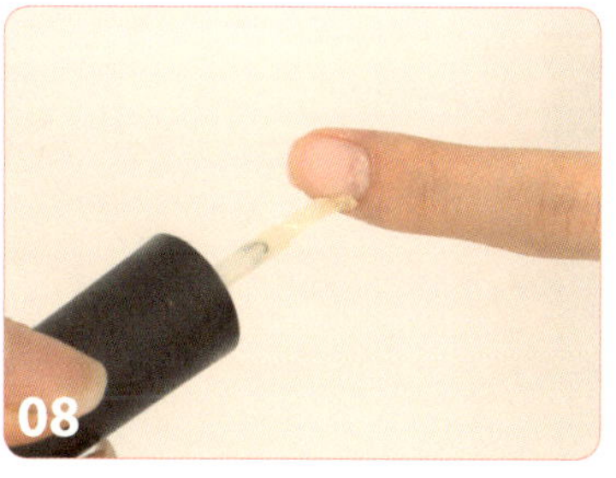

아세톤으로 건조해진 손톱 주변에 오일을 발라 보습한 후 마무리합니다.

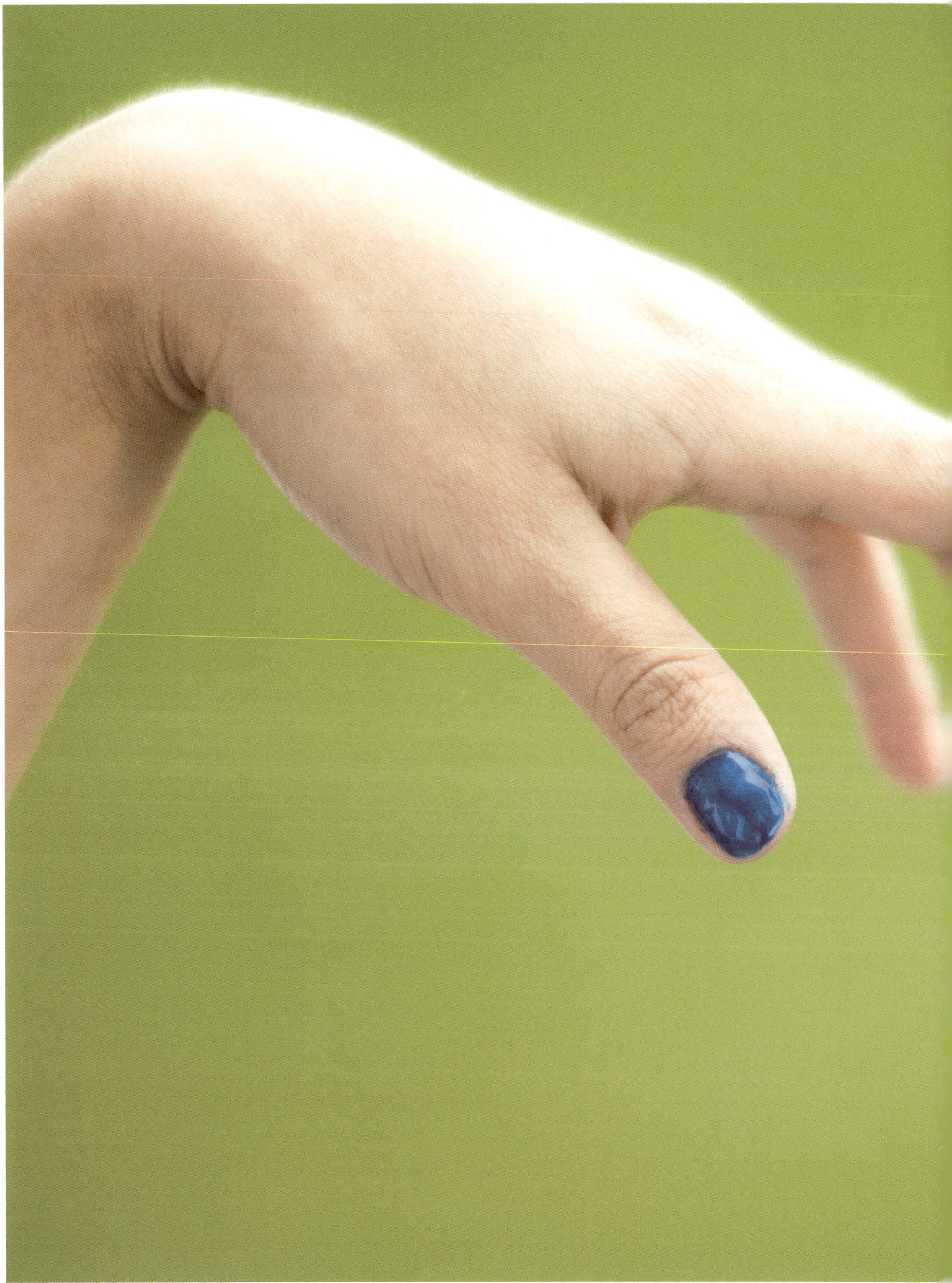

Part 02
네일 연장&보수

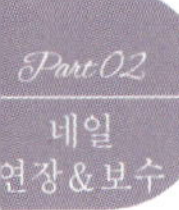

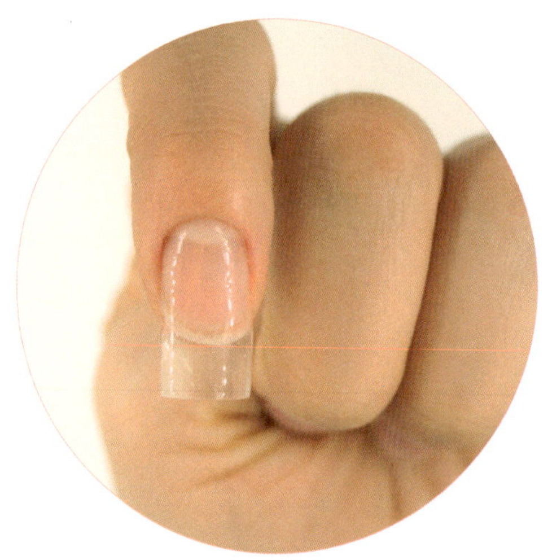

별도의 보강이 필요 없는,

젤 원톤 스캅춰

젤 네일 시술이 인기를 끌면서 젤을 이용해 손톱을 연장하는 방법 또한 활발하게 사용되고 있습니다. 별도로 보강할 필요 없는 젤 원톤 스캅춰 방법을 알아보겠습니다.

준비물

폼지, 클리어 젤, 탑 젤, 본더, 젤 클렌저, 젤 브러시, 폼지 가위, 샌딩, 100 파일 또는 180 파일, 젤 램프, 우드 파일

손톱 표면 정리하기

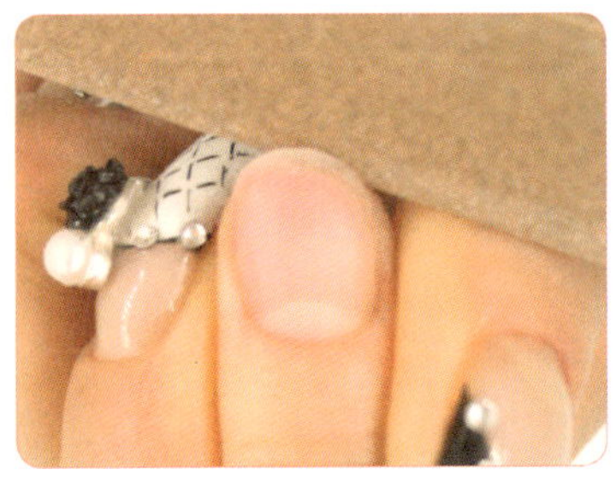

01 우드 파일로 라운드 쉐입을 잡습니다.

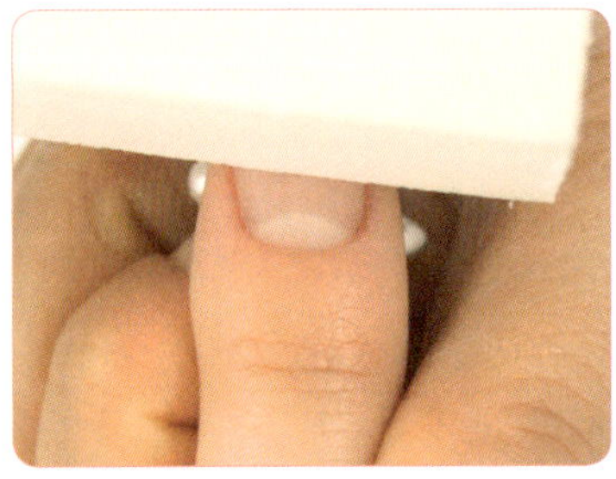

02 샌딩으로 손톱 표면의 유분기를 정리합니다.

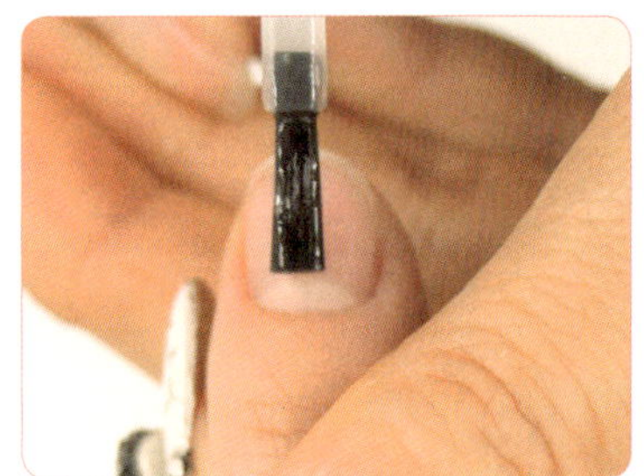

03 연장한 부분이 리프팅되는 것을 방지하기 위해 본더를 바릅니다.

04 스퀘어 브러시 또는 라운드 브러시에 클리어 젤을 살짝 묻힙니다.

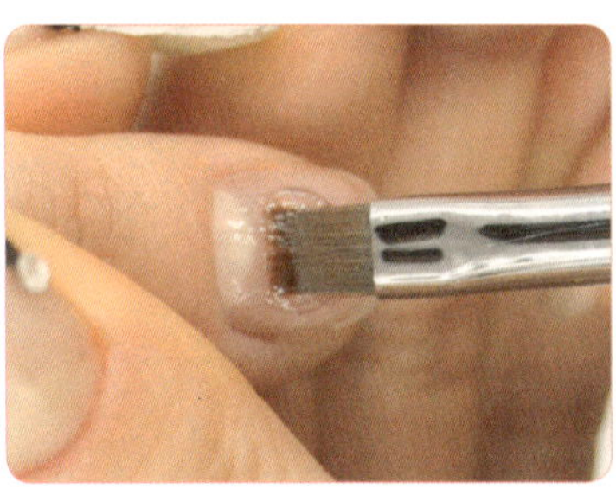

05 클리어 젤을 손톱 표면에 얇게 펴바르고 큐어링합니다(UV 60초, LED 30초). 이 과정을 한 번 더 반복합니다.

06 폼지의 동그란 부분을 떼어냅니다.

07 연장할 부분에 힘을 더하기 위해 폼지 뒤에 떼어낸 원 부분을 붙입니다.

08 폼지를 손톱에 끼워 넣기 위해 동그랗게 말아줍니다.

09 폼지 위에 있는 접착 부분을 떼어냅니다.

10 폼지를 손가락에 끼워 손톱의 옐로우 라인 모양을 확인합니다.

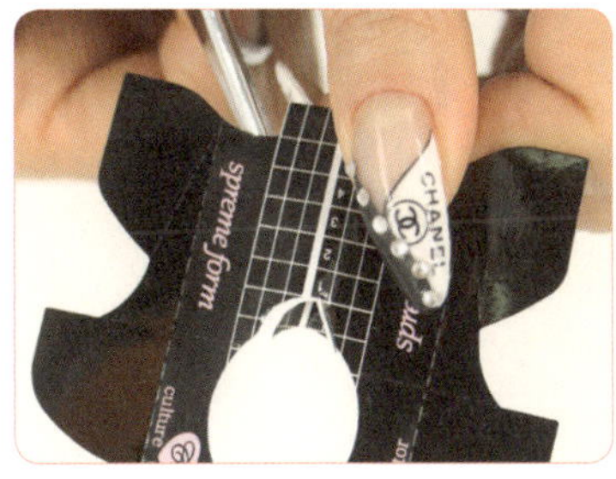

11 확인한 옐로우 라인에 맞춰 폼지를 자릅니다.

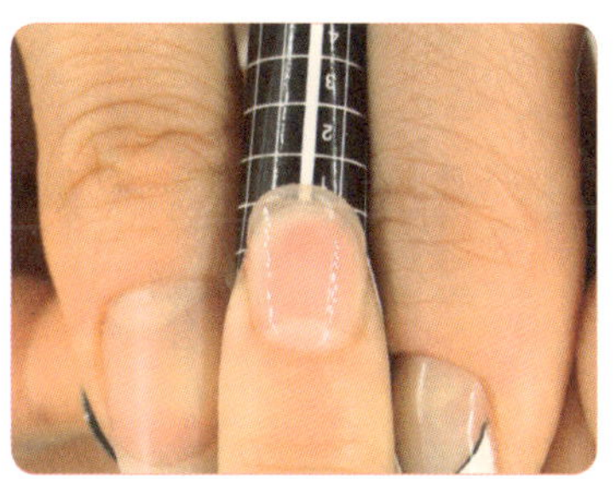

12 옐로우 라인에 맞춰 자른 폼지를 손톱 사이에 끼웁니다.

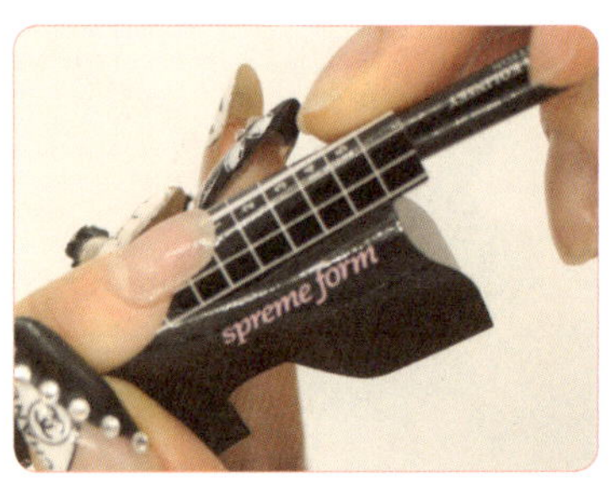

13 브러시 대로 폼지를 받칩니다.

14 폼지 아랫부분을 손톱과 손가락 두 께에 맞춰 붙입니다.

15 브러시 대의 끝부분으로 폼지 끝분 이 일자가 되도록 펴줍니다.

젤 연장하기

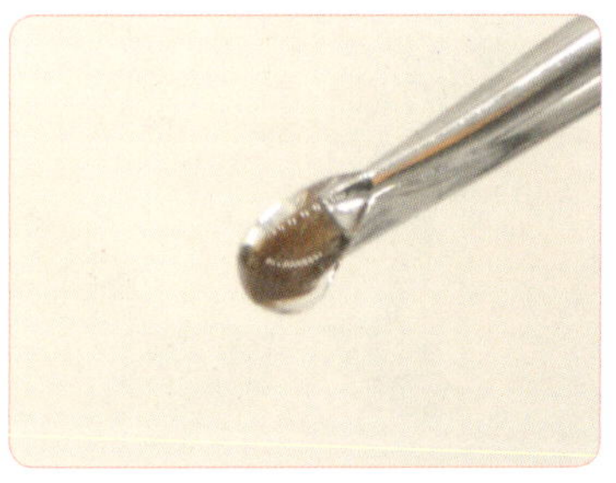

01 브러시로 클리어 젤을 듬뿍 뜹니다.

TIP 클리어 젤을 여러 번에 걸쳐 뜨 게 되면 기포가 생길 수 있기 때문에 한번에 뜹니다.

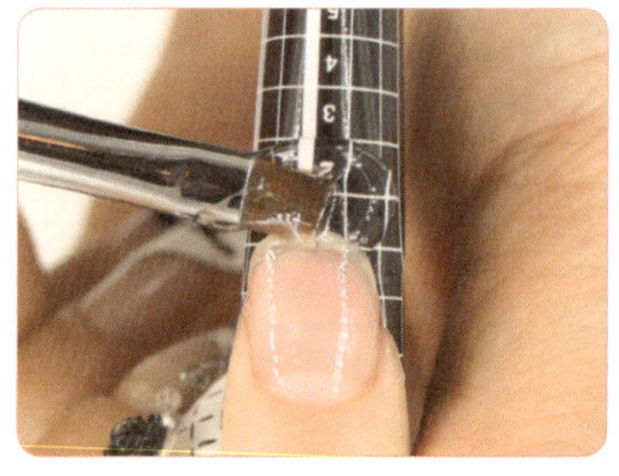

02 브러시를 프리 엣지 위에 올리고 브 러시를 살짝 굴리면서 클리어 젤을 모두 덜어 냅니다.

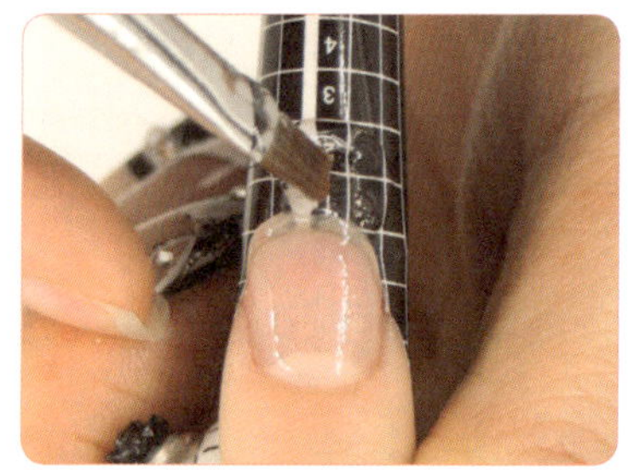

03 브러시로 클리어 젤을 끌어 스퀘어 쉐입으로 만듭니다.

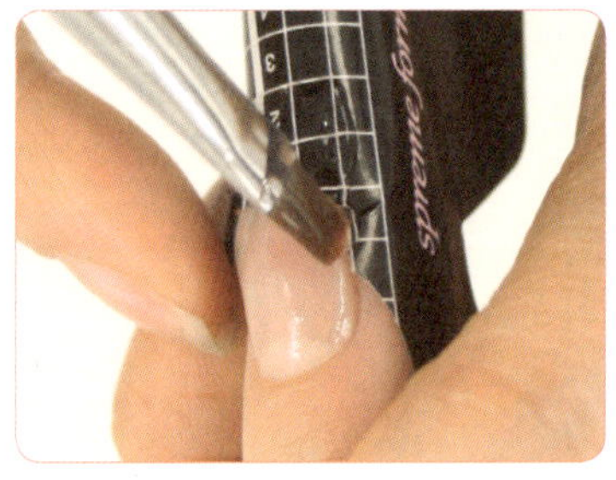

04 스트레스 포인트까지 클리어 젤을 끌어 올린 다음 3초 정도 멈춥니다.

TIP 스트레스 포인트 부분이 잘 찢 어질 수 있으므로 꼼꼼하게 올립니다.

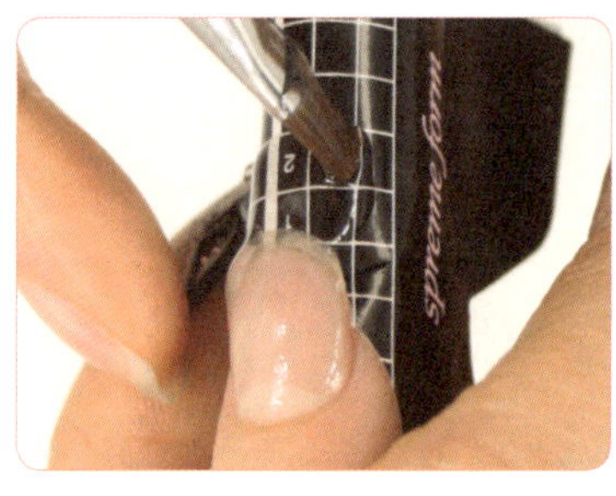

05 연장할 길이에 맞춰 끝부분을 스퀘 어 쉐입으로 만듭니다.

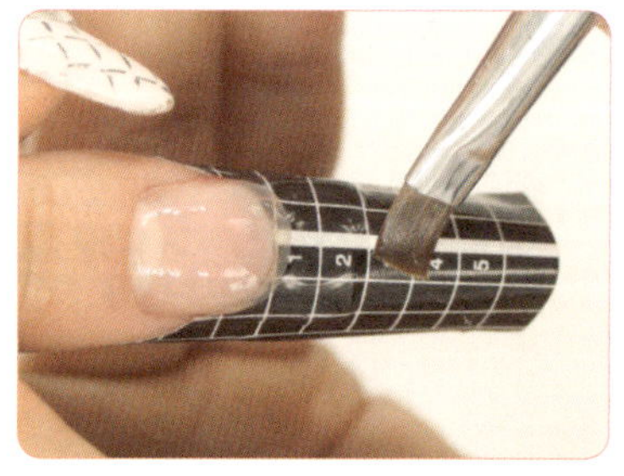

06 깨끗한 브러시로 폼지 주변에 흘러 내린 클리어 젤을 닦고 큐어링합니다(UV 램프 60초, LED 램프 30초).

07 브러시에 클리어 젤을 살짝 묻힙니다.

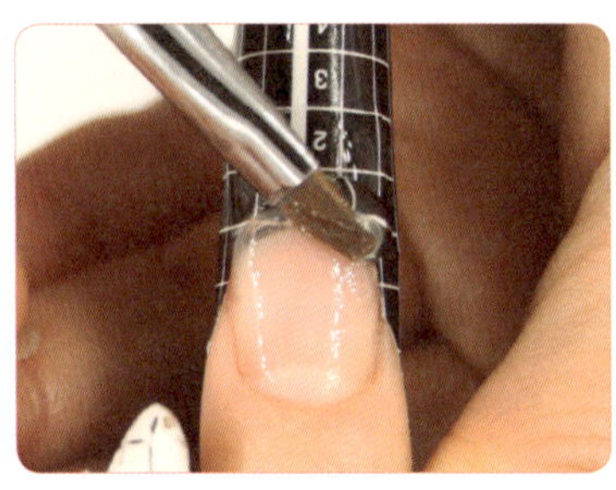

08 클리어 젤을 옐로우 라인 위에 올려 손톱의 높이를 맞춥니다.

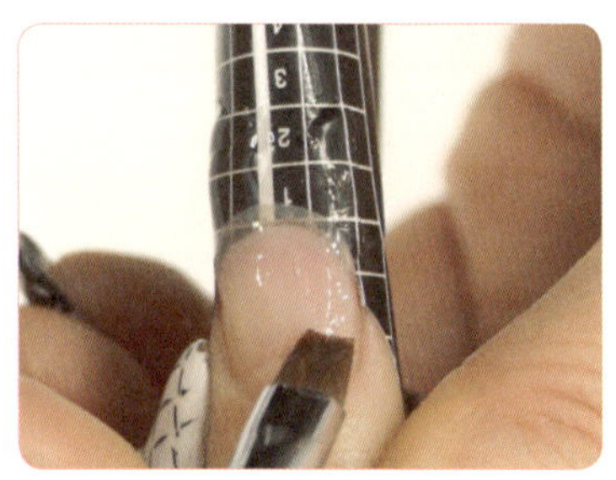

09 손톱 표면에 꺼진 부분이 있는지 확인하고 클리어 젤로 꺼진 부분을 채웁니다.

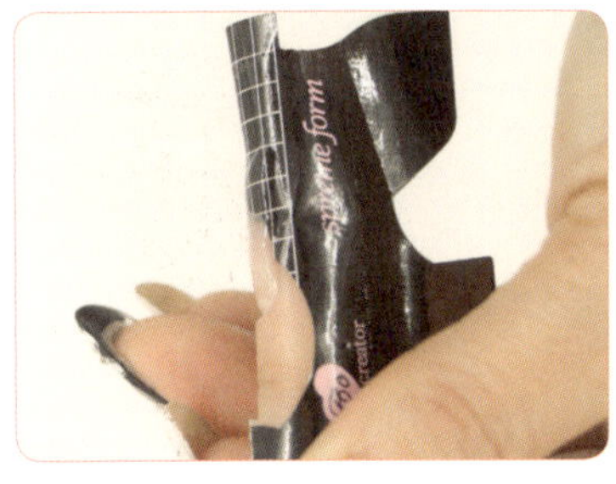

10 손가락을 돌려가며 손톱 표면이 매끄러운지 확인한 다음 큐어링합니다(UV 램프 60초, LED 램프 30초).

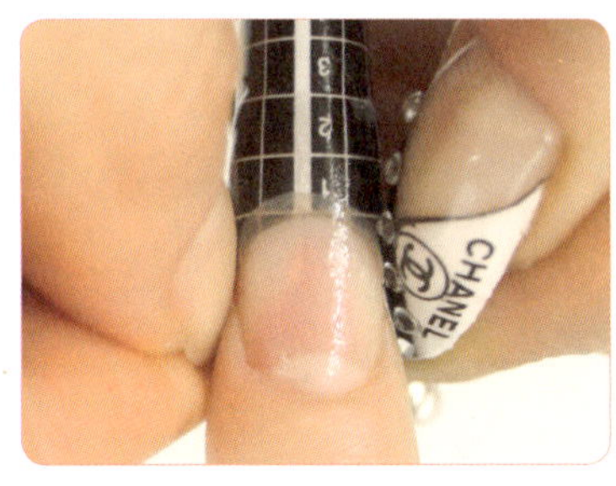

11 그림과 같이 엄지 손가락으로 스트레스 포인트를 눌러 C 커브를 만듭니다.

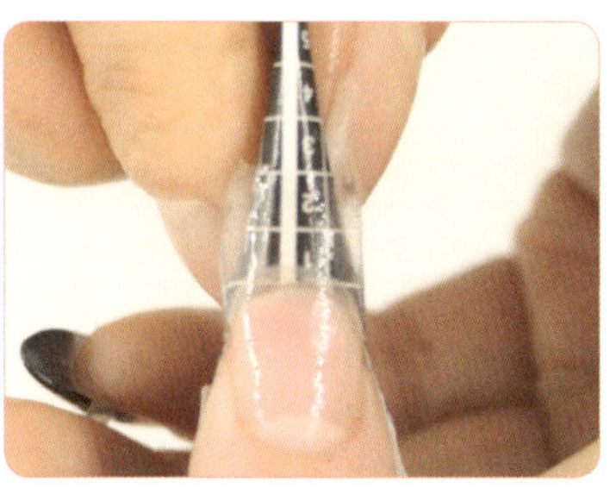

12 폼지 앞부분을 눌러 폼지를 제거합니다.

> **TIP** 폼지를 제거할 때 리프팅이 생기거나 연장한 젤이 부러질 수 있으니 폼지 앞부분을 꾹 누르고 밑으로 살짝 내려 제거합니다.

손톱 표면 정리 및 마무리하기

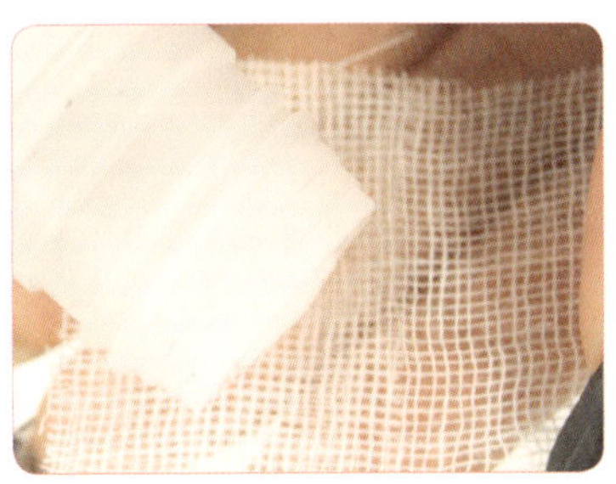

01 젤 클렌저를 거즈나 페이퍼 타올에 묻힙니다.

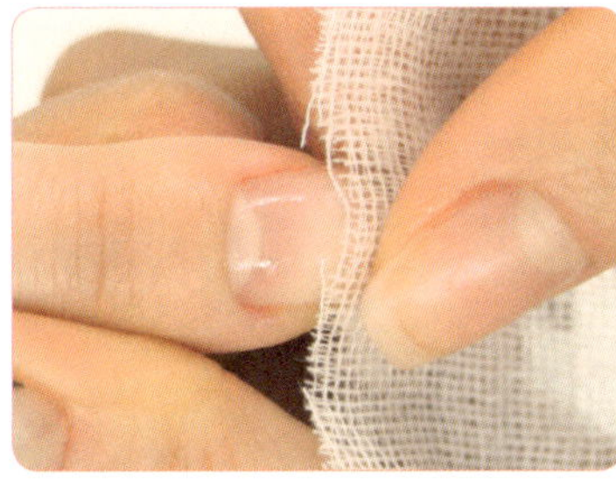

02 미경화된 젤을 닦습니다.

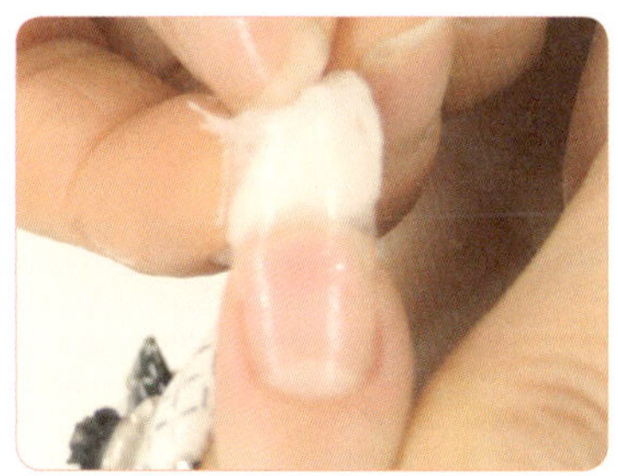

03 연장한 손톱 아랫부분도 깨끗하게 닦습니다.

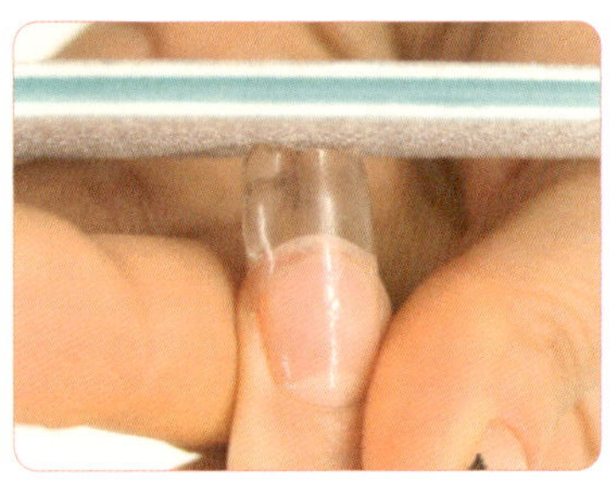

04 100 파일 또는 180 파일로 일자 쉐입을 잡습니다.

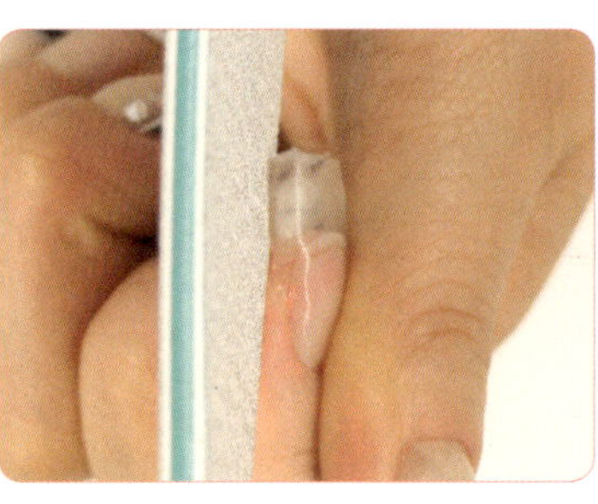

05 100 파일 또는 180 파일로 십일자 쉐입을 잡습니다.

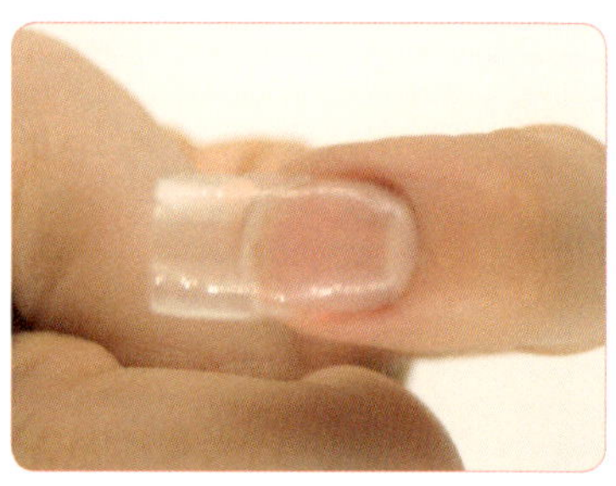

06 쉐입이 잘 잡혔는지 확인합니다.

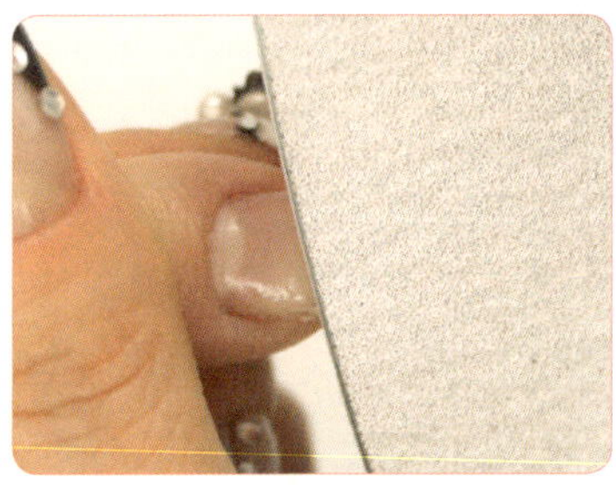

07 100 파일 또는 180 파일로 손톱 표면을 정리합니다.

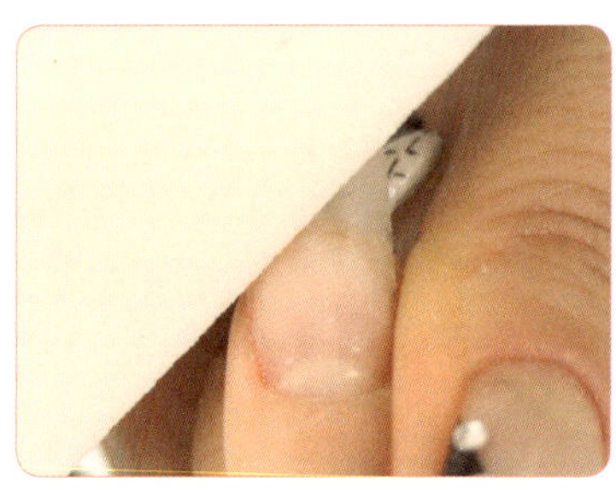

08 샌딩으로 한 번 더 정리합니다.

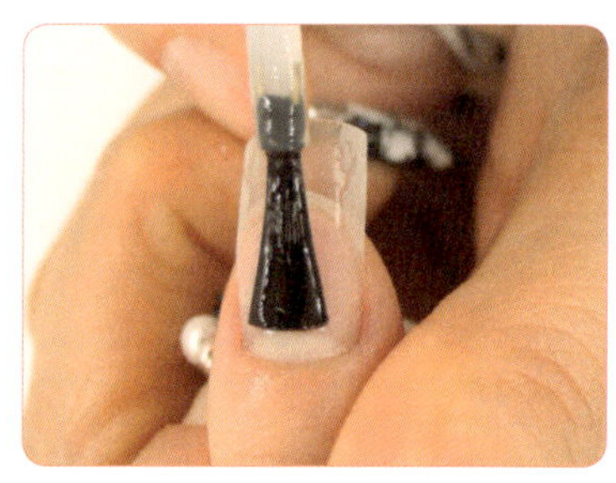

09 손톱과 손톱 주변에 묻은 가루를 거즈나 물티슈로 닦고 탑 젤을 바릅니다.

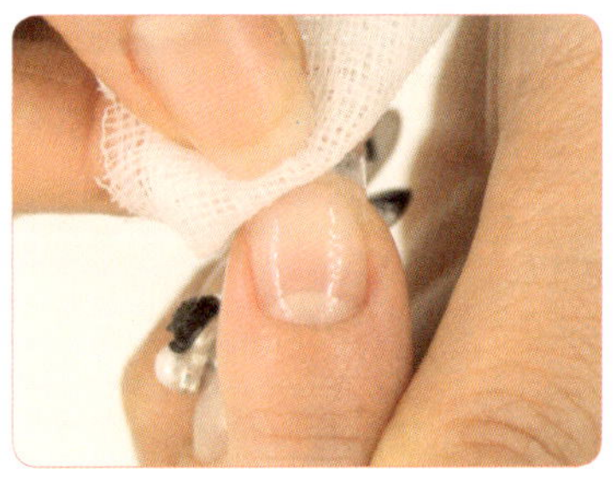

10 큐어링(UV 램프 60초, LED 램프 30초)한 다음, 젤 클렌저로 미경화된 젤을 닦습니다.

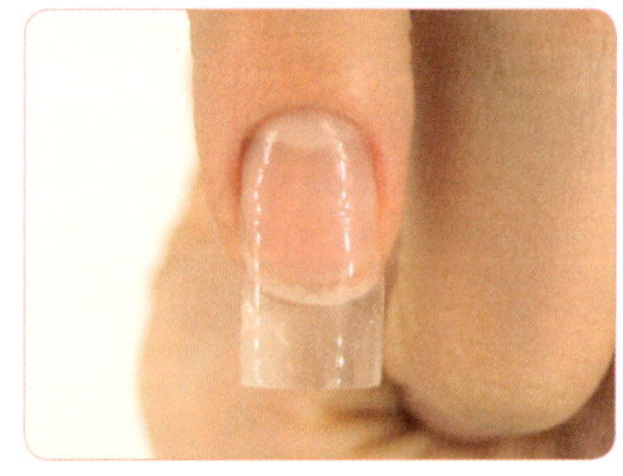

11 완성합니다.

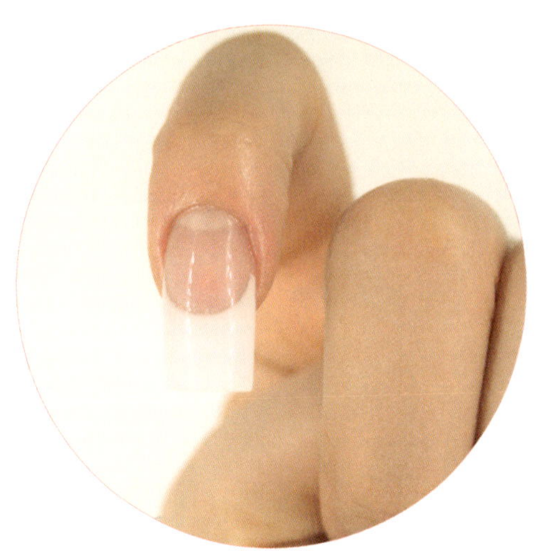

견고한 손톱 연장을 위한,

아크릴 스캅춰

아크릴 리퀴드와 아크릴 파우더를 혼합하여 연장하는 방법으로 견고하지만 리퀴드 냄새 때문에 불쾌감을 줄 수 있는 단점이 있습니다. 아크릴 투톤 스캅춰 방법에 대해 알아보겠습니다.

준비물

아크릴 리퀴드, 아크릴 파우더(화이트, 클리어), 프라이머, 디펜디쉬, 폼지, 아크릴 브러시, 가위, 클리퍼, 우드 파일, 100 파일 또는 180 파일, 2way 파일, 오일, 광 파일

폼지 끼우기

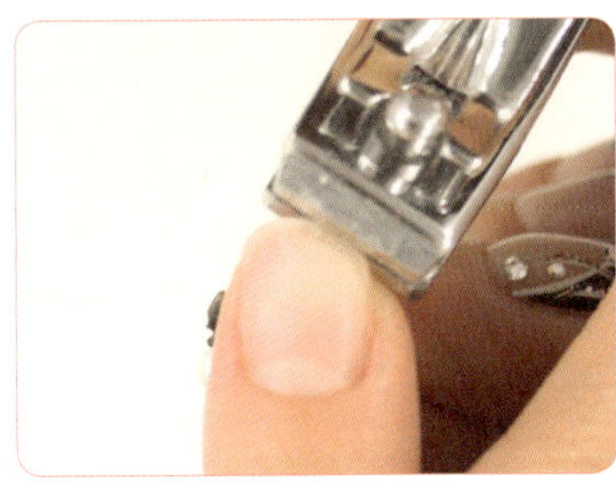

01 아크릴 화이트 프렌치는 스마일 라인을 깨끗하게 잡아야 하기 때문에 클리퍼로 손톱을 바짝 자릅니다.

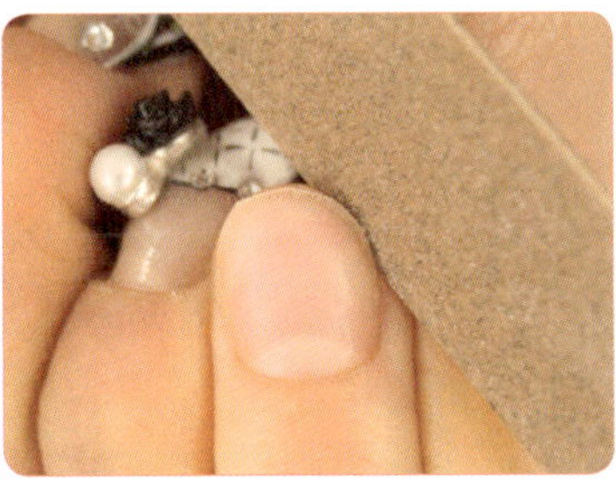

02 우드 파일로 손톱을 라운드 쉐입으로 잡습니다.

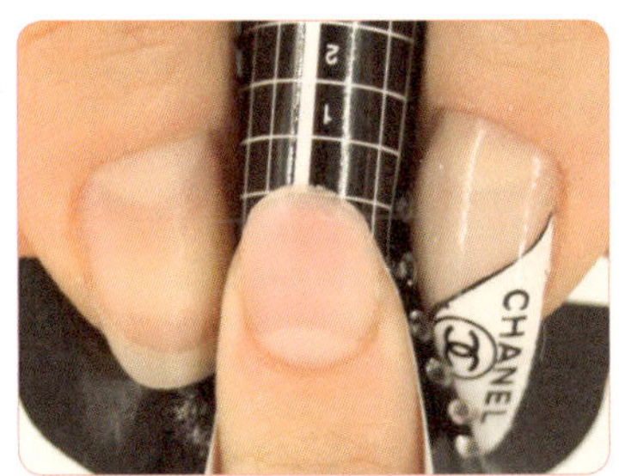

03 폼지의 원 부분을 떼어낸 다음 손톱 옐로우 라인의 모양을 확인합니다.

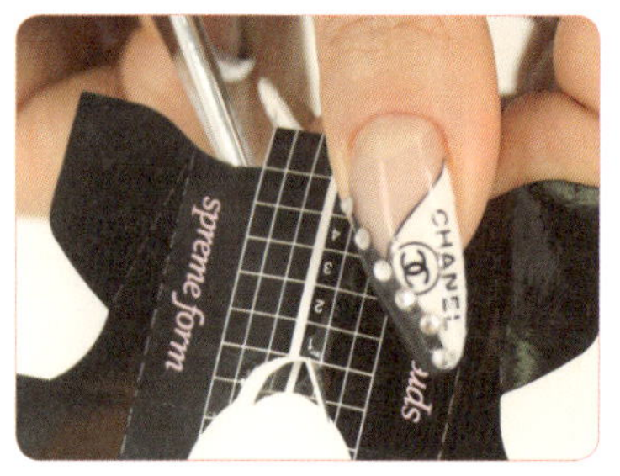

04 옐로우 라인에 맞춰 폼지를 자릅니다.

05 폼지를 손톱에 맞춰 끼웁니다.

06 브러시 대로 폼지를 받치고 손톱에 폼지 아랫부분을 맞춰 붙입니다.

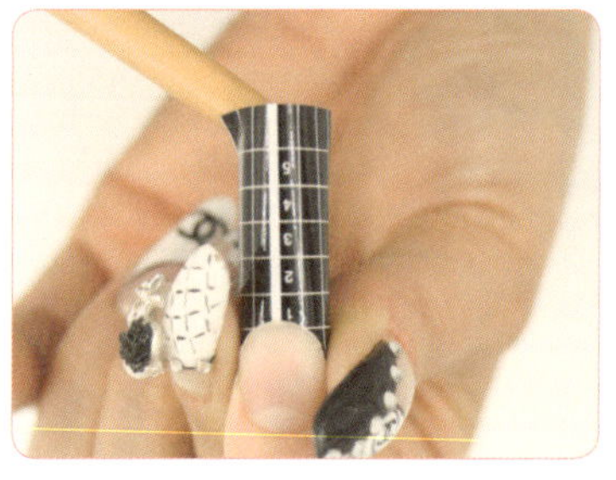

01 스트레스 포인트를 누른 상태에서 폼지 앞부분이 일자가 되도록 브러시 대로 펴 줍니다.

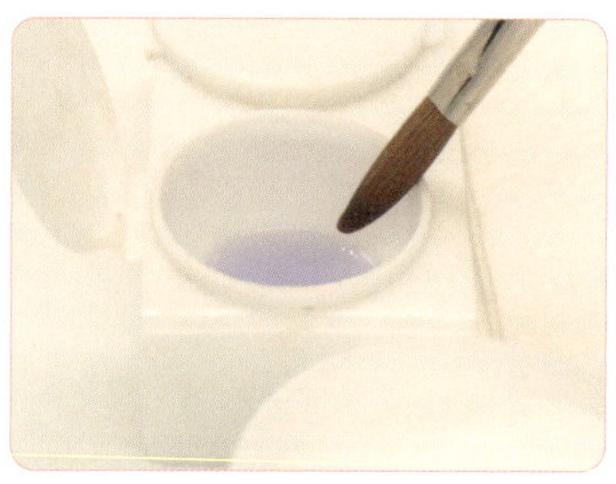

02 브러시에 아크릴 리퀴드를 묻힙니다.

03 아크릴 화이트 파우더를 브러시의 한쪽 면에만 묻힙니다.

04 아크릴 리퀴드의 양을 조절하기 위해 페이퍼 타올에 브러시를 올리고 3초 정도 기다립니다.

05 아크릴 화이트 파우더를 옐로우 라인 아래에 올립니다.

> **TIP** 아크릴 파우더를 올릴 때 스퀘어 쉐입으로 깔끔하게 올리면 쉐입 잡는 시간이 단축됩니다.

06 브러시로 아크릴 화이트 파우더 볼을 펴 주면서 스퀘어 쉐입을 잡습니다. 이때, 옐로우 라인 위로 올라가지 않도록 주의합니다.

07 브러시 끝을 뾰족하게 모은 다음, 옐로우 라인에 맞춰 스마일 라인을 만듭니다.

08 브러시로 일자 쉐입과 십일자 쉐입을 잡습니다.

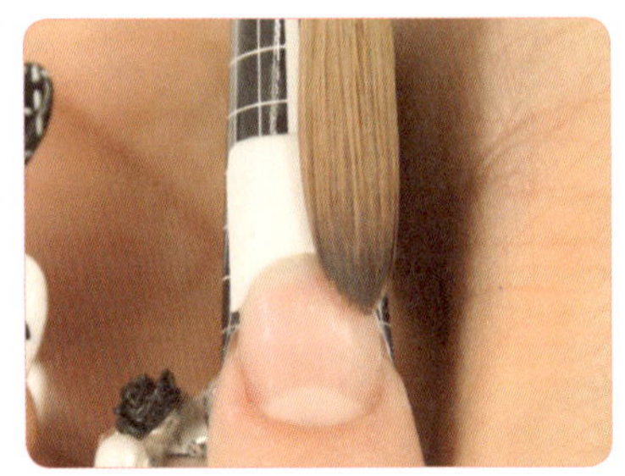

09 브러시의 배부분을 사용해 손톱과 아크릴 화이트 파우더의 두께를 맞춥니다.

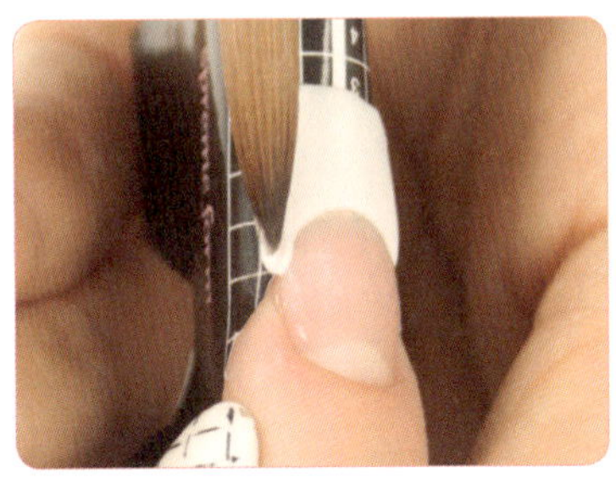

10 브러시에 아크릴 리퀴드와 아크릴 화이트 파우더를 살짝 묻힌 다음 스트레스 포인트 한쪽 끝에 스마일 라인의 귀를 만듭니다.

11 반대쪽도 같은 방법으로 귀를 만듭니다.

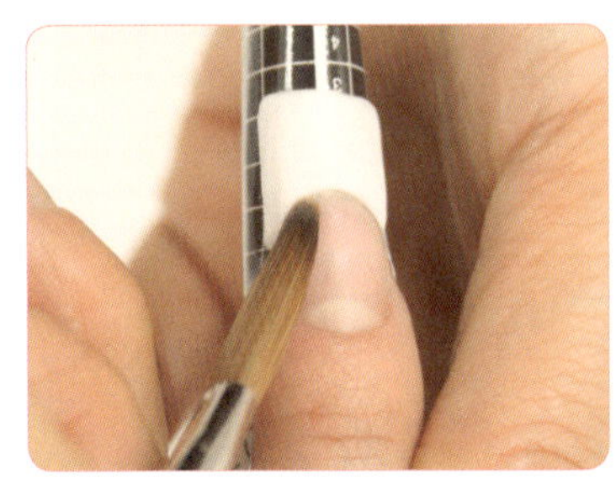

12 브러시 끝을 펴서 다시 한 번 스마일 라인을 잡습니다.

표면 올리기

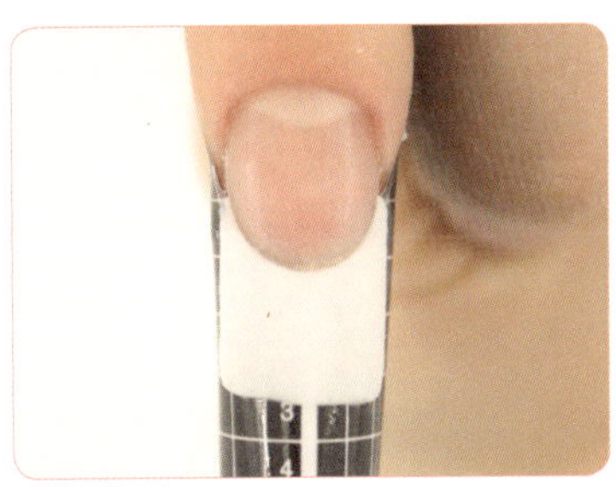

01 스마일 라인과 스퀘어 쉐입이 잘 잡혔는지 확인합니다.

02 브러시에 아크릴 리퀴드를 묻힌 다음 아크릴 클리어 파우더 볼을 뜹니다.

TIP 붓의 각도에 따라 파우더 볼의 양이 달라지므로 손톱 크기에 따라 볼을 뜨는 연습을 하는 것이 좋습니다.

03 페이퍼 타올에 브러시를 올려 어크릴 리퀴드의 양을 조절하고 옐로우 라인 위에 아크릴 클리어 파우더 볼을 올립니다.

04 아크릴 클리어 파우더 볼을 브러시 끝으로 살짝 누릅니다.

05 브러시 끝으로 아크릴 클리어 파우더 볼을 아래로 내리며 펴 줍니다. 이때 아크릴 클리어 파우더가 스퀘어 쉐입 밖으로 넘치지 않도록 주의합니다.

06 브러시에 아크릴 리퀴드를 묻힌 다음 아크릴 클리어 파우더 볼을 한 번 더 뜹니다. 이때, 아크릴 리퀴드의 양은 조절하지 않습니다.

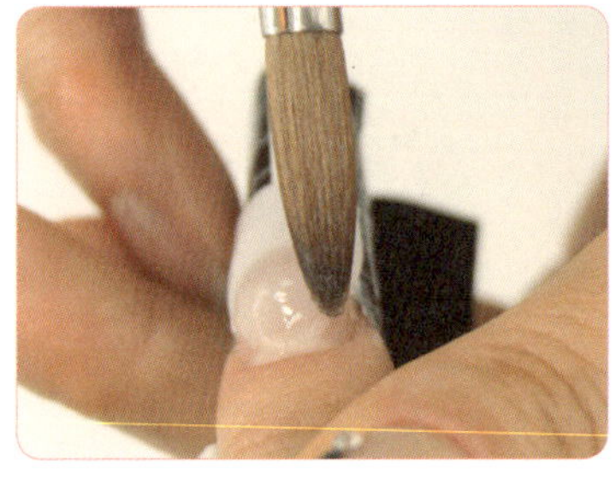

07 모델의 손가락을 아래로 향하게 하고 큐티클 라인 부근에 아크릴 클리어 파우더 볼을 올립니다.

08 먼저 올린 아크릴 클리어 파우더 볼과 자연스럽게 연결될 수 있도록 손에 힘을 뺀 상태에서 브러시를 쓸어내립니다.

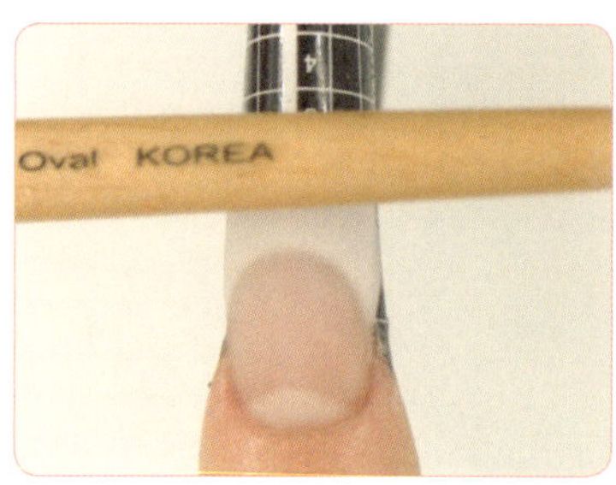

09 브러시 대로 연장한 곳을 툭툭 쳤을 때 맑은 소리가 나면 아크릴 클리어 파우더 볼이 잘 굳은 것입니다.

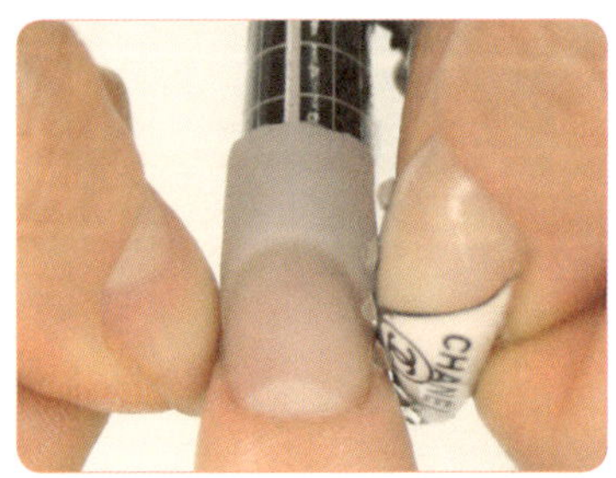

10 그림과 같이 엄지 손가락으로 스트레스 포인트를 눌러 커브를 만듭니다.

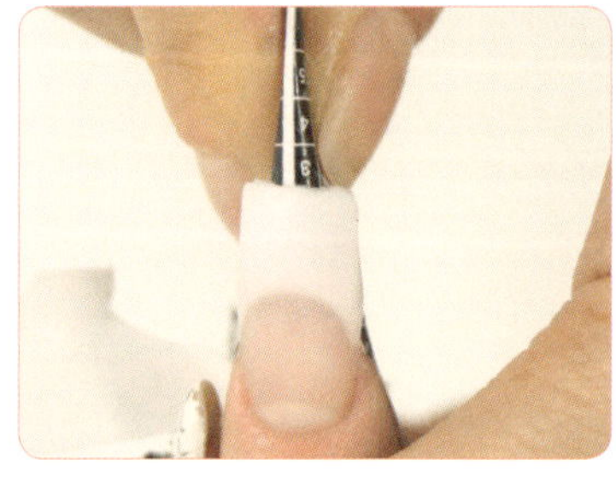

11 폼지를 떼어냅니다.

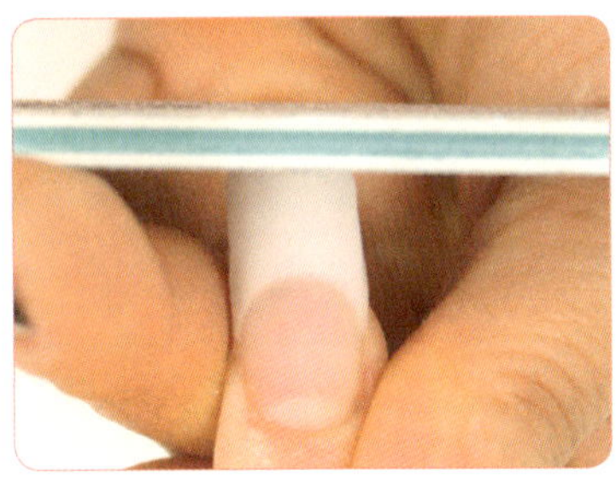

01 100 파일 또는 180 파일로 일자 쉐입을 잡습니다.

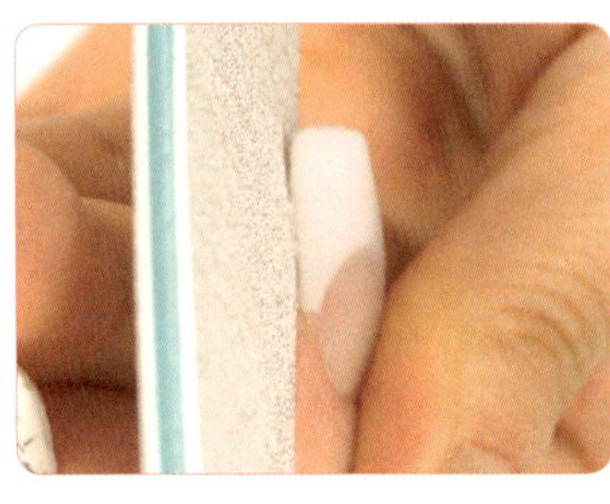

02 100 파일 또는 180 파일로 십일자 쉐입을 잡습니다.

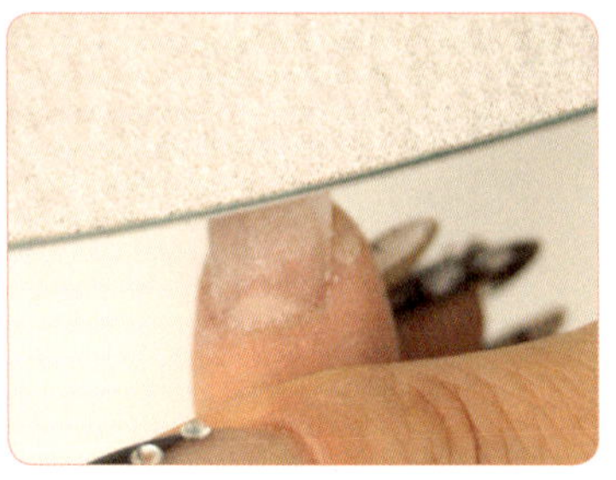

03 100 파일 또는 180 파일로 표면을 정리해서 매끄럽게 만듭니다.

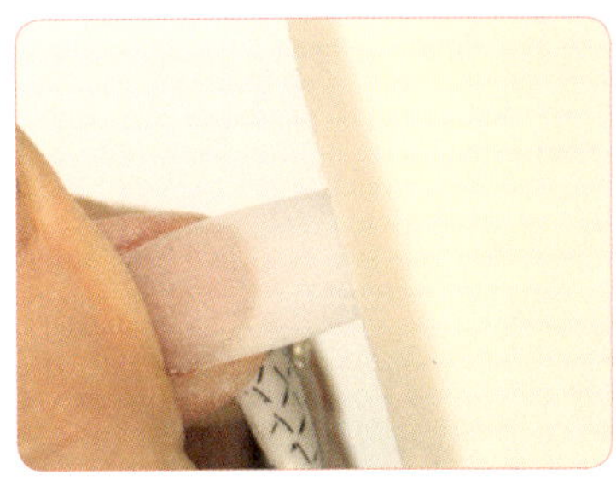

04 파일링하면서 생긴 스크래치를 없애기 위해 샌딩으로 손톱 표면을 정리합니다.

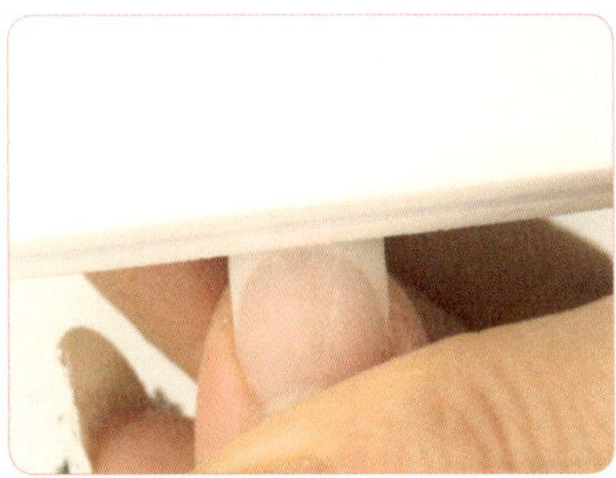

05 2-way 파일로 표면을 한 번 더 정리합니다.

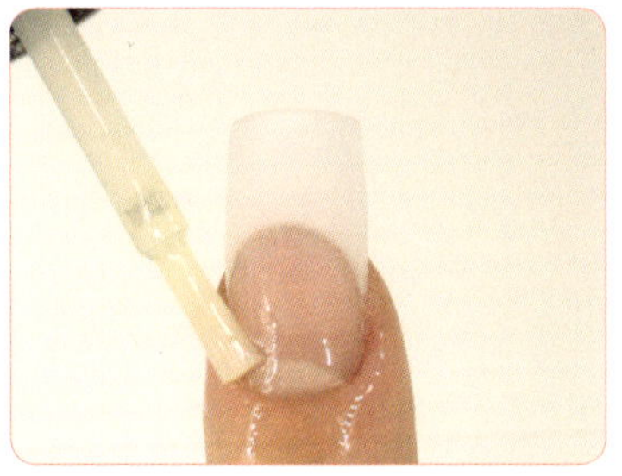

06 손톱 표면과 주변에 묻은 가루를 닦고 큐티클 라인 부근에 오일을 바릅니다.

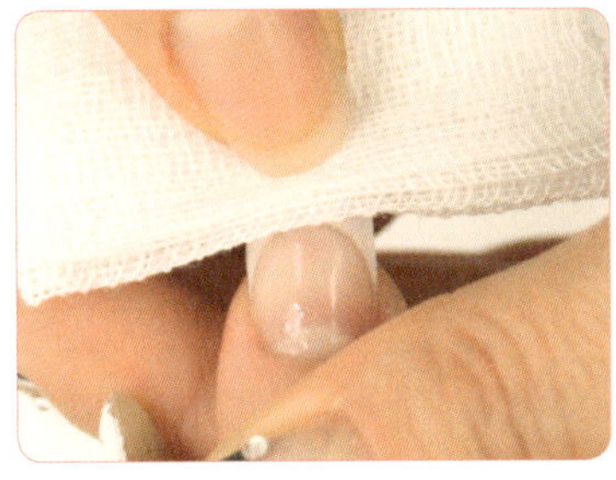

07 거즈나 페이퍼 타올로 오일을 살짝 닦습니다.

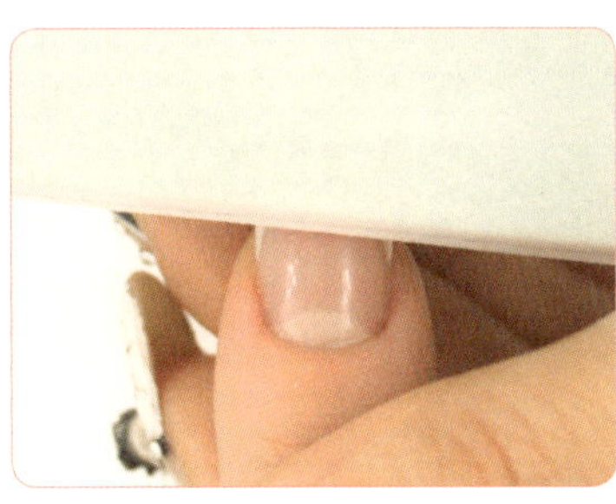

08 광 파일로 손톱에 광을 냅니다.

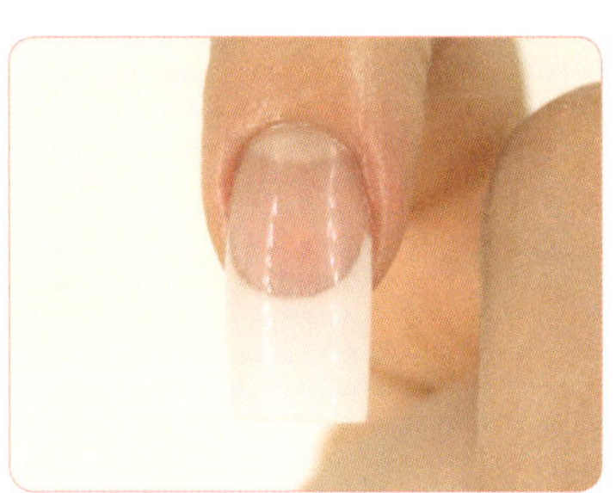

09 완성합니다.

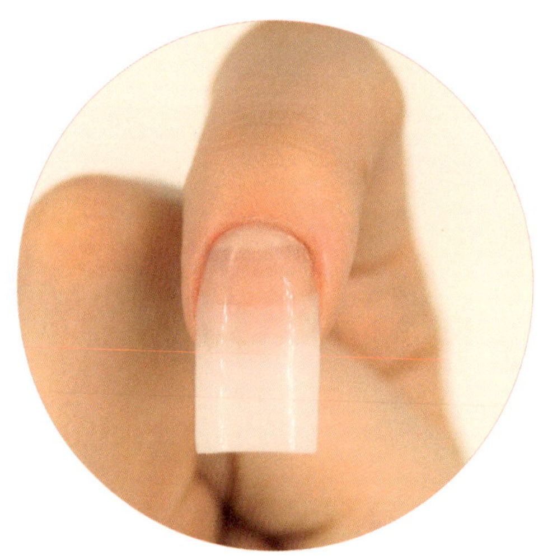

손톱 보강을 위한,

팁 위드 실크

네일 팁만 사용해 손톱을 연장면 너무 약하기 때문에 여러 가지 재료로 견고하게 보강하기도 합니다. 여기서는 팁 위에 실크를 한 겹 더 씌워 보강하는 방법을 알아보겠습니다.

준비물

팁, 실크, 실크 가위, 라이트 글루, 젤 글루, 글루 드라이, 휠러 파우더, 샌딩, 100 파일 또는 180 파일, 2way 파일,
오렌지 우드스틱, 팁 커터기, 오일

팁 붙이기

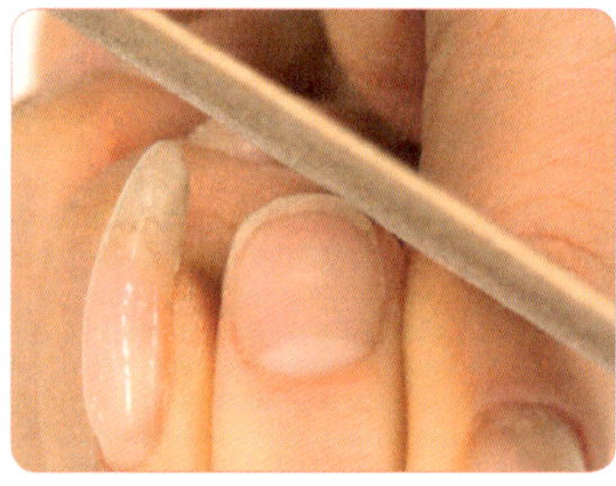

01 우드 파일을 사용해 손톱 쉐입을 라운드 스퀘어로 잡습니다.

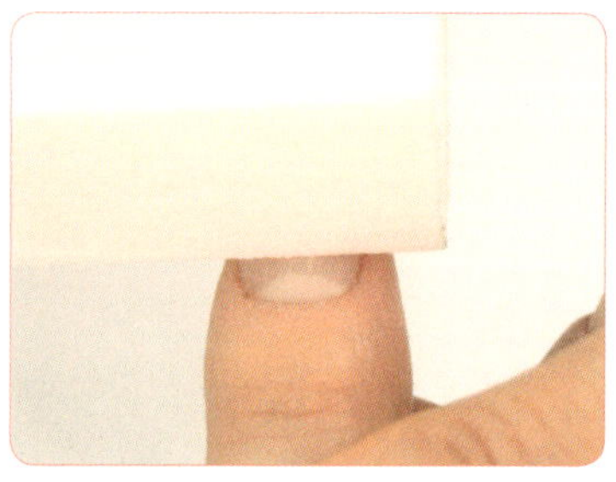

02 샌딩으로 손톱 표면의 유분기를 제거합니다.

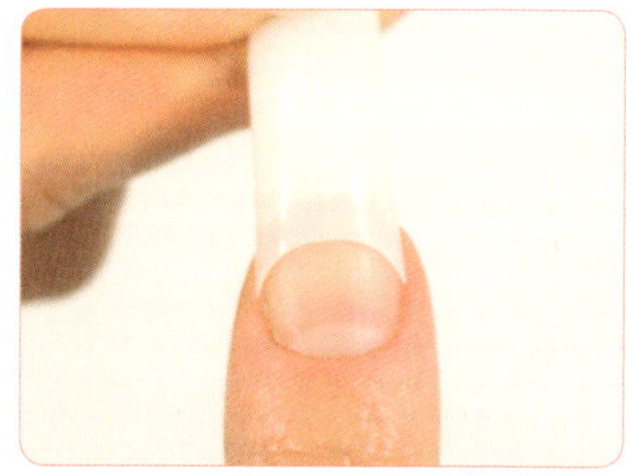

03 손톱보다 살짝 큰 크기의 팁을 선택합니다.

TIP 손톱과 같은 크기의 팁을 선택하면 십일자 쉐입을 만들 수 없기 때문에 살짝 큰 크기의 팁을 선택합니다.

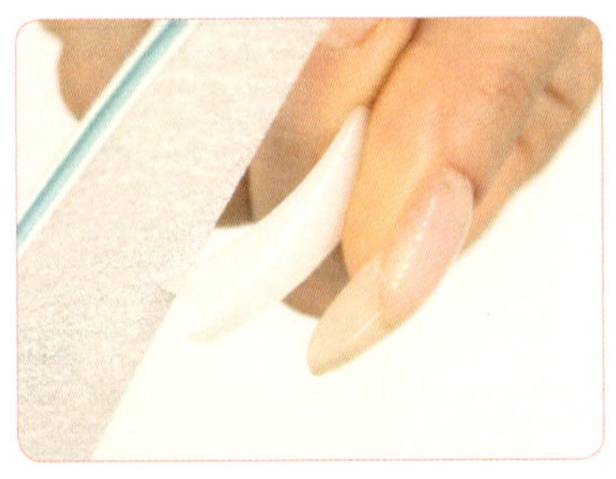

04 손톱에 팁을 맞게 붙이기 위해 팁의 웰 부분을 파일로 정리해서 손톱 크기에 맞춥니다.

05 팁을 붙이기 위해 프리 엣지 부분에 젤 글루를 바릅니다.

06 팁의 웰 부분에도 젤 글루를 바릅니다.

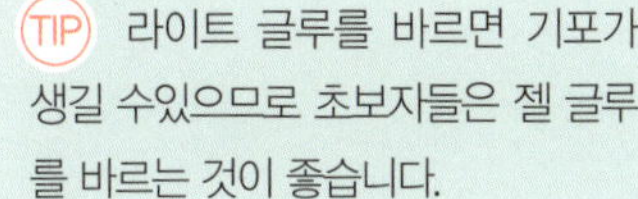

TIP 라이트 글루를 바르면 기포가 생길 수있으므로 초보자들은 젤 글루를 바르는 것이 좋습니다.

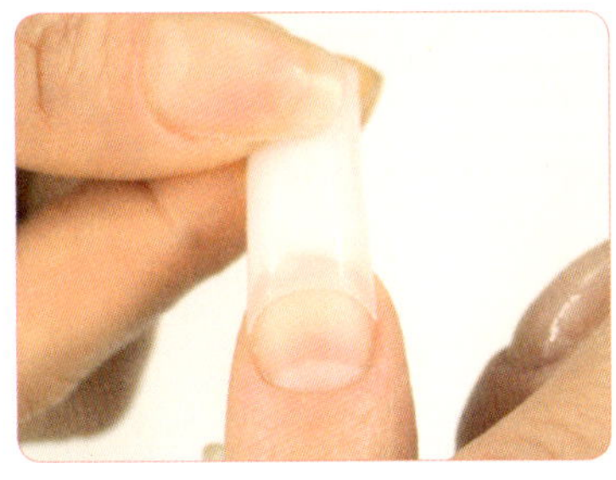

07 45° 각도로 팁을 손톱 끝부분에 맞춰 붙입니다.

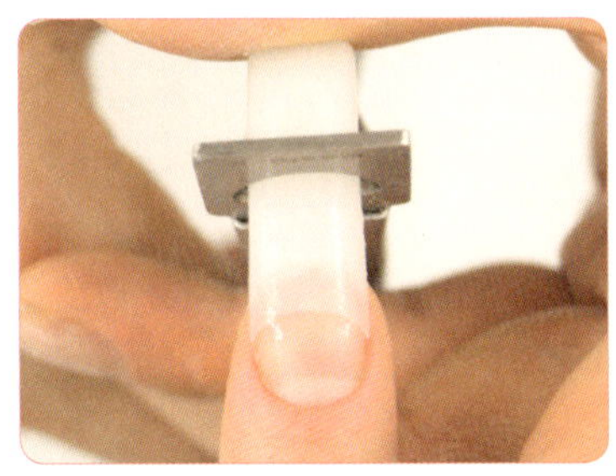

08 잘린 팁이 튕겨나가지 않도록 팁 커터기를 일자로 놓고 엄지 손가락으로 팁을 잡습니다.

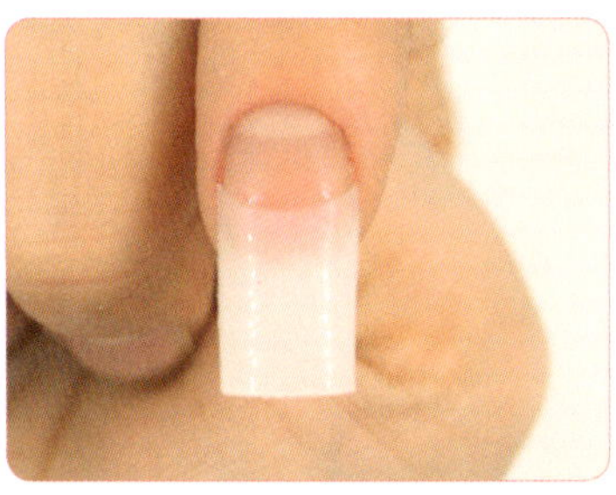

09 연장할 길이에 맞춰 팁 커터기로 팁을 자릅니다.

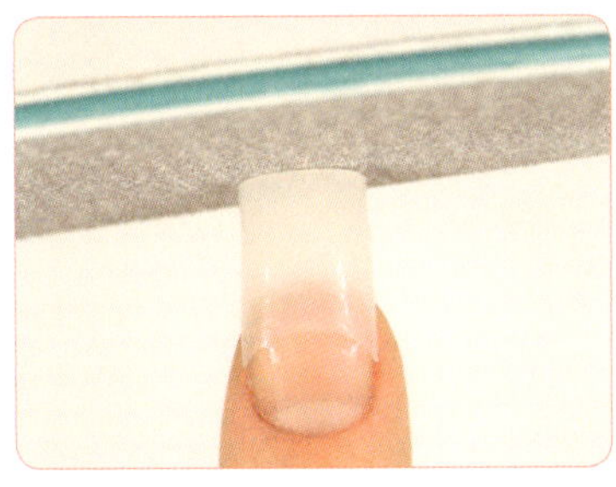

01 100 파일 또는 180 파일로 일자 쉐입을 잡습니다.

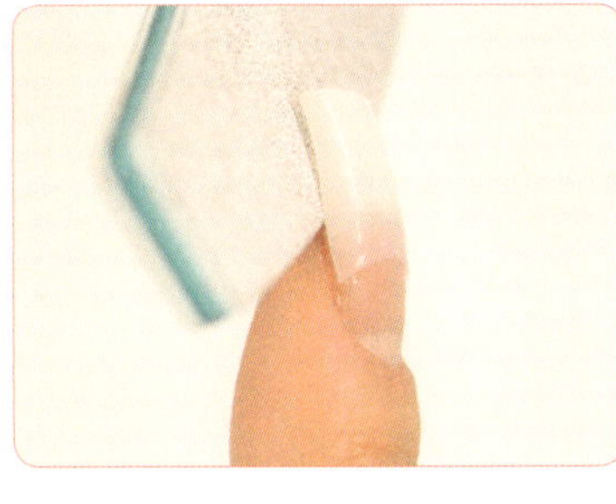

02 100 파일 또는 180 파일로 십일자 쉐입을 잡습니다.

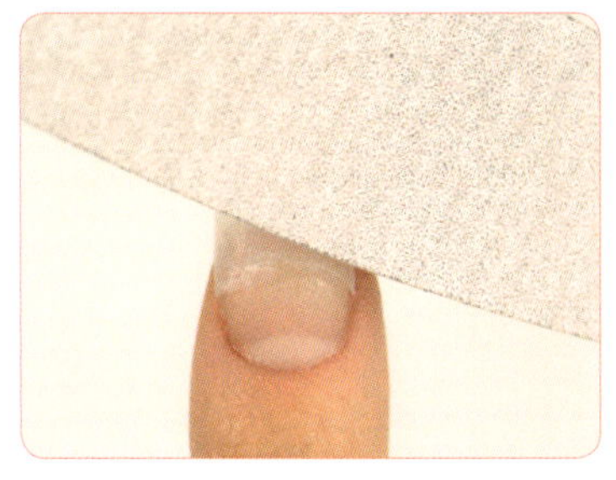

03 손톱 표면에 스크래치가 나지 않도록 조심하면서 팁 턱을 정리합니다.

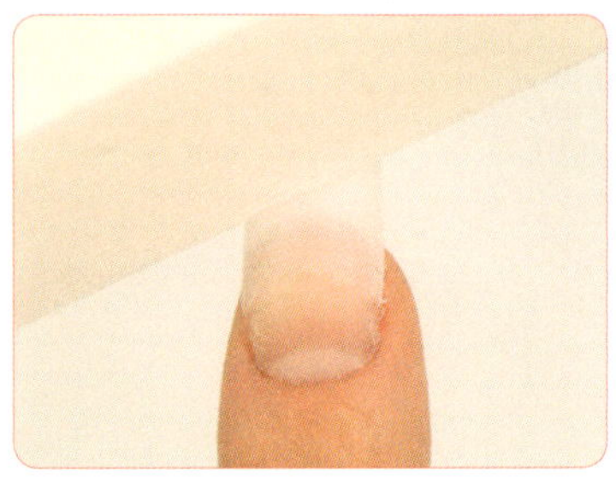 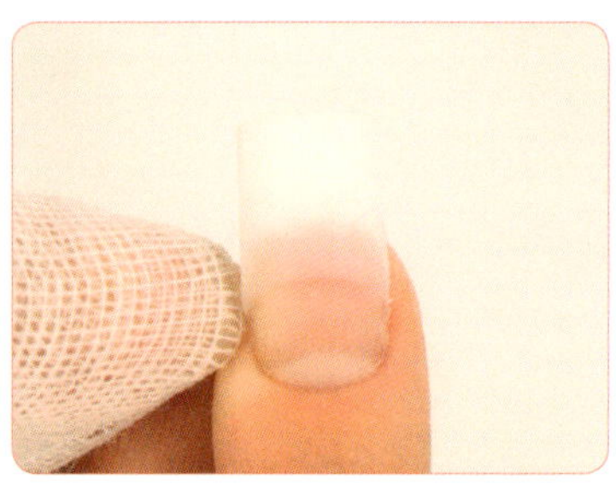 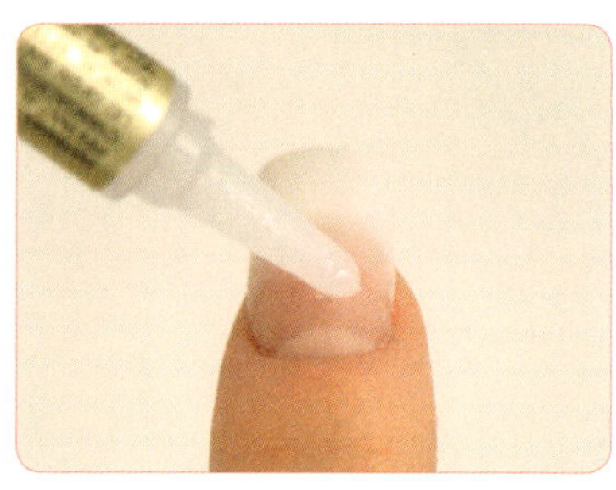

04 샌딩으로 팁 표면의 광을 없앱니다.

05 손톱 주변과 표면에 묻은 가루를 거즈나 물티슈로 닦습니다.

06 라이트 글루를 전체적으로 바릅니다.

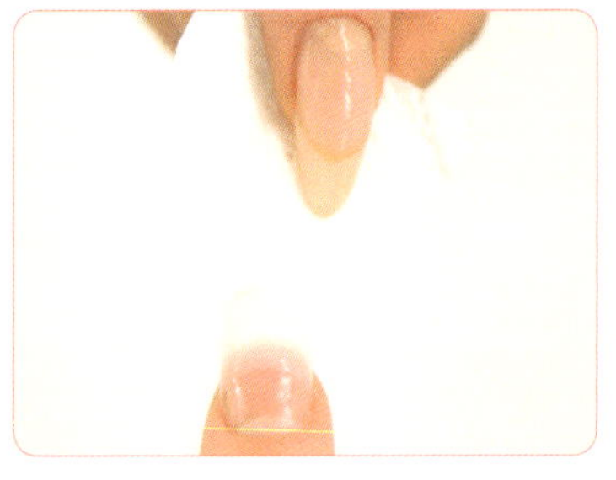  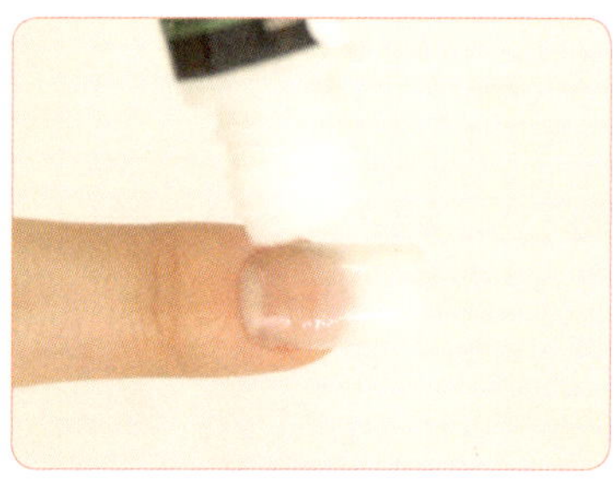

07 팁 끝에 라이트 글루가 뭉치는 것을 방지하기 위해 페이퍼 타올을 살짝 대서 라이트 글루를 닦습니다.

08 팁 턱 부근에 라이트 글루를 한 번 더 바릅니다.

09 팁 턱 부근에 휠러 파우더를 뿌려 팁 턱과 손톱의 높이를 맞춥니다.

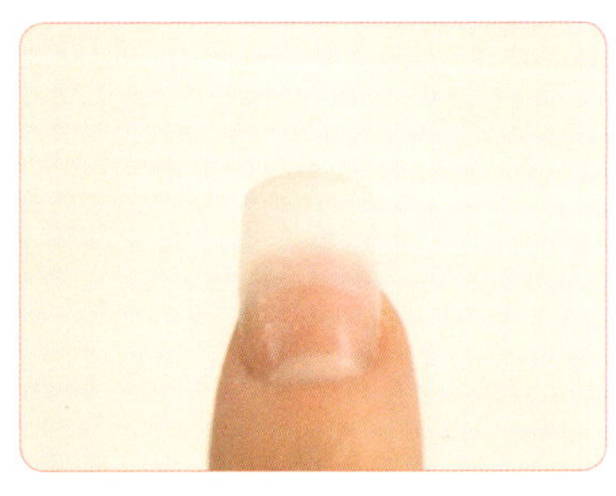  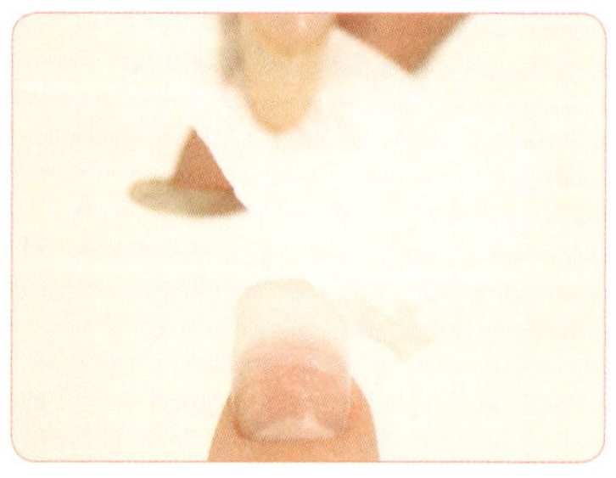

10 시술자가 모델의 손가락을 팅기듯이 쳐서 휠러 파우더를 약간 털어냅니다.

11 라이트 글루를 전체적으로 바릅니다.

12 팁 끝에 라이트 글루가 뭉치는 것을 방지하기 위해 페이퍼 타올을 대어 라이트 글루를 살짝 닦습니다.

13 글루 드라이를 뿌립니다.

글루 드라이는 라이트 글루나 젤 글루를 마르게 하는 기능을 합니다.

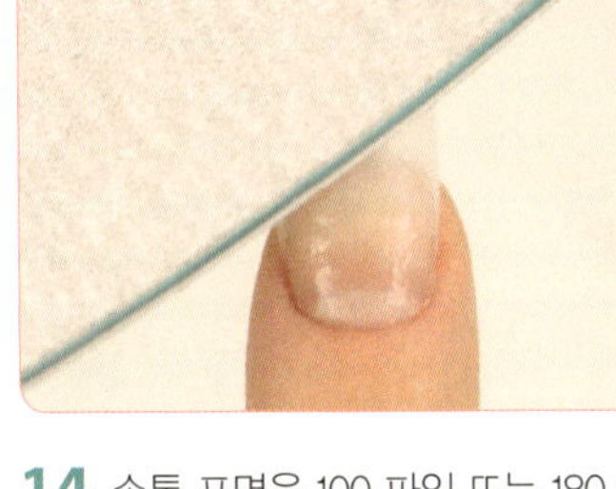

14 손톱 표면을 100 파일 또는 180 파일로 매끄럽게 만듭니다.

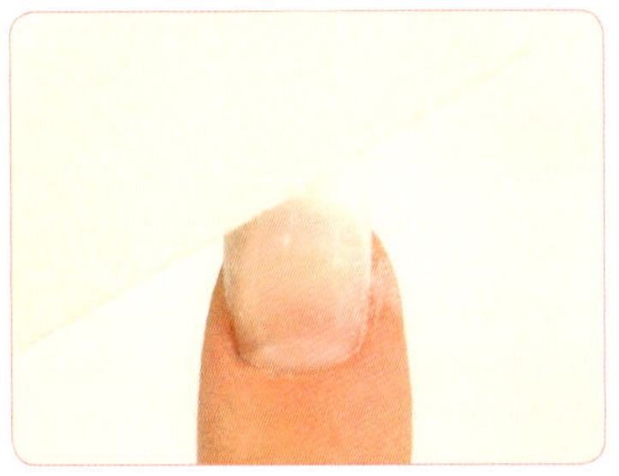

15 손톱 표면을 샌딩으로 정리합니다.

실크 붙이기

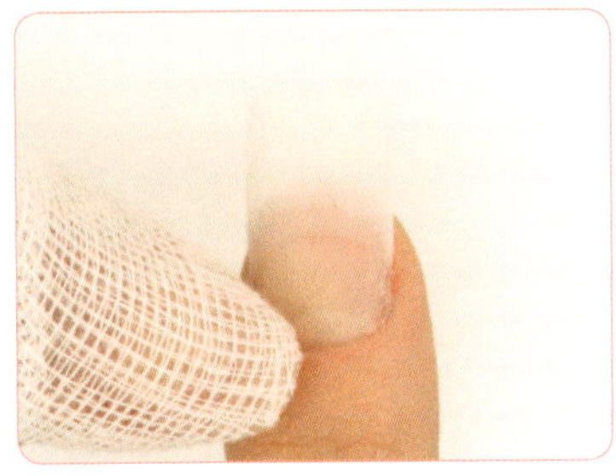

01 손톱 주변과 표면에 묻은 가루를 거즈나 물티슈로 닦습니다.

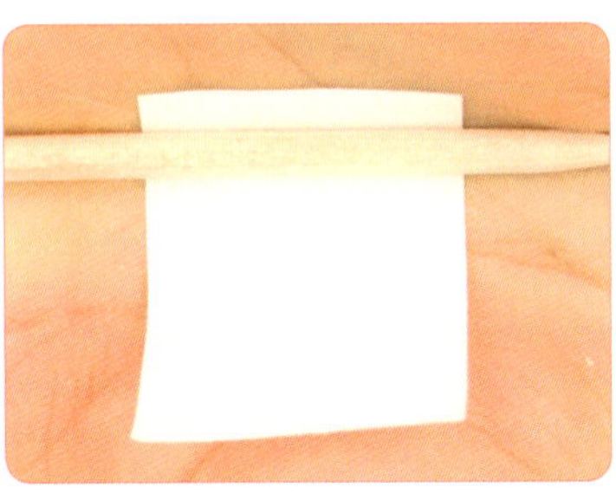

02 실크를 오렌지 우드스틱으로 손톱 커브에 맞춰 살짝 말아줍니다.

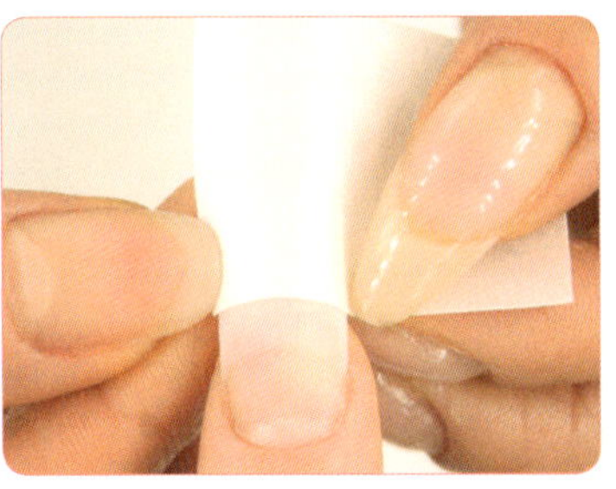

03 실크를 손톱 위에 올리고 그림과 같이 손톱 크기에 맞춰 재단할 부분을 표시합니다.

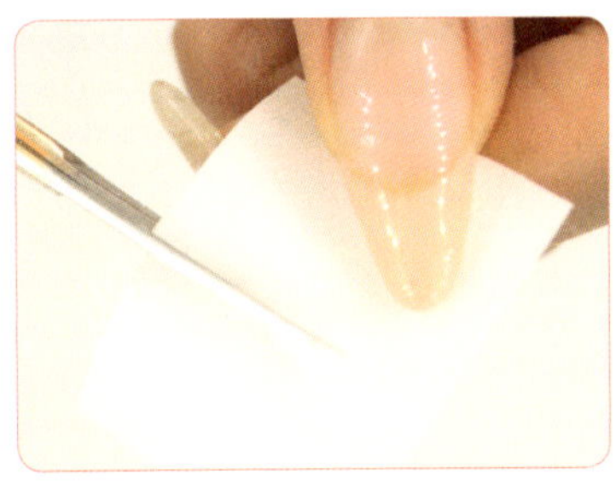

04 03번 과정에서 잡은 재단 라인을 기준으로 실크를 자릅니다.

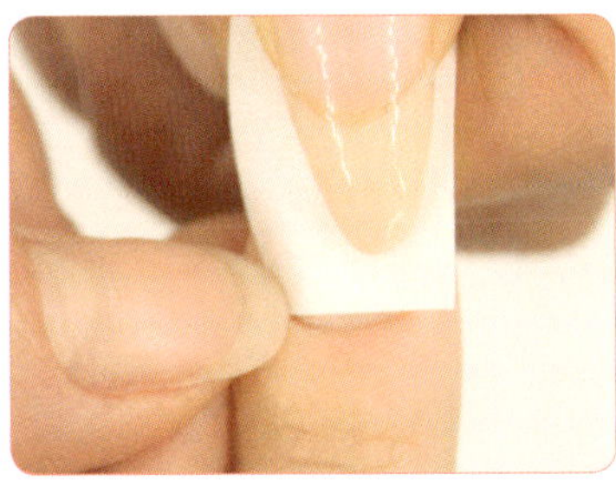

05 모델의 큐티클 라인에 실크를 올립니다.

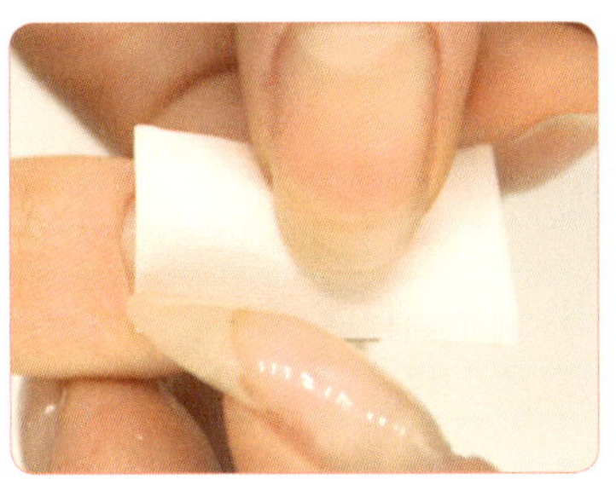

06 그림과 같이 손톱으로 눌러 실크에 큐티클 라인을 표시합니다.

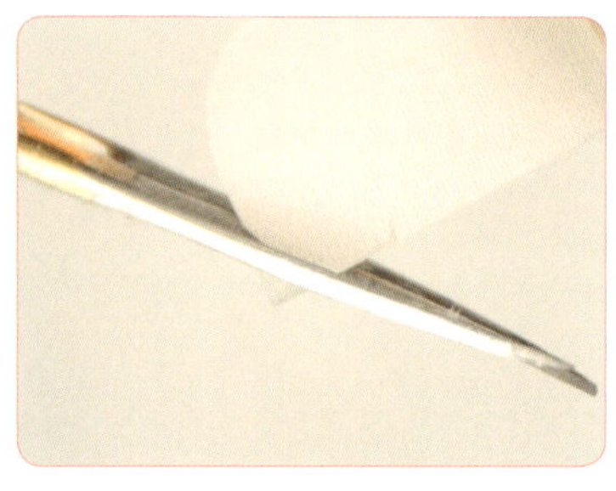

07 표시한 큐티클 라인에 맞춰 실크를 동그랗게 자릅니다.

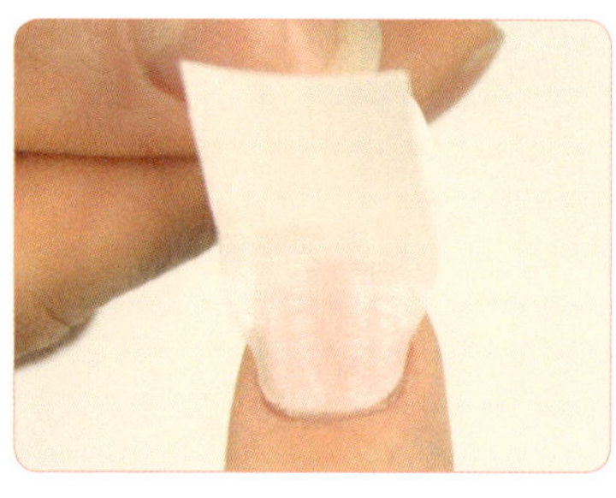

08 큐티클 라인에서 1~2mm 정도 떨어진 곳에 재단한 실크를 붙입니다.

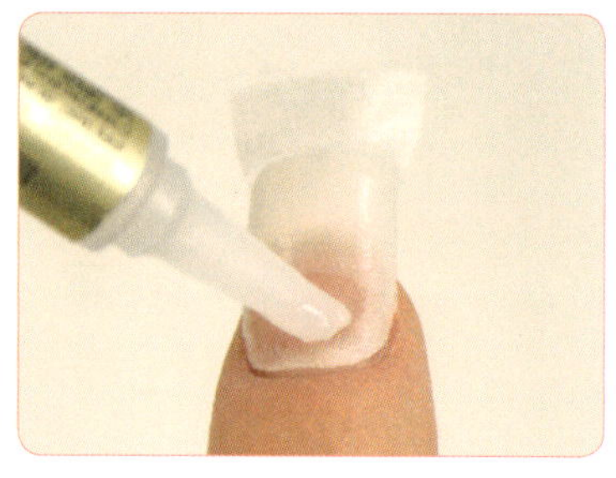

09 라이트 글루를 전체적으로 바릅니다.

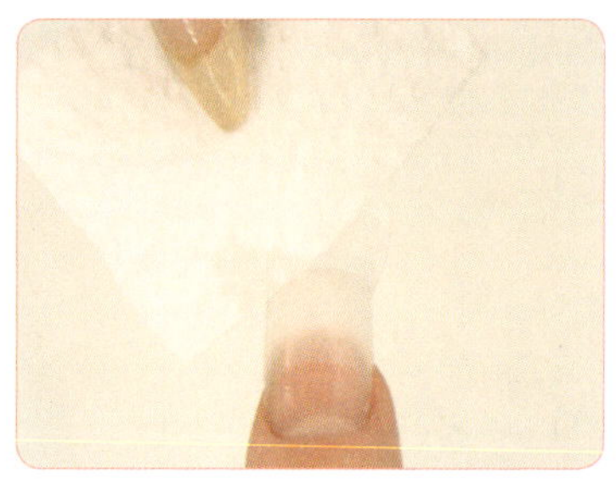

10 라이트 글루가 뭉치는 것을 방지하기 위해 페이퍼 타올을 대서 살짝 닦습니다.

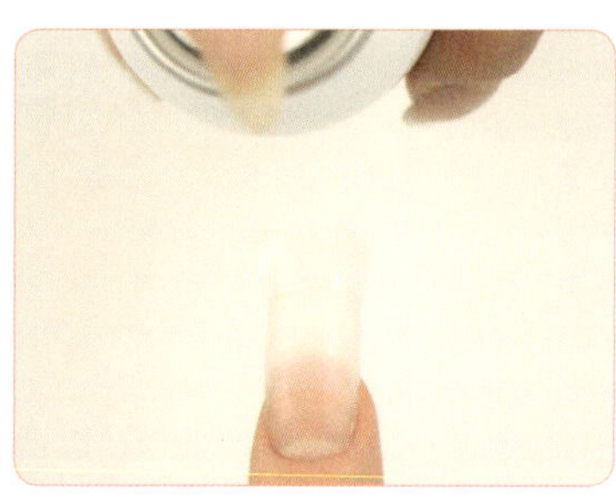

11 글루 드라이를 뿌립니다.

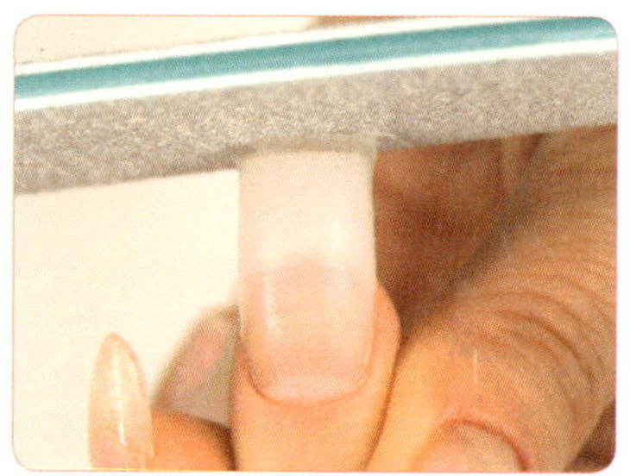

12 100 파일 또는 180 파일로 일자 쉐입을 잡으면서 팁보다 긴 실크를 잘라냅니다.

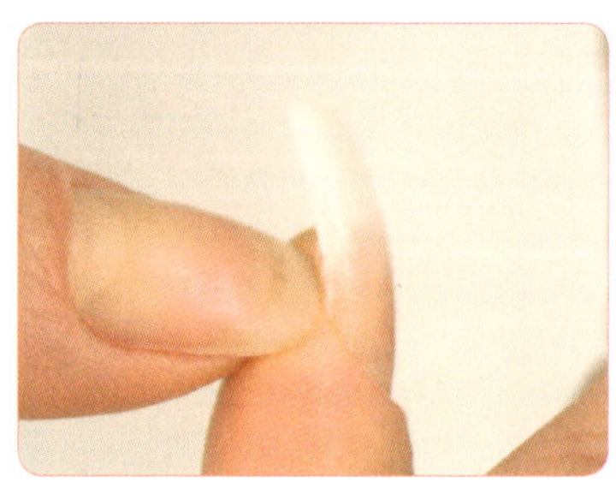

01 손톱 웰 부분에 실크와 라이트 글루가 붙었는지 확인합니다.

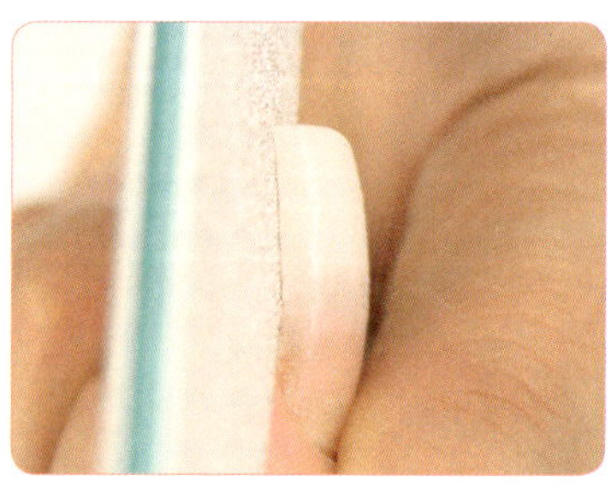

02 100 파일 또는 180 파일로 십일자 쉐입을 잡습니다.

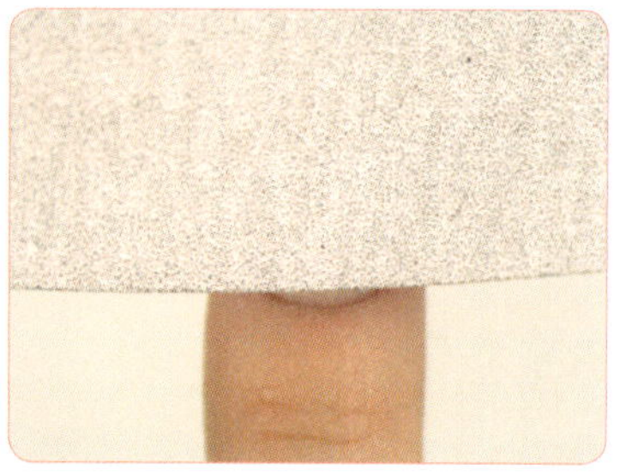

03 실크 턱을 파일로 정리합니다.

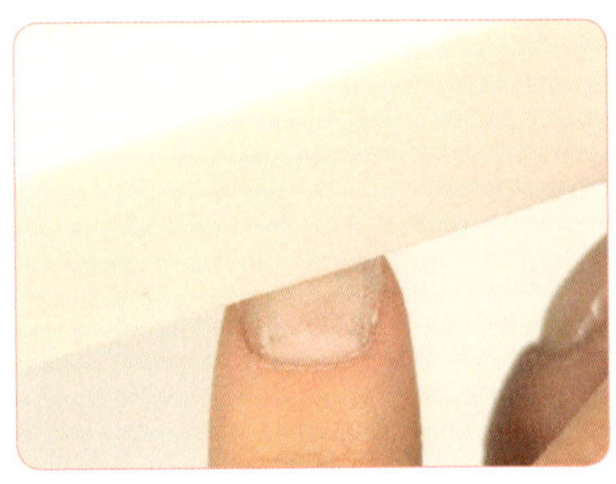

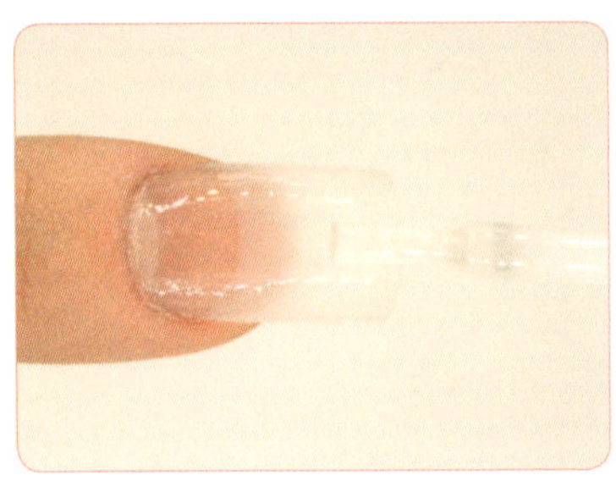

04 샌딩으로 손톱 표면을 정리합니다.

05 손톱 주변과 표면에 묻은 가루를 거즈나 물티슈로 닦고 젤 글루를 바릅니다.

06 글루 드라이를 뿌립니다.

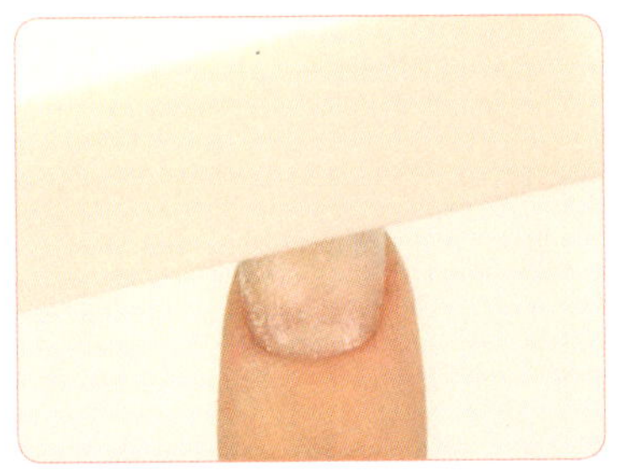

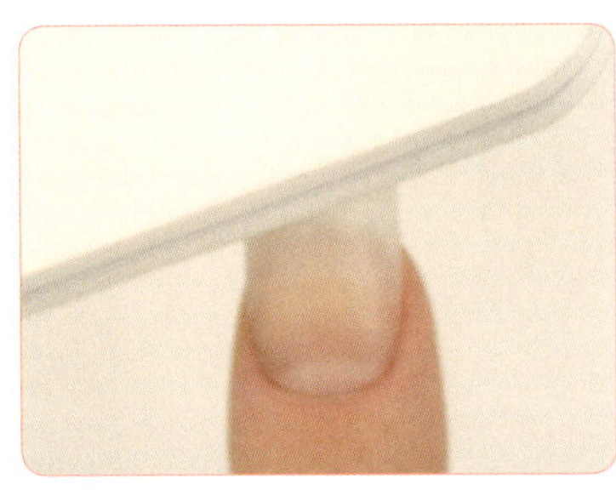

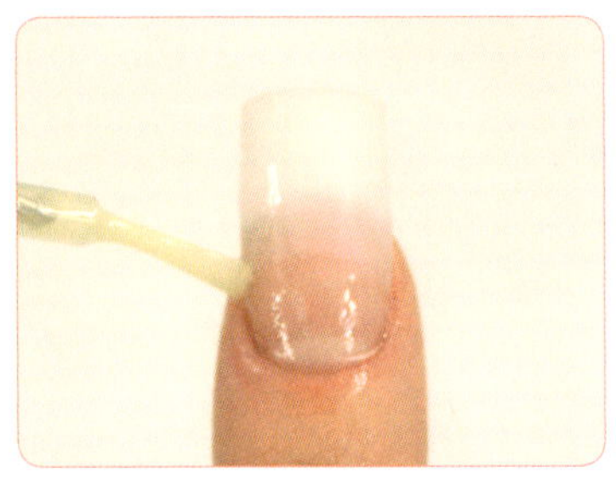

07 샌딩으로 젤 글루의 광을 없앱니다.

08 100 파일 또는 180 파일로 손톱 표면을 정리합니다.

09 큐티클 라인 부근에 오일을 발라 손톱에 광이 나게 합니다.

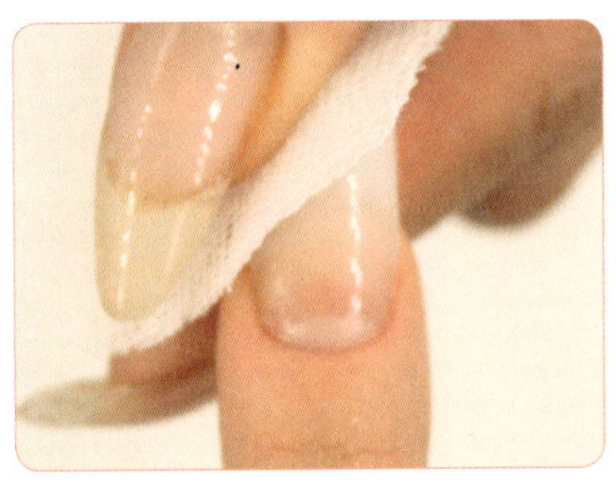

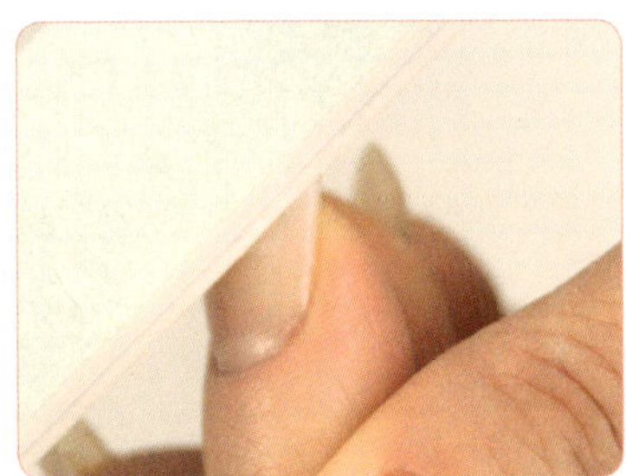

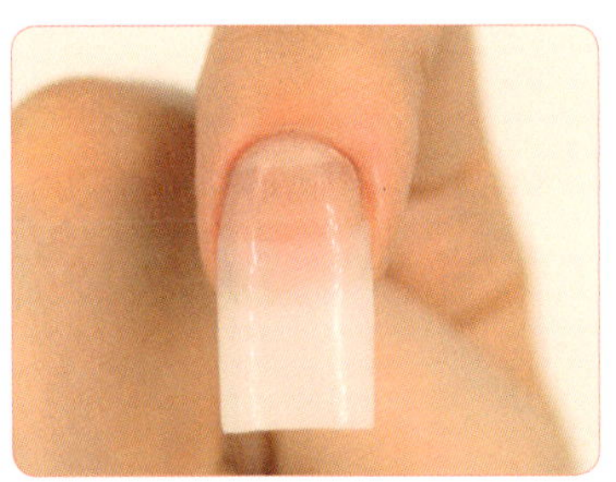

10 페이퍼 타올로 오일을 살짝 닦습니다.

11 광 파일로 광을 냅니다.

12 완성합니다.

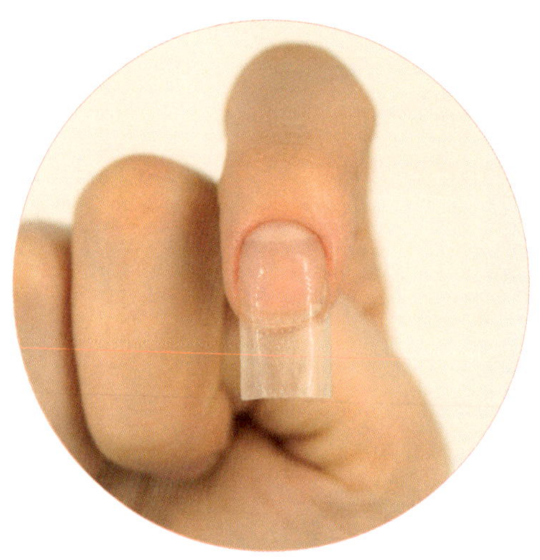

손톱 보수를 위한,

실크 익스텐션

실크는 손톱을 보수하거나 보강할 때 사용합니다. 실크 익스텐션은 손톱이 자연스럽게 연장되며 손톱 길이가 짧은 사람보다 긴 사람에게 추천합니다.

준비물

샌딩, 우드 파일, 오렌지 우드스틱, 실크, 실크 가위, 라이트 글루, 젤 글루, 휠러 파우더, 글루 드라이, 100 파일 또는 180 파일, 2-way 파일, 큐티클 오일, 페이퍼 타올, 광 파일

실크 재단하기

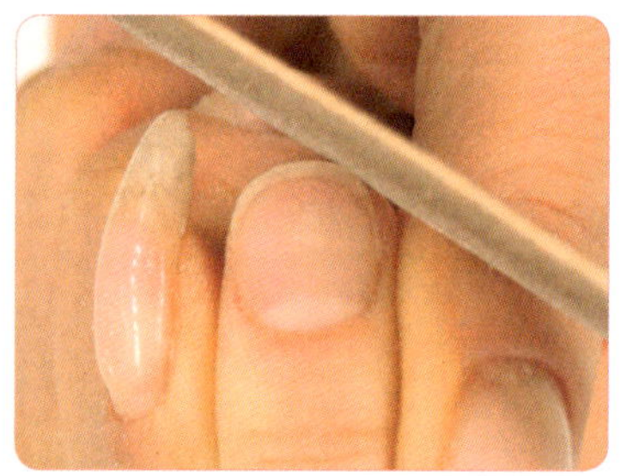

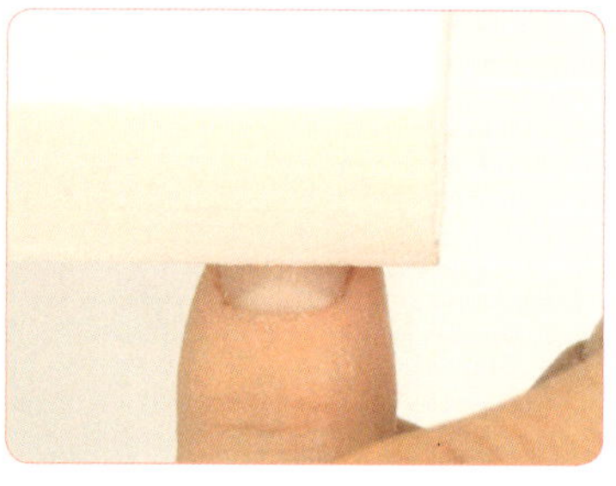

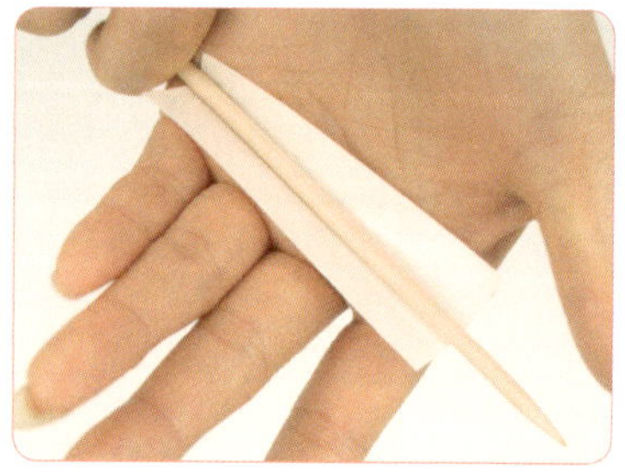

01 우드 파일을 사용해 라운드 스퀘어 쉐입을 잡습니다.

02 샌딩으로 손톱 표면의 유분기를 제거합니다.

03 실크를 길게 재단한 다음. 둥근 손톱에 실크가 잘 붙을 수 있도록 오렌지 우드스틱으로 살짝 말아줍니다.

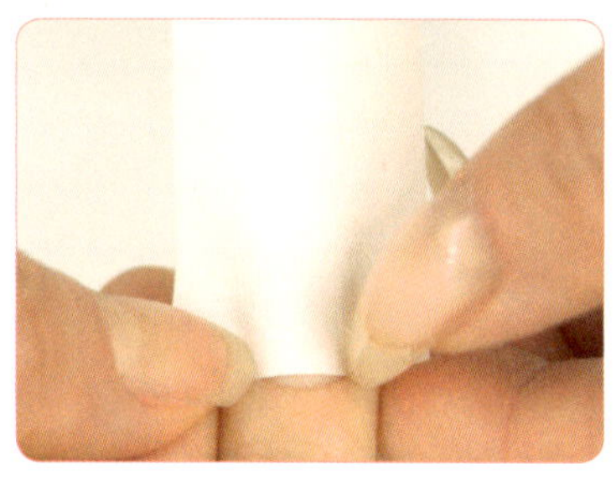

04 큐티클 라인에 실크를 올리고 손톱 크기에 맞춰 재단할 부분을 표시합니다.

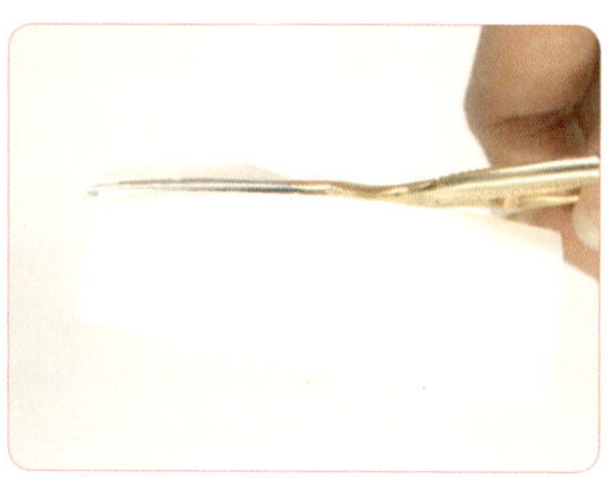

05 04번 과정에서 잡은 재단 라인을 기준으로 실크를 사다리꼴 모양으로 자릅니다.

06 모델의 큐티클 모양에 맞춰 실크를 자릅니다.

실크 모양 잡기

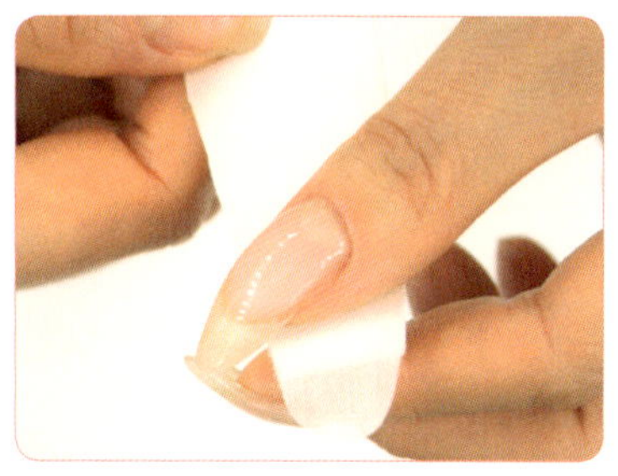

01 실크를 3분의 1정도 분리합니다.

> **TIP** 실크를 손톱으로 분리하면 실크가 구겨지거나 실크 조직이 분리될 수 있으니 손가락의 바닥 면을 사용합니다.

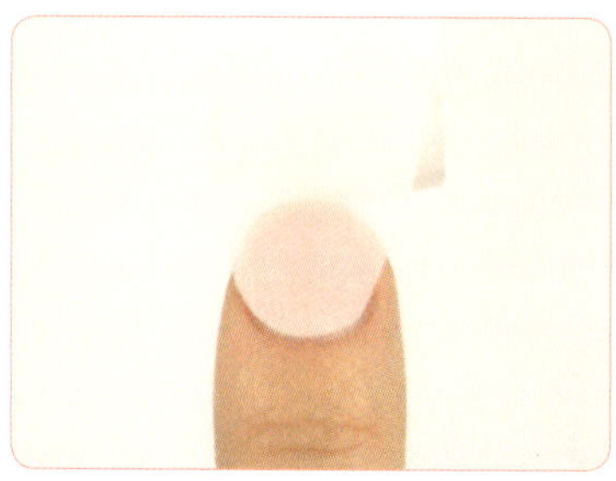

02 큐티클 라인에서 0.1~0.2mm 정도 떨어진 곳에 실크를 붙입니다.

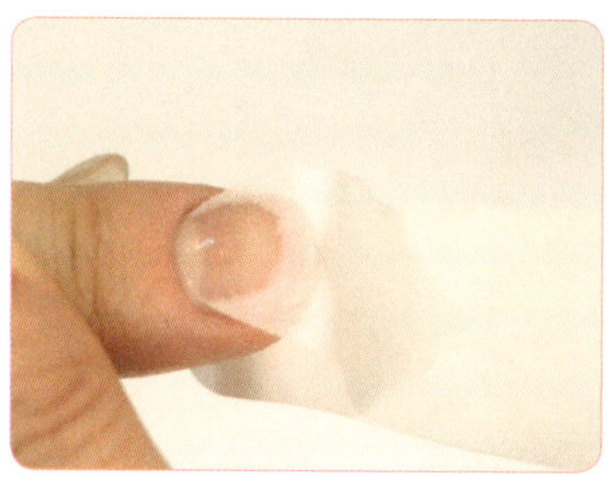

03 실크 위에 라이트 글루를 한 방울 떨어뜨려 실크를 고정합니다.

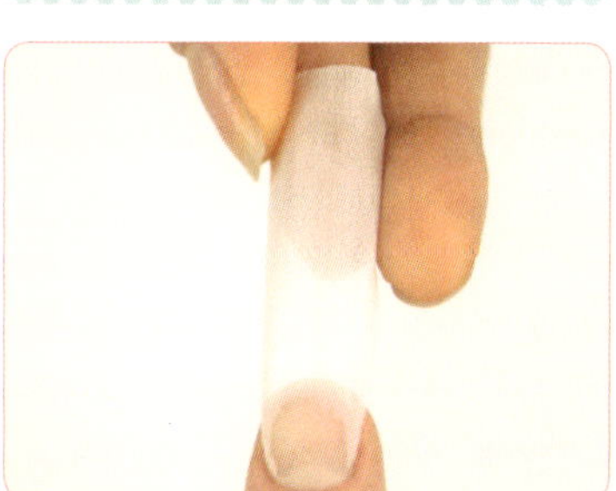

04 나머지 실크를 분리한 다음, 그림과 같이 손가락으로 실크를 커브 모양으로 만듭니다.

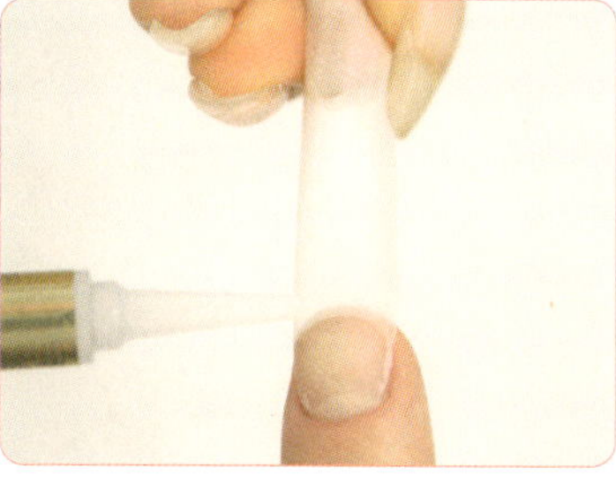

05 실크에 라이트 글루를 얇게 펴 발라서 04번 과정에서 잡은 커브를 고정합니다.

06 15cm 정도 거리를 두고 글루 드라이를 뿌립니다.

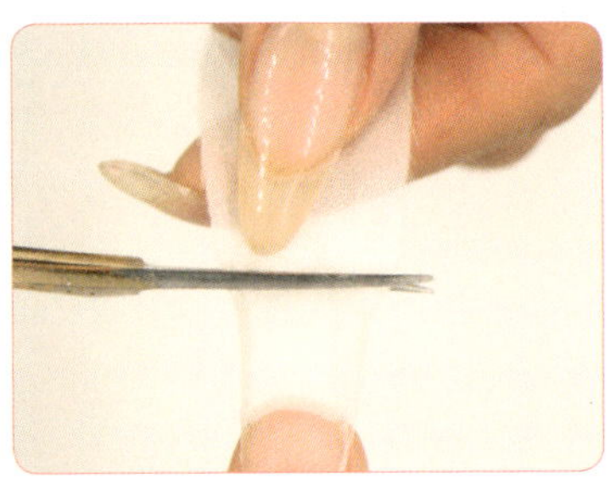

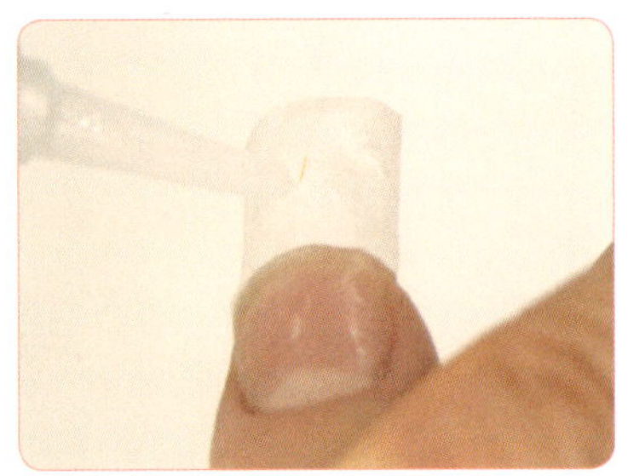

07 그림과 같이 실크를 손가락으로 살짝 받쳐서 커브가 틀어지지 않게 고정합니다.

08 실크 가위로 손톱을 연장할 길이만큼 실크를 자릅니다.

09 라이트 글루를 전체적으로 바릅니다.

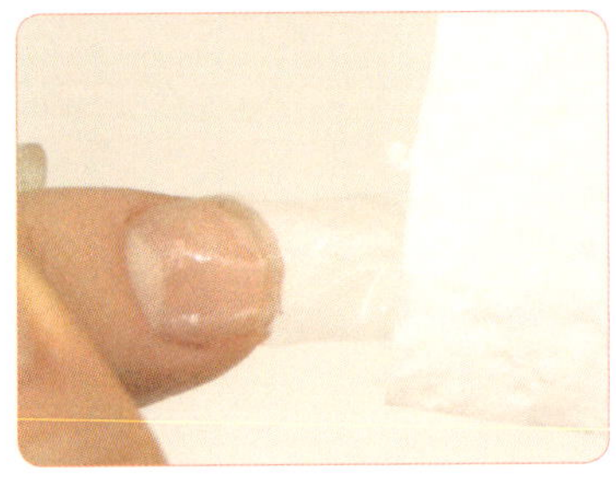

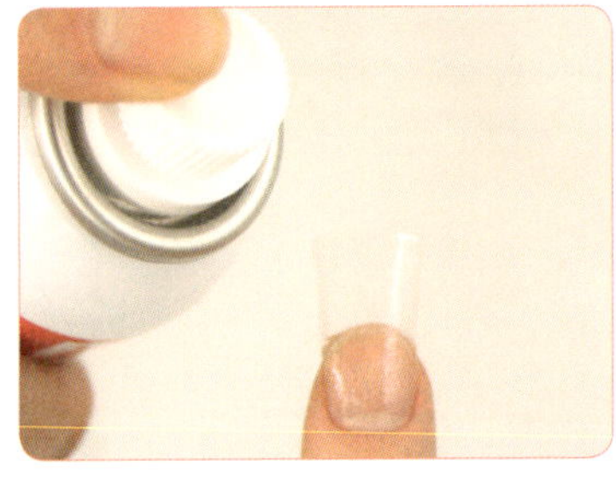

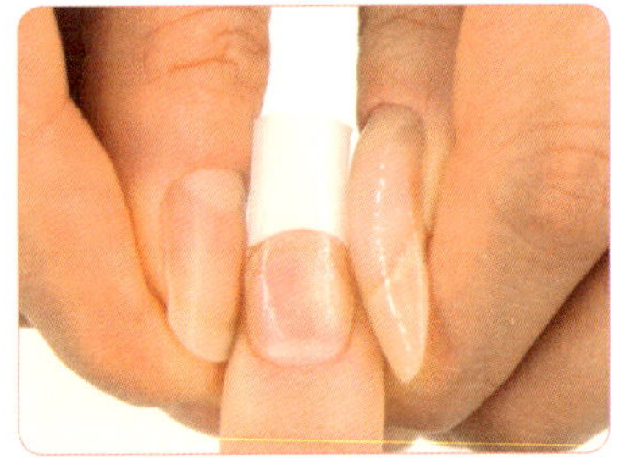

01 라이트 글루가 뭉치지 않도록 실크 끝에 페이퍼 타올을 대서 라이트 글루를 흡수시킵니다.

02 글루 드라이를 뿌립니다.

03 그림과 같이 엄지 손가락으로 커브를 잡아 누르고 5~7초 정도 기다려 커브 모양을 고정합니다.

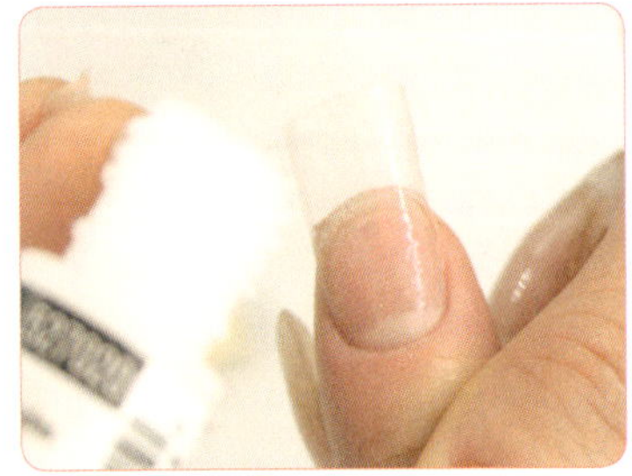

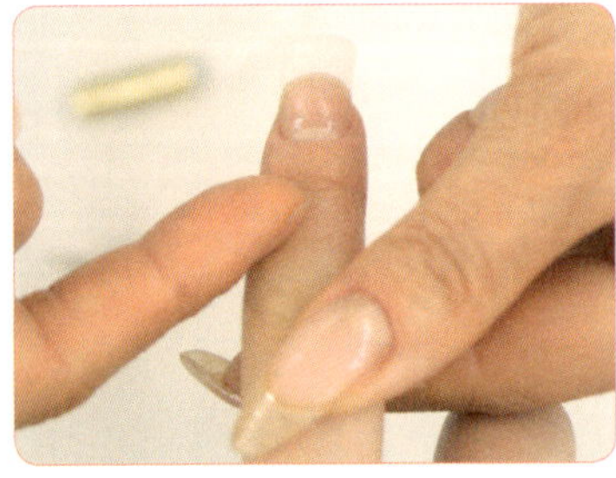

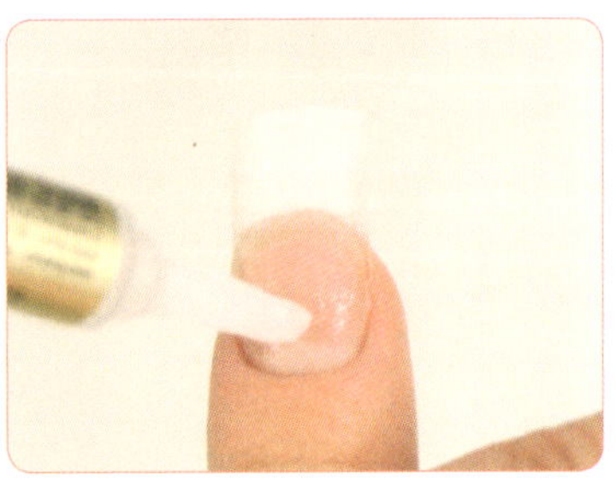

04 라이트 글루를 전체적으로 바르고 휠러 파우더를 프리 엣지에서 3분의 2지점까지 뿌립니다.

05 휠러 파우더의 양을 조절하기 위해 시술자가 모델의 손가락을 튕기듯이 쳐서 적당량의 파우더를 털어냅니다.

06 04번과 05번 과정을 3~4회 반복해서 실크를 두껍게 만듭니다.

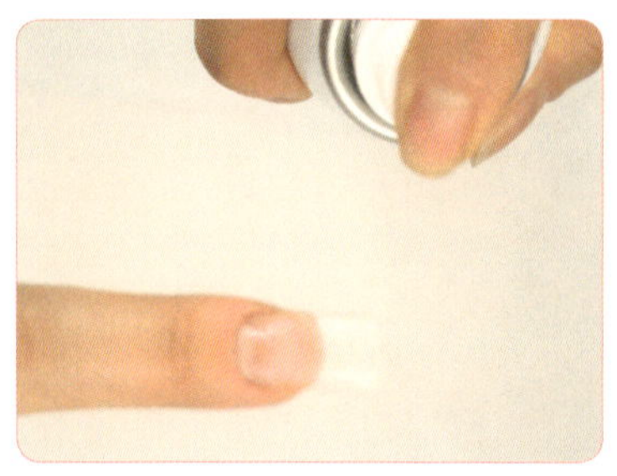

07 라이트 글루를 전체적으로 바르고 글루 드라이를 뿌립니다.

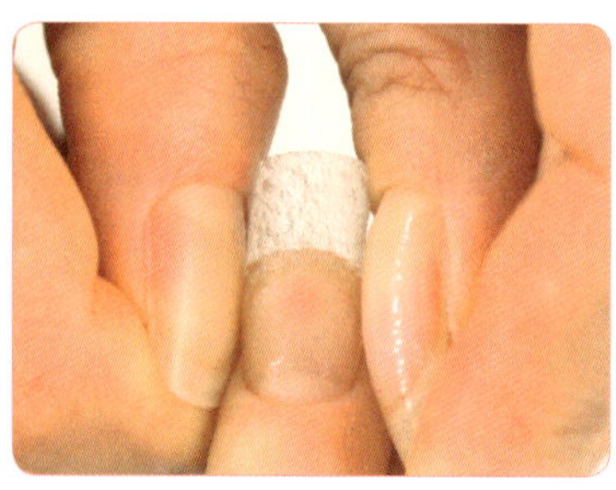

08 그림과 같이 엄지 손가락으로 커브를 잡습니다.

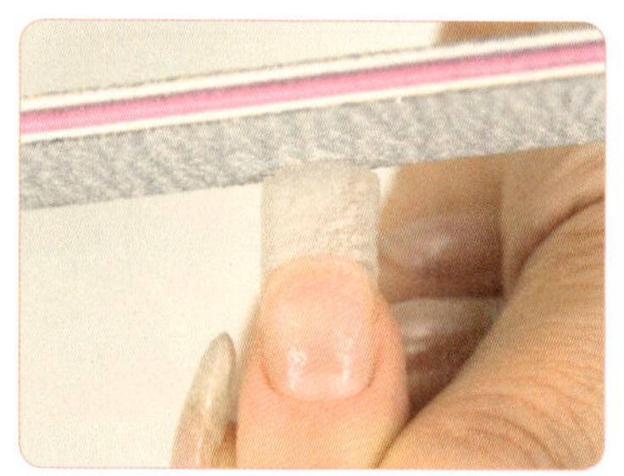

09 100 파일 또는 180 파일을 사용해 일자 쉐입을 잡습니다.

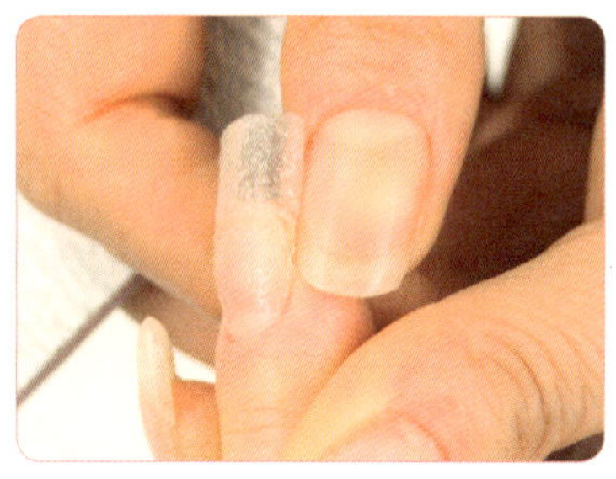

01 손톱 웰 부분에 라이트 글루가 넘치지 않았는지 손톱으로 눌러 확인합니다.

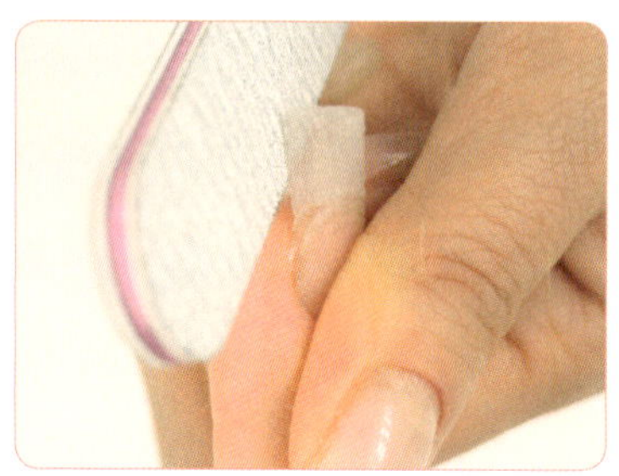

02 100 파일 또는 180 파일을 사용해 십일자 쉐입을 잡습니다.

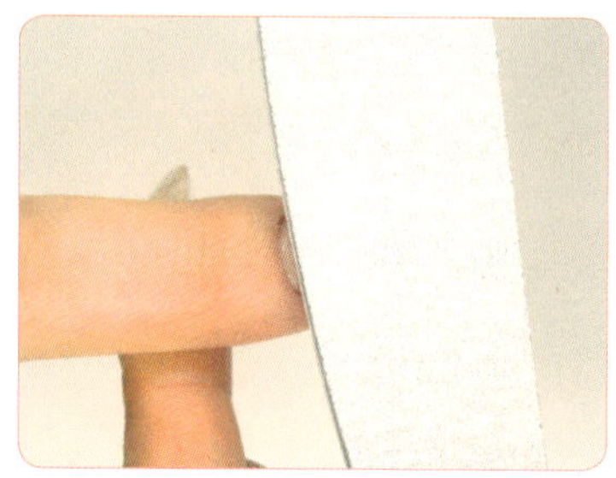

03 실크 턱(큐티클 라인에서 0.1∼0.2mm 정도 떨어진 곳)을 100 파일 또는 180 파일을 사용해 정리합니다.

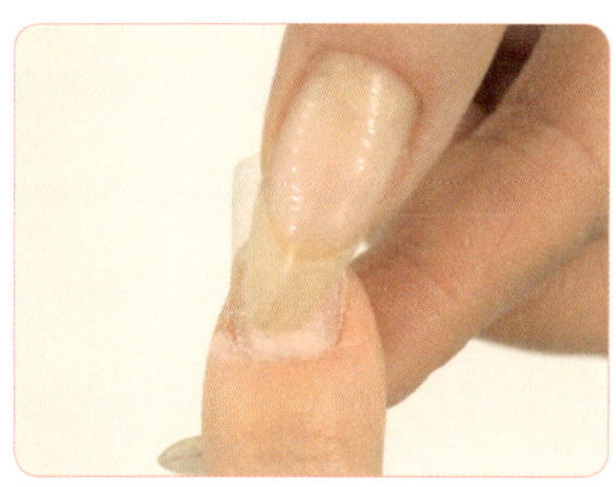

04 실크 턱이 잘 제거되었는지 손톱으로 확인합니다.

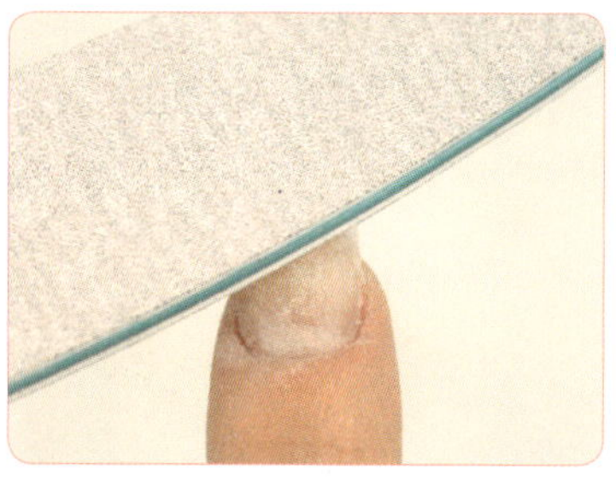

05 손톱에 걸리는 부분이 있으면 다시 한 번 100 파일 또는 180 파일을 사용해 손톱 표면을 매끄럽게 만듭니다.

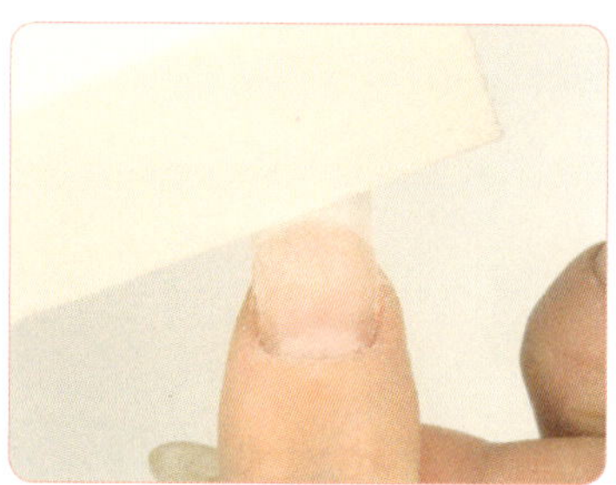

06 파일링하면서 생긴 스크래치를 없애기 위해 샌딩으로 손톱 표면을 한 번 더 정리합니다.

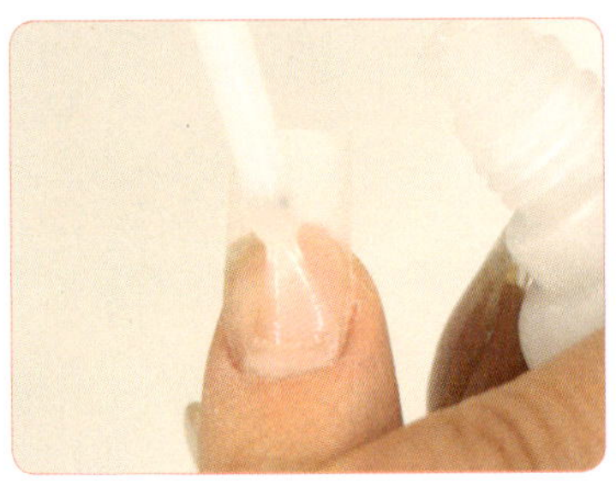

07 파일링과 샌딩으로 인해 손톱 주변과 표면에 묻은 가루를 거스나 물티슈로 닦아서 없앤 다음, 젤 글루를 바릅니다.

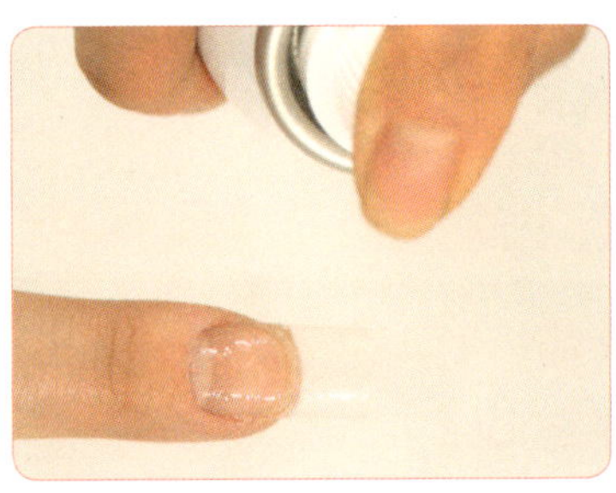

08 글루 드라이를 뿌립니다.

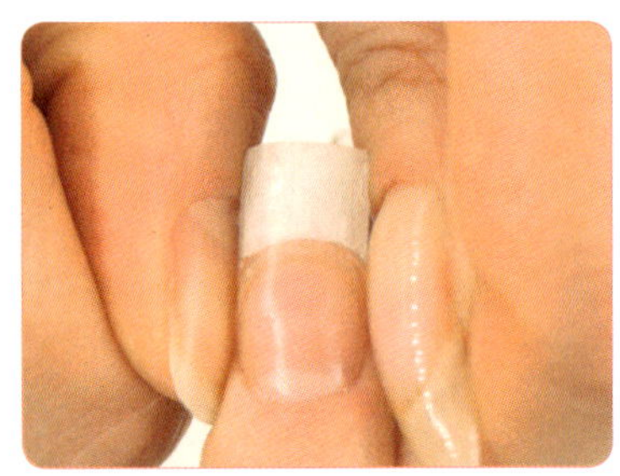

09 그림과 같이 엄지 손가락을 사용해 다시 한 번 커브를 잡습니다.

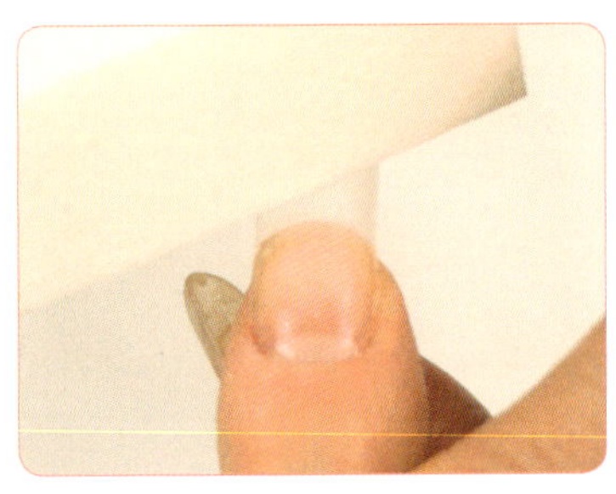

10 샌딩으로 손톱 표면을 문질러 젤 글루의 광을 없앱니다.

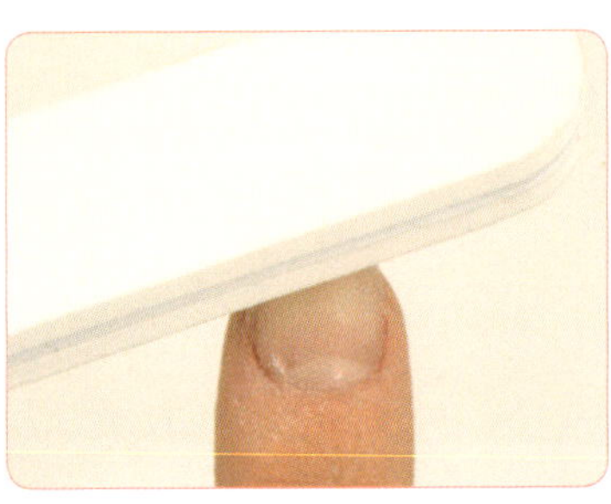

11 2-way 파일로 표면을 정리합니다.

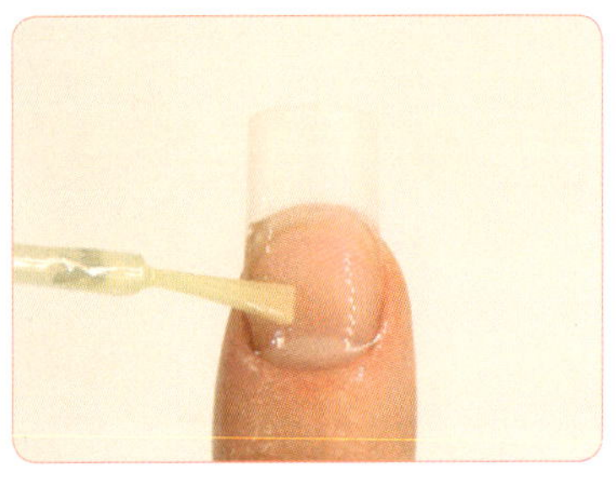

12 큐티클 라인 부근에 오일을 발라 손톱에 광이 나게 합니다.

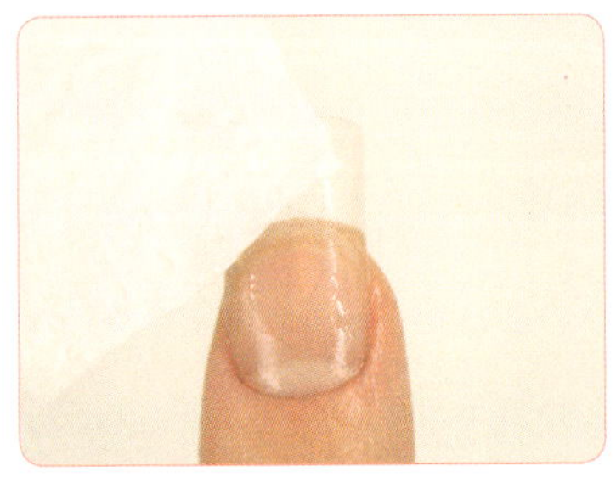

13 페이퍼 타올로 오일을 살짝 닦습니다.

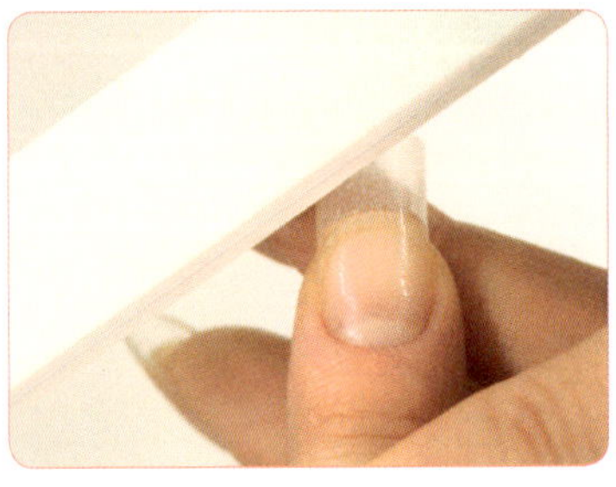

14 광 파일로 손톱 표면을 문질러 광을 냅니다.

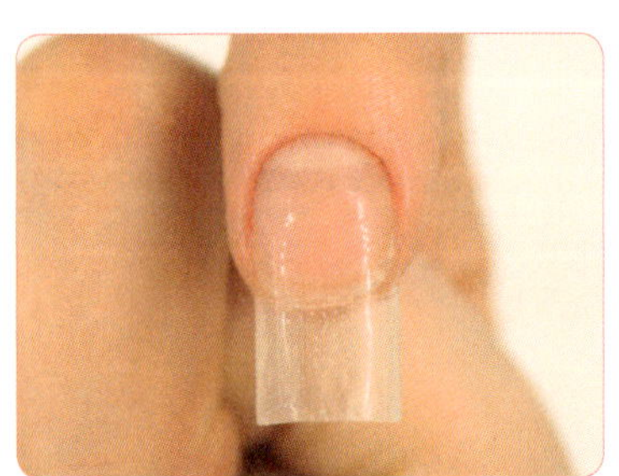

15 완성합니다.

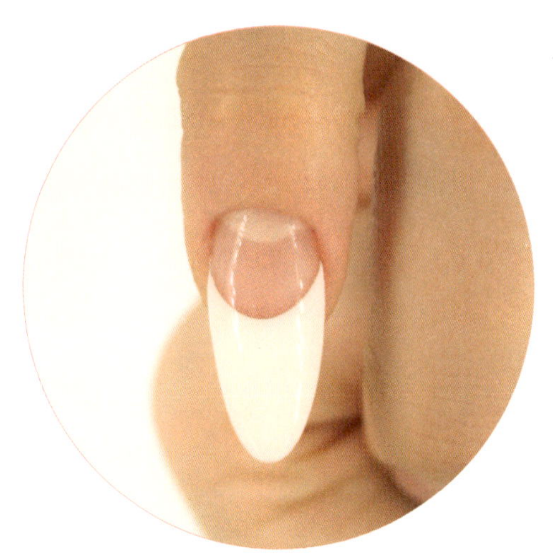

별도의 컬러링이 필요 없는,

화이트 팁 위드 젤

05

화이트 팁을 붙이고 젤로 한 겹 더 씌워 보강하는 방법으로, 별도의 컬러링을 하지 않아도 컬러링을 완성할 수 있다는 장점이 있습니다. 화이트 팁을 붙이고 젤로 보강하는 방법을 알아봅니다.

준비물

화이트 팁, 라이트 글루, 클리퍼, 본더, 클리어 젤, 탑 젤, 젤 브러시, 젤 램프, 100 파일 또는 180 파일, 젤 클렌저, 샌딩

팁 붙이기

01 손톱 크기에 맞는 팁을 고릅니다.

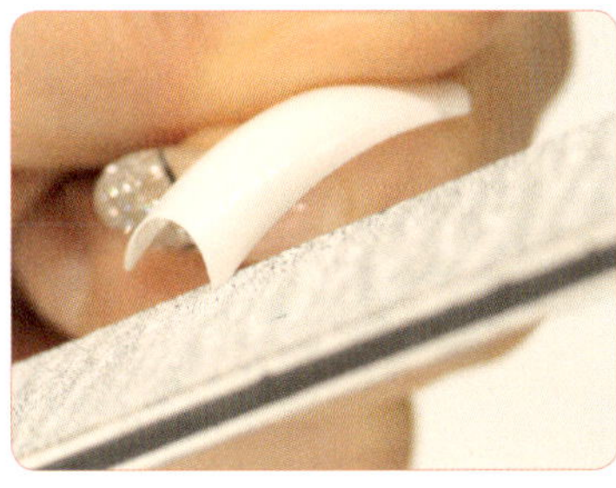

02 팁의 웰부분을 100 파일 또는 180 파일로 정리합니다.

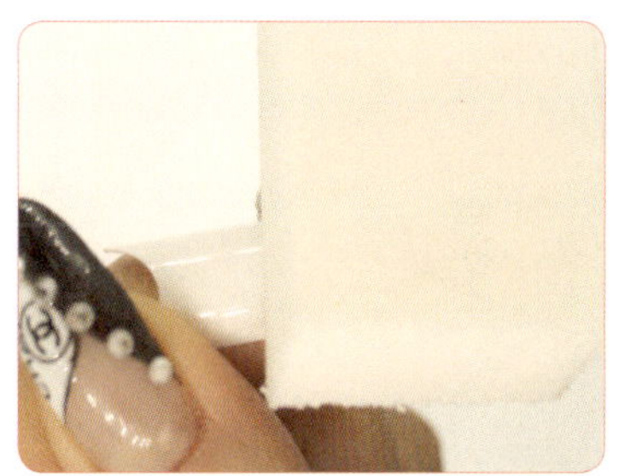

03 샌딩으로 화이트 팁 표면의 광을 없앱니다.

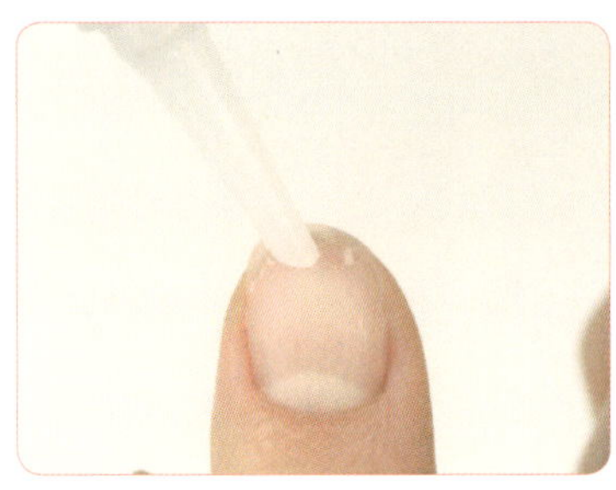

04 손톱 끝부분에 라이트 글루를 바릅니다.

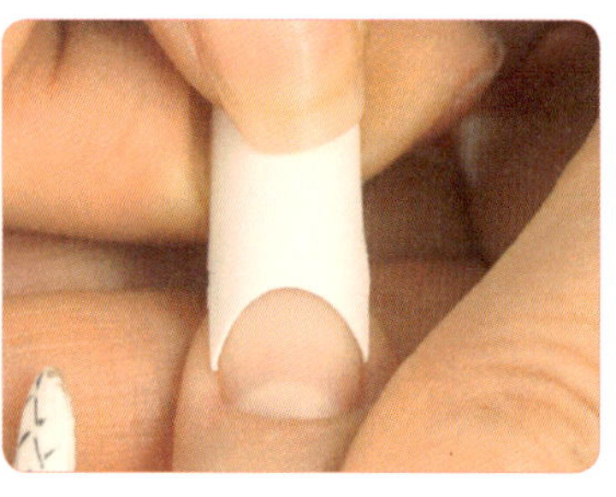

05 손톱에 맞춰 팁을 붙입니다.

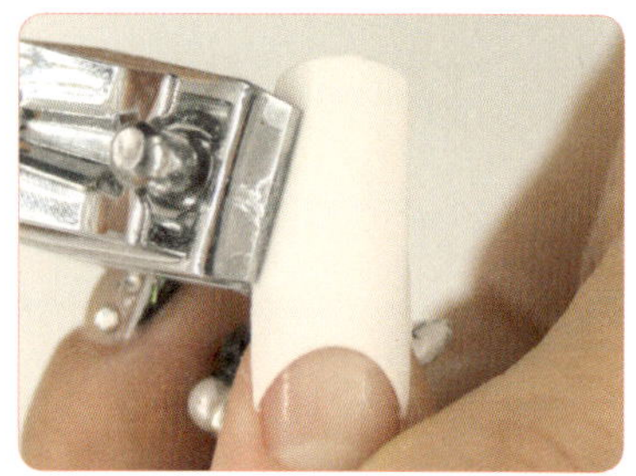

06 클리퍼로 팁의 모양을 잡아가며 자릅니다.

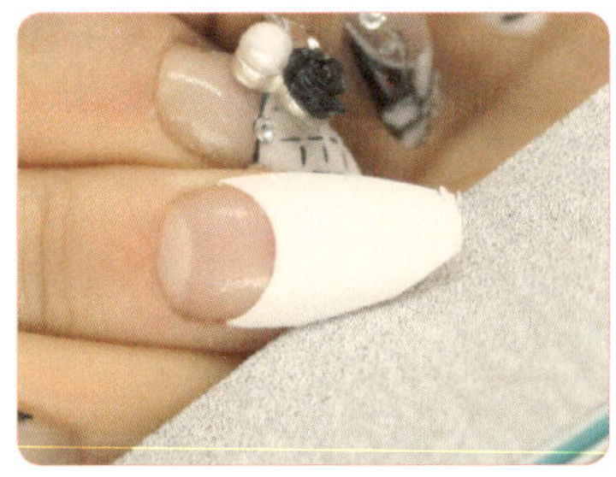

07 100 파일 또는 180 파일로 오벌 쉐입을 잡습니다.

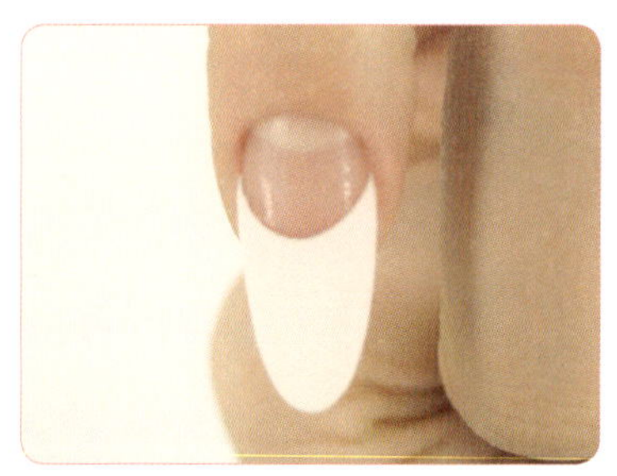

08 쉐입이 잘 잡혔는지 확인합니다.

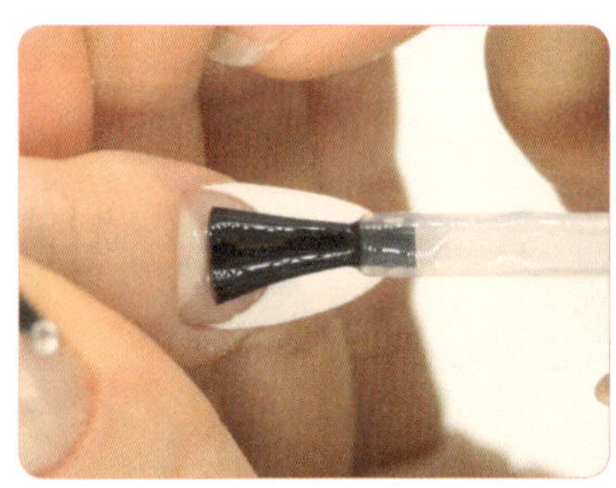

01 리프팅을 방지하기 위해 팁을 붙이지 않은 손톱 표면에 본더를 바릅니다.

02 브러시에 클리어 젤 볼을 살짝 뜹니다.

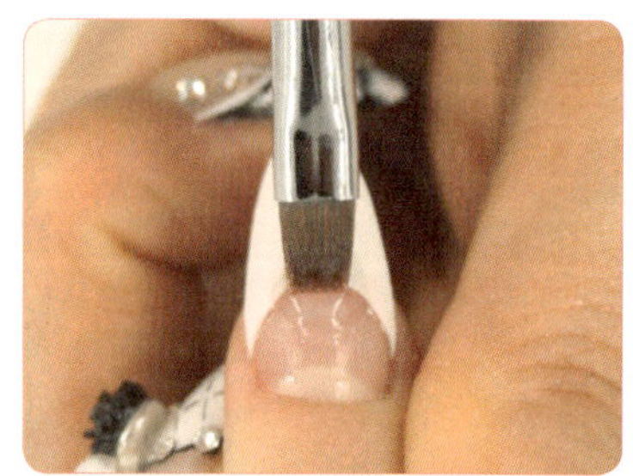

03 팁을 제외한 부분에만 클리어 젤을 얇게 펴 바르고 큐어링합니다(UV 램프 60초, LED 램프 30초).

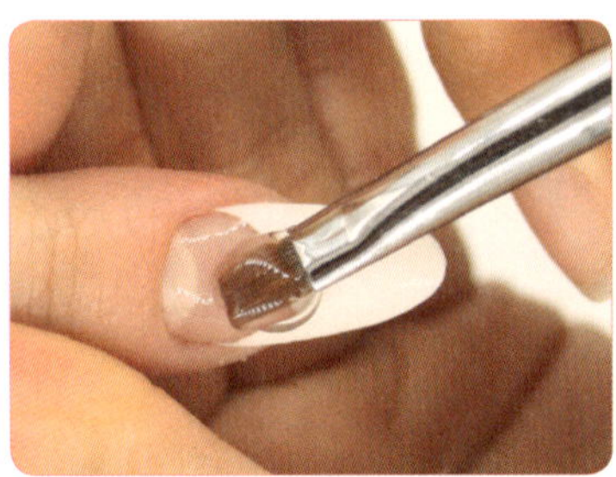
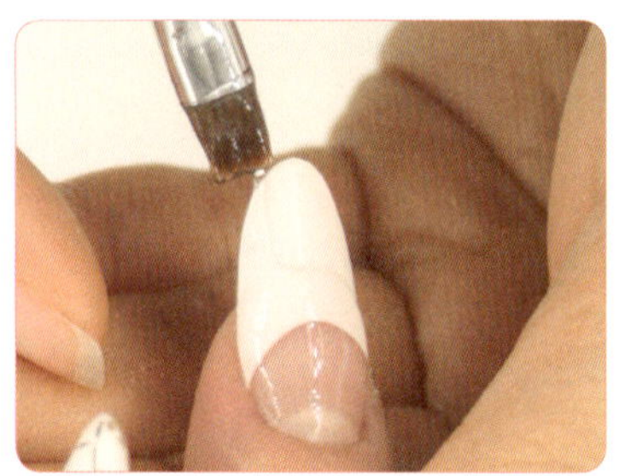

04 클리어젤 볼을 첫번째 볼보다 많이 뜹니다.

05 팁을 제외한 부분에 클리어 젤을 올립니다.

06 큐티클 라인부터 팁 끝부분까지 클리어 젤을 펴 바른 다음 큐어링합니다(UV 램프 60초, LED 램프 30초).

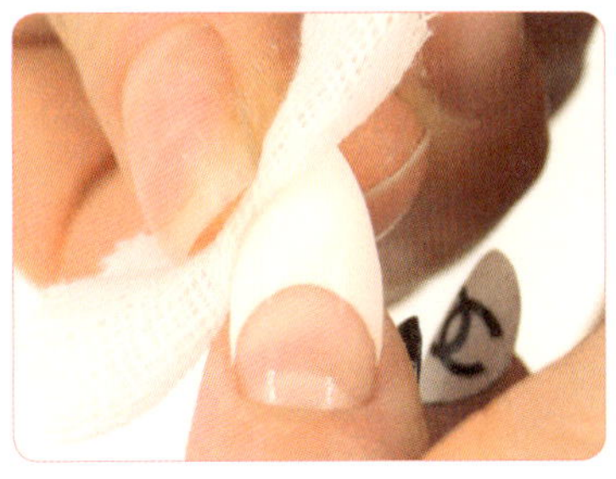
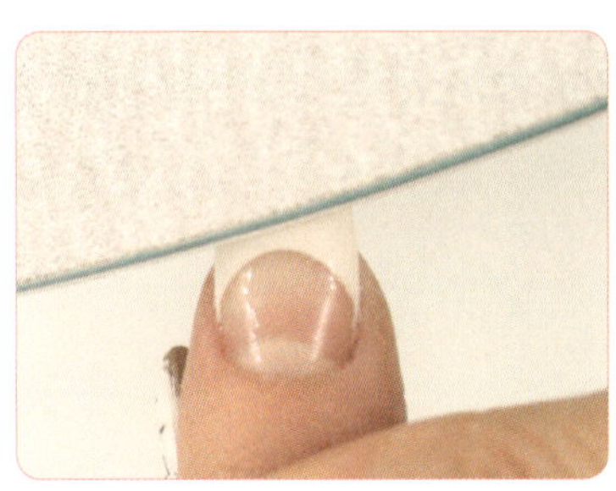
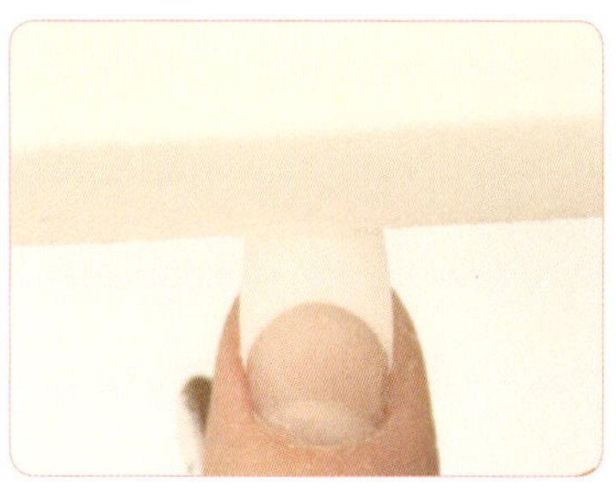

07 젤 클렌저로 미경화된 젤을 닦습니다.

08 100 파일 또는 180 파일로 표면을 매끄럽게 정리합니다.

09 샌딩으로 한 번 더 표면을 정리합니다.

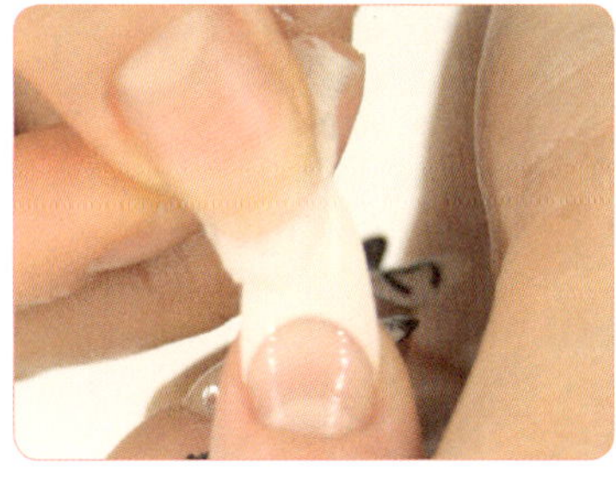
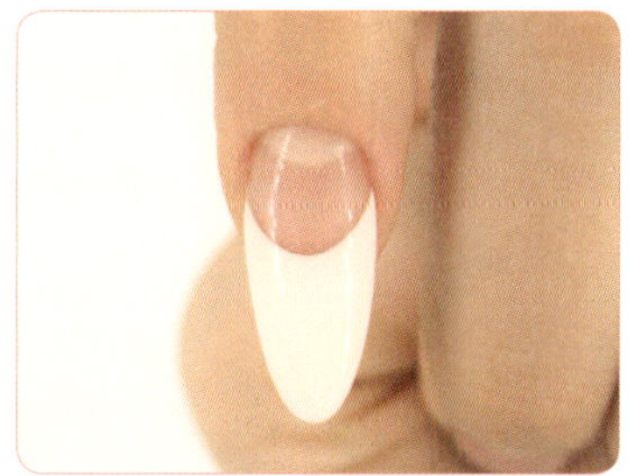

10 손톱 표면과 주변에 묻은 가루를 거즈나 물티슈로 닦고 탑 젤을 바릅니다.

11 큐어링(UV 램프 60초, LED 램프 30초)한 다음 미경화된 젤을 닦습니다.

12 완성합니다.

> **TIP 팁에 대한 이해**
>
> 팁을 고를 때는 자연 손톱의 사이즈보다 살짝 큰 것을 고르고 웰부분만 파일로 갈아 손톱 사이즈에 맞추는 것이 좋습니다. 손톱의 표면과 접착하는 팁의 부분을 웰(Well)이라고 하는데 웰(Well) 부분이 없는 팁을 '풀 팁', 웰(Well) 부분이 있는 팁을 '하프 팁'이라 합니다.

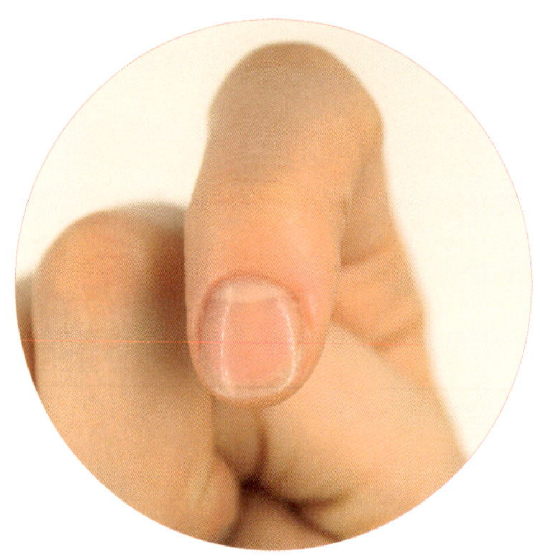

찢어진 손톱을 보수하기 위한,

실크 랩핑

자연 손톱이 갈라지거나 찢어졌을 때 손톱을 보강하고 견고하게 하는 방법입니다. 실크 랩핑을 통해 자연 손톱을 자르지 않고 유지할 수 있는 방법을 알아보겠습니다.

준비물

실크, 실크 가위, 라이트 글루, 젤 글루, 글루 드라이, 휠러 파우더, 샌딩, 100 파일 또는 180 파일, 2way 파일, 오일

실크 붙이기

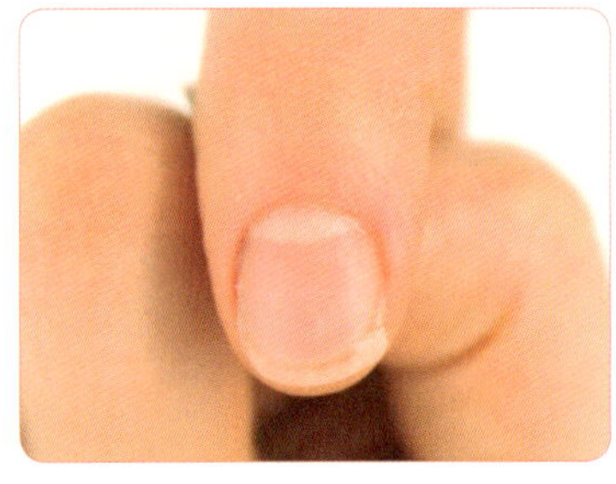

01 손톱에서 찢어진 부분을 확인합니다.

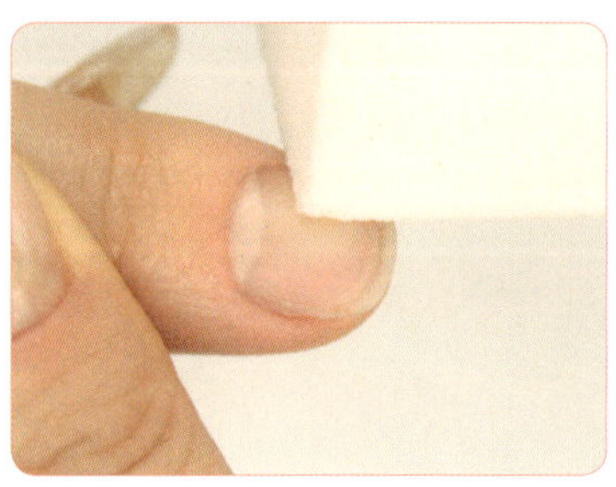

02 샌딩으로 손톱 표면의 유분기를 정리합니다.

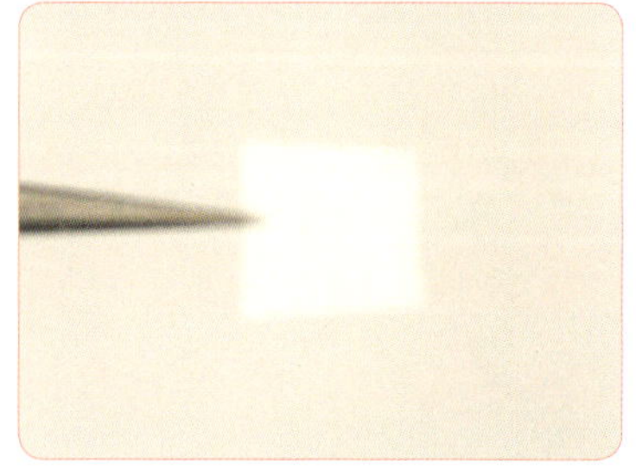

03 실크를 찢어진 부분보다 약간 큰 크기로 자릅니다.

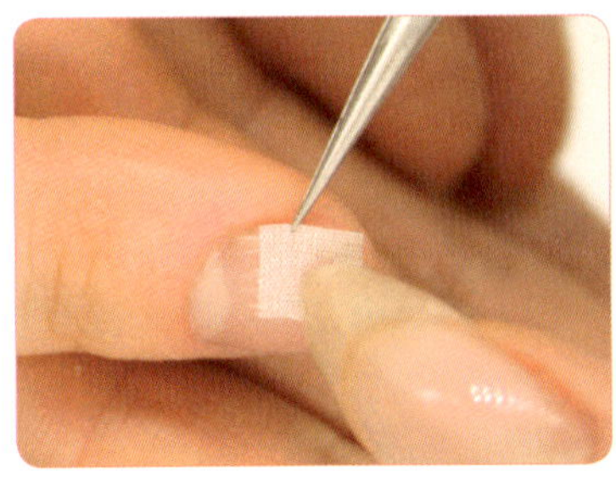 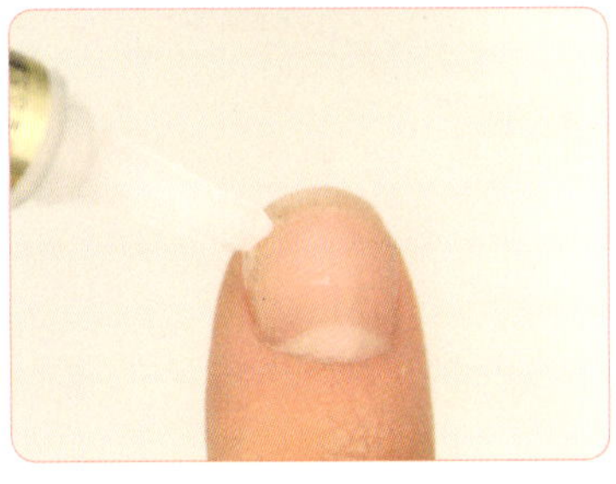 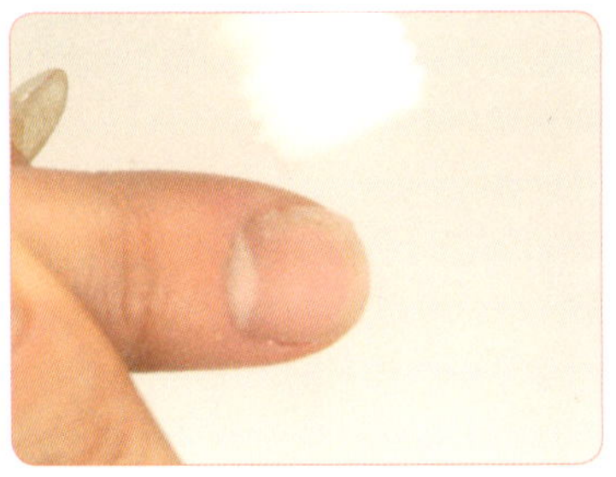

04 실크를 찢어진 손톱 위에 붙입니다.　**05** 붙인 실크에 라이트 글루를 바릅니다.　**06** 휠러 파우더를 뿌립니다.

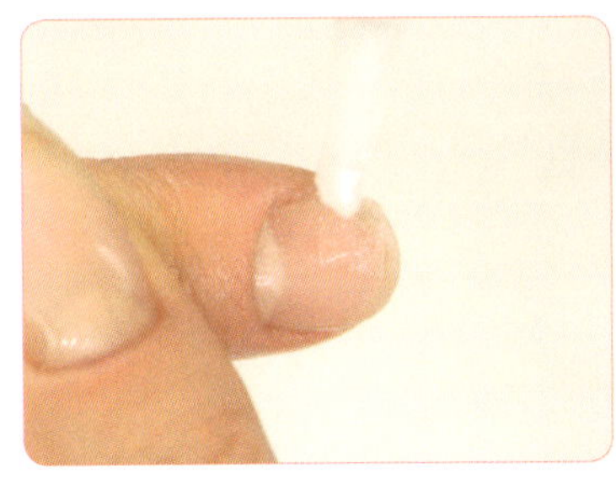 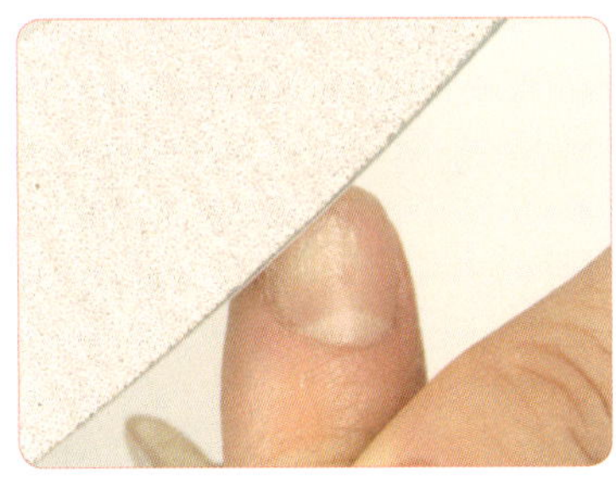 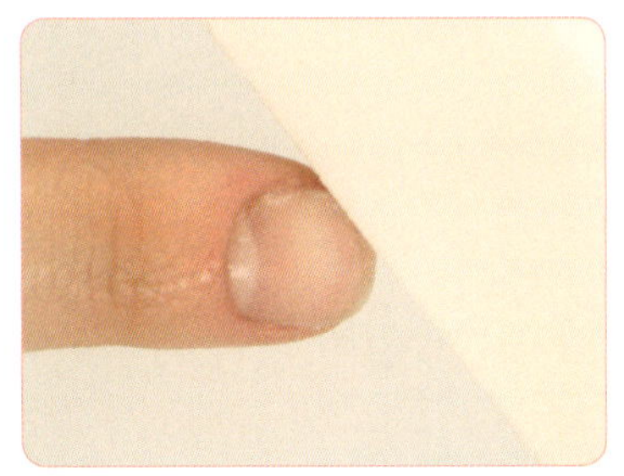

07 라이트 글루를 한 번 더 바르고 글루 드라이를 뿌립니다.　**01** 실크를 붙인 표면을 100 파일 또는 180 파일로 정리합니다.　**02** 샌딩으로 한 번 더 정리합니다.

TIP 손톱 모양으로 알아보는 성격

▶ **손톱의 길이가 짧고 뭉뚝하며 손톱 끝이 사각형인 사람**
이런 손톱을 가진 사람은 고집이 세지만 자신이 생각하는 것은 적극적으로 실행에 옮기며 의리를 중요시 하는 사람입니다.

▶ **손톱의 길이가 전체적으로 긴 사람**
예술적 감각이 뛰어나며 싸우는 것을 싫어하고 남의 말을 잘 들어주는 순한 성격으로 남들에게 쉽게 속아 넘어가기도 합니다.

▶ **손톱의 길이보다는 넓이가 넓은 사람**
자신이 좋아하는 사람에게는 잘하고 싫어하는 사람과는 다툼이 많으며 신경질적인 부분도 있지만 내면은 부드러운 감성이 흐르고 있는 사람입니다.

▶ **손톱의 길이가 길고 끝이 뾰족한 사람**
자존심과 승부욕이 강하고 작은 일에도 혼자 고민을 많이 하는 성격으로 자기 자신을 쉽게 드러내지 않는 사람입니다.

▶ **손톱의 길이가 짧고 끝이 뾰족한 사람**
매우 소극적인 성격으로 남들 앞에 나서는 것을 꺼려하고 겁이 많은 사람입니다.

▶ **손톱의 폭이 좁고 긴 사람**
손재주가 좋고 걱정이 많으며 감수성이 풍부한 사람입니다.

▶ **손톱이 역삼각형 모양을 가진 사람**
주로 리더 역할을 하며 적극적이고 머리 회전이 빨라 사람들에게 귀여움을 받는 사람입니다.

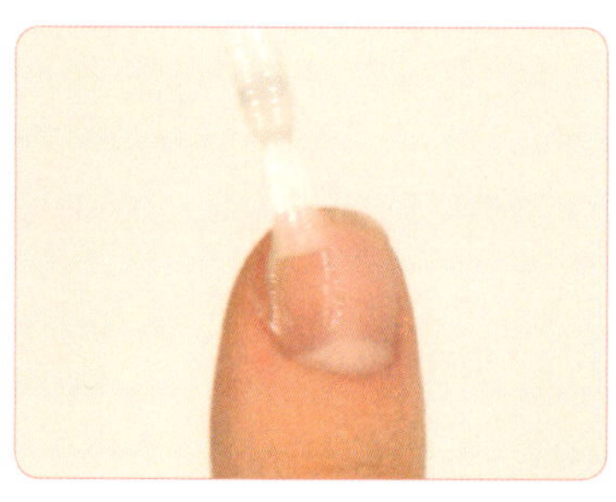

03 손톱 표면과 주변에 묻은 가루를 거즈나 물티슈로 닦고 젤 글루를 바릅니다.

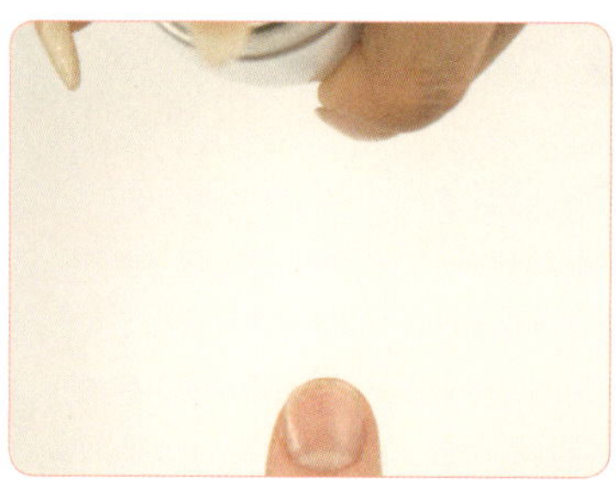

04 글루 드라이를 뿌립니다.

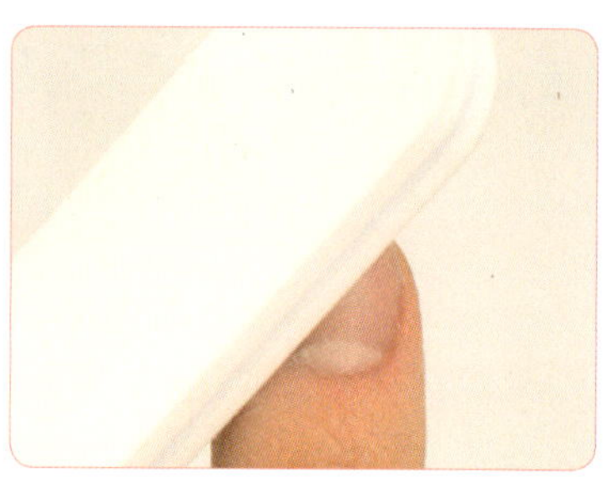

05 2-way 파일로 손톱 표면을 정리합니다.

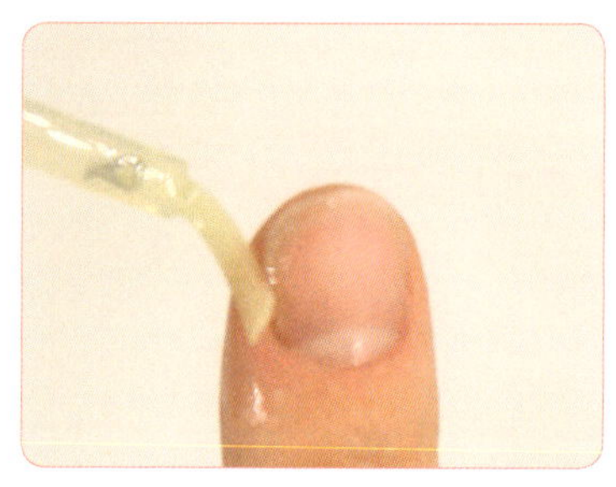

06 큐티클 라인 부근에 오일을 발라 손톱에 광이 나게 합니다.

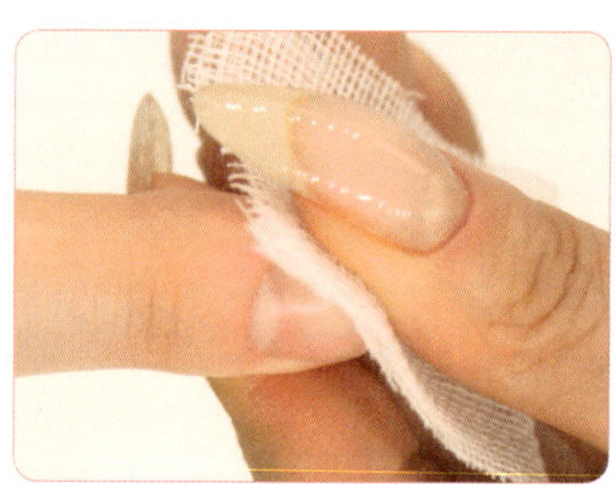

07 페이퍼 타올로 오일을 살짝 닦습니다.

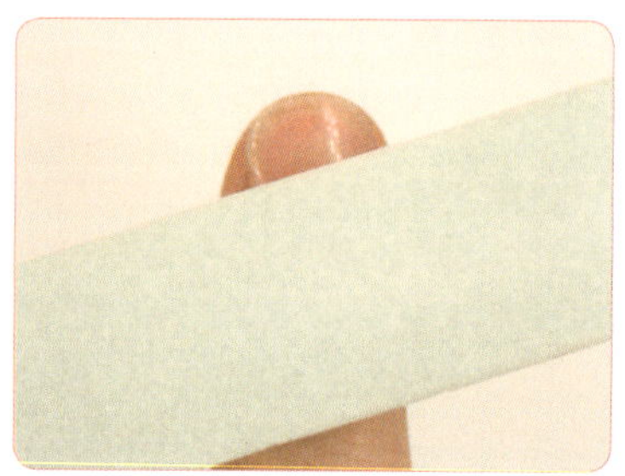

08 광 파일로 광을 냅니다.

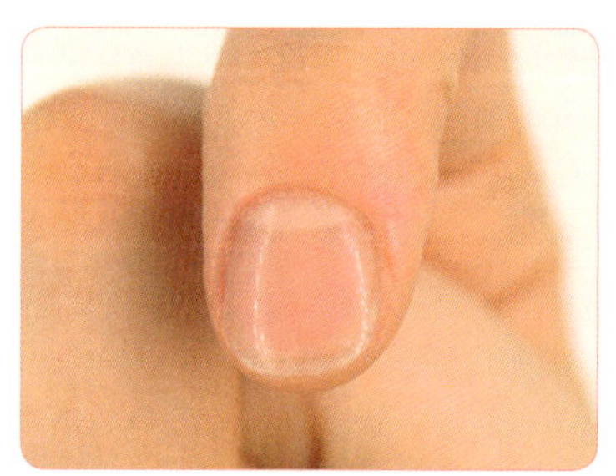

09 완성합니다.

네일아트를 할 때는 계절별로 어울리는 컬러를 선택하는 것이 중요합니다. 일반적으로 선호하는 계절별 네일 컬러를 알아보겠습니다.

▶ **봄에 어울리는 네일 컬러**

봄에는 따뜻하고 안정감 있는 컬러가 잘 어울립니다. 새싹처럼 생동감 있으면서도 한편으로는 차분한 파스텔컬러로 사랑스러운 플라워 아트를 한다면 손끝에서 봄 분위기를 물씬 풍길 수 있습니다.

▶ **여름에 어울리는 네일 컬러**

뜨거운 여름. 더욱 핫하고 시원하게 변화하고 싶은 때입니다. 여름휴가를 맞아 새롭게 네일을 바꾸기도 하고, 휴가를 떠나지 못하는 사람도 네일아트를 통해 그 갈증을 대신 해소하곤 합니다. 여름에는 시원한 하늘과 바다를 대표하는 블루를 선호합니다. 비비드한 컬러의 블루, 화이트, 반짝이는 실버 글리터를 사용하면 보는 것만으로도 시원한 여름 네일을 완성할 수 있습니다.

▶ **가을에 어울리는 네일 컬러**

봄에는 따뜻하고 사랑스러운 느낌의 컬러를 선호했다면 가을에는 따뜻하지만 스모키한 컬러로 시크한 무드를 표현합니다. 브라운, 버건디, 카키, 골드 등 톤 다운된 웜톤 컬러를 사용하면 따뜻하면서도 고급스러운 느낌을 줄 수 있습니다.

▶ **겨울에 어울리는 네일 컬러**

겨울은 유독 컬러에 인색해지는 계절로 주로 무채색 계열의 컬러를 선호했었습니다. 그러나 최근 들어 따뜻한 니트같은 느낌의 파스텔컬러도 함께 유행하는 추세입니다. 모던한 무채색과 따뜻한 파스텔컬러로 TPO에 맞춰 다양한 분위기의 네일을 연출해봅시다.

Part 03
선&도형
네일아트

심플하지만 돋보이는,
큐브 네일아트

큐브 모양으로 컬러를 바르고 라인 테이프로 테두리를 감싸 큐브 네일아트를 완성해 봅니다.

준비물

베이스 젤, 탑 젤, 샌딩, 우드 파일, 라인 테이프, 컬러 젤, 젤 클렌저, 젤 램프

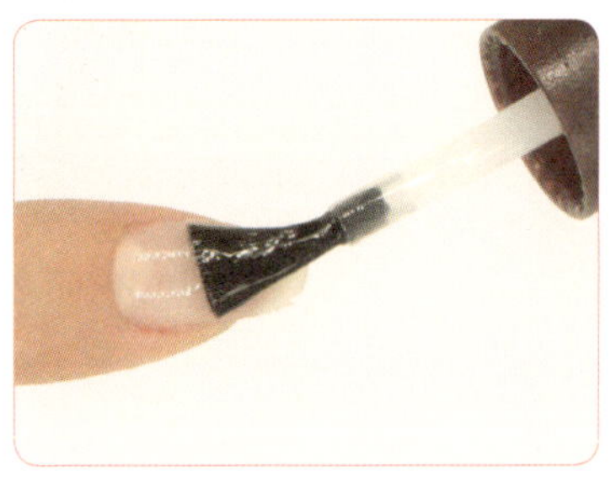

01 샌딩을 사용해 손톱 표면의 유분기를 제거한 다음 베이스 젤을 바릅니다.

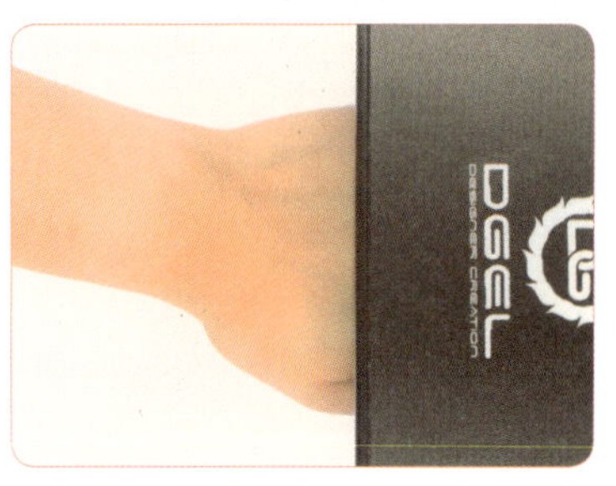

02 큐어링합니다(UV 램프 60초, LED 램프 30초).

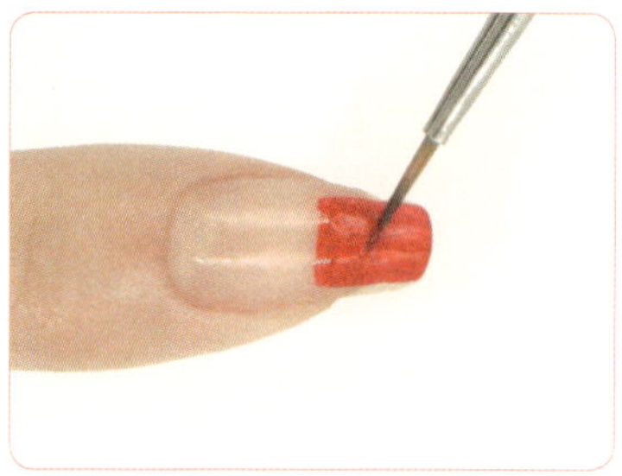

03 레드 젤 컬러를 사각형 모양으로 바른 다음 큐어링합니다(UV 램프 60초, LED 램프 30초).

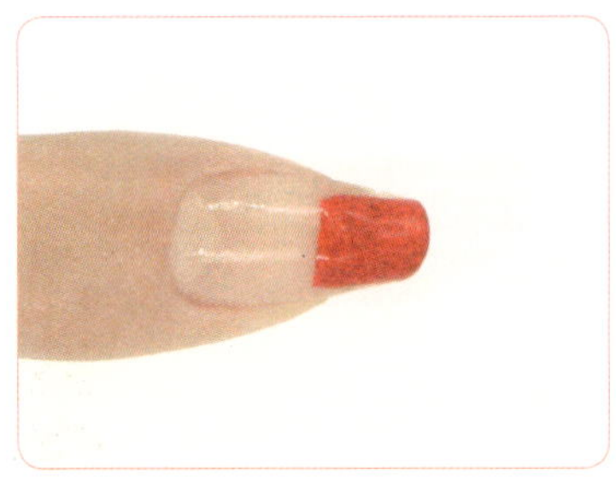

04 선명한 발색을 위해 03번 과정을 한 번 더 반복하고 큐어링합니다(UV 램프 60초, LED 램프 30초).

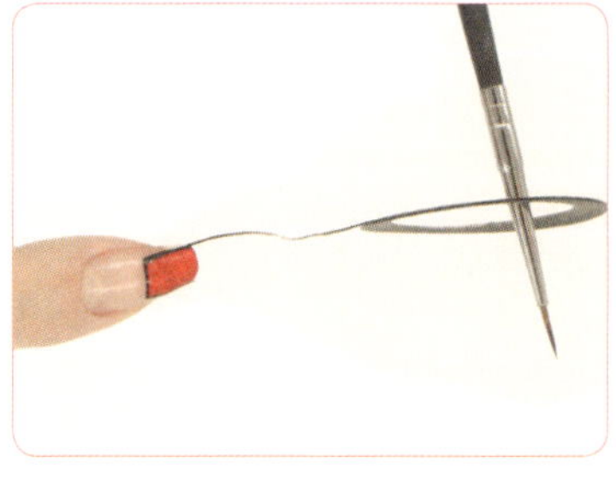

05 라인 테이프를 잘라 사각형의 테두리에 붙입니다.

06 탑 젤을 바르고 큐어링(UV 램프 60초, LED 램프 30초)한 다음 미경화된 젤을 닦아 완성합니다.

심플하지만 사랑스러운,

리본 네일아트

컬러로 면을 채우고 라인 브러시로 삼각형 모양의 리본을 만들어 리본 네일아트를 완성해 봅니다.

준비물

베이스 젤, 탑 젤, 컬러 젤, 젤 램프, 젤 클렌저, 라인 브러시, 샌딩

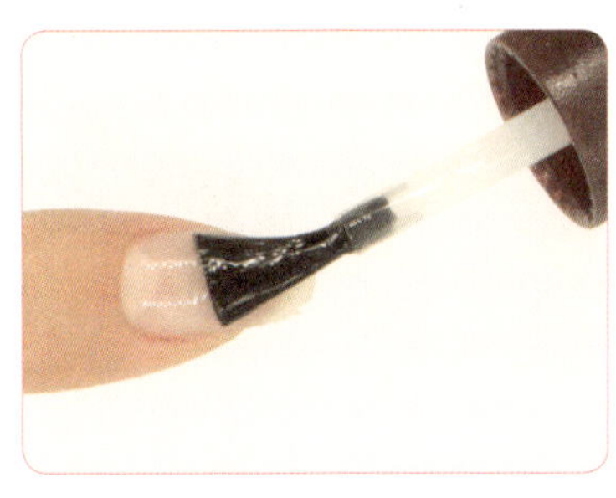

01 샌딩을 사용해 손톱 표면의 유분기를 제거한 다음 베이스 젤을 바르고 큐어링합니다(UV 램프 60초, LED 램프 30초).

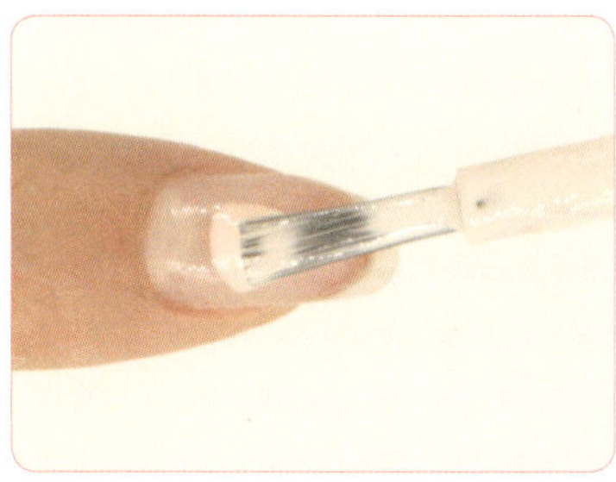

02 아이보리 젤 컬러를 손톱 표면 전체에 바른 다음 큐어링합니다(UV 램프 60초, LED 램프 30초).

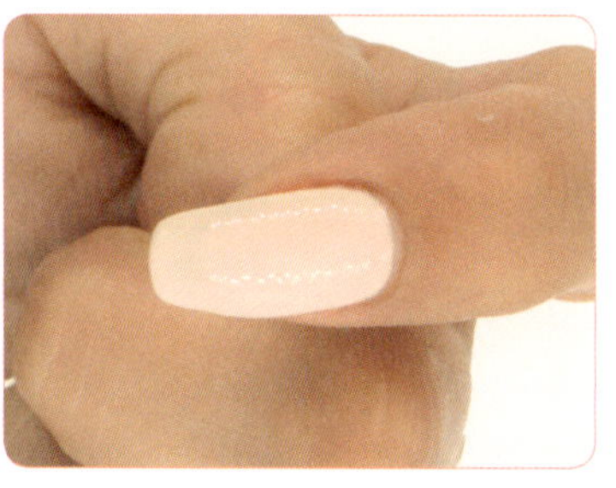

03 선명한 발색을 위해 02번 과정을 한 번 더 반복합니다.

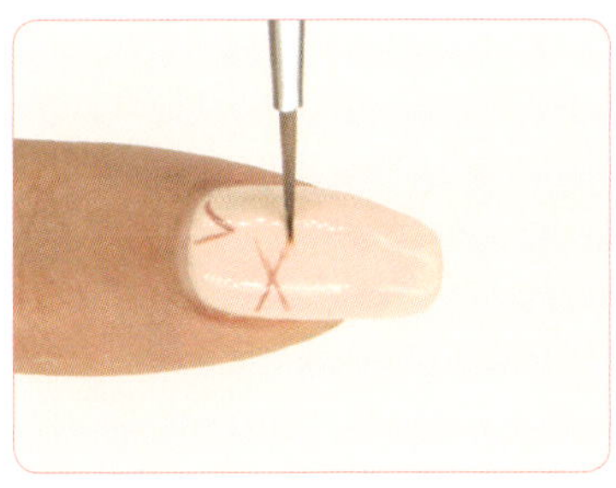

04 라인 브러시로 X자를 그려 리본 모양의 윤곽을 잡습니다.

05 X자의 면을 채워 리본 모양을 여러 개 그린 다음, 큐어링(UV 램프 60초, LED 램프 30초)하고 탑 젤을 바릅니다.

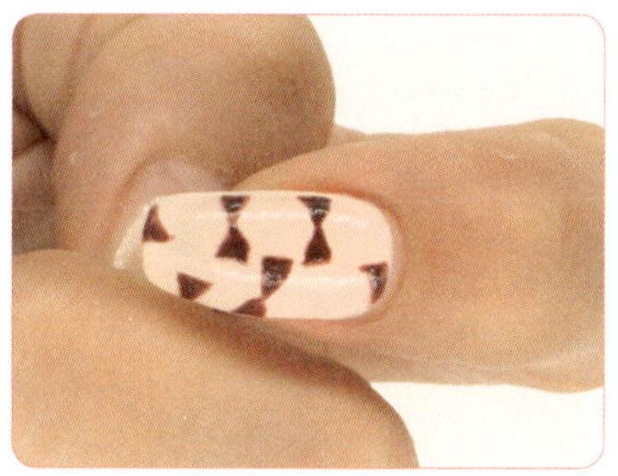

06 큐어링(UV 램프 60초, LED 램프 30초)한 다음 미경화된 젤을 닦아 완성합니다.

톡톡 터질 듯한,

솜사탕 네일아트

03

프렌치를 그리고 가루 글리터로 솜사탕 네일아트를 완성해 봅니다.

준비물

베이스 젤, 탑 젤, 샌딩, 컬러 젤, 글리터, 젤 클렌저, 젤 램프, 오렌지 우드스틱

01 샌딩을 사용해 손톱 표면의 유분기를 제거한 다음 베이스 젤을 바르고 큐어링합니다(UV 램프 60초, LED 램프 30초).

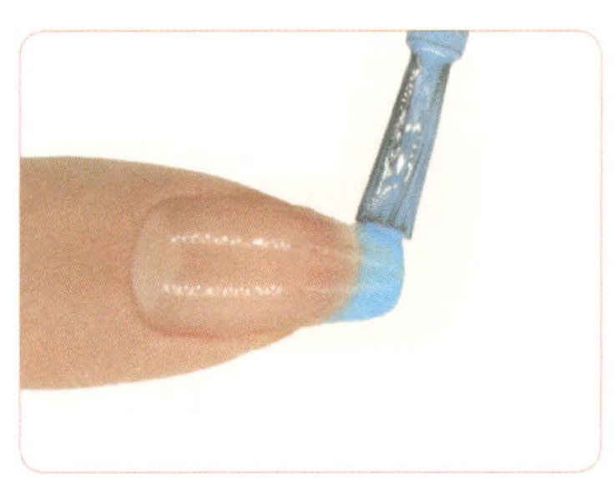

02 스카이블루 젤 컬러를 프렌치로 바르고 큐어링(UV 램프 60초, LED 램프 30초)한 다음. 선명한 발색을 위해 이 과정을 한 번 더 반복합니다.

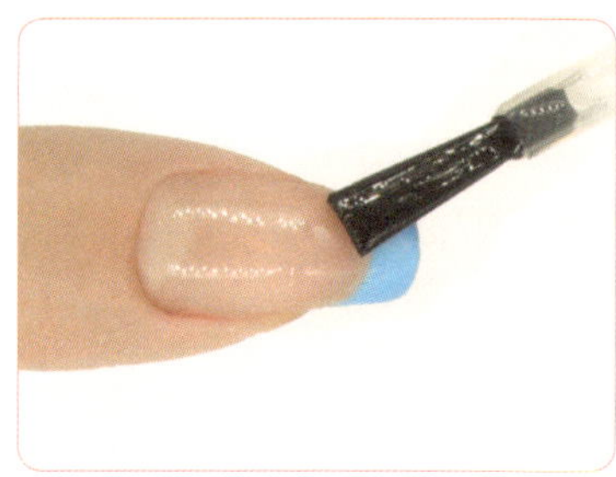

03 베이스 젤 컬러를 손톱 가운데 부분부터 프렌치 끝까지 바릅니다.

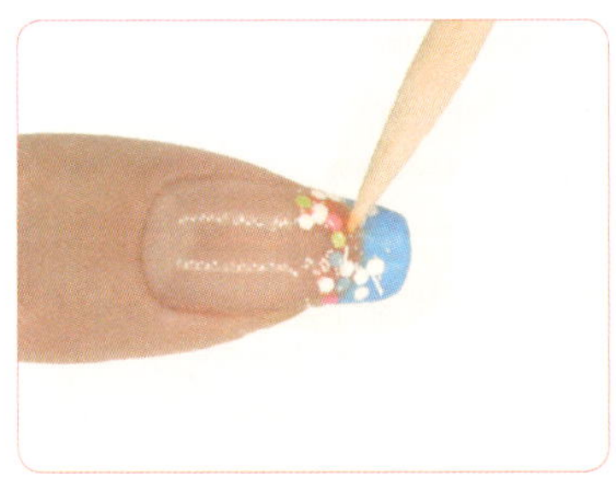

04 오렌지 우드스틱으로 글리터를 떨어뜨려 붙이고 큐어링합니다(UV 램프 60초, LED 램프 30초).

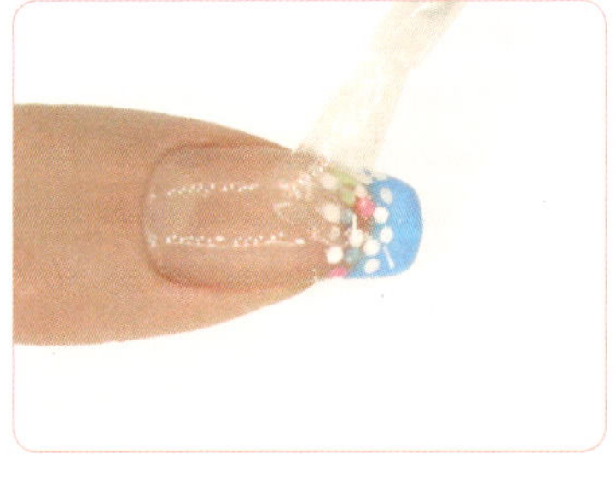

05 탑 젤을 바르고 큐어링합니다(UV 램프 60초, LED 램프 30초).

06 미경화된 젤을 닦아 완성합니다.

너의 이름을,

이니셜 네일아트

사랑하는 사람 또는 내 이름의 이니셜을 손톱에 그려 나만의 이니셜 네일아트를 완성해 봅니다.

준비물

샌딩, 베이스 젤, 젤 램프, 컬러 젤, 라인 브러시, 젤 팔레트, 젤 클렌저, 푸셔, 글리터, 탑 젤

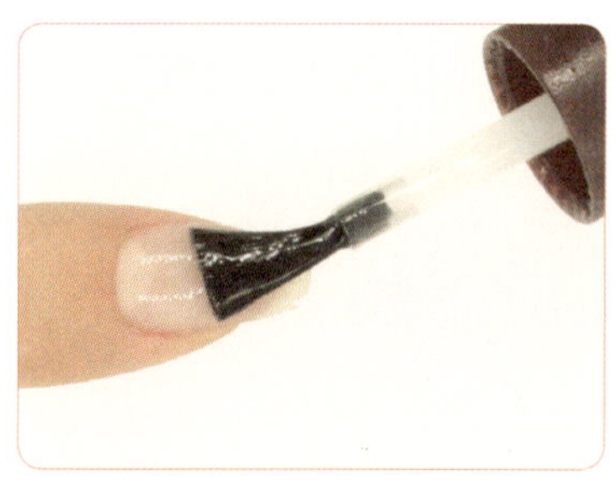

01 샌딩을 사용해 손톱 표면의 유분기를 제거한 다음 베이스 젤을 바릅니다.

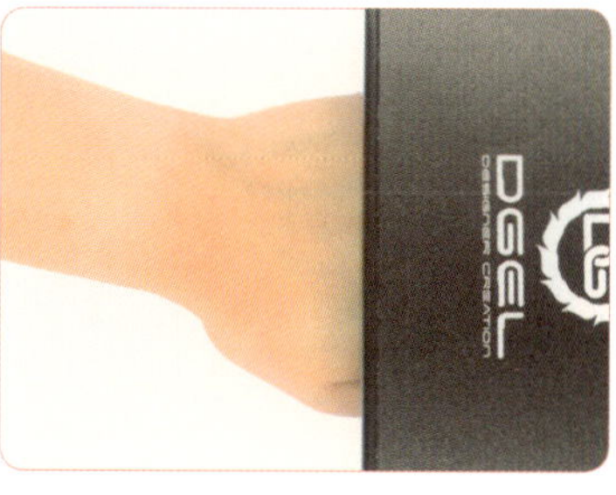

02 큐어링합니다(UV 램프 60초, LED 램프 30초).

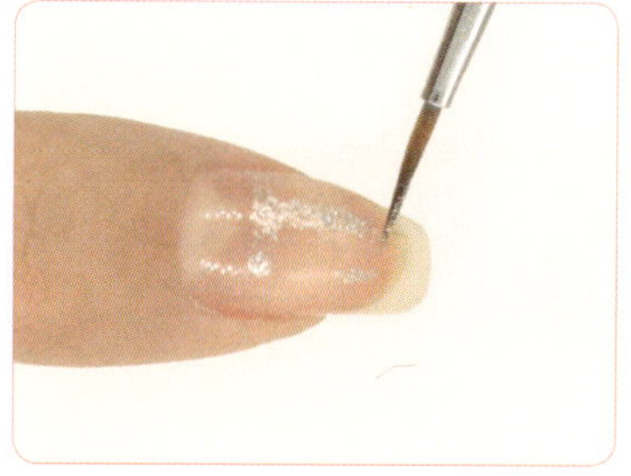

03 라인 브러시에 실버 글리터 젤을 묻혀 이니셜의 밑그림을 그립니다. 여기서는 'J'를 그립니다.

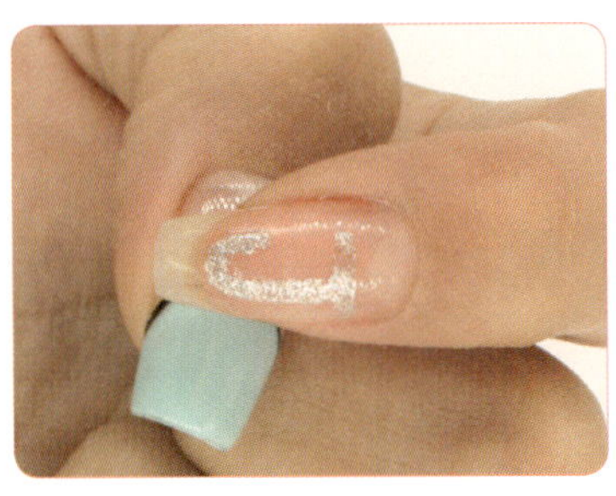

04 큐어링(UV 램프 60초, LED 램프 30초)한 다음. 03번 과정을 한 번 더 반복합니다.

05 푸셔로 가루 글리터를 팔레트에 덜어 둡니다.

06 팔레트에 탑 젤이나 베이스 젤을 떨어뜨려 가루 글리터와 섞습니다.

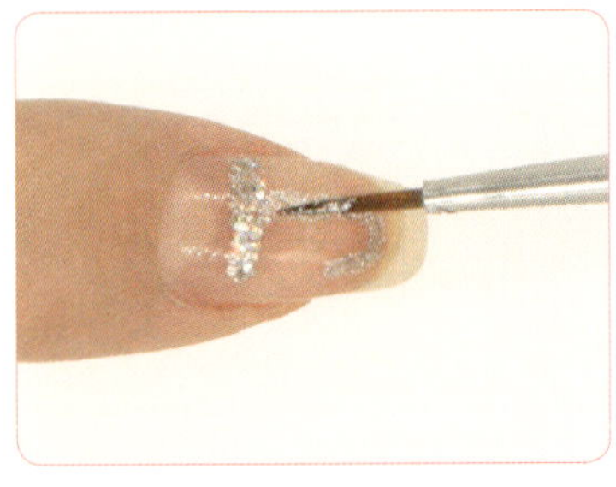

07 팔레트에서 만든 글리터를 라인 브러시에 묻히고 밑그림 위에 채우듯이 올립니다.

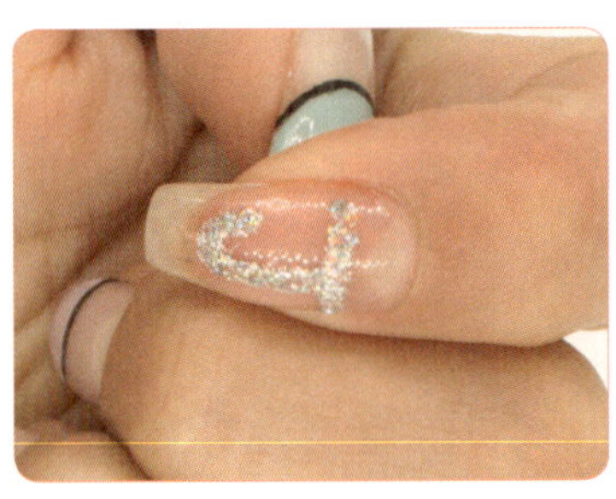

08 큐어링합니다(UV 램프 60초, LED 램프 30초).

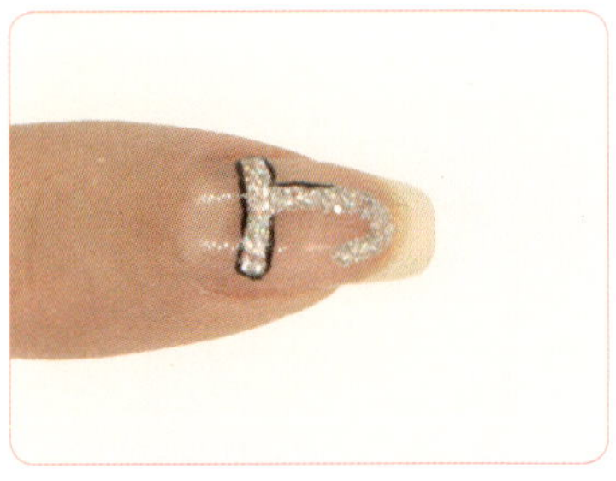

09 라인 브러시에 블랙 젤 컬러를 묻혀 이니셜의 테두리를 그립니다.

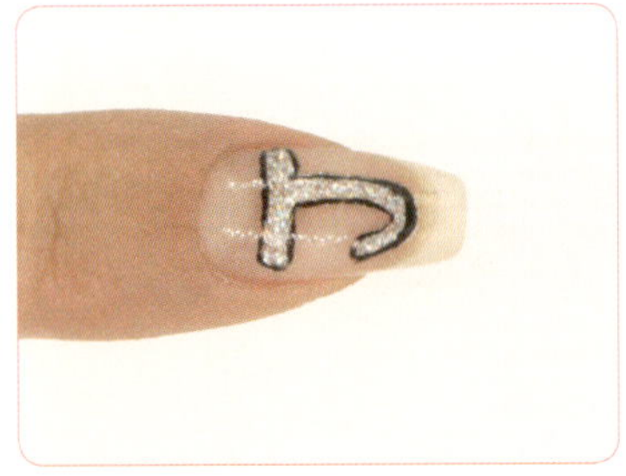

10 테두리를 다 그리면 큐어링합니다(UV 램프 60초, LED 램프 30초).

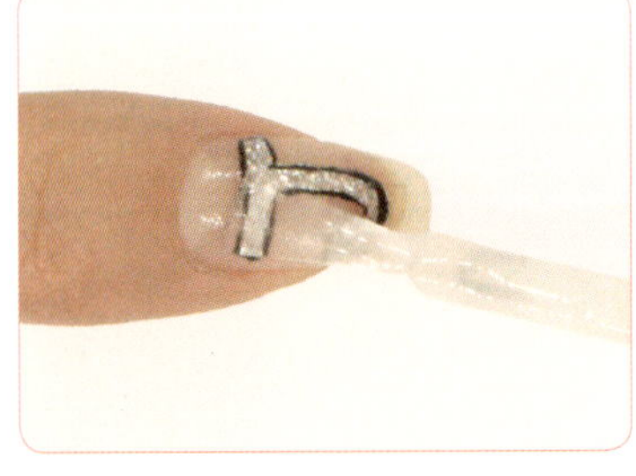

11 탑 젤을 바르고 큐어링합니다(UV 램프 60초, LED 램프 30초).

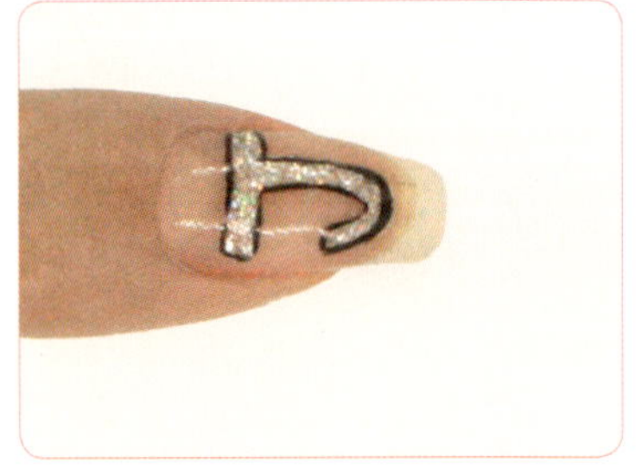

12 미경화된 젤을 닦아 완성합니다.

반짝반짝 빛나는,

별 네일아트

05

삼각형 두 개를 그려 간단하게 별 모양을 그리고 별 모양 안에 컬러 젤을 채워 별 네일아트를 완성해 봅니다.

준비물

베이스 젤, 탑 젤, 샌딩, 컬러 젤, 글리터, 젤 클렌저

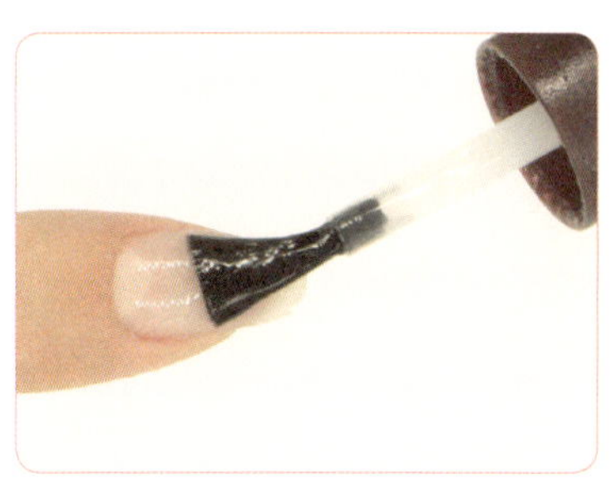

01 샌딩을 사용해 손톱 표면의 유분기를 제거한 다음 베이스 젤을 바르고 큐어링합니다.(UV 램프 60초, LED 램프 30초)

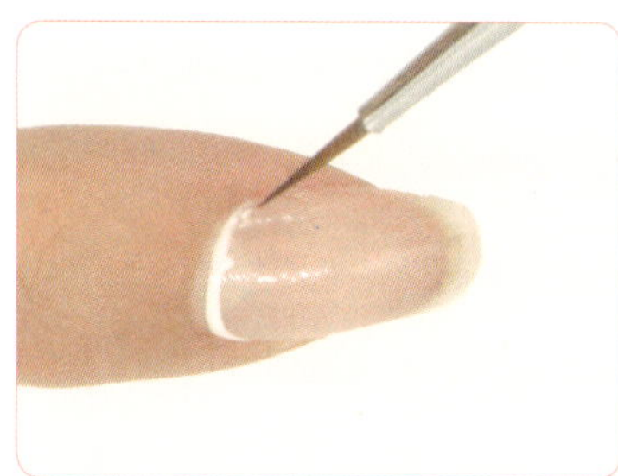

02 라인 브러시에 화이트 젤 컬러를 묻혀 큐티클 라인을 따라 라인을 그리고 큐어링합니다(UV 램프 60초, LED 램프 30초).

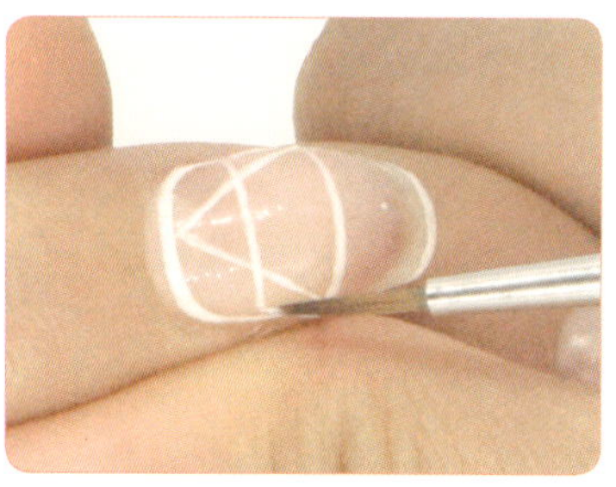

03 그림과 같이 두 개의 삼각형을 교차해서 별 모양을 그린 다음 큐어링합니다(UV 램프 60초, LED 램프 30초).

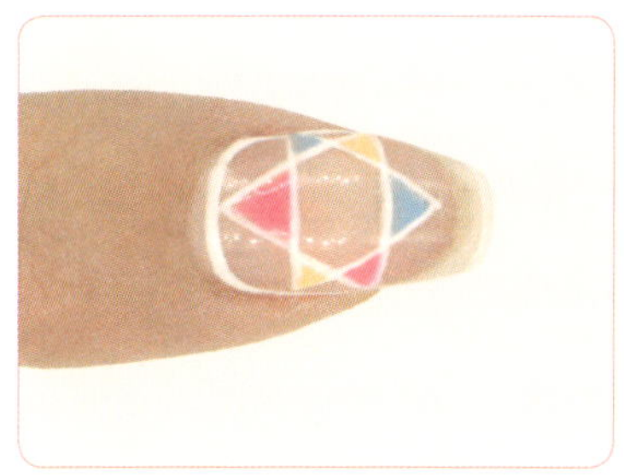

04 별 모양 가장자리를 핑크, 블루, 옐로우 컬러의 젤로 채운 다음 큐어링합니다(UV 램프 60초, LED 램프 30초).

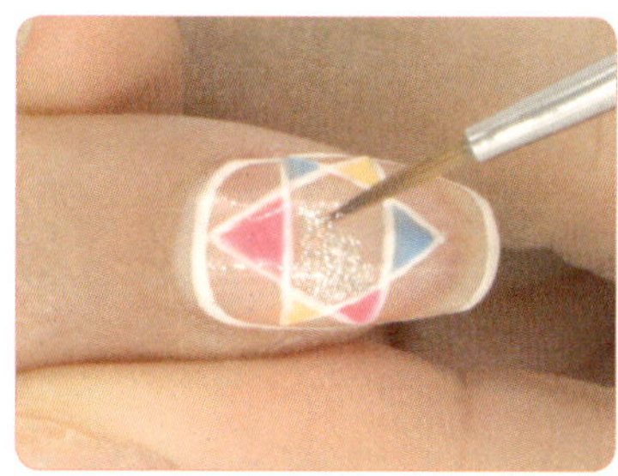

05 별 모양 가운데 부분을 실버 글리터로 채우고 큐어링합니다(UV 램프 60초, LED 램프 30초).

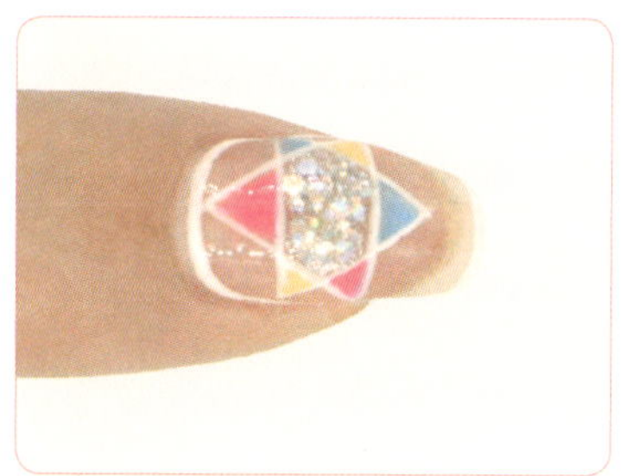

06 탑 젤을 바르고 큐어링(UV 램프 60초, LED 램프 30초)한 다음, 미경화된 젤을 닦아 완성합니다.

블링블링 사랑스러운,

체크 네일아트

풀 컬러를 바르고 라인 브러시로 선을 그려 러블리 체크 아트를 완성해 봅니다.

준비물

베이스 젤, 탑 젤, 컬러 젤, 젤 램프, 젤 클렌저, 라인 브러시, 파츠 글루, 스톤, 포셋, 파츠

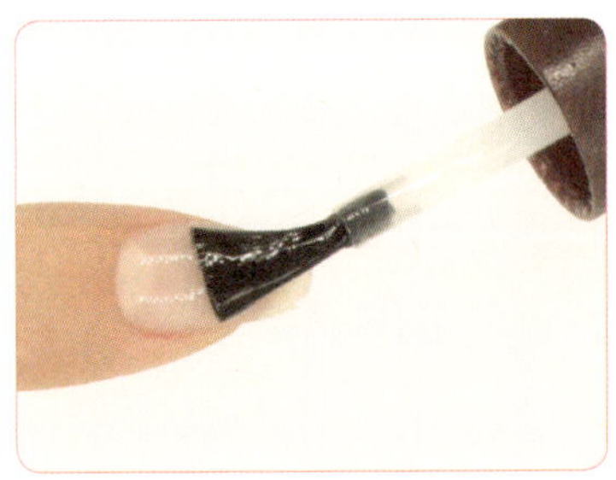

01 샌딩을 사용해 손톱 표면의 유분기를 제거한 다음 베이스 젤을 바릅니다.

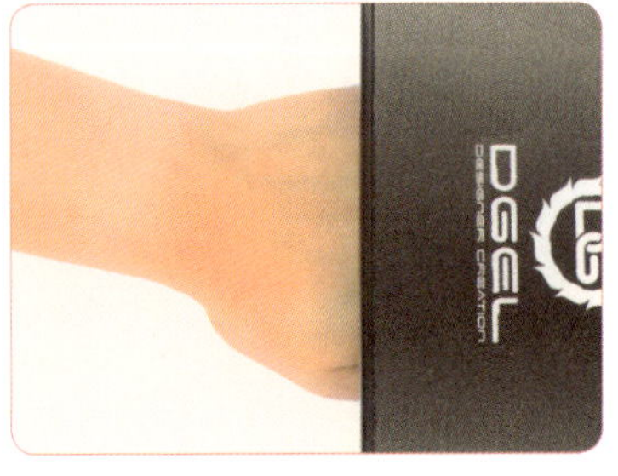

02 큐어링합니다(UV 램프 60초, LED 램프 30초).

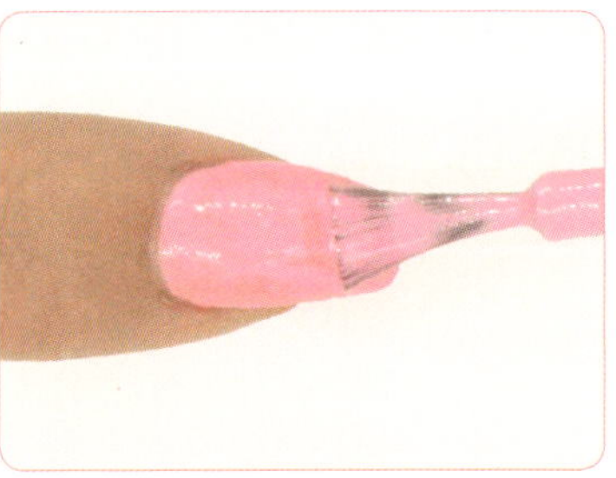

03 핑크 젤 컬러를 손톱 표면 전체에 바르고 큐어링합니다(UV 램프 60초, LED 램프 30초).

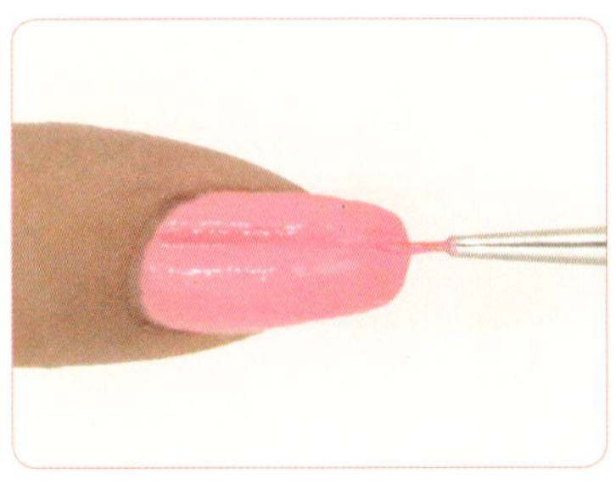

04 03번 과정에서 사용한 컬러보다 조금 더 진한 핑크 젤 컬러로 라인을 그리고 큐어링합니다(UV 램프 60초, LED 램프 30초).

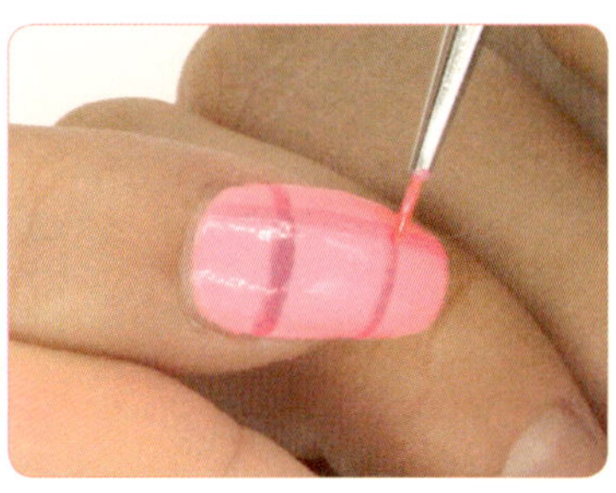

05 04번 과정에서 그린 라인과 교차하는 두 개의 라인을 그리고 큐어링합니다(UV 램프 60초, LED 램프 30초).

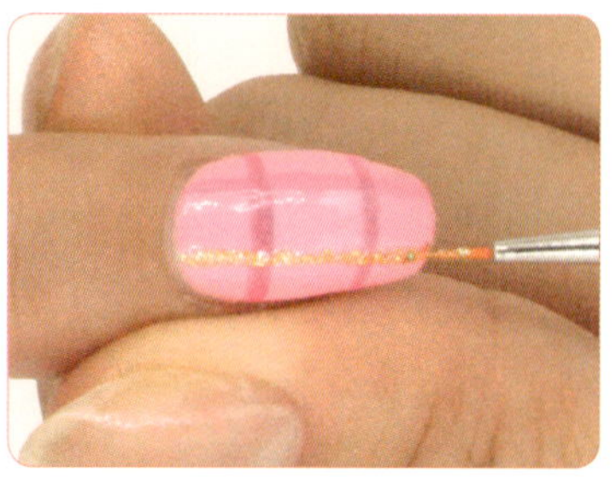

06 글리터 젤로 04번 과정에서 그린 라인과 겹치지 않게 라인을 그리고 큐어링합니다(UV 램프 60초, LED 램프 30초).

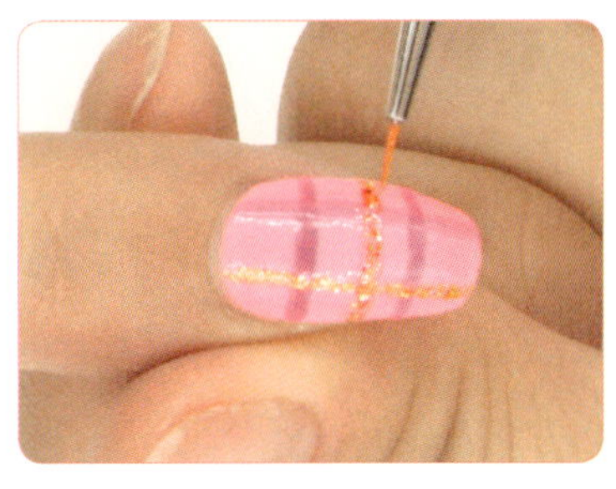

07 글리터 젤로 05번 과정에서 그린 라인과 겹치지 않게 라인을 그린 다음 큐어링합니다(UV 램프 60초, LED 램프 30초).

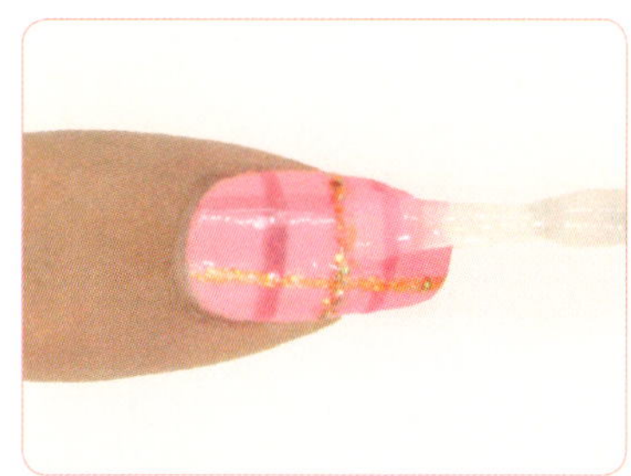

08 탑 젤을 바릅니다.

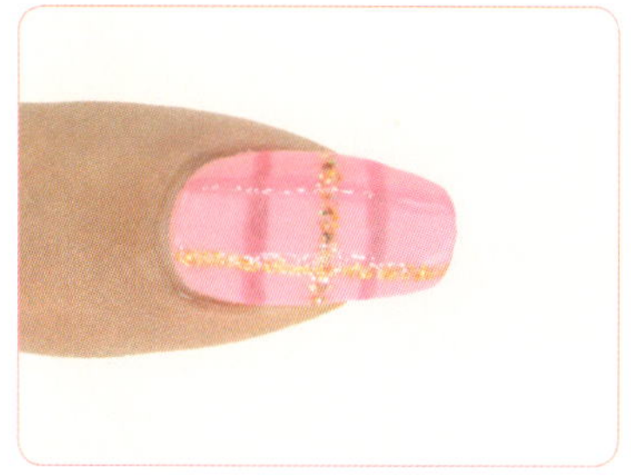

09 큐어링합니다(UV 램프 60초, LED 램프 30초).

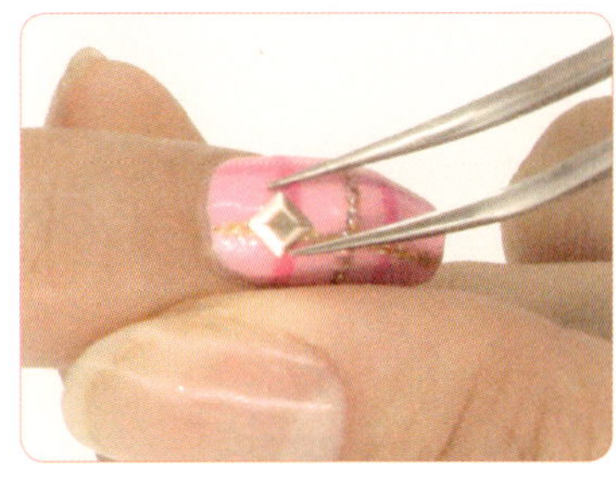

10 미경화된 젤을 닦고 파츠 글루를 바른 다음, 포셋으로 손톱 표면의 원하는 위치에 파츠를 붙입니다.

11 진주 모양의 스톤을 붙여 완성합니다.

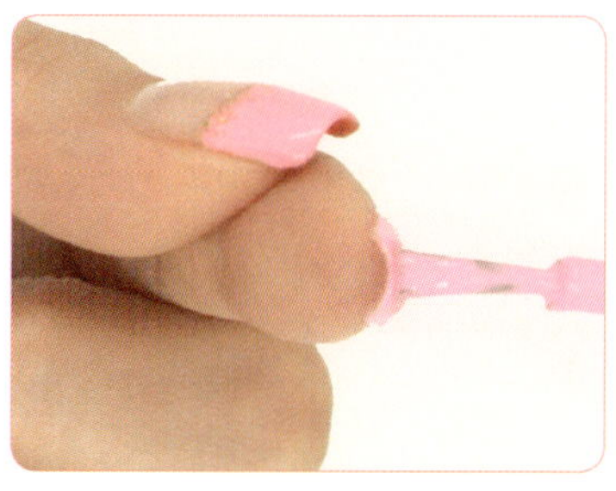

TIP 컬러를 바를 때 프리엣지까지 꼼꼼하게 바르는 습관을 들입니다.

방울방울 귀여운,

도트 네일아트

도트를 찍고 글리터를 사용해 블링블링한 시스루 도트 네일 아트를 완성해 봅니다.

준비물

베이스 젤, 탑 젤, 컬러 젤, 젤 램프, 젤 클렌저, 라인 브러시, 젤 글리터

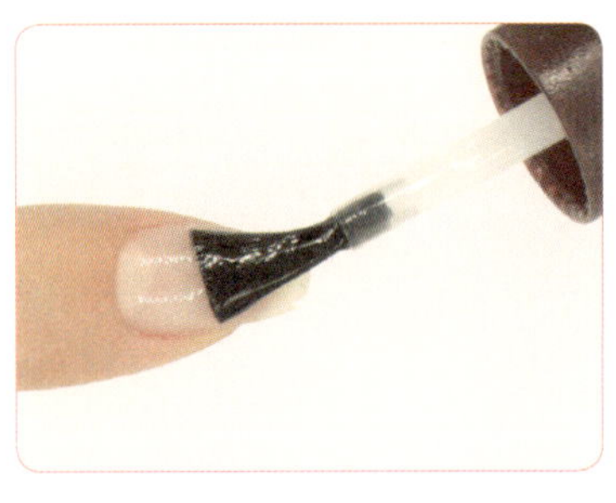

01 샌딩을 사용해 손톱 표면의 유분기를 제거한 다음 베이스 젤을 바르고 큐어링합니다(UV 램프 60초, LED 램프 30초).

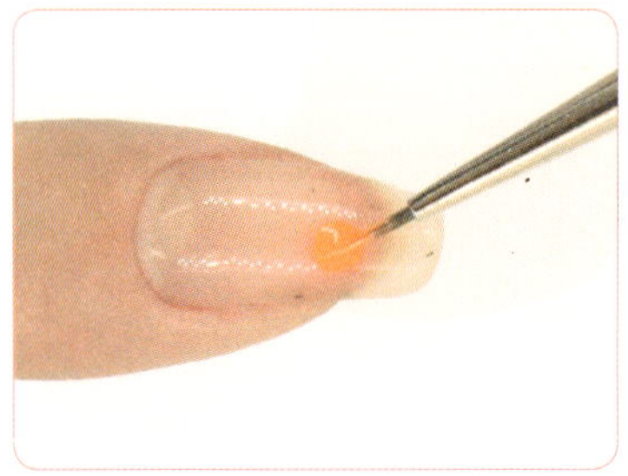

02 라인 브러시에 오렌지 젤 컬러를 묻히고 도트를 찍은 다음, 큐어링합니다(UV 램프 60초, LED 램프 30초).

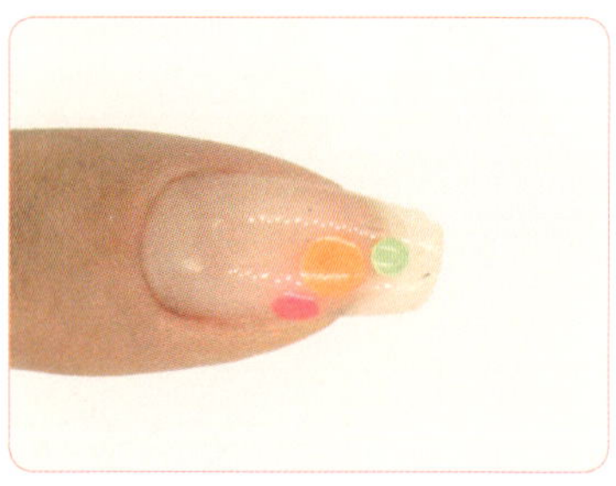

03 핑크와 그린 젤 컬러로 02번 과정에서 찍은 도트보다 작은 크기의 도트를 찍고 큐어링합니다(UV 램프 60초, LED 램프 30초).

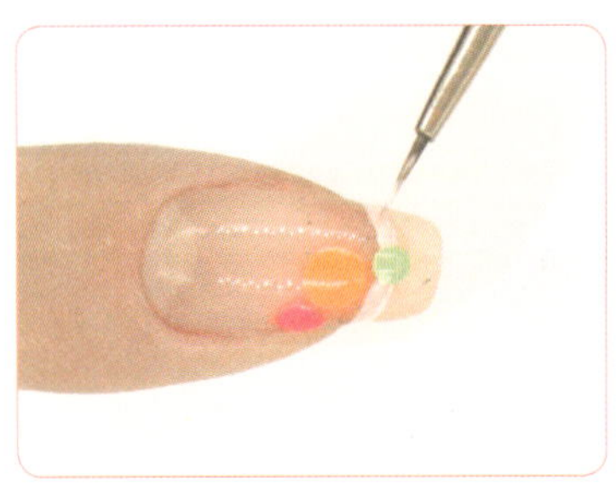

04 손톱 옐로우 라인에 맞춰 화이트 젤 컬러로 라인을 그린 다음 큐어링합니다(UV 램프 60초, LED 램프 30초).

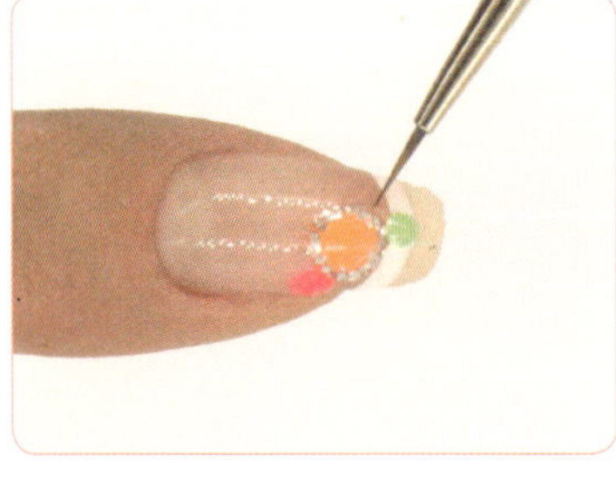

05 라인 브러시에 글리터 젤을 묻히고 02번 과정에서 찍은 도트의 테두리를 그린 다음 큐어링합니다(UV 램프 60초, LED 램프 30초).

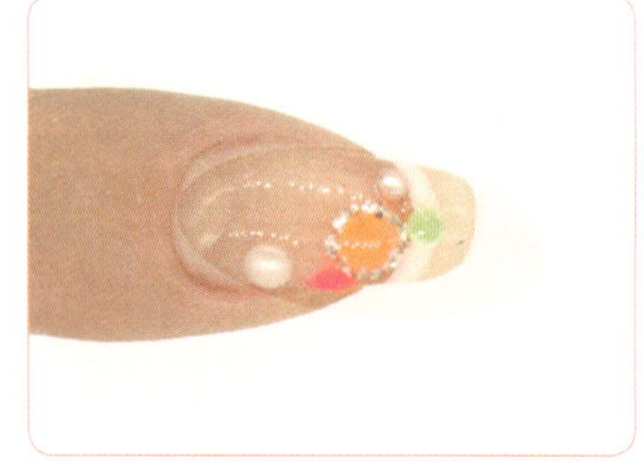

06 탑 젤을 바르고 큐어링(UV 램프 60초, LED 램프 30초)한 다음, 미경화된 젤을 닦고 진주 스톤을 붙여 마무리합니다.

모노톤의 시크한,
라인 테이프 네일아트
08

손톱 절반만 컬러를 채우고 삼각형을 그린 다음 라인 테이프와 스와 스톤을 붙여 라인 테이프 아트를 완성해 봅니다.

준비물

베이스 젤, 탑 젤, 컬러 젤, 젤 램프, 젤 클렌저, 라인 브러시, 라인 테이프

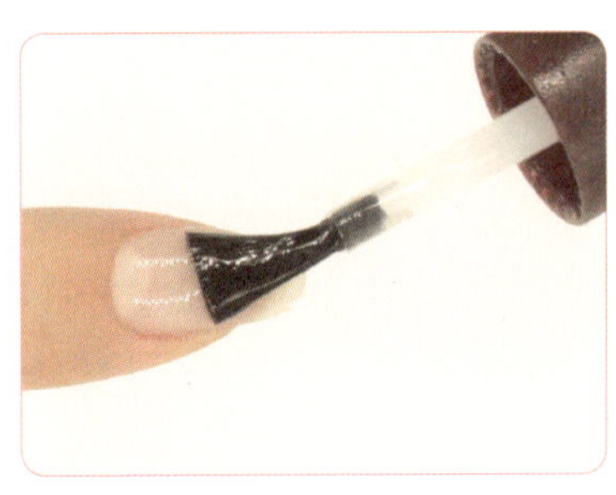

01 샌딩을 사용해 손톱 표면의 유분기를 제거한 다음 베이스 젤을 바르고 큐어링합니다(UV 램프 60초, LED 램프 30초).

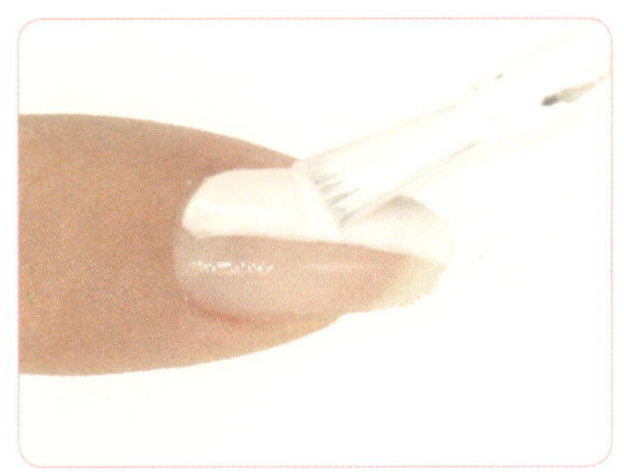

02 화이트 젤 컬러로 손톱 면적의 절반을 채워 바르고 큐어링(UV 램프 60초, LED 램프 30초)한 다음 선명한 발색을 위해 이 과정을 한 번 더 반복합니다.

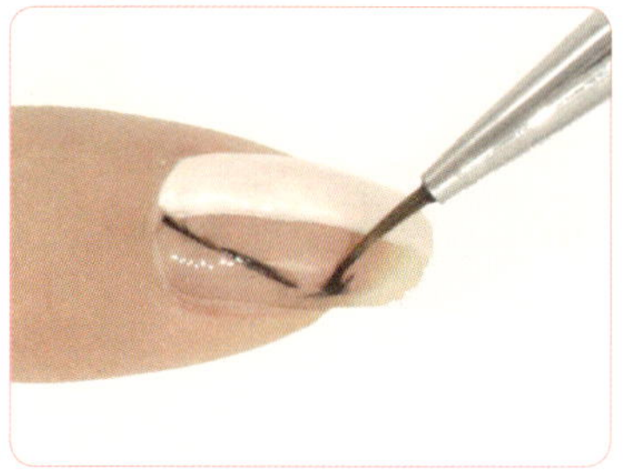

03 라인 브러시에 블랙 젤 컬러를 묻히고 그림과 같이 라인을 그립니다.

04 라인 안쪽을 블랙 젤 컬러로 채워 바르고 큐어링합니다(UV 램프 60초, LED 램프 30초).

05 라인 테이프를 04번 과정에서 바른 부분의 경계를 따라 붙입니다.

06 탑 젤을 바르고 큐어링(UV 램프 60초, LED 램프 30초)한 다음, 미경화 된 젤을 닦아 완성합니다.

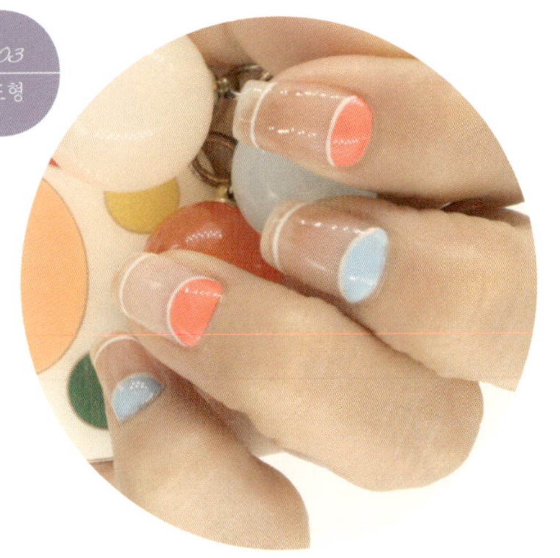

알록달록 달콤한,

캔디 네일아트

루눌라 부분에 컬러를 채우고 라인을 그려 캔디 네일아트를
완성해 봅니다.

준비물

베이스 젤, 탑 젤, 컬러 젤, 젤 램프, 젤 클렌저, 라인 브러시

01 샌딩을 사용해 손톱 표면의 유분기를
제거한 다음 베이스 젤을 바릅니다.

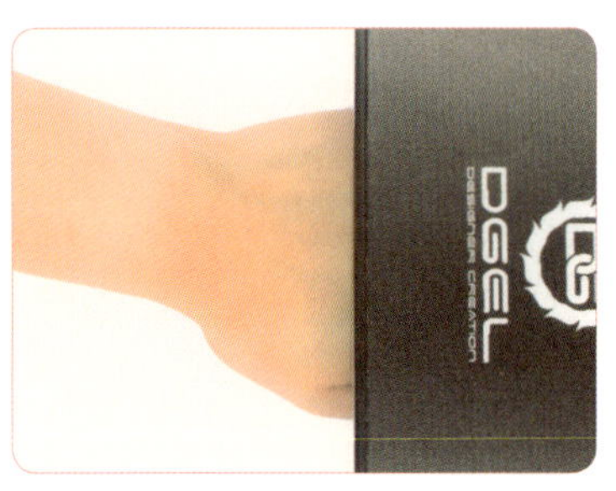

02 큐어링합니다(UV 램프 60초, LED
램프 30초).

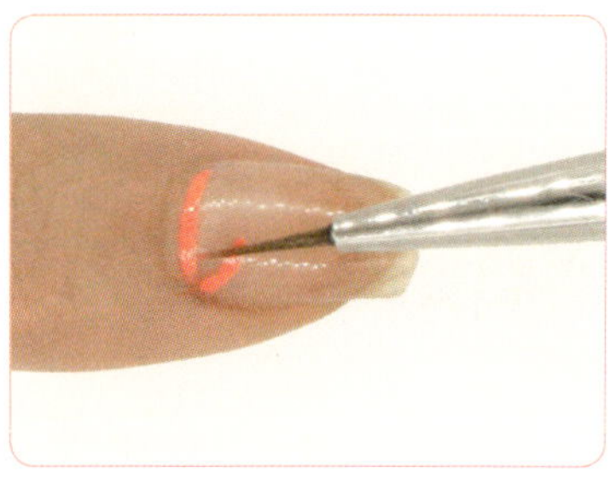

03 라인 브러시로 손톱 루눌라 부분을
둥글게 채우고 큐어링합니다(UV 램프 60
초, LED 램프 30초).

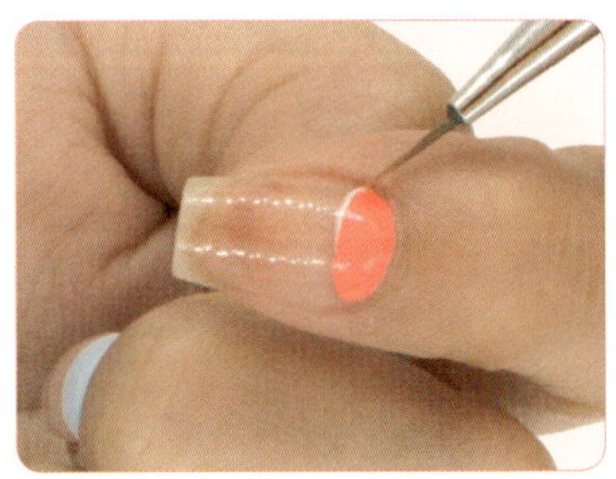

04 화이트 젤 컬러로 루눌라 부분의 가
장자리를 따라 라인을 그린 다음 큐어링
합니다(UV 램프 60초, LED 램프 30초).

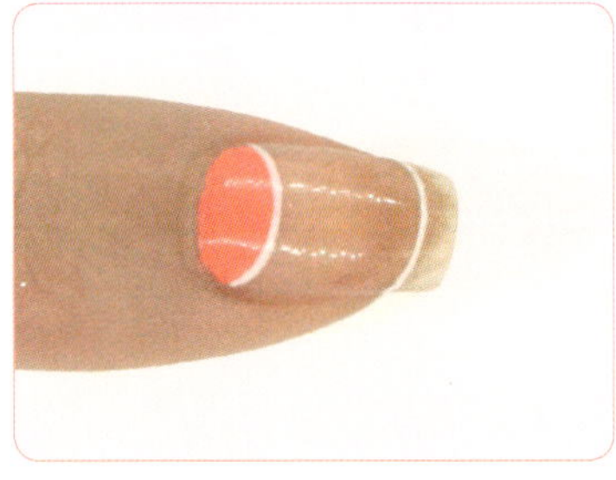

05 손톱 옐로우 라인을 따라 화이트 젤
컬러로 스마일 라인을 그리고 큐어링합니
다(UV 램프 60초, LED 램프 30초).

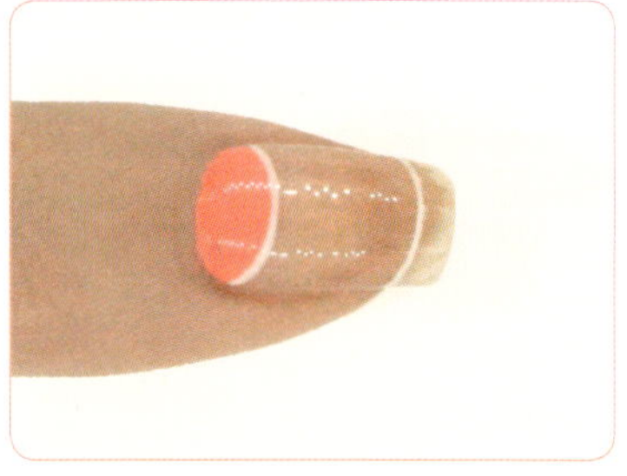

06 탑 젤을 바르고 큐어링(UV 램프 60
초, LED 램프 30초)한 다음 미경화된 젤을
닦아 완성합니다.

심플하고 깔끔한,

일자 프렌치 네일아트

일자 프렌치로 컬러를 채우고 라인 브러시로 면을 만든 다음
글리터를 채워 일자 프렌치 네일아트를 완성해 봅니다.

준비물

베이스 젤, 탑 젤, 샌딩, 라인 브러시, 컬러 젤, 젤 클렌저

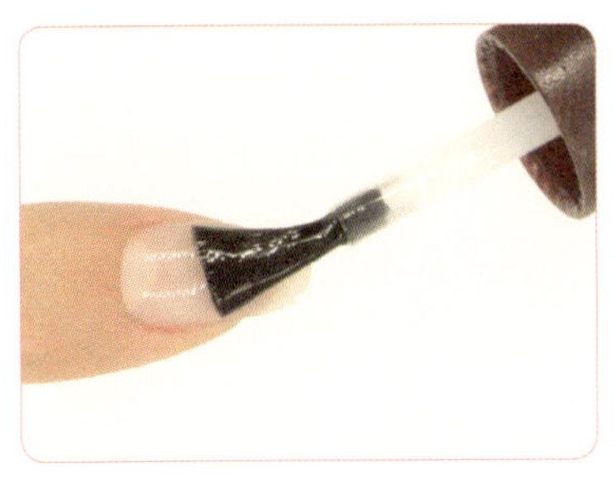

01 샌딩을 사용해 손톱 표면의 유분기
를 제거한 다음 베이스 젤을 바르고 큐어
링합니다(UV 램프 60초, LED 램프 30초).

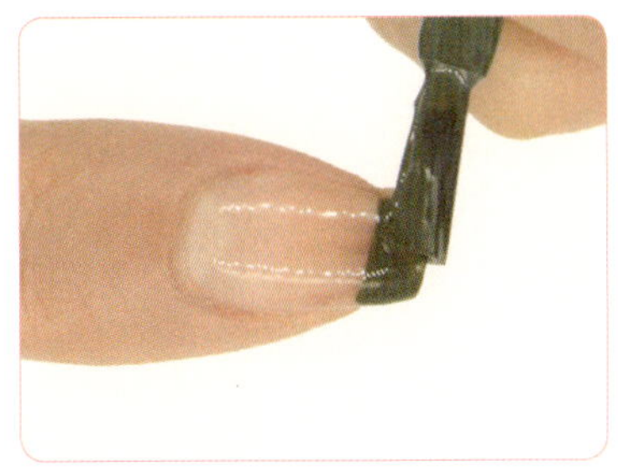

02 젤 컬러를 일자 프렌치로 바르고 큐
어링합니다(UV 램프 60초, LED 램프 30
초).

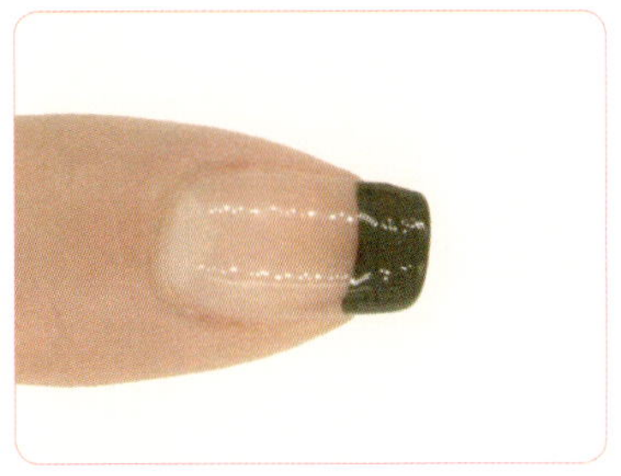

03 선명한 발색을 위해 02번 과정을 한
번 더 반복합니다.

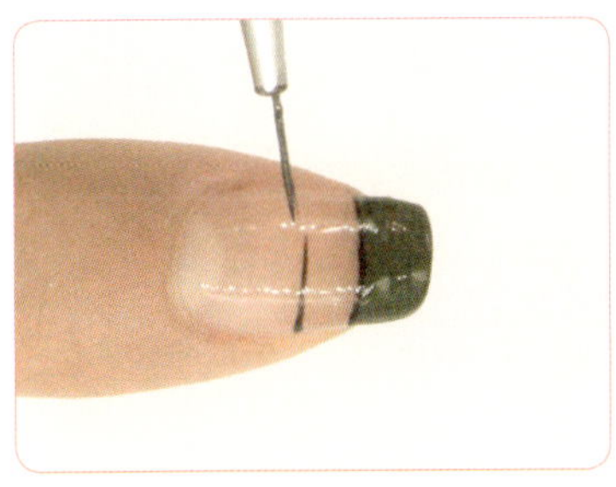

04 블랙 젤 컬러로 그림과 같이 두 개의
라인을 그린 다음 큐어링합니다(UV 램프
60초, LED 램프 30초).

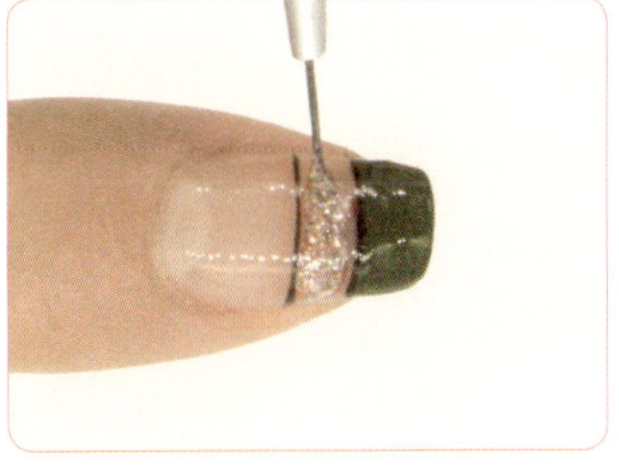

05 라인 사이를 글리터 젤로 채워 바르
고 큐어링(UV 램프 60초, LED 램프 30초)
한 다음, 선명한 발색을 위해 이 과정을
한 번 더 반복합니다.

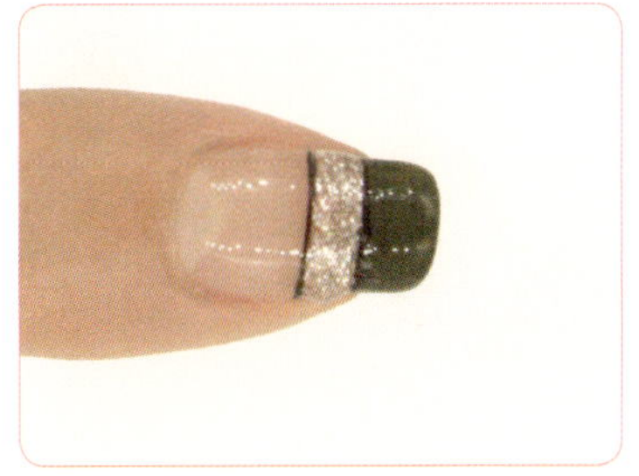

06 탑 젤을 바르고 큐어링(UV 램프 60초,
LED 램프 30초)한 다음 미경화된 젤을 닦
아 완성합니다.

간단하게 포인트 줄 수 있는,

하트 스트라이프 네일아트

11

하트 모양 프렌치로 컬러를 채우고 라인 브러시로 라인을 그려 사랑스러운 하트 프렌치 네일 아트를 완성해 봅니다.

준비물

베이스 젤, 탑 젤, 샌딩, 컬러 젤, 젤 클렌저, 젤 램프, 라인 브러시

01 샌딩을 사용해 손톱 표면의 유분기를 제거한 다음 베이스 젤을 바릅니다.

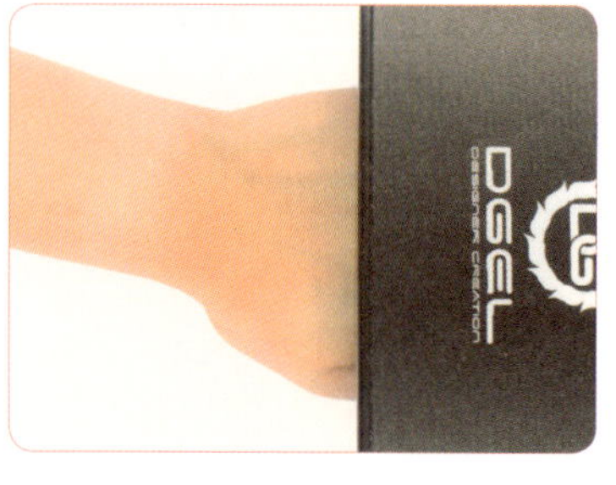

02 큐어링합니다(UV 램프 60초, LED 램프 30초).

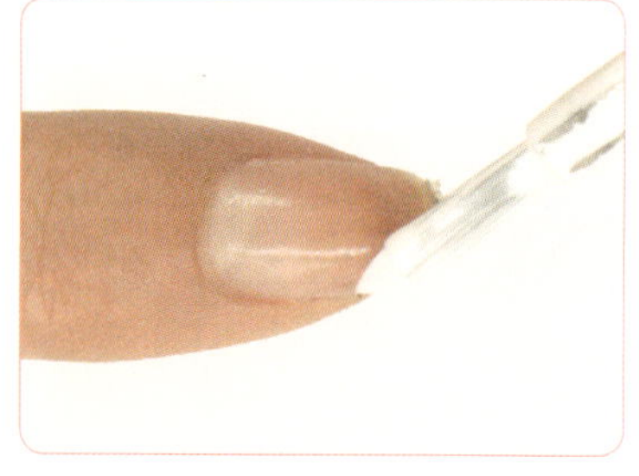

03 손톱 끝부분에 화이트 젤 컬러를 하트 모양으로 바르고 큐어링합니다(UV 램프 60초, LED 램프 30초).

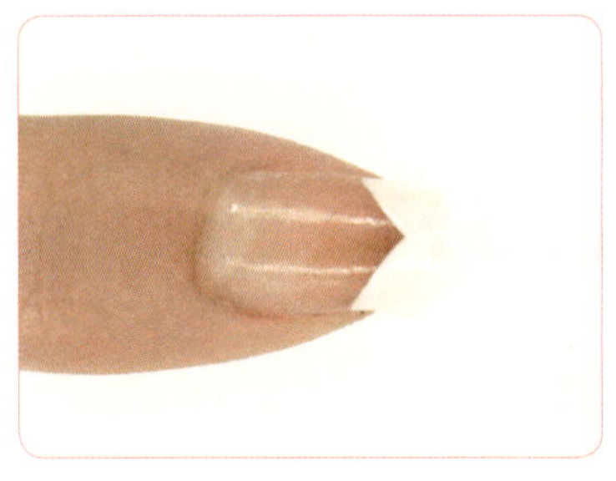

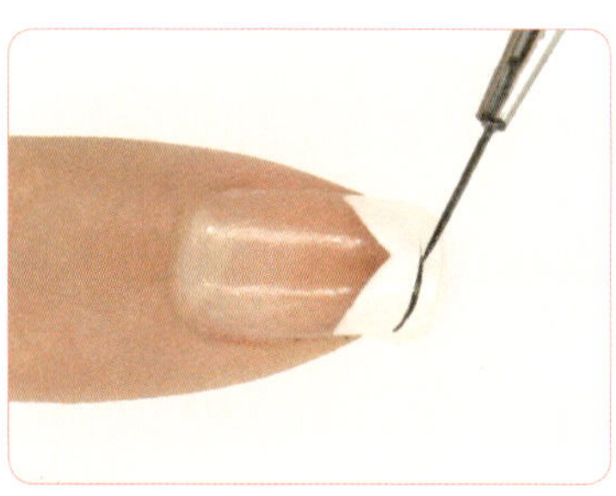

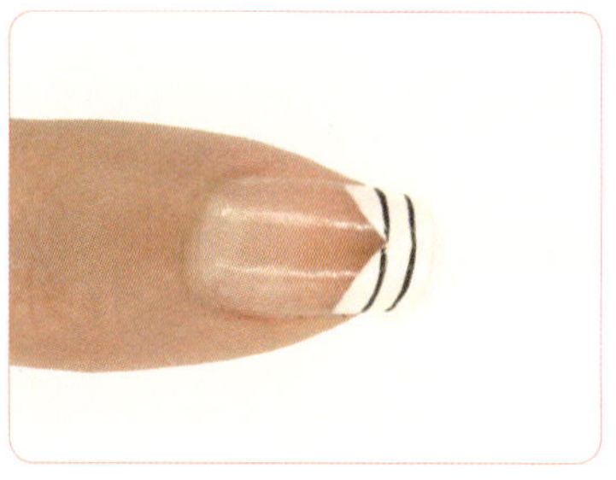

04 선명한 발색을 위해 03번 과정을 한 번 더 반복합니다.

05 라인 브러시에 블랙 젤 컬러를 묻히고 하트 위에 스트라이프 라인을 그립니다.

06 라인을 하나 더 그리고 큐어링합니다(UV 램프 60초, LED 램프 30초).

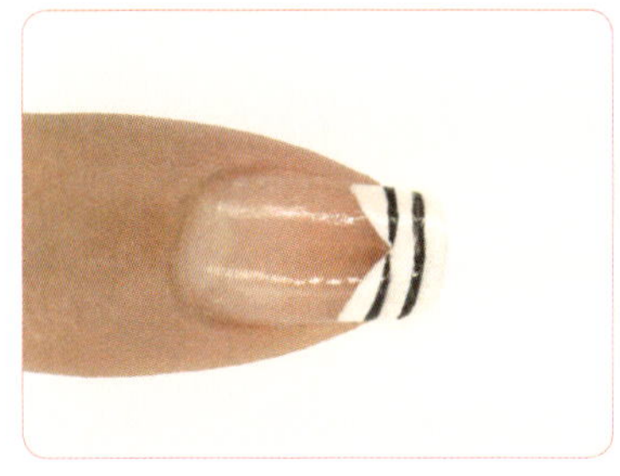

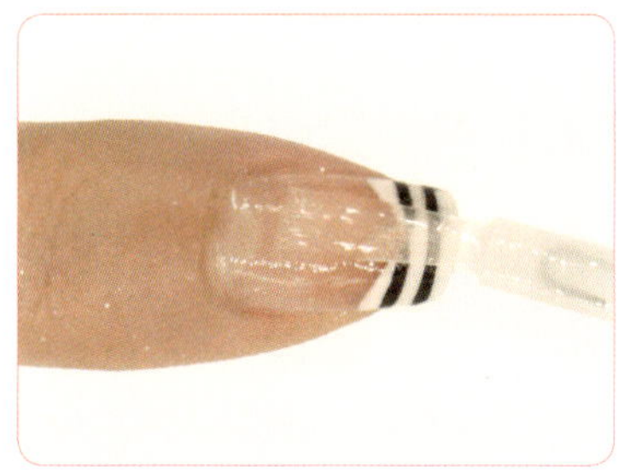

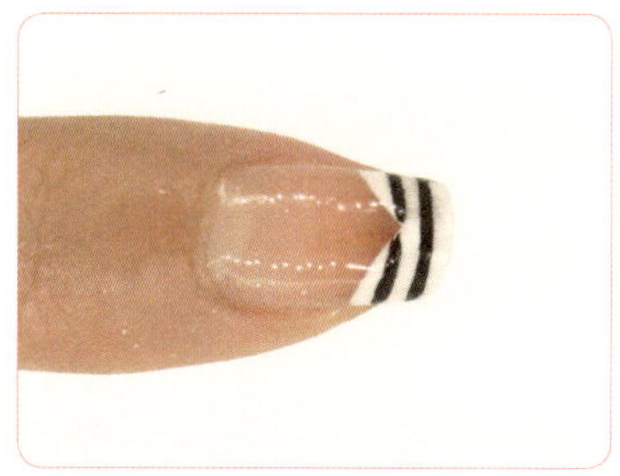

07 스트라이프 라인을 도톰하게 그린 다음 큐어링합니다(UV 램프 60초, LED 램프 30초).

08 탑 젤을 바르고 큐어링합니다(UV 램프 60초, LED 램프 30초).

09 미경화된 젤을 닦아 완성합니다.

TIP 좋은 니퍼 골라 오래 쓰는 방법

▶ **좋은 니퍼 고르는 법**
- 니퍼를 오므려 손잡이를 따로 잡고,상하로 움직였을 때 체결 부위가 흔들리지 않아야 한다.
- 니퍼를 오므렸을 때 양날이 겹치지 않았는지 손톱으로 살짝 긁어서 확인해 봐야 한다.
- 니퍼로 큐티클을 자를 때 뜯겨 나오는 느낌이 없이 부드럽게 잘려야 한다.
- 니퍼의 스프링 강도가 강하면 손이 빨리 피로해지고 스프링이 쉽게 부러질 수 있다.

▶ **니퍼 오래 쓰는 법**
- 니퍼를 떨어뜨리거나 부딪히지 않게 사용 후 에는 꼭 캡을 씌워 보관한다.
- 니퍼 사용 후 날에 붙어 있는 이물질을 마른 거즈로 깨끗이 제거한다.
- 니퍼 날에 소독액이나 물기가 있을 경우 부식될 수 있으므로 깨끗이 닦고, 말려서 보관해야 한다.

보헤미안 느낌의,

에스닉풍 네일아트

컬러로 면을 채운 다음 라인을 그리고 도트를 찍어 에스닉풍 네일아트를 완성해 봅니다.

준비물

베이스 젤, 탑 젤, 컬러 젤, 젤 램프, 젤 클렌저, 라인 브러시, 파츠 글루, 스톤

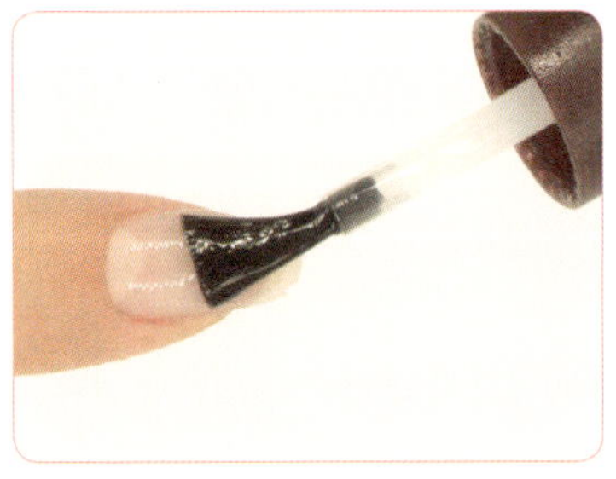

01 샌딩을 사용해 손톱 표면의 유분기를 제거한 다음 베이스 젤을 바릅니다.

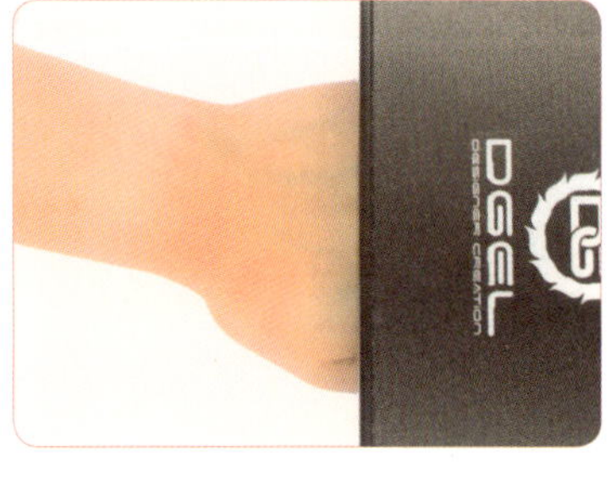

02 큐어링합니다(UV 램프 60초, LED 램프 30초).

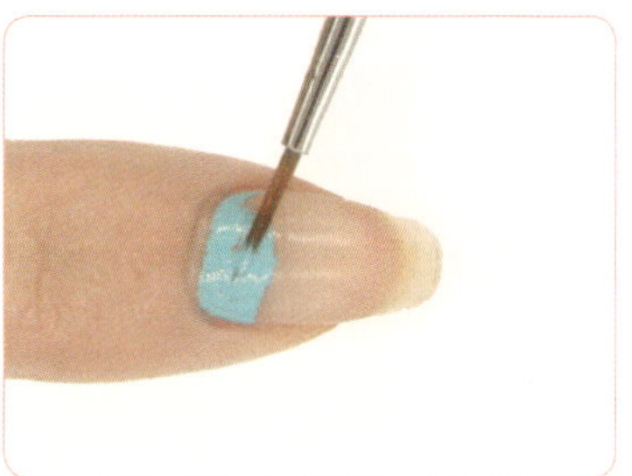

03 라인 브러시로 손톱 루눌라 부분에 스카이블루 젤 컬러를 채워 바른 다음 큐어링합니다(UV 램프 60초, LED 램프 30초).

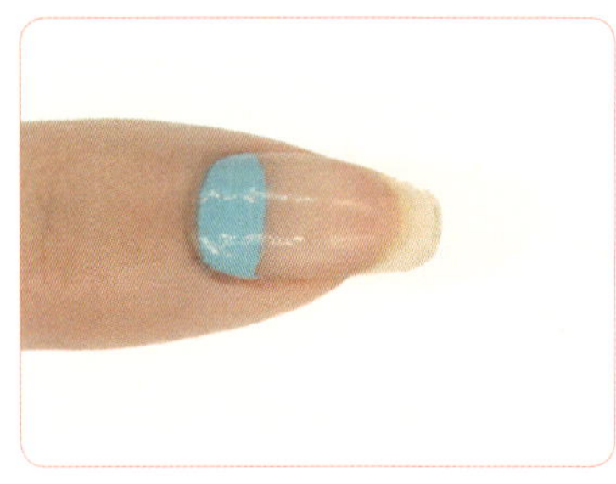

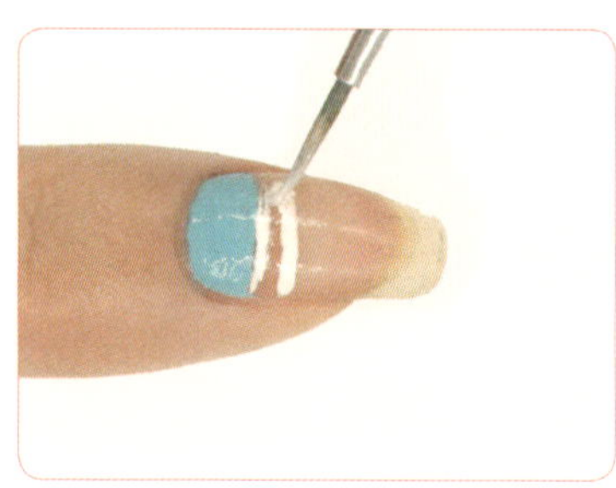

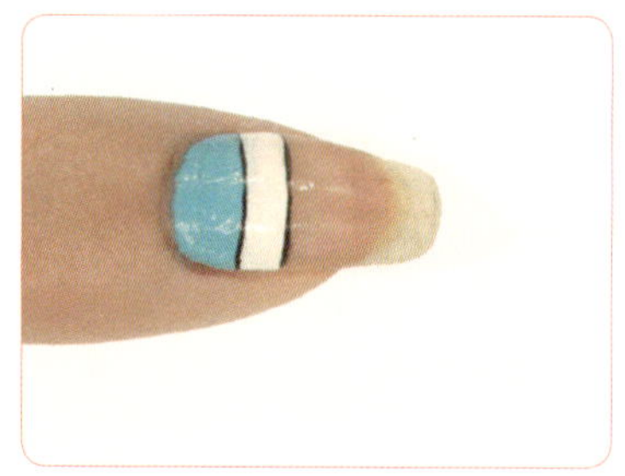

04 선명한 발색을 위해 03번 과정을 한 번 더 반복합니다.

05 화이트 젤 컬러로 라인을 그린 다음, 면을 채우고 큐어링합니다(UV 램프 60초, LED 램프 30초).

06 블랙 젤 컬러로 면과 면 사이에 라인을 그리고 큐어링합니다(UV 램프 60초, LED 램프 30초).

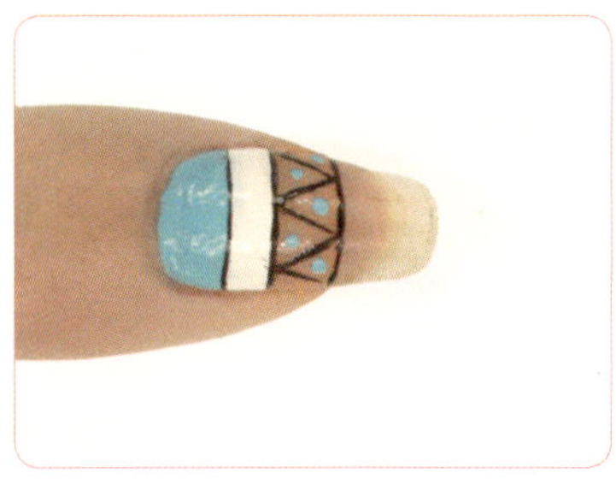

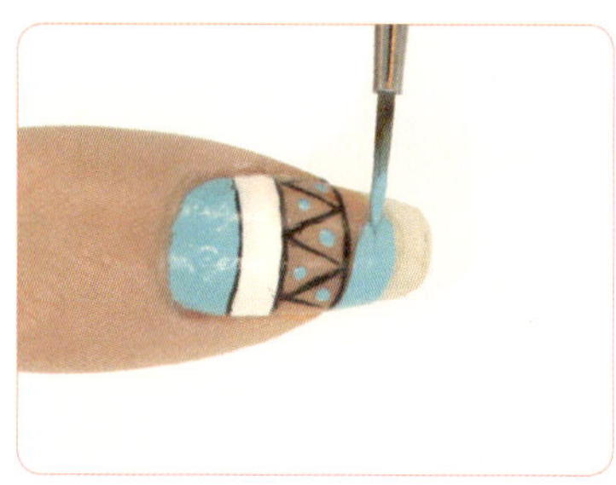

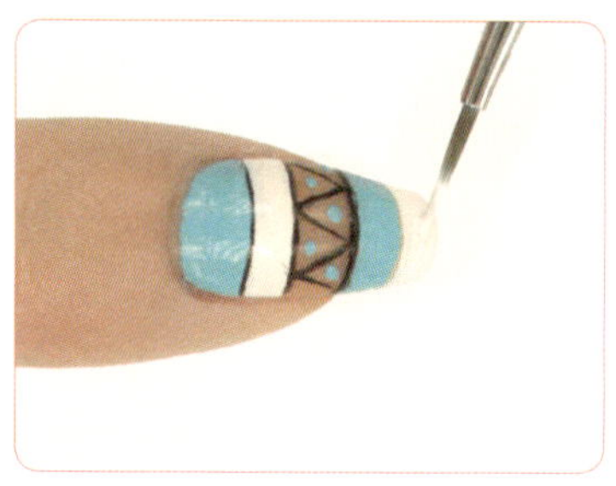

07 블랙 젤 컬러로 지그재그 라인을 그린 다음, 안쪽 빈 공간에 스카이블루 젤 컬러로 도트를 찍고 큐어링합니다(UV 램프 60초, LED 램프 30초).

08 그림과 같이 스카이블루 젤 컬러로 면을 채우고 큐어링합니다(UV 램프 60초, LED 램프 30초).

09 손톱 나머지 부분을 화이트 젤 컬러로 채우고 큐어링합니다(UV 램프 60초, LED 램프 30초).

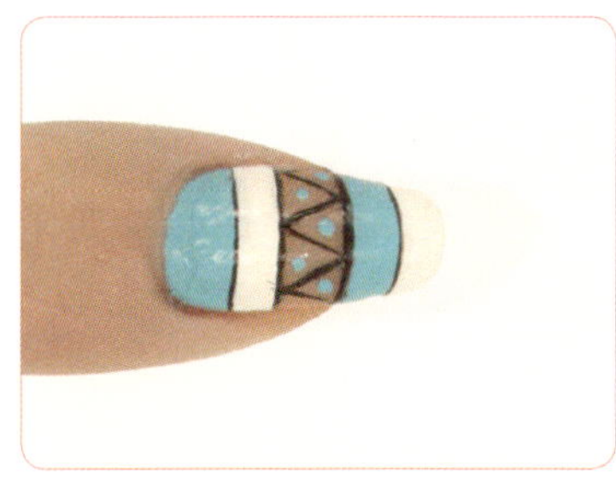

10 블랙 젤 컬러로 면과 면 사이에 라인을 그린 다음 큐어링합니다(UV 램프 60초, LED 램프 30초).

11 탑 젤을 바르고 큐어링합니다(UV 램프 60초, LED 램프 30초).

12 미경화된 젤을 닦고 파츠 글루로 스톤을 붙여 완성합니다.

시원한 여름을 위한,

썸머 네일아트

컬러로 면을 채우고 라인 브러시로 닻 모양을 그려
깔끔한 썸머 네일아트를 완성해 봅니다.

준비물

베이스 젤, 탑 젤, 컬러 젤, 젤 램프, 젤 클렌저, 라인 브러시, 샌딩

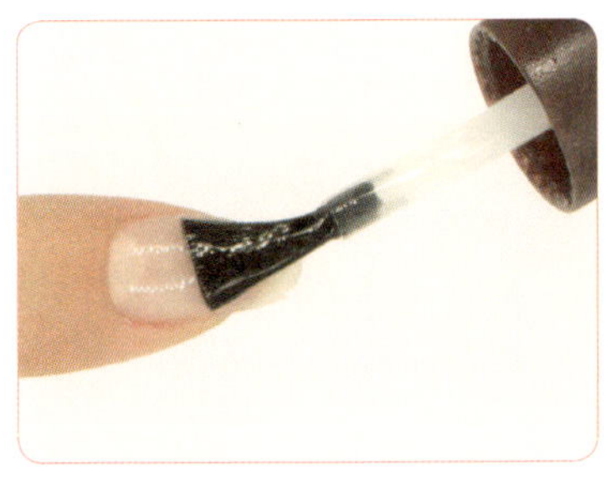

01 샌딩을 사용해 손톱 표면의 유분기를 제거한 다음 베이스 젤을 바르고 큐어링합니다(UV 램프 60초, LED 램프 30초).

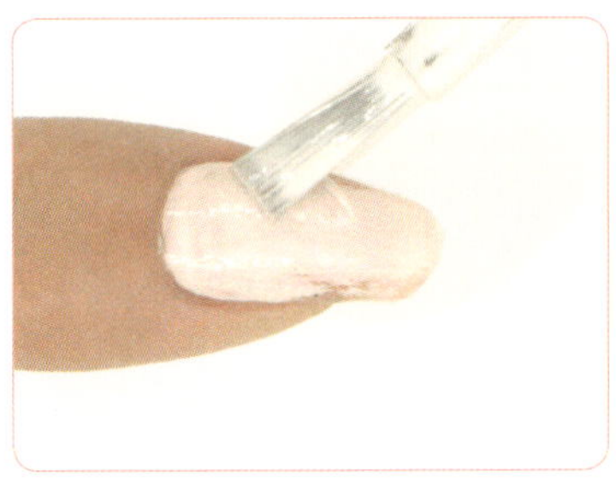

02 화이트 젤 컬러를 손톱 표면 전체에 바른 다음 큐어링합니다(UV 램프 60초, LED 램프 30초).

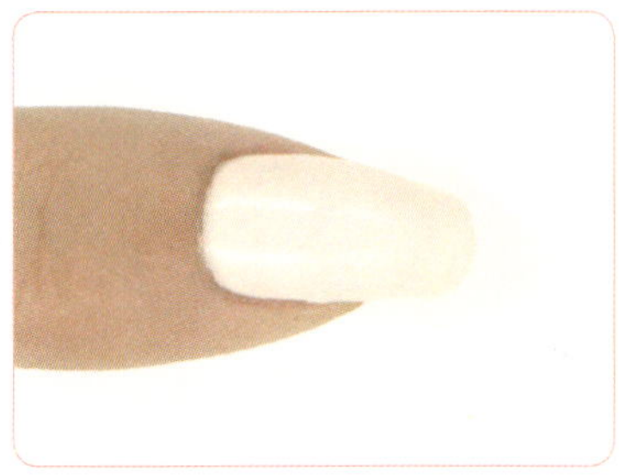

03 선명한 발색을 위해 02번 과정을 한 번 더 반복합니다.

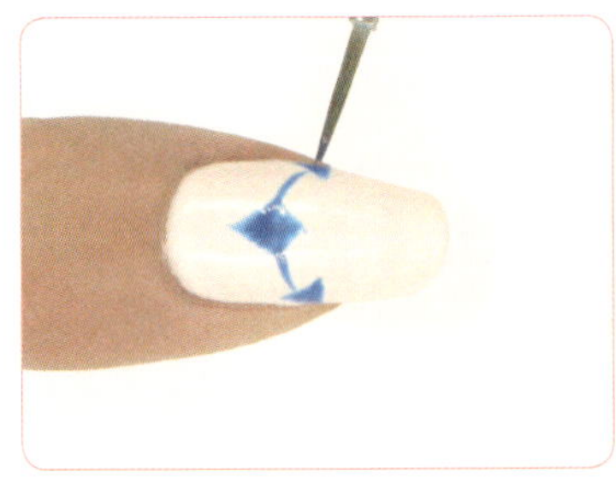

04 라인 브러시에 블루 젤 컬러를 묻혀 배의 닻 모양을 그린 다음 큐어링합니다(UV 램프 60초, LED 램프 30초).

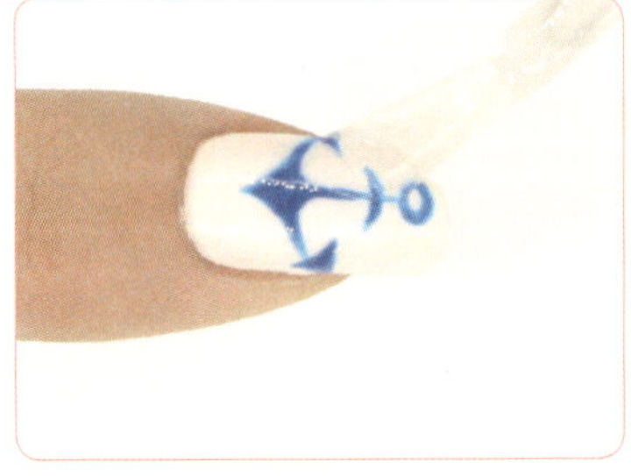

05 탑 젤을 바르고 큐어링합니다(UV 램프 60초, LED 램프 30초).

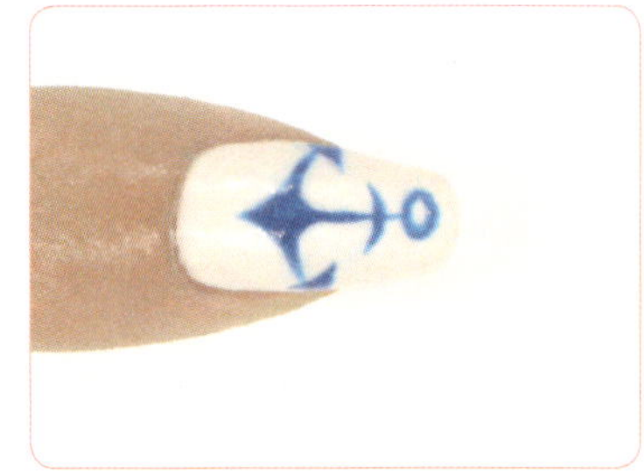

06 미경화된 젤을 닦아 완성합니다.

컨버스화 느낌의,

운동화 네일아트

 **14**

컬러를 투톤으로 바르고 라인 브러시로 운동화 끈을 그려 컨버스화 느낌의 네일아트를 완성해 봅니다.

준비물

베이스 젤, 탑 젤, 컬러 젤, 젤 램프, 젤 클렌저, 라인 브러시, 둥근 브러시 또는 스퀘어 브러시, 샌딩

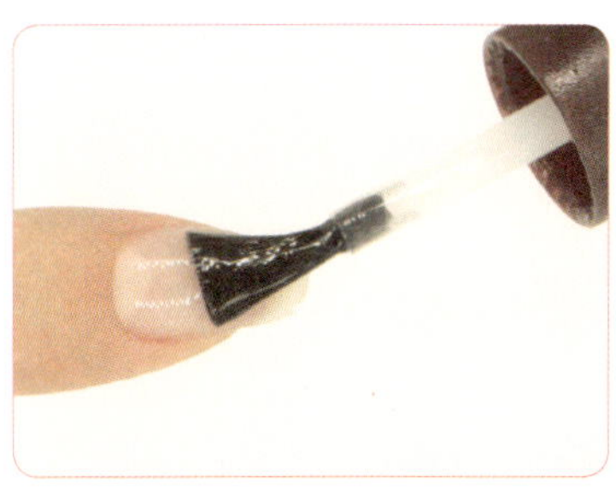

01 샌딩을 사용해 손톱 표면의 유분기를 제거한 다음 베이스 젤을 바릅니다.

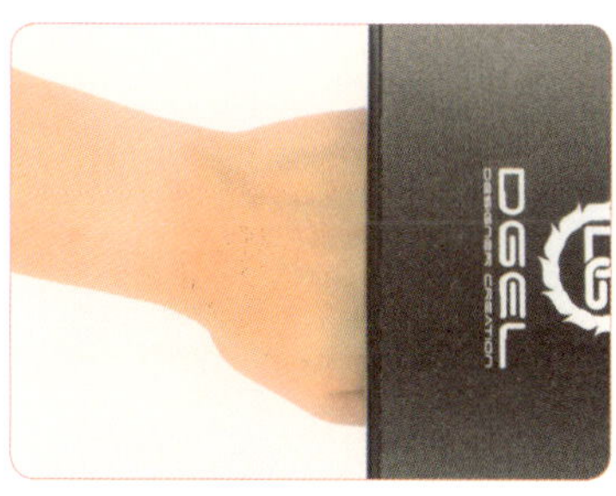

02 큐어링합니다(UV 램프 60초, LED 램프 30초).

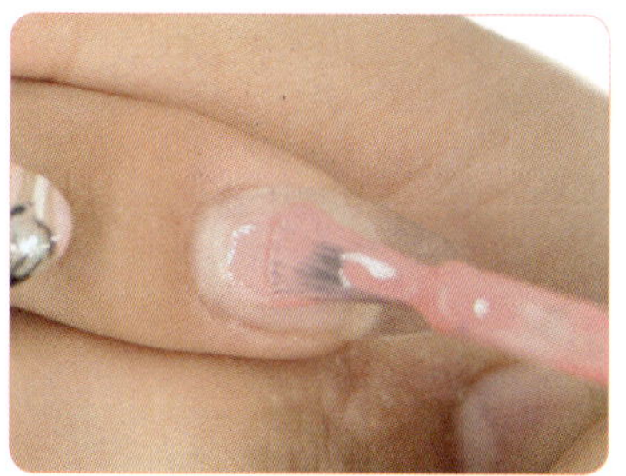

03 핑크 젤 컬러를 그림과 같이 손톱 윗부분에만 바릅니다.

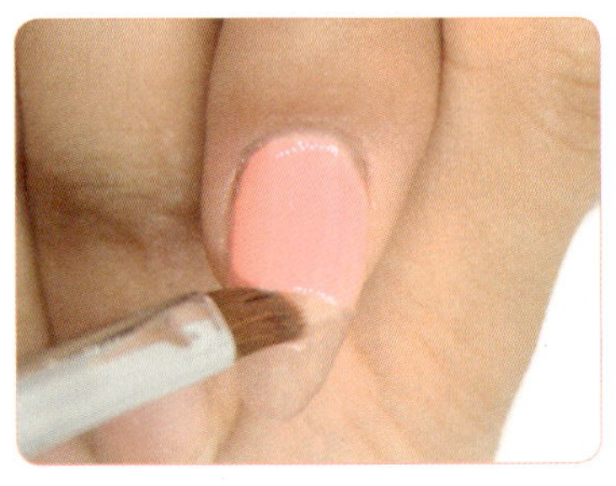

04 깨끗한 브러시로 손톱 끝부분을 닦습니다.

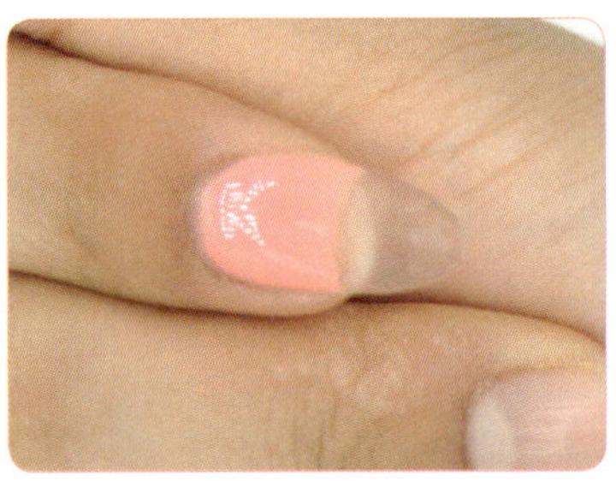

05 큐어링합니다(UV 램프 60초, LED 램프 30초).

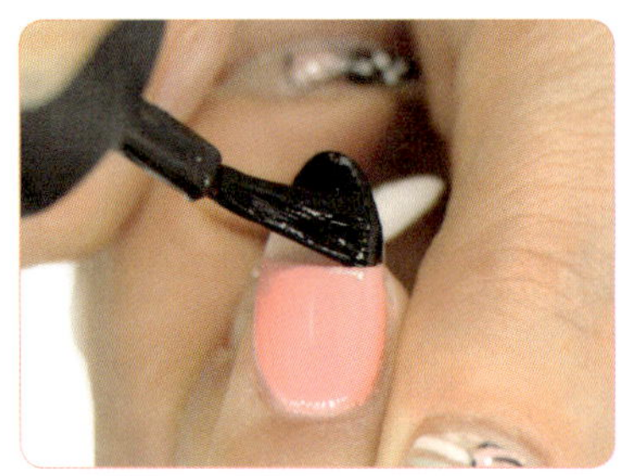

06 닦아낸 부분에 블랙 젤 컬러를 바르고 큐어링합니다(UV 램프 60초, LED 램프 30초).

07 화이트 젤 컬러를 라인 브러시에 묻혀 작은 동그라미를 그린 다음 큐어링합니다(UV 램프 60초, LED 램프 30초).

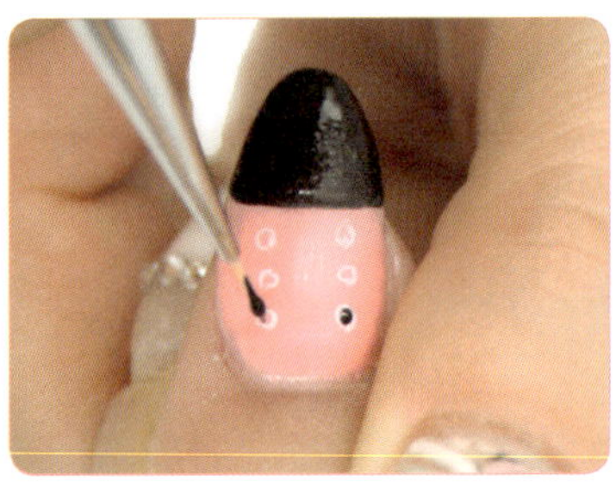

08 블랙 젤 컬러를 라인 브러시에 묻혀 07번 과정에서 그린 동그라미 안쪽에 도트를 찍은 다음 큐어링합니다(UV 램프 60초, LED 램프 30초).

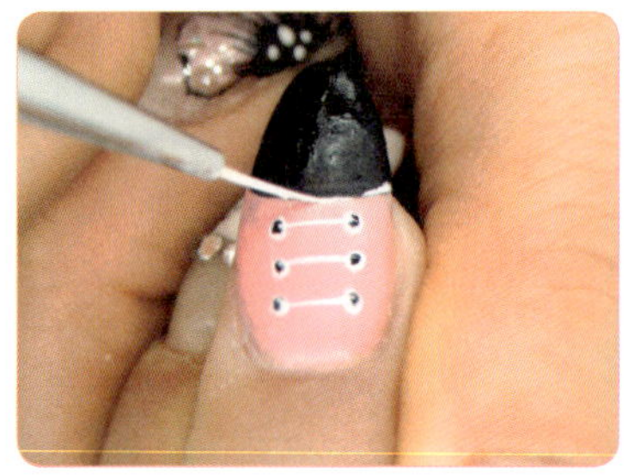

09 화이트 젤 컬러를 라인 브러시에 묻혀 각각의 동그라미를 연결한 다음, 그림과 같이 손톱 끝부분에 점선을 그리고 큐어링합니다(UV 램프 60초, LED 램프 30초).

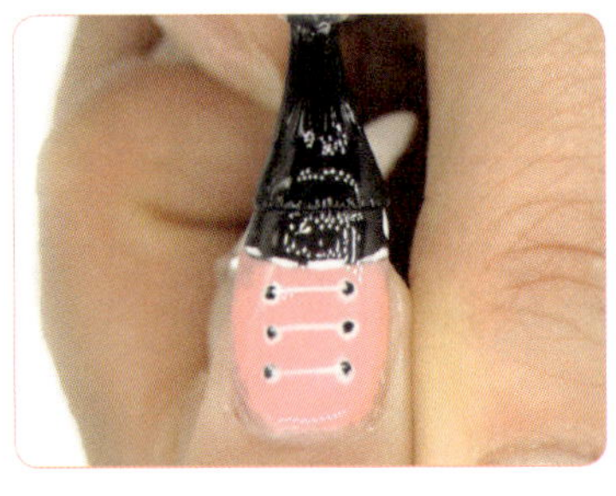

10 탑 젤을 바르고 큐어링합니다(UV 램프 60초, LED 램프 30초).

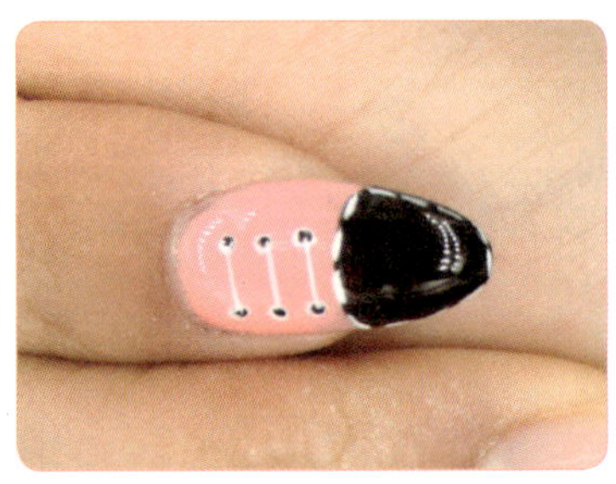

11 미경화된 젤을 닦아 완성합니다.

블링블링 화려한,

격자 네일아트

15

프렌치를 그리고 라인 브러시로 격자 라인을 그린 다음 블링블링하게 글리터를 올려 격자 네일아트를 완성해 봅니다.

준비물

베이스 젤, 탑 젤, 컬러 젤, 젤 램프, 젤 클렌저, 라인 브러시, 샌딩, 글리터

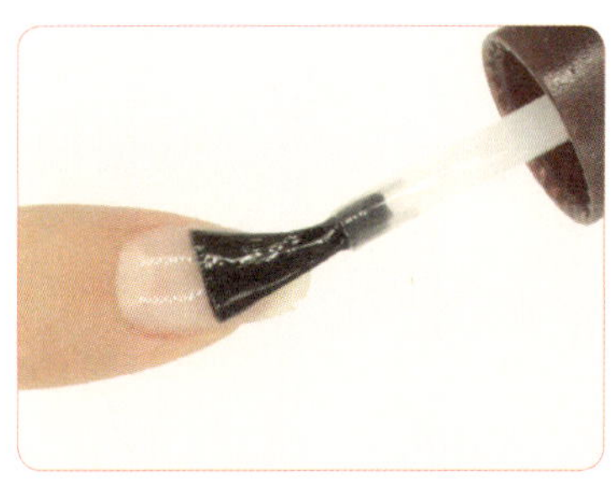

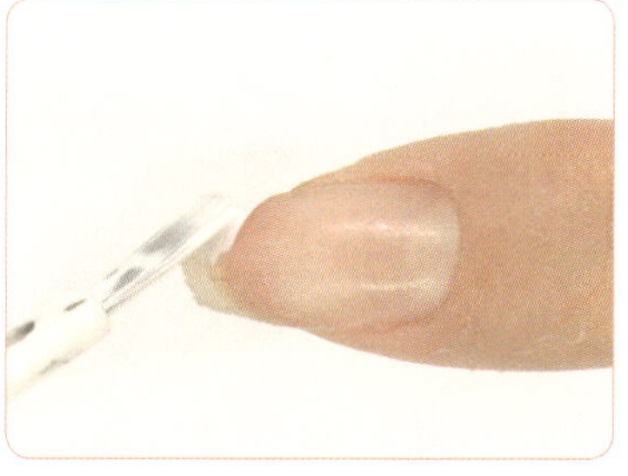

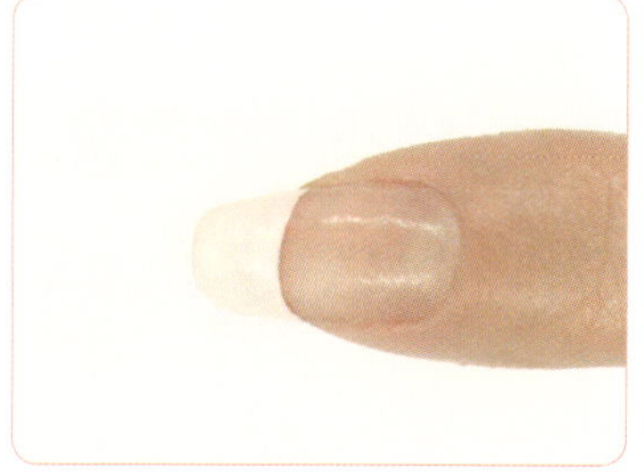

01 샌딩을 사용해 손톱 표면의 유분기를 제거한 다음 베이스 젤을 바르고 큐어링합니다(UV 램프 60초, LED 램프 30초).

02 화이트 젤 컬러를 프렌치 라인으로 바르고 큐어링합니다(UV 램프 60초, LED 램프 30초).

03 선명한 발색을 위해 02번 과정을 한 번 더 반복합니다.

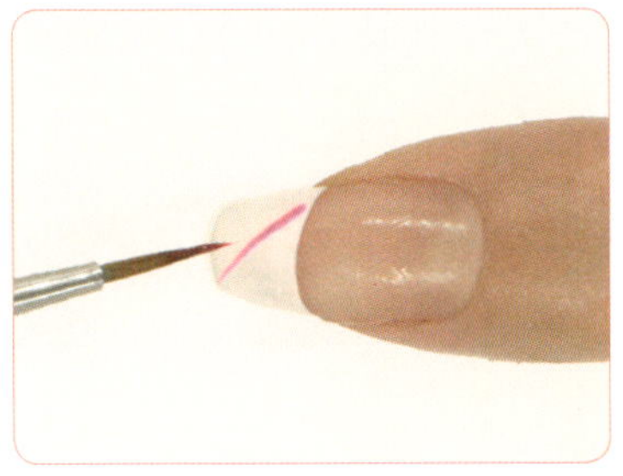

04 프렌치 부분에 핑크 젤 컬러로 라인을 두껍게 그린 다음 큐어링합니다(UV 램프 60초, LED 램프 30초).

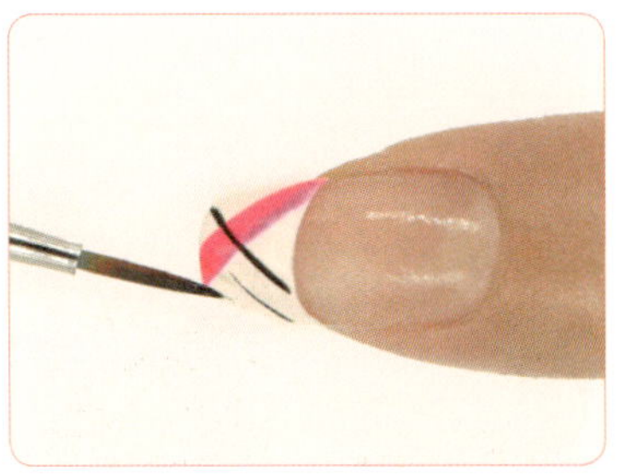

05 블랙 젤 컬러로 04번 과정에서 그린 라인과 반대 방향인 라인을 두껍게 그립니다.

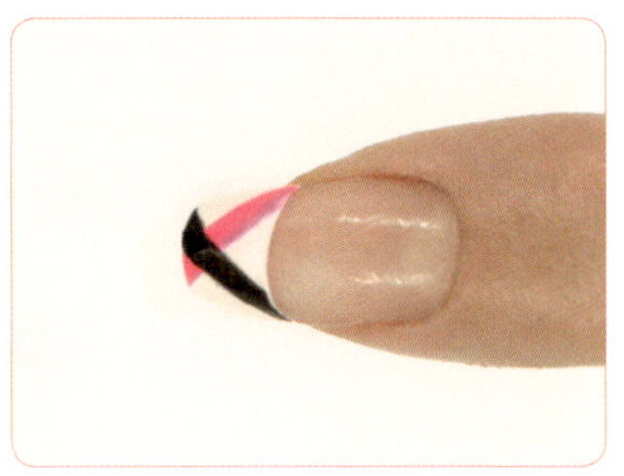

06 큐어링합니다(UV 램프 60초, LED 램프 30초).

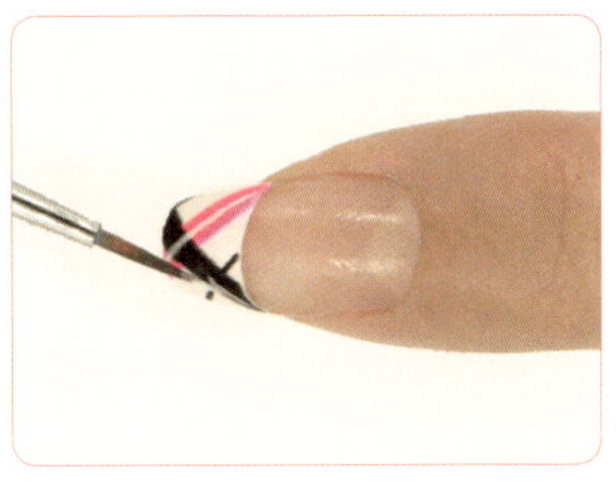

07 블랙 젤 컬러로 05번 과정에서 그린 라인과 반대 방향인 라인을 얇게 그린 다음, 04번 과정에서 그린 라인 위에 화이트 젤 컬러로 라인을 얇게 그립니다.

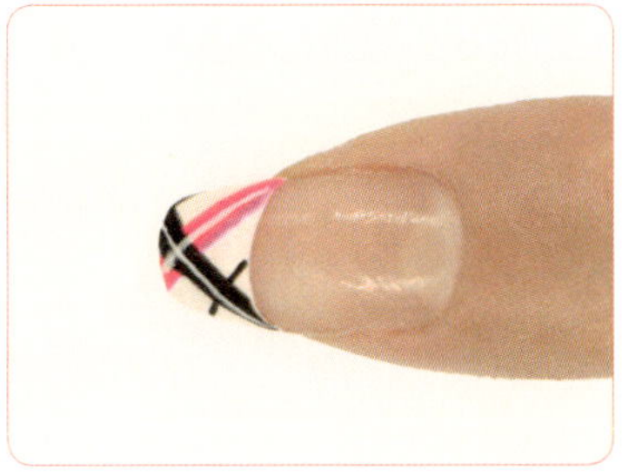

08 05번 과정에서 그린 라인 위에 화이트 젤 컬러로 라인을 얇게 그린 다음 큐어링합니다(UV 램프 60초, LED 램프 30초).

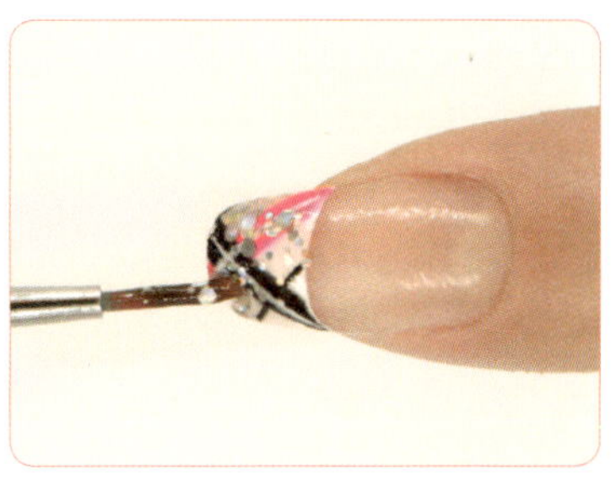

09 프렌치 부분에 글리터를 바릅니다.

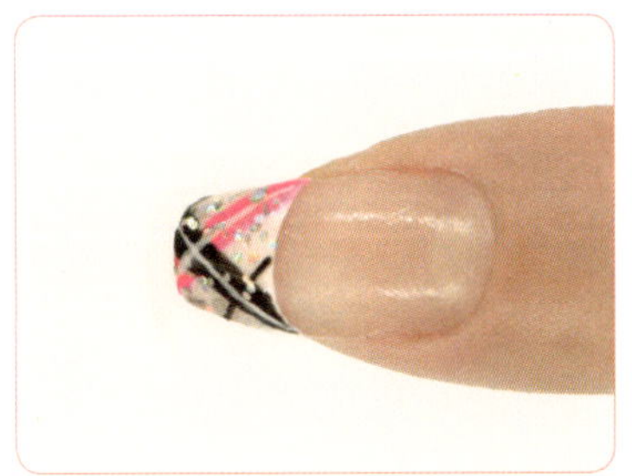

10 큐어링합니다(UV 램프 60초, LED 램프 30초).

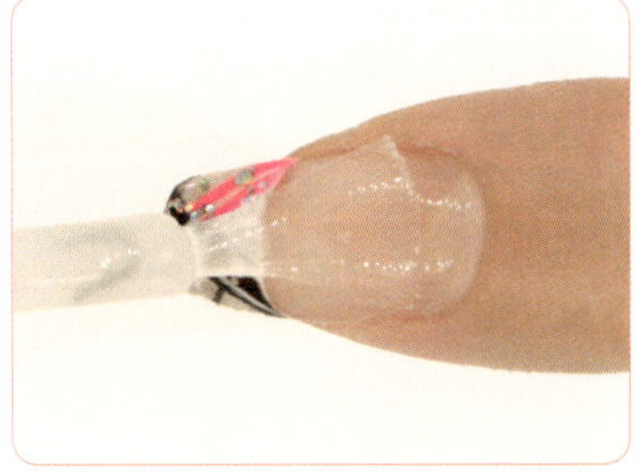

11 탑 젤을 바르고 큐어링합니다(UV 램프 60초, LED 램프 30초).

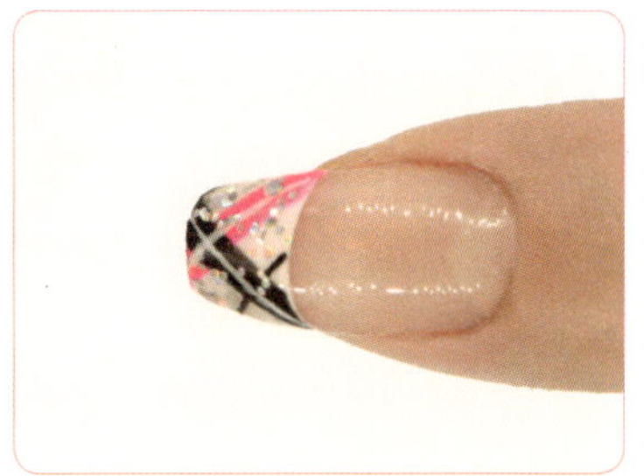

12 미경화된 젤을 닦아 완성합니다.

내게 딱 맞는,

시크릿 네일아트

젤 클렌저를 사용한 마블 효과와 시스루 느낌의 체크 모양을 사용해 시크릿 네일아트를 완성해 봅니다.

준비물

베이스 젤, 탑 젤, 샌딩, 우드 파일, 컬러 젤, 젤 클렌저, 젤 램프, 라인 브러시, 둥근 브러시, 스톤,
파츠 글루, 포셋, 팔레트, 소주잔

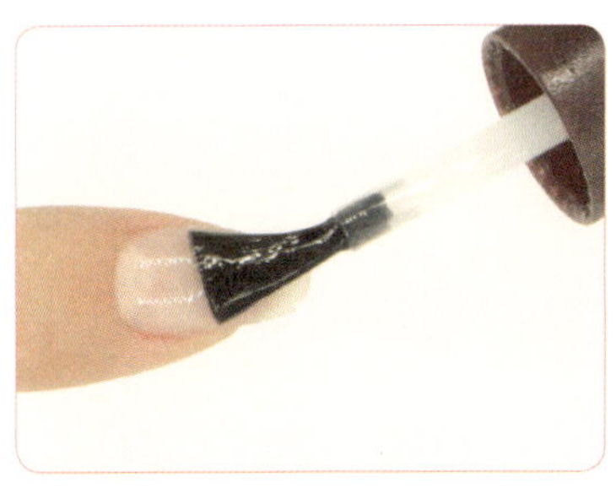

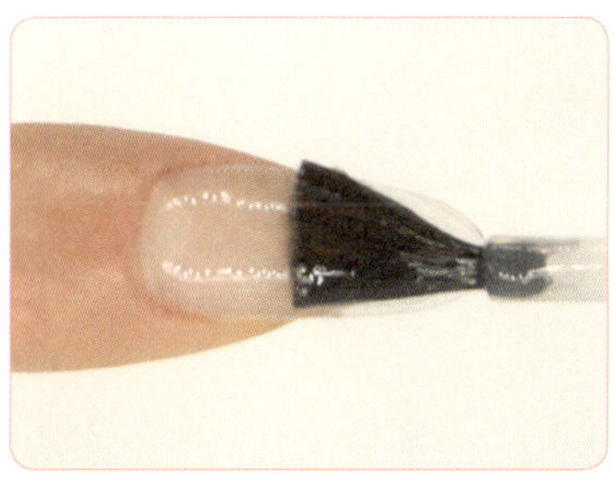

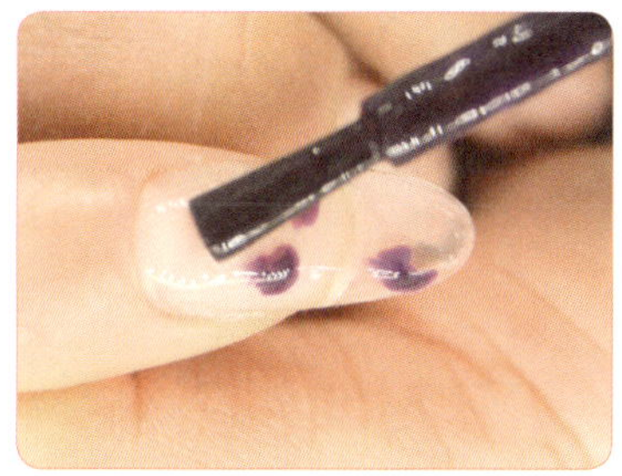

01 샌딩을 사용해 손톱 표면의 유분기를 제거한 다음 베이스 젤을 바르고 큐어링합니다(UV 램프 60초, LED 램프 30초).

02 마블 효과를 표현하기 위해 탑 젤을 바릅니다.

03 탑 젤을 큐어링하지 않은 상태에서 퍼플 젤 컬러를 손톱 표면에 툭툭 묻히듯 바릅니다.

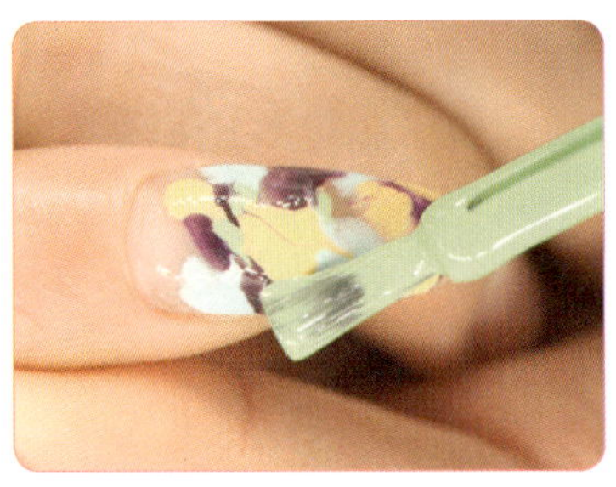
04 03번 과정과 같은 방법으로 스카이 블루와 옐로우, 밝은 그린 컬러의 젤을 차례로 바릅니다.

05 깨끗한 브러시에 젤 클렌저를 묻힙니다.

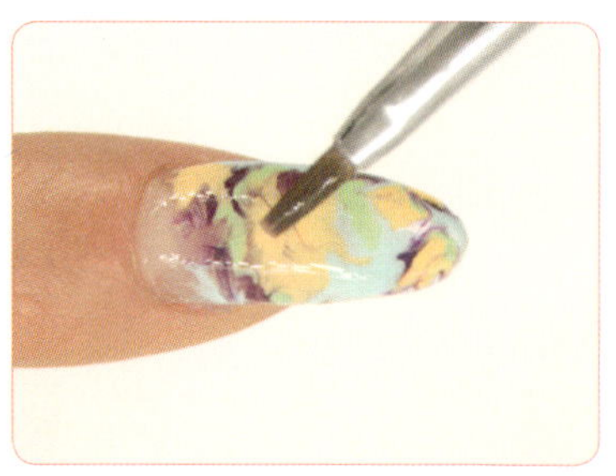
06 젤 클렌저를 손톱 표면에 떨어뜨려 바른 컬러들이 자연스럽게 섞이도록한 다음 큐어링합니다(UV 램프 60초, LED 램프 30초).

07 팔레트에 클리어 젤과 화이트 젤 컬러를 섞어 투명한 화이트 컬러를 만듭니다.

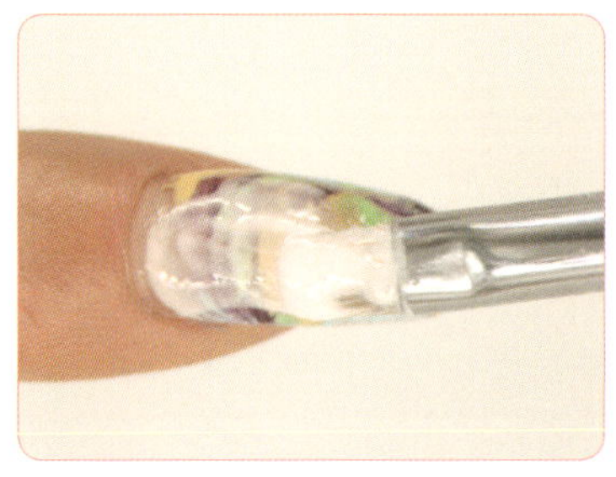
08 07번 과정에서 만든 투명한 화이트 컬러를 손톱 표면에 바릅니다.

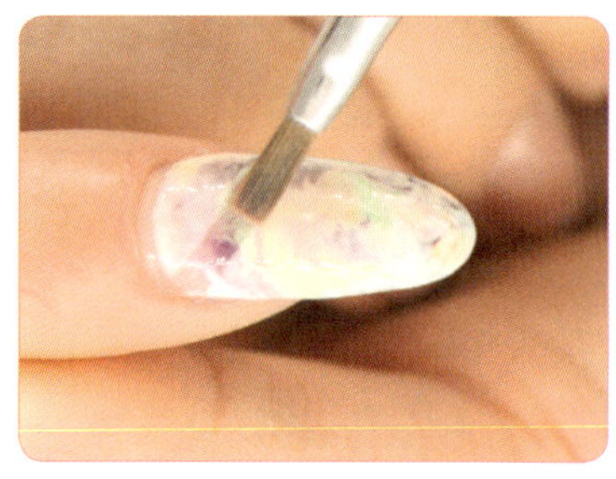
09 큐어링하지 않은 상태에서 깨끗한 브러시를 사선으로 그어 08번 과정에서 바른 투명한 화이트 컬러를 닦아내고 큐어링합니다(UV 램프 60초, LED 램프 30초).

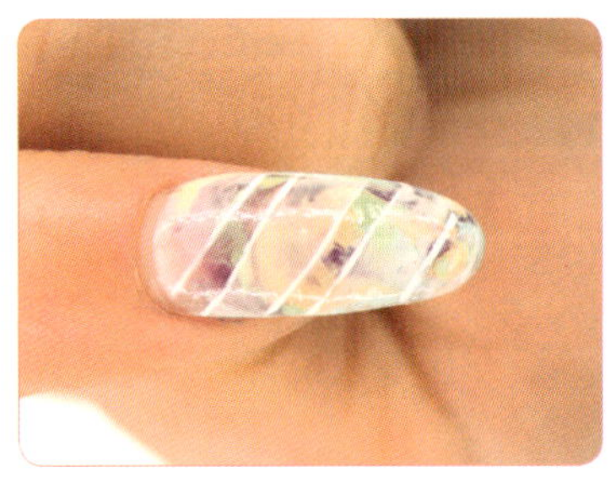
10 라인 브러시에 화이트 젤 컬러를 묻힌 다음, 그림과 같이 닦아낸 사선을 따라 가늘게 라인을 그리고 큐어링합니다(UV 램프 60초, LED 램프 30초).

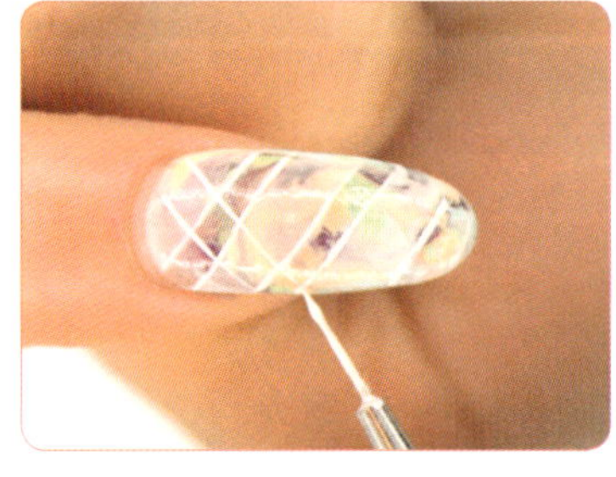
11 그림과 같이 반대 방향으로도 라인을 그리고 큐어링합니다(UV 램프 60초, LED 램프 30초).

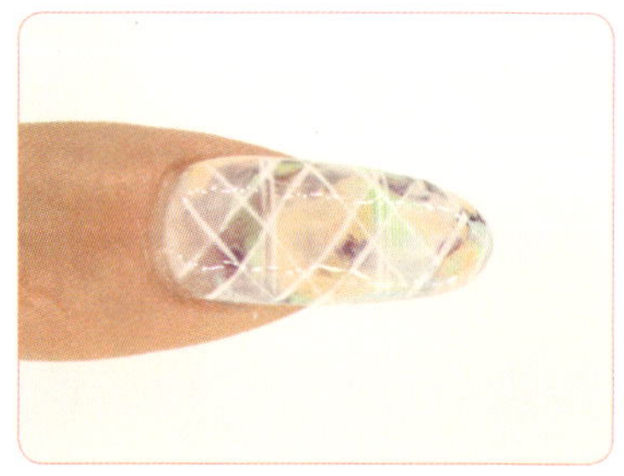
12 탑 젤을 바르고 큐어링(UV 램프 60초, LED 램프 30초)한 다음 미경화된 젤을 닦아 완성합니다.

블링블링 유니크한,

골드 체인 아트

딥 프렌치 위에 라인 브러시로 사선과 동그라미를 그려 골드 체인 아트를 완성해 봅니다.

준비물

젤 램프, 젤 컬러, 탑 젤, 베이스 젤, 젤 클렌저, 라인 브러시, 샌딩

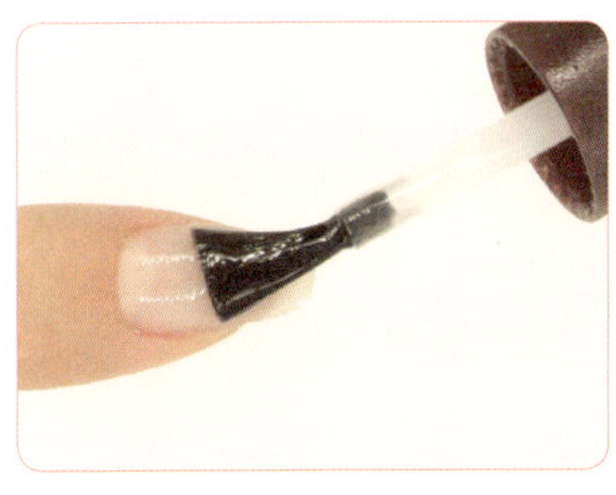

01 샌딩을 사용해 손톱 표면의 유분기를 제거한 다음 베이스 젤을 바릅니다.

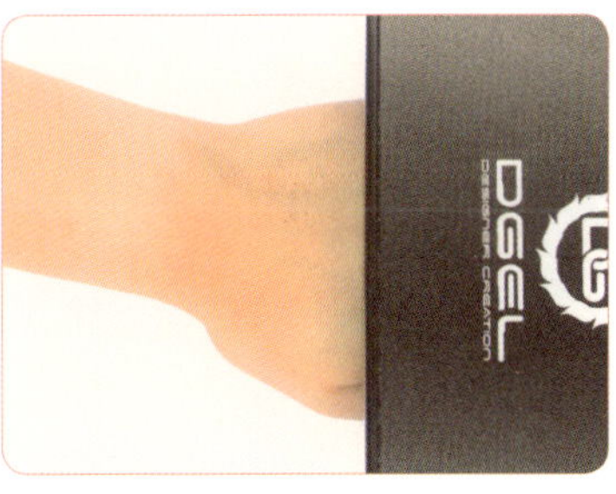

02 큐어링합니다(UV 램프 60초, LED 램프 30초).

03 화이트 젤 컬러로 딥 프렌치 라인을 그립니다.

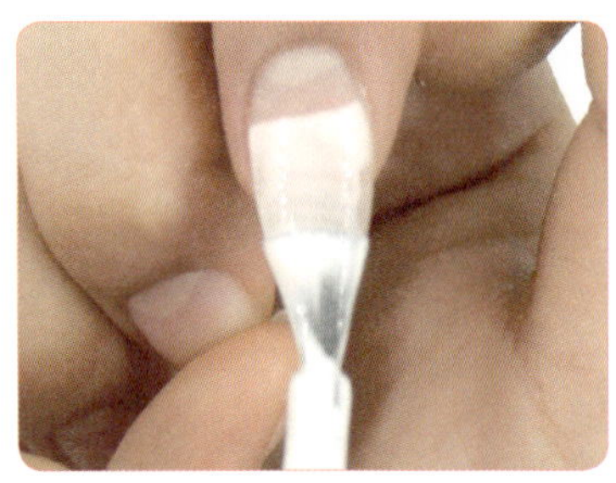

04 손톱 나머지 부분을 채워 바르고 큐어링합니다(UV 램프 60초, LED 램프 30초).

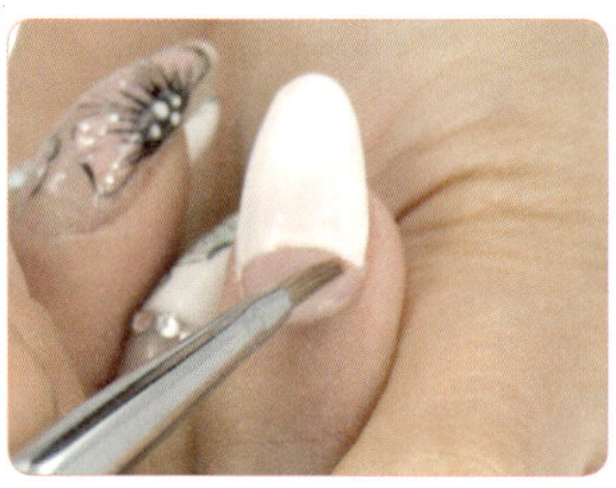

05 깨끗한 브러시에 젤 클렌저를 묻혀 그림과 같이 딥 프렌치 라인을 깔끔하게 정리합니다.

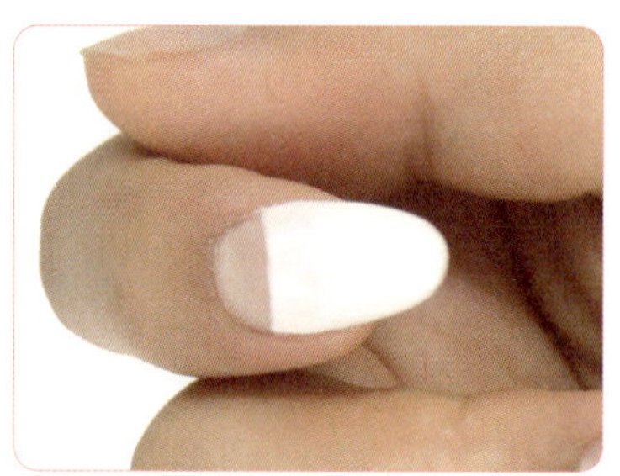

06 선명한 발색을 위해 화이트 젤 컬러를 딥 프렌치 라인에 맞춰 한 번 더 바르고 큐어링합니다(UV 램프 60초, LED 램프 30초).

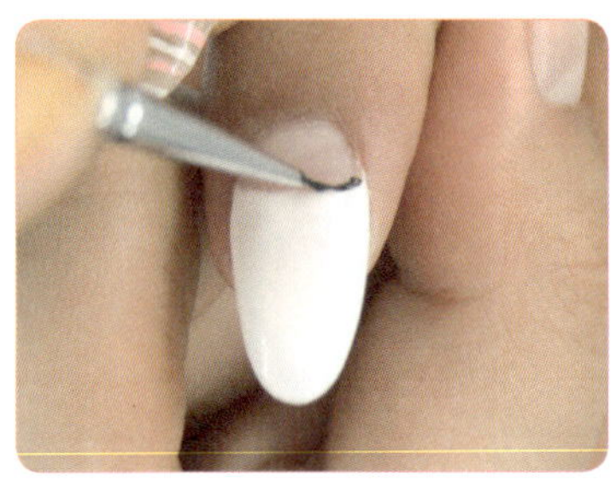

07 라인 브러시로 딥 프렌치 라인에 맞춰 얇게 그리고 큐어링합니다(UV 램프 60초, LED 램프 30초).

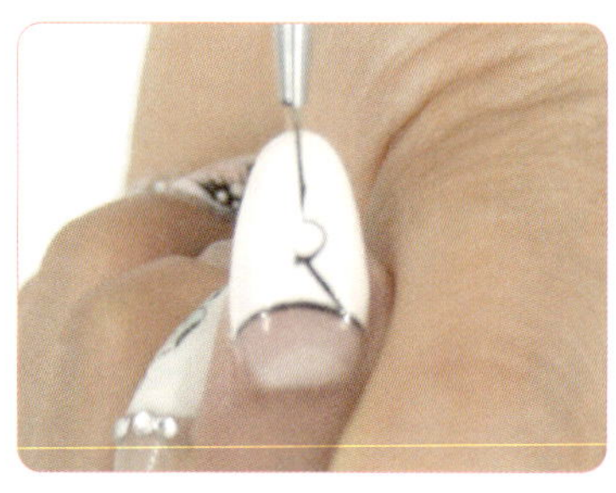

08 라인 브러시로 사선과 동그라미를 자연스럽게 연결해서 그립니다.

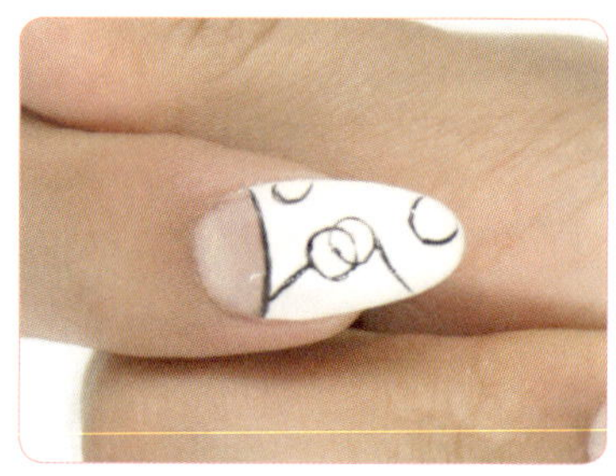

09 사선과 동그라미를 원하는 만큼 더 그린 다음 큐어링합니다(UV 램프 60초, LED 램프 30초).

> **TIP** 통 젤이나 라인 젤을 사용하면 선명한 발색이 표현되어 라인을 여러 번 그리지 않아도 된다는 장점이 있습니다.

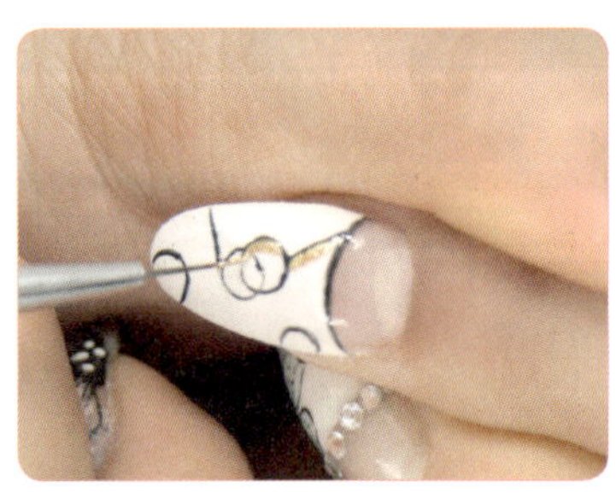

10 완성된 그림 위에 골드 컬러를 자연스럽게 그리고 큐어링합니다(UV 램프 60초, LED 램프 30초).

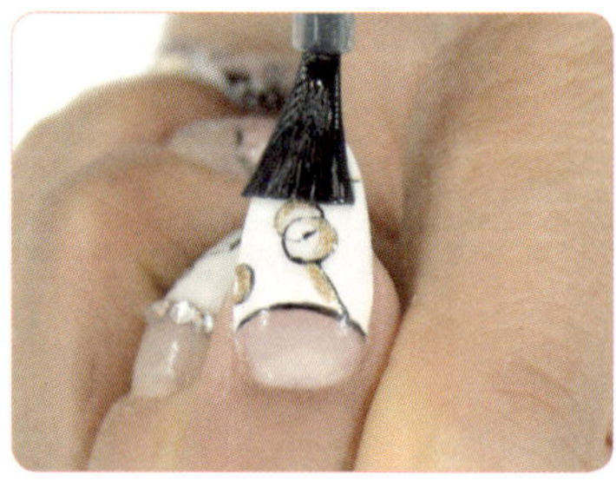

11 탑 젤을 바르고 큐어링합니다(UV 램프 60초, LED 램프 30초).

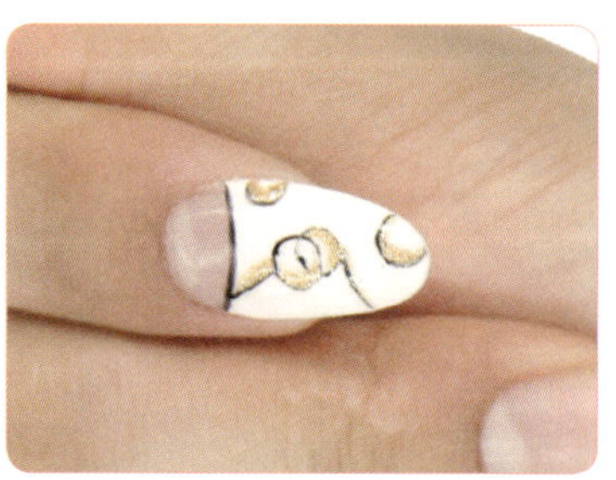

12 미경화된 젤을 닦아 완성합니다.

가을 향기 가득한,

트위드 체크 네일아트

사선 프렌치를 그리고 마블 효과와 라인을 사용해 트위드 체크 네일아트를 완성해 봅니다.

준비물

베이스 젤, 탑 젤, 컬러 젤, 젤 램프, 젤 클렌저, 라인 브러시, 샌딩, 파츠 글루, 스톤

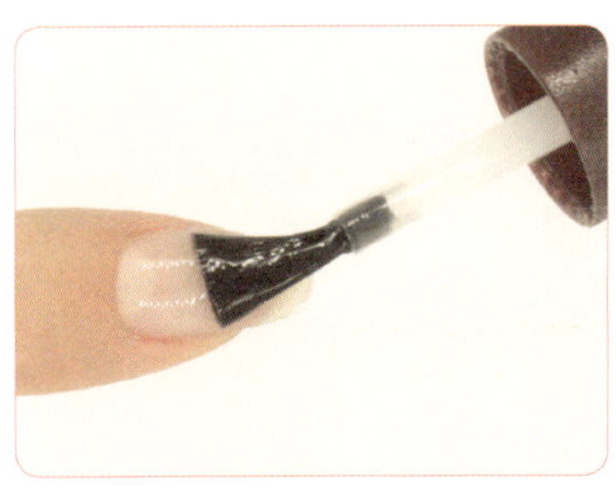

01 샌딩을 사용해 손톱 표면의 유분기를 제거한 다음 베이스 젤을 바르고 큐어링합니다(UV 램프 60초, LED 램프 30초).

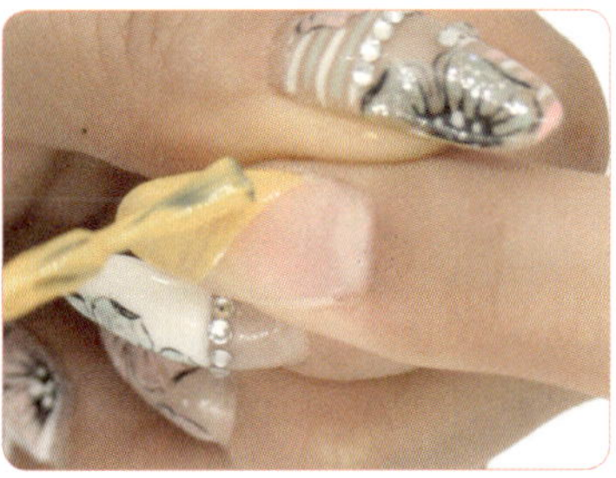

02 옐로우 젤 컬러를 사선 프렌치로 바르고 큐어링(UV 램프 60초, LED 램프 30초)한 다음, 선명한 발색을 위해 이 과정을 한 번 더 반복합니다.

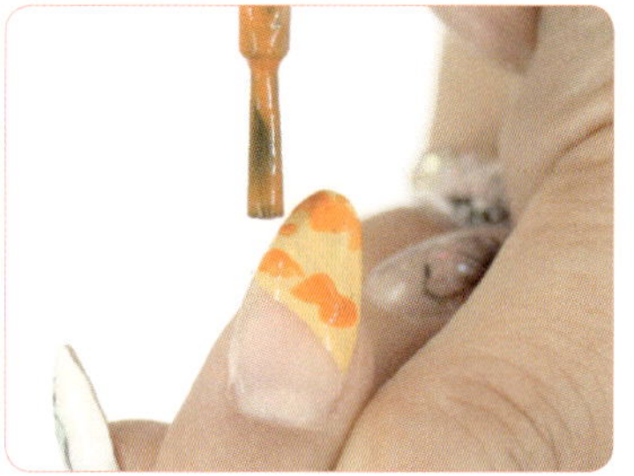

03 오렌지 젤 컬러를 툭툭 떨어뜨리듯 바릅니다.

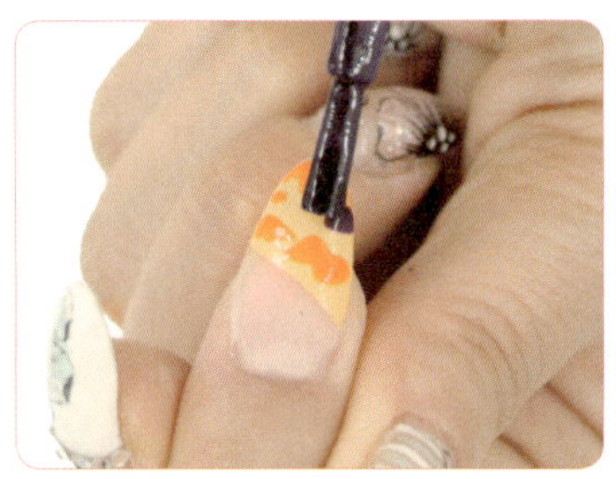

04 큐어링하지 않은 상태에서 퍼플 젤 컬러도 같은 방법으로 바릅니다.

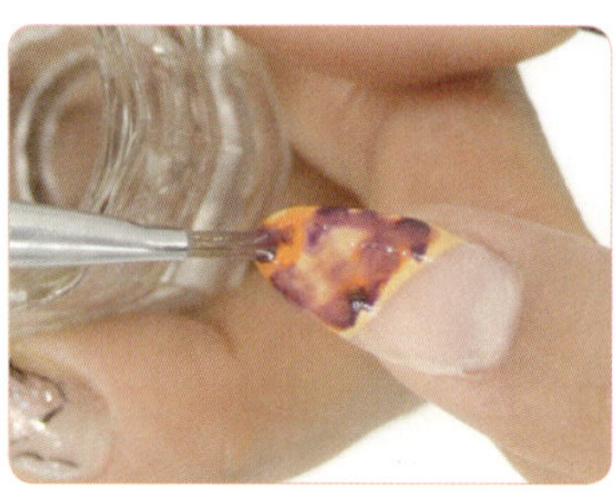

05 브러시에 젤 클렌저를 묻힌 다음, 손톱 표면에 떨어뜨려 컬러들이 자연스럽게 섞이도록 합니다.

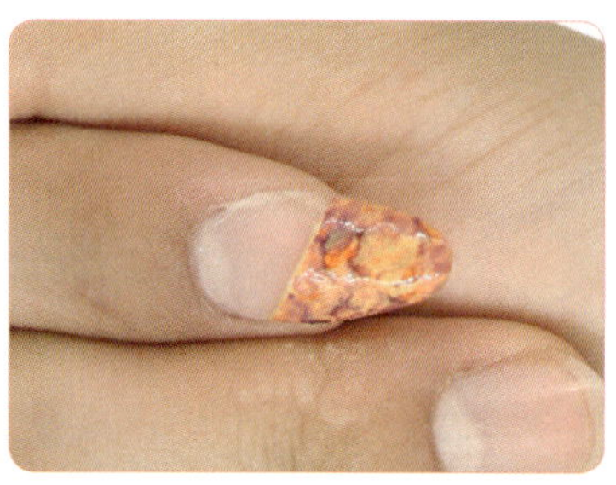

06 원하는 느낌으로 마블 효과가 표현되면 큐어링합니다(UV 램프 60초, LED 램프 30초).

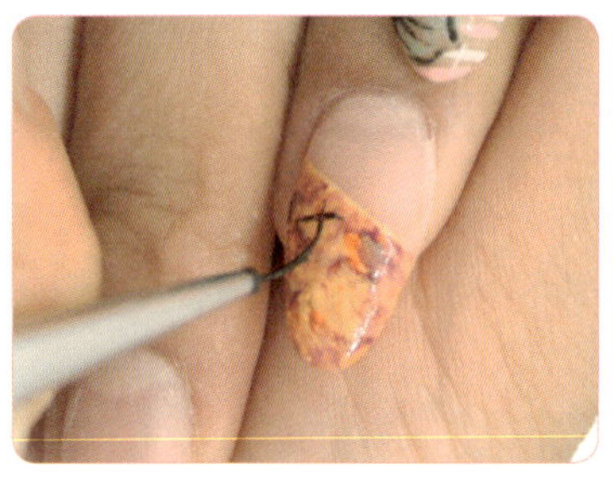

07 라인 브러시에 블랙 젤 컬러를 묻히고 그림과 같이 열 십(十)자 모양의 격자 무늬 라인을 그립니다.

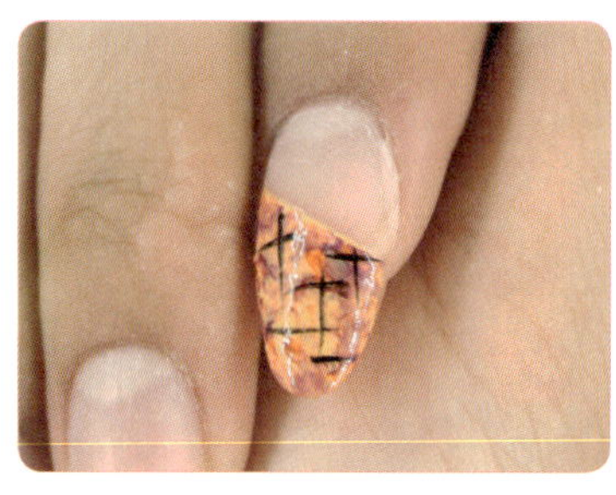

08 큐어링합니다(UV 램프 60초, LED 램프 30초).

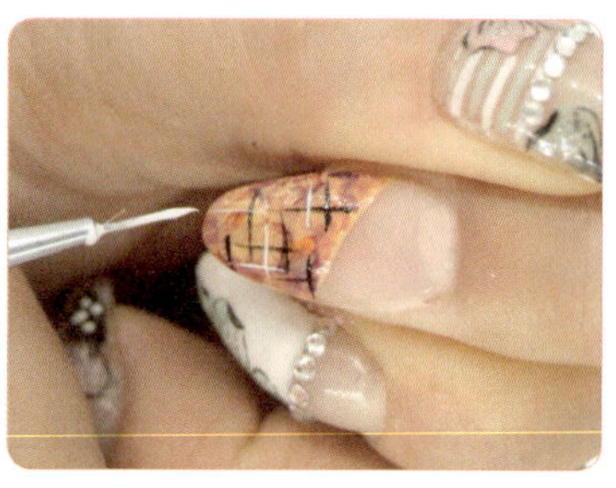

09 라인 브러시에 화이트 젤 컬러를 묻혀 07번에서 그린 라인과 겹치지 않도록 격자 무늬 라인을 그린 다음 큐어링합니다(UV 램프 60초, LED 램프 30초).

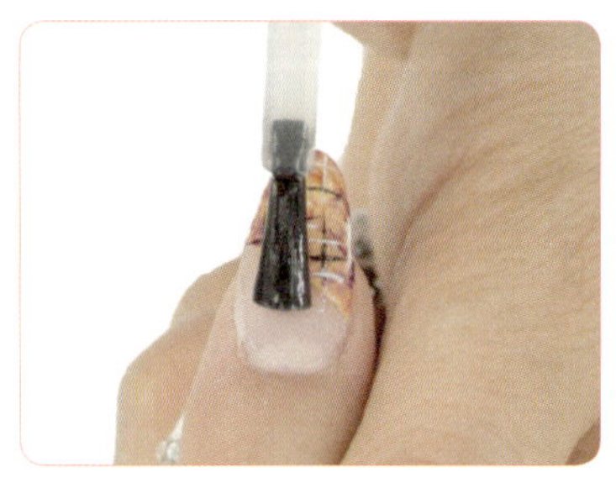

10 탑 젤을 바르고 큐어링합니다(UV 램프 60초, LED 램프 30초).

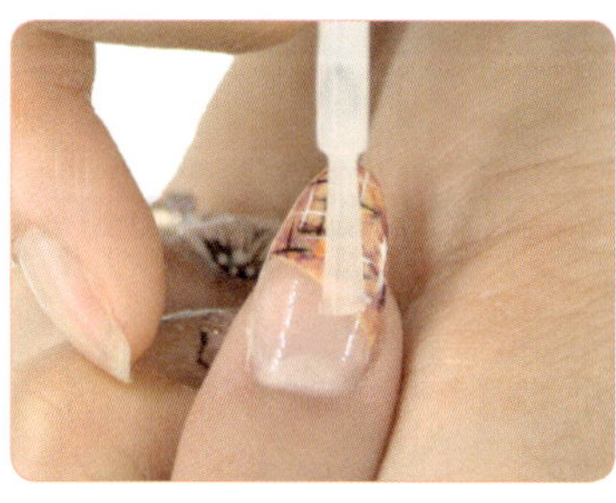

11 미경화된 젤을 닦은 다음 스톤을 붙일 위치에 파츠 글루를 묻힙니다.

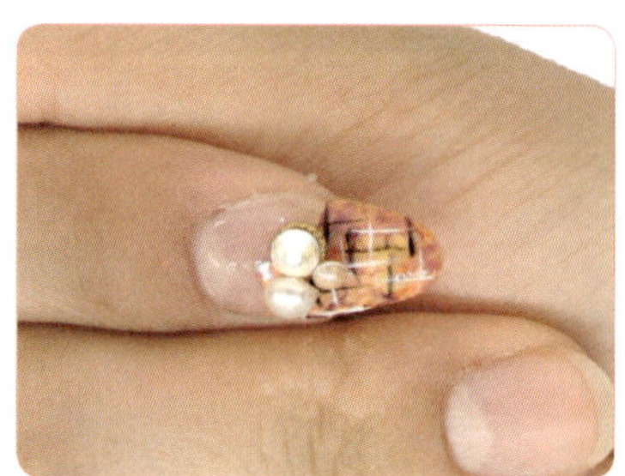

12 포셋을 사용해 파츠를 붙이고 완성합니다.

친구 결혼식 날,
심플 네일아트

친구의 결혼식 날, 가장 예뻐야 할 신부보다 눈에 띄면 안 되겠죠? 심플한 네일아트를 완성해 봅니다.

준비물

베이스 젤, 탑 젤, 샌딩, 컬러 젤, 젤 클렌저, 젤 램프

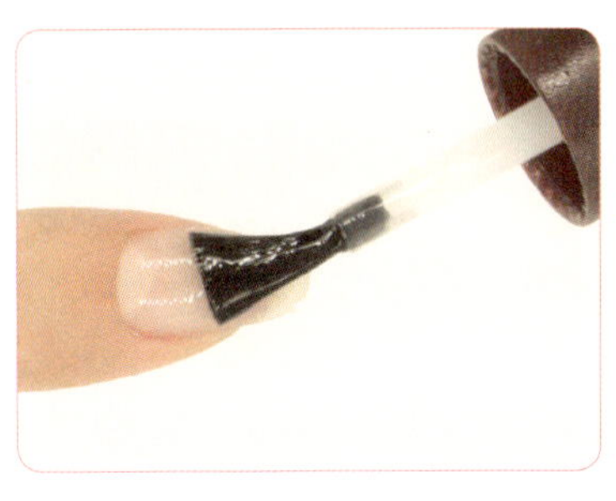

01 샌딩을 사용해 손톱 표면의 유분기를 제거한 다음 베이스 젤을 바르고 큐어링합니다(UV 램프 60초, LED 램프 30초).

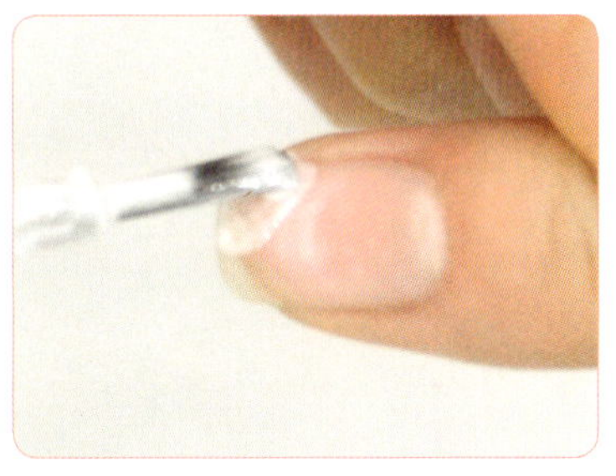

02 화이트 젤 컬러를 손톱 한쪽 끝부분에 타원형으로 바릅니다.

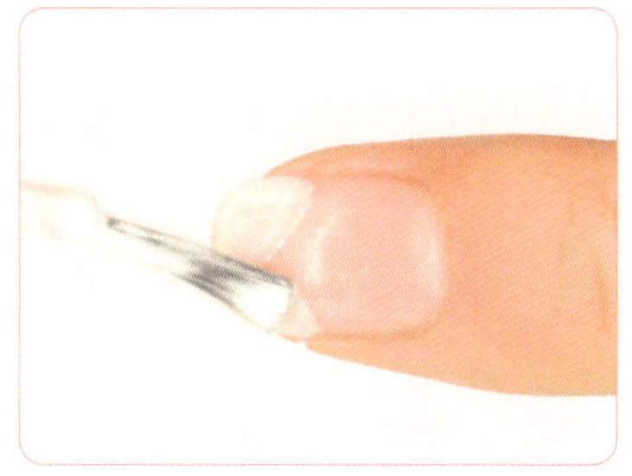

03 같은 방법으로 반대쪽 부분도 발라 하트 프렌치를 완성하고 큐어링합니다(UV 램프 60초, LED 램프 30초).

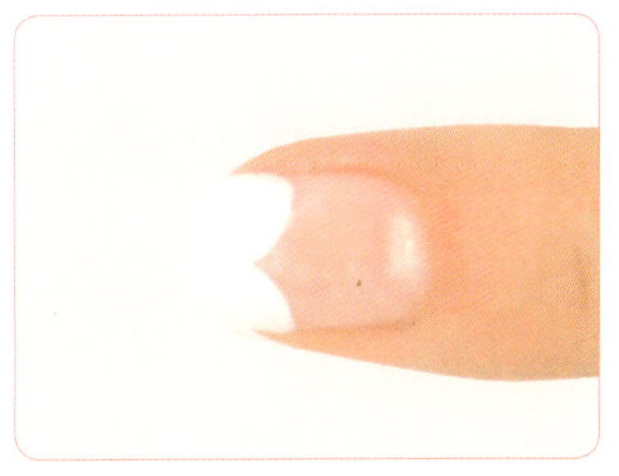

04 선명한 발색을 위해 02번과 03번 과정을 한 번 더 반복합니다.

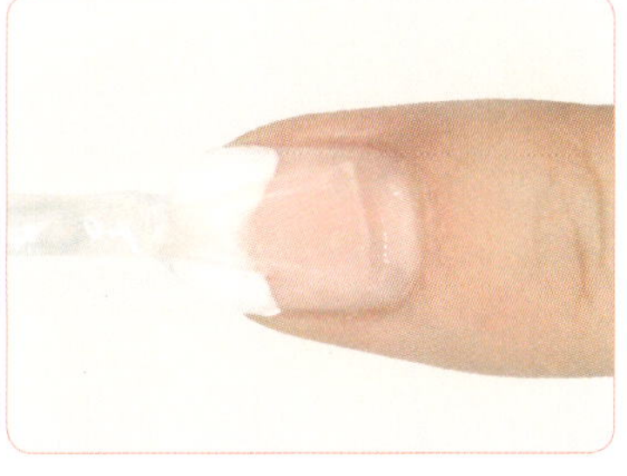

05 탑 젤을 바르고 큐어링합니다(UV 램프 60초, LED 램프 30초).

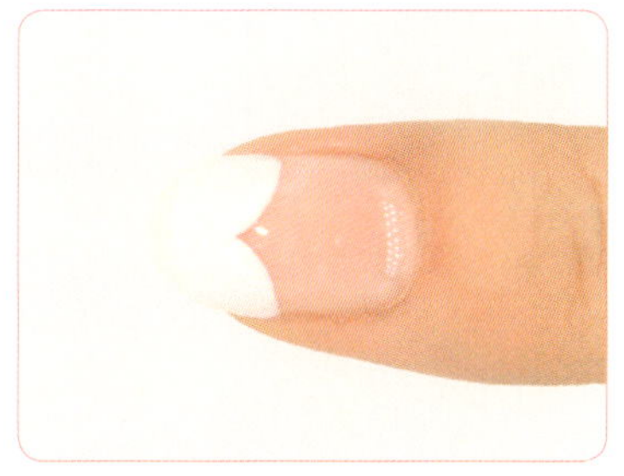

06 미경화된 젤을 닦아 완성합니다.

남자친구와 데이트 날,

하트 네일아트

여성스러워 보이고 싶은 데이트하는 날, 사랑스러운 하트 네일아트를 완성해 봅니다.

준비물

베이스 젤, 탑 젤, 샌딩, 컬러 젤, 젤 클렌저, 젤 램프, 라인 브러시

01 샌딩을 사용해 손톱 표면의 유분기를 제거한 다음 베이스 젤을 바르고 큐어링합니다(UV 램프 60초, LED 램프 30초).

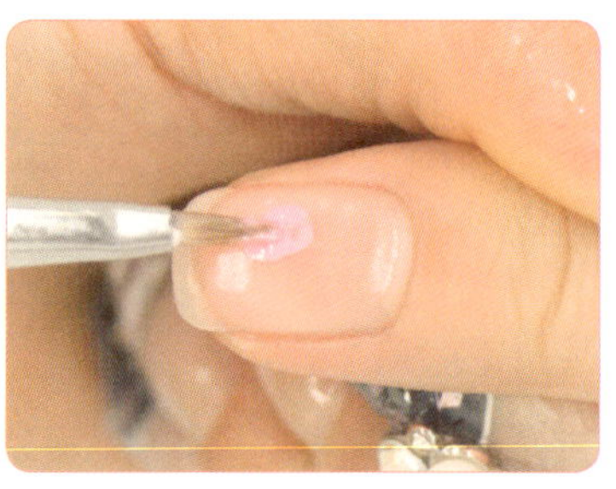

02 핑크 젤 컬러를 손톱 가운데 부분에 그림과 같이 하트 모양으로 바릅니다.

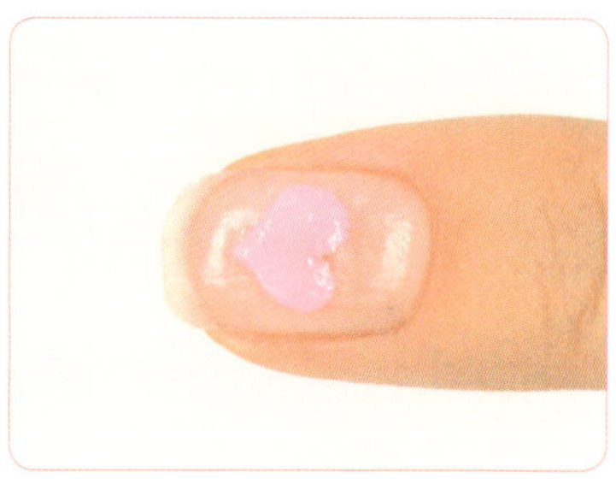

03 하트를 완성하면 큐어링합니다(UV 램프 60초, LED 램프 30초).

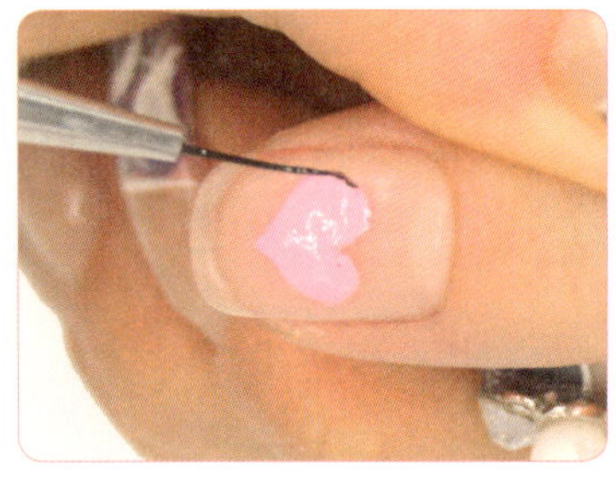

04 라인 브러시로 하트 테두리를 자연스럽게 그리고 큐어링합니다(UV 램프 60초, LED 램프 30초).

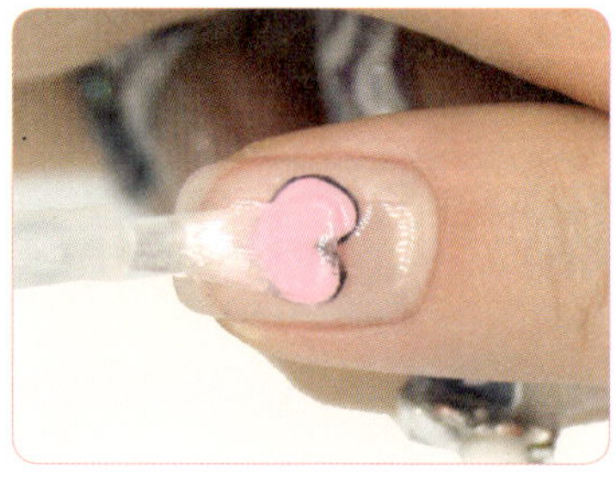

05 탑 젤을 바르고 큐어링합니다(UV 램프 60초, LED 램프 30초).

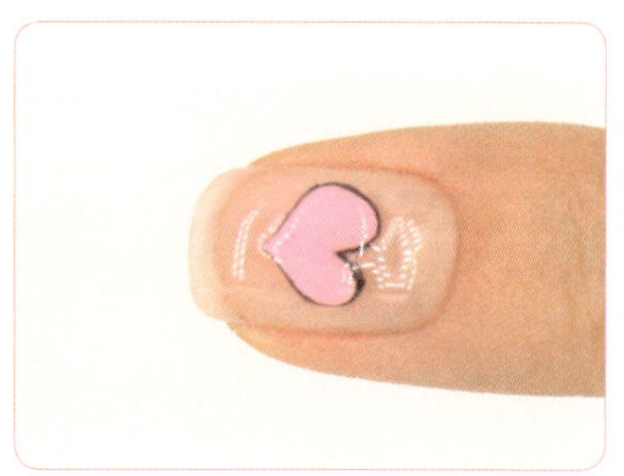

06 미경화된 젤을 닦아 완성합니다.

블링블링

공간 네일아트

21

면을 채우고 라인을 그려 손 쉬운 공간 네일아트를 완성해 봅니다.

준비물

베이스 젤, 탑 젤, 샌딩, 젤 램프, 젤 컬러, 라인 브러시, 젤 클렌저

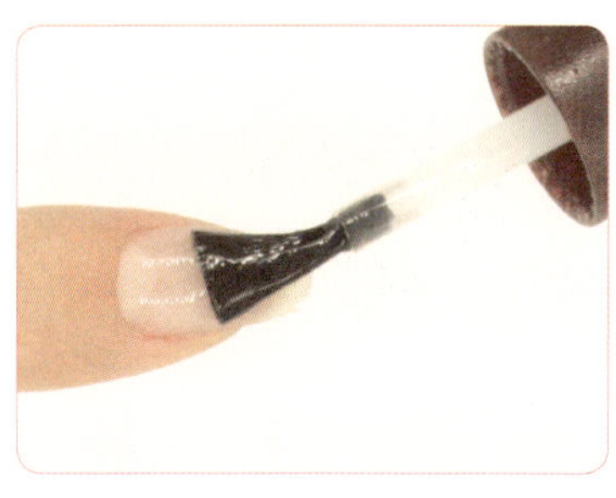

01 샌딩 파일을 이용해 손톱 표면의 유분기를 제거한 후 베이스 젤을 바릅니다.

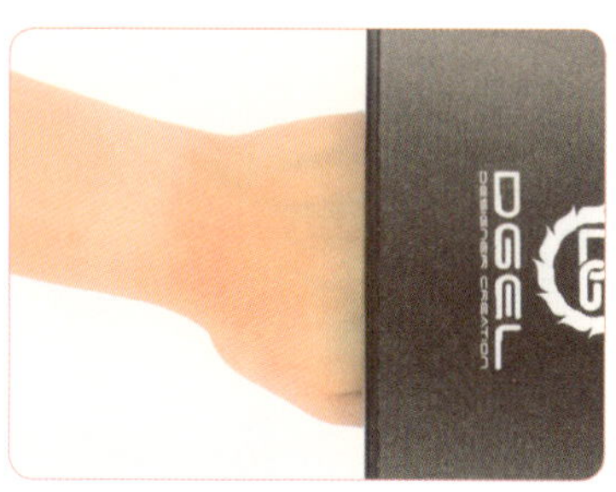

02 LED램프에 30초(UV램프 1분) 큐어합니다.

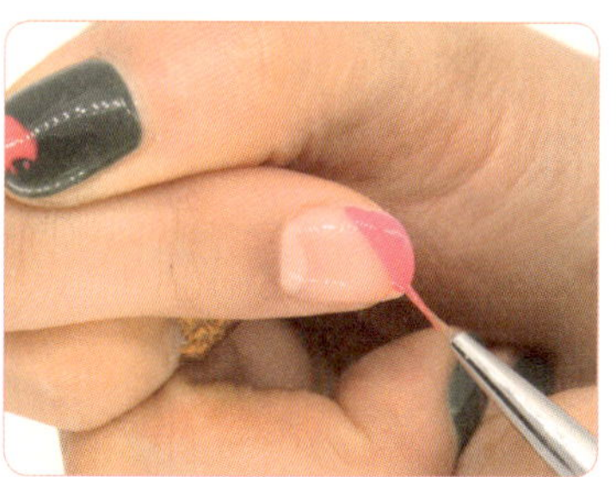

03 핑크색 젤 폴리시를 그림과 같이 사선으로 바르고 LED램프에 30초(UV램프 1분) 큐어합니다.

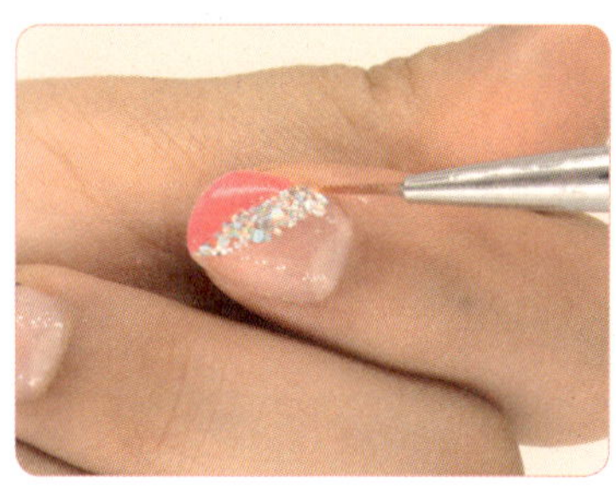

04 그림과 같이 젤 글리터도 사선으로 올리고 LED램프에 30초(UV램프 1분) 큐어합니다.

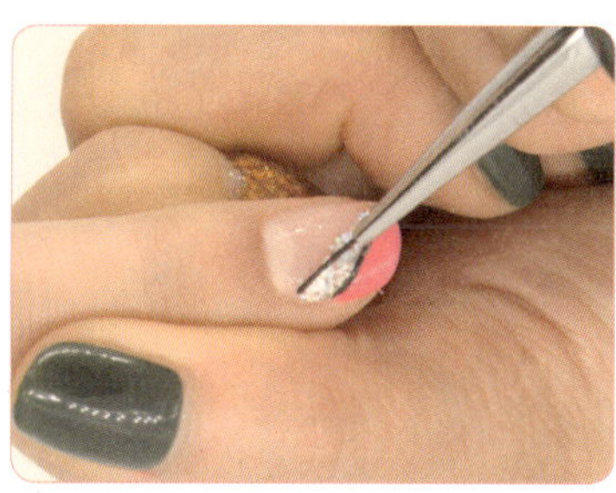

05 라인 브러시로 각 공간의 라인을 분리해서 그리고 LED램프에 30초(UV램프 1분) 큐어합니다.

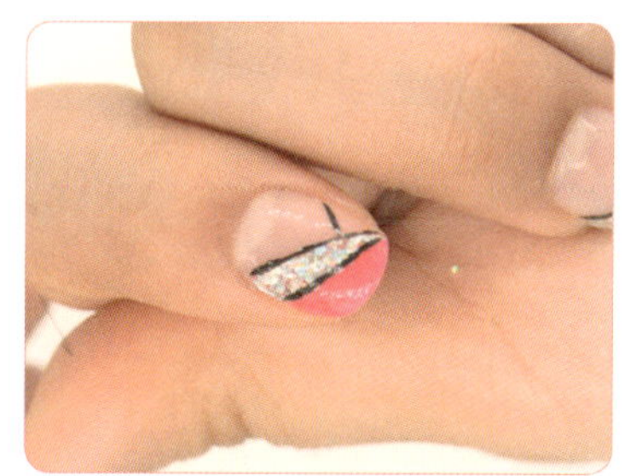

06 탑 젤을 바르고 LED램프에 30초(UV램프 1분) 큐어합니다. 미경화된 젤을 닦아 완성합니다.

Part 04
플라워 네일아트

오밀조밀 귀여운,

프렌치 도트 플라워 네일아트

01

도트봉으로 꽃잎을 찍어 간단하게 도트 플라워 네일아트를
완성해 봅니다.

준비물

베이스 젤, 탑 젤, 샌딩, 라인 브러시, 컬러 젤, 젤 클렌저, 젤 램프

01 샌딩을 사용해 손톱 표면의 유분기
를 제거한 다음 베이스 젤을 바릅니다.

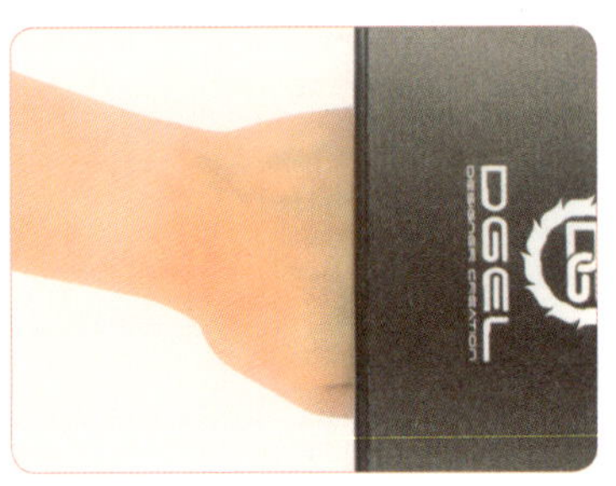

02 큐어링합니다(UV 램프 60초, LED
램프 30초).

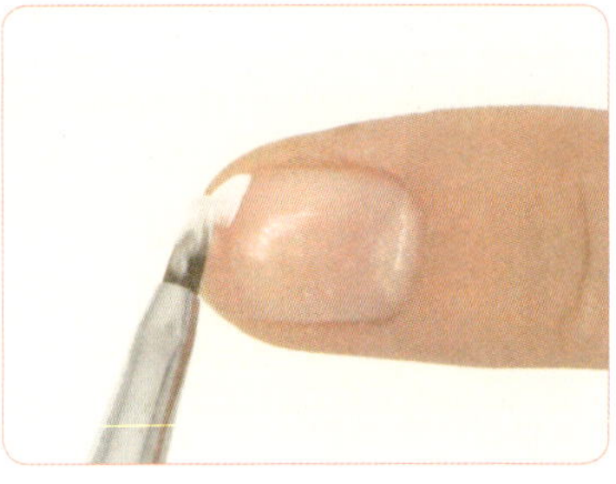

03 화이트 젤 컬러로 프렌치 네일을 하
고 큐어링합니다(UV 램프 60초, LED 램프
30초).

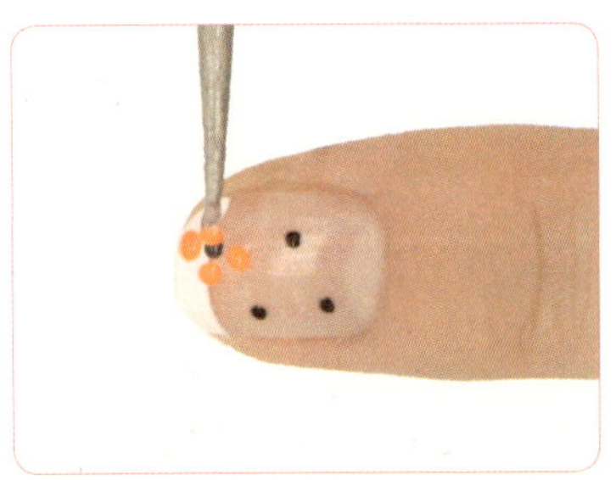

04 다양한 컬러의 젤로 도트를 찍어 꽃
잎을 표현한 다음 큐어링합니다(UV 램프
60초, LED 램프 30초).

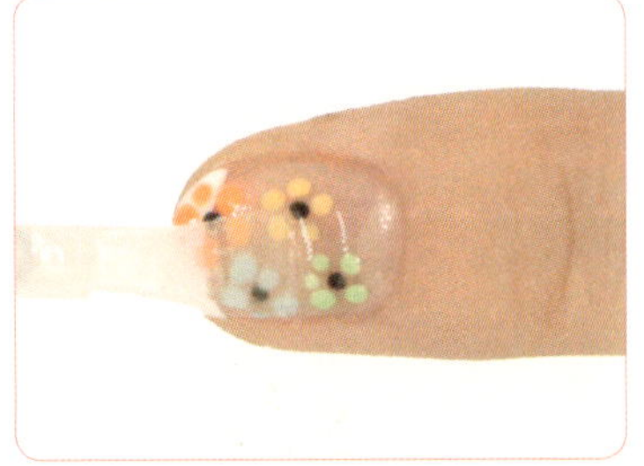

05 탑 젤을 바르고 큐어링합니다(UV 램
프 60초, LED 램프 30초).

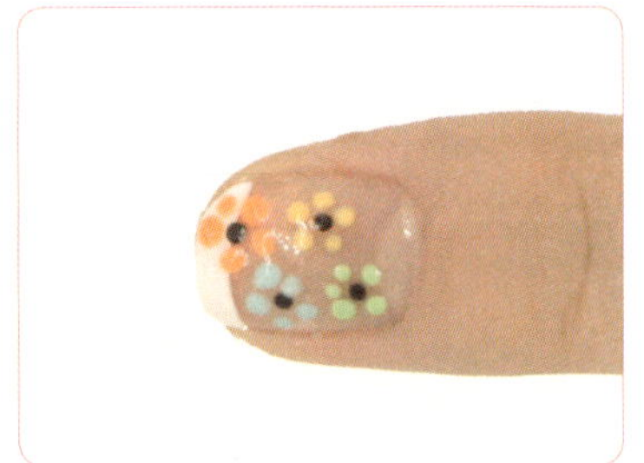

06 미경화된 젤을 닦아 완성합니다.

알록달록 귀여운,

도트 플라워 네일아트

도트봉으로 도트를 찍어 꽃잎을 표현해 도트 플라워 네일아트를 완성해 봅니다.

준비물

베이스 젤, 탑 젤, 샌딩, 도트봉, 컬러 젤, 젤 클렌저, 젤 램프

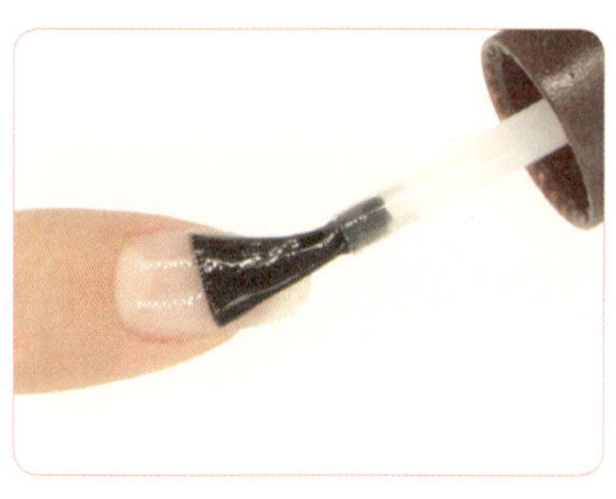

01 샌딩을 사용해 손톱 표면의 유분기를 제거한 다음 베이스 젤을 바릅니다.

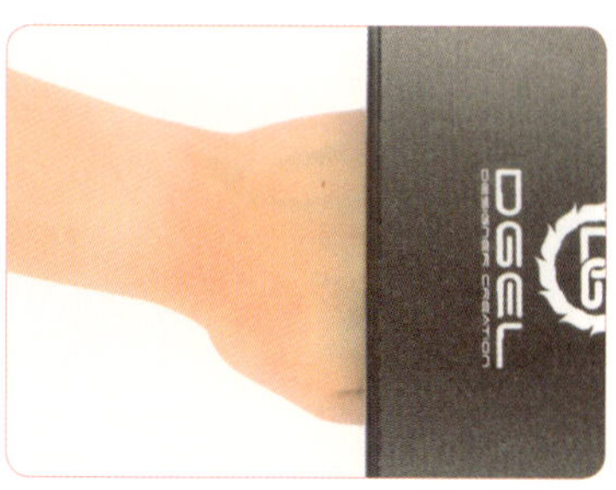

02 큐어링합니다(UV 램프 60초, LED 램프 30초).

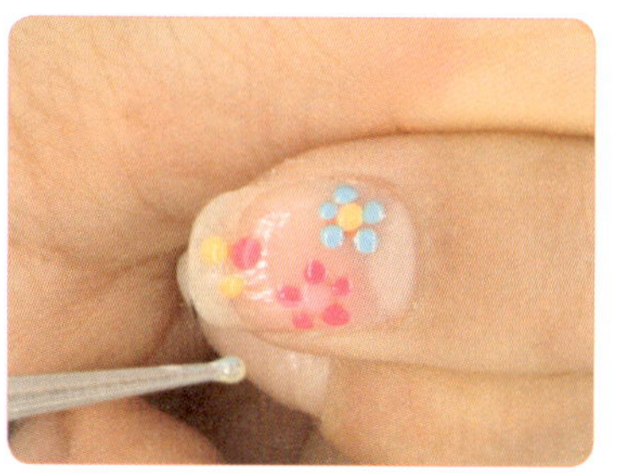

03 도트봉으로 도트를 꽃잎 모양으로 찍고 큐어링합니다(UV 램프 60초, LED 램프 30초).

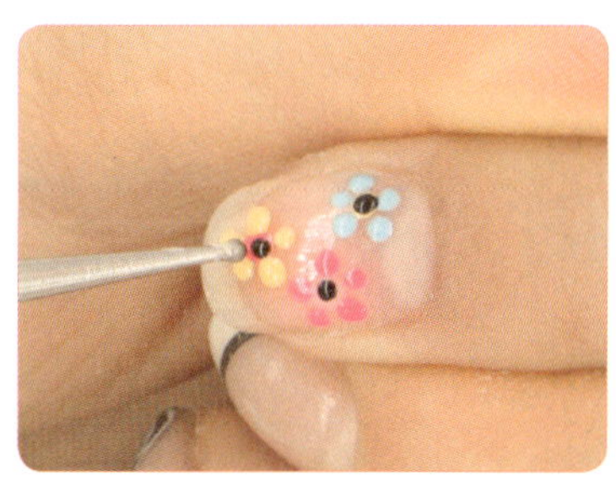

04 꽃잎의 중심이 되는 도트를 찍고 큐어링합니다(UV 램프 60초, LED 램프 30초).

05 탑 젤을 바르고 큐어링합니다(UV 램프 60초, LED 램프 30초).

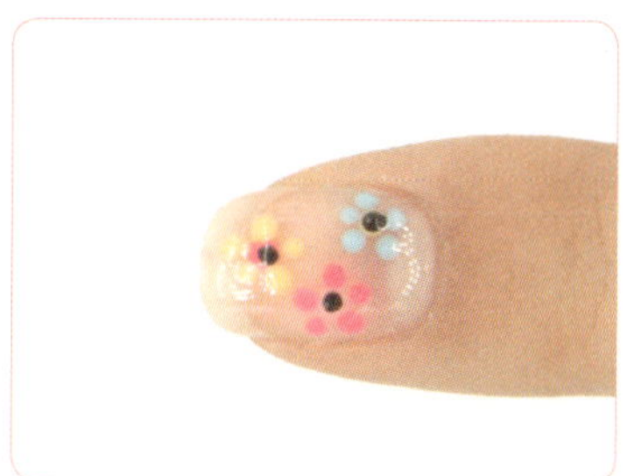

06 미경화된 젤을 닦아 완성합니다.

알록달록 오색빛깔,

구슬빛 그녀 네일아트

손톱 가운데 부분에만 컬러를 바르고 라인 브러시로 꽃잎 라인을 그린 다음, 라인 안쪽에 컬러를 채워 구슬빛 그녀 네일아트를 완성해 봅니다.

준비물

베이스 젤, 탑 젤, 샌딩, 라인 브러시, 컬러 젤, 젤 클렌저, 젤 램프

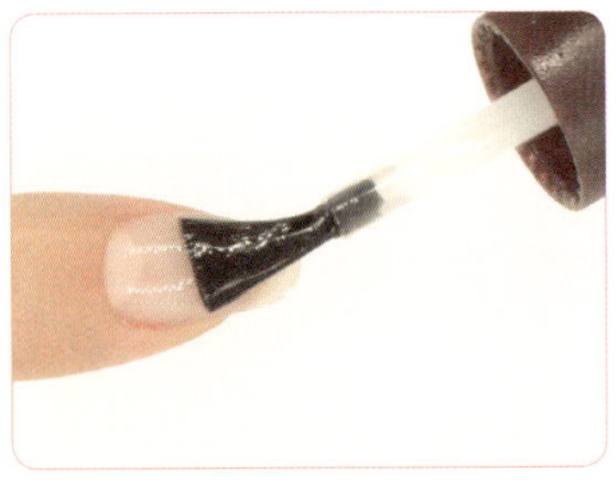

01 샌딩을 사용해 손톱 표면의 유분기를 제거한 다음 베이스 젤을 바릅니다.

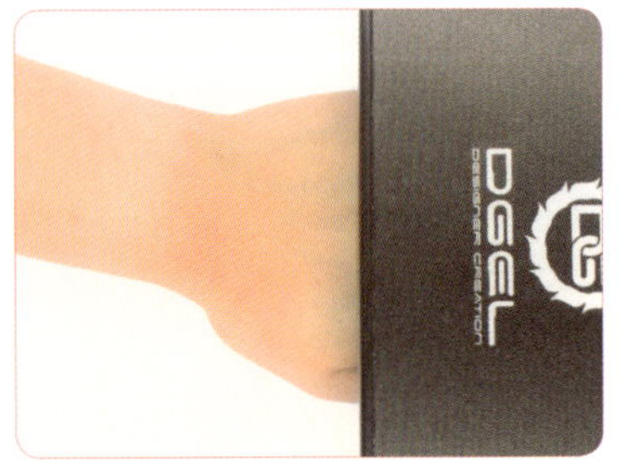

02 큐어링합니다(UV 램프 60초, LED 램프 30초).

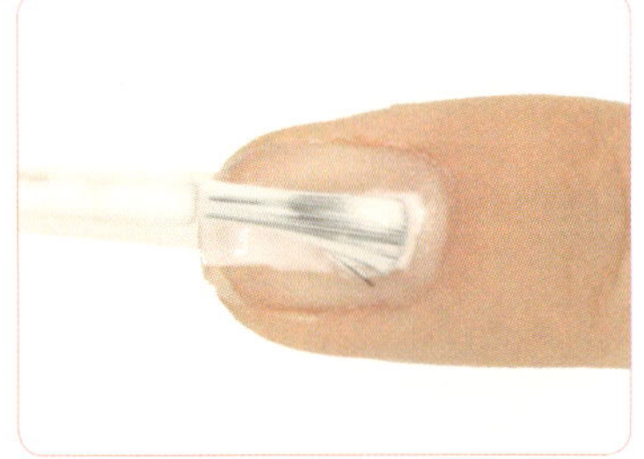

03 화이트 젤 컬러를 손톱 가운데 부분에만 슬림 라인으로 바른 다음 큐어링합니다(UV 램프 60초, LED 램프 30초).

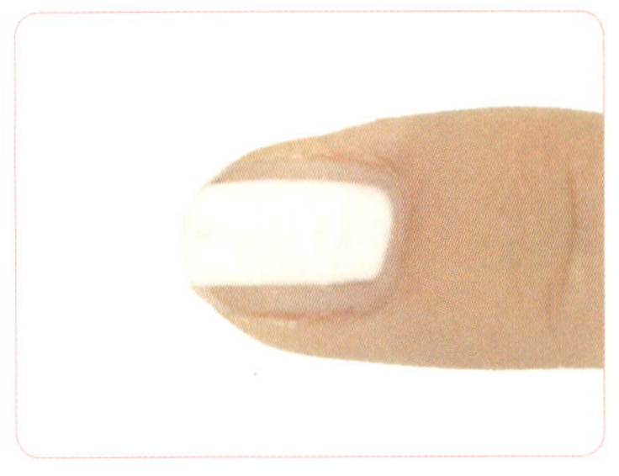 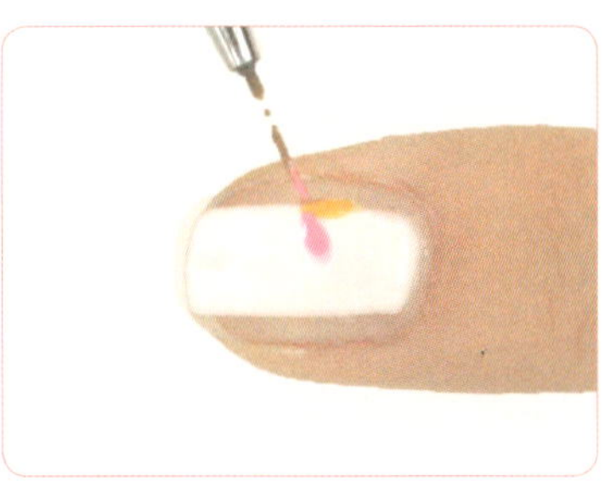 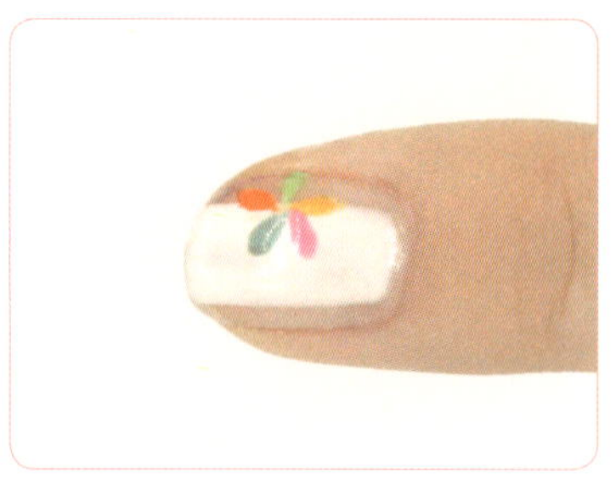

04 선명한 발색을 위해 03번 과정을 한 번 더 반복합니다.

05 다양한 컬러의 젤로 꽃잎을 5장 그립니다.

06 큐어링합니다(UV 램프 60초, LED 램프 30초).

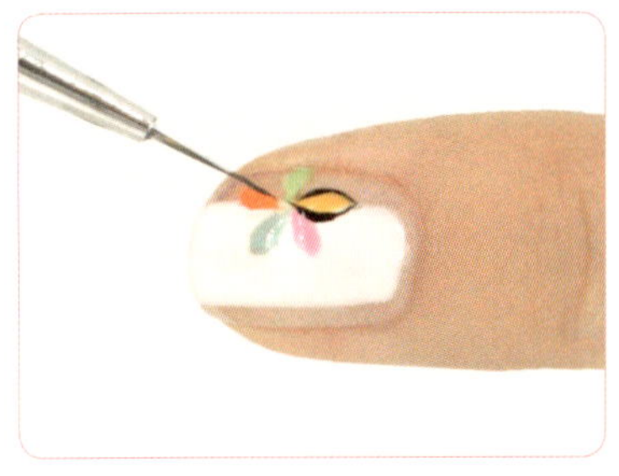  

07 라인 브러시에 블랙 젤 컬러를 묻혀 꽃잎의 테두리를 그리고 큐어링합니다 (UV 램프 60초, LED 램프 30초).

08 탑 젤을 바르고 큐어링합니다(UV 램프 60초, LED 램프 30초).

09 미경화된 젤을 닦아 완성합니다.

궁전의 샵,

플라워 네일아트

04

라인 브러시로 꽃잎의 라인을 그린 다음 글리터로 라인 안쪽을 채워 궁전의 샵 플라워 네일아트를 완성해 봅니다.

준비물

베이스 젤, 탑 젤, 샌딩, 라인 브러시, 컬러 젤, 젤 클렌저, 젤 램프

01 샌딩을 사용해 손톱 표면의 유분기를 제거한 다음 베이스 젤을 바릅니다.

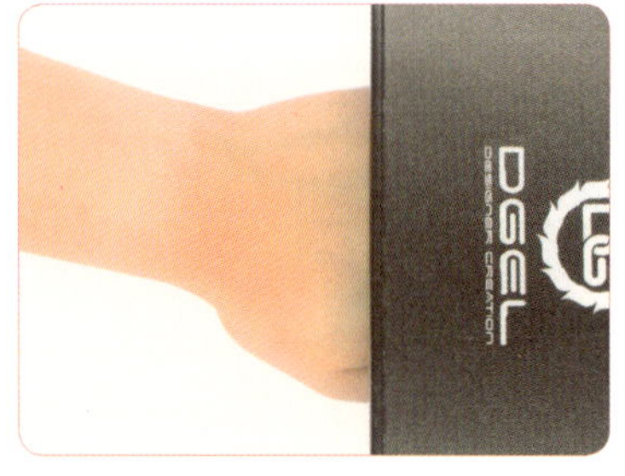

02 큐어링합니다(UV 램프 60초, LED 램프 30초).

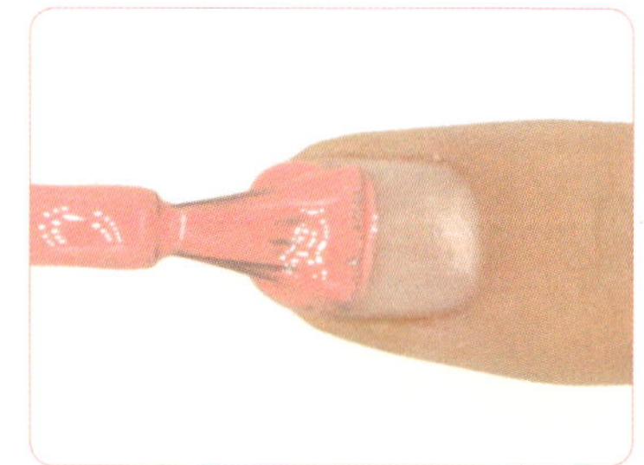

03 핑크 젤 컬러 손톱 표면 전체에 바르고 큐어링합니다(UV 램프 60초, LED 램프 30초).

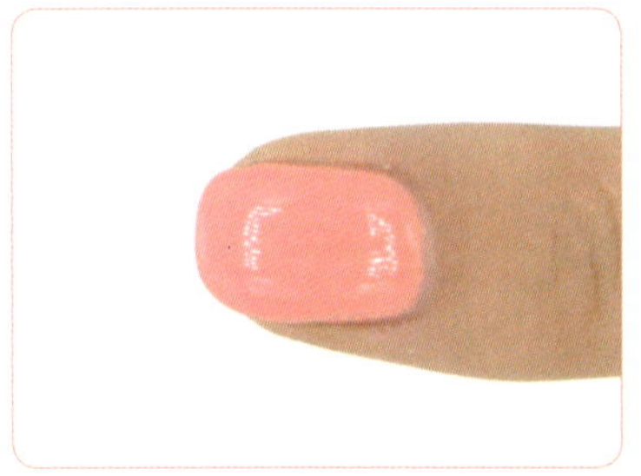 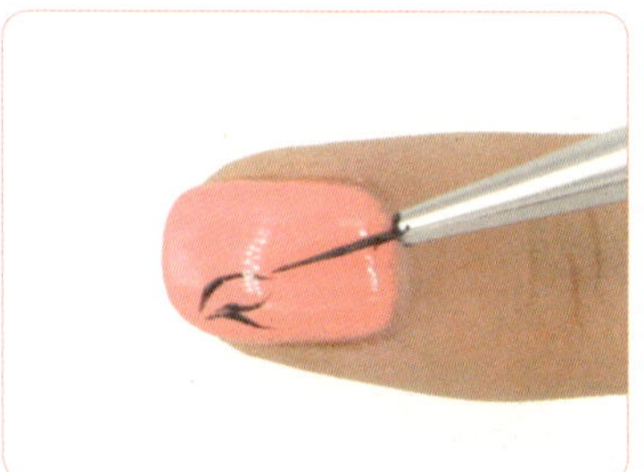 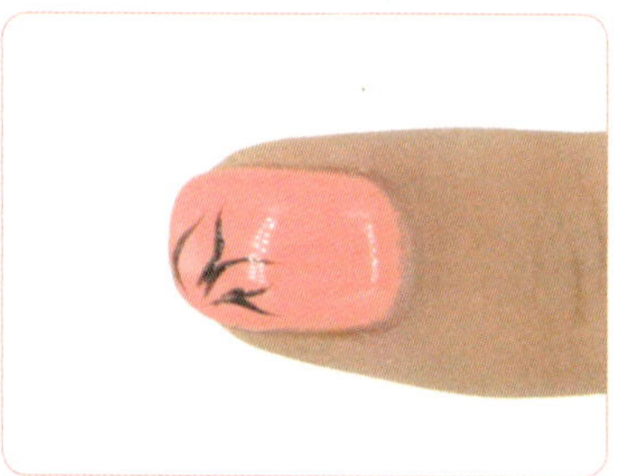

04 선명한 발색을 위해 03번 과정을 한 번 더 반복합니다.

05 라인 브러시로 두께에 강약을 주어 자연스러운 꽃잎 라인을 그립니다.

06 큐어링합니다(UV 램프 60초, LED 램프 30초).

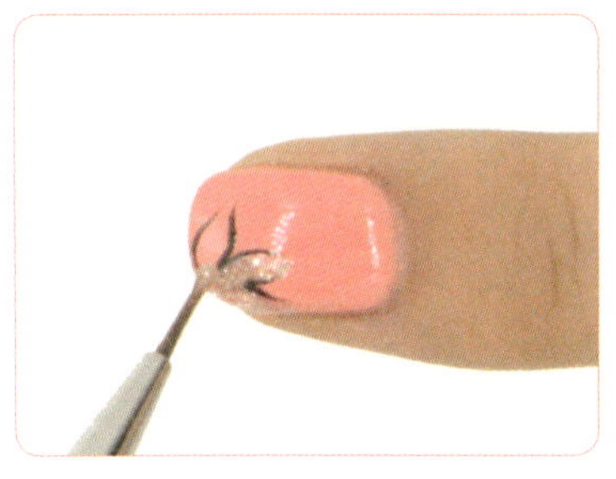 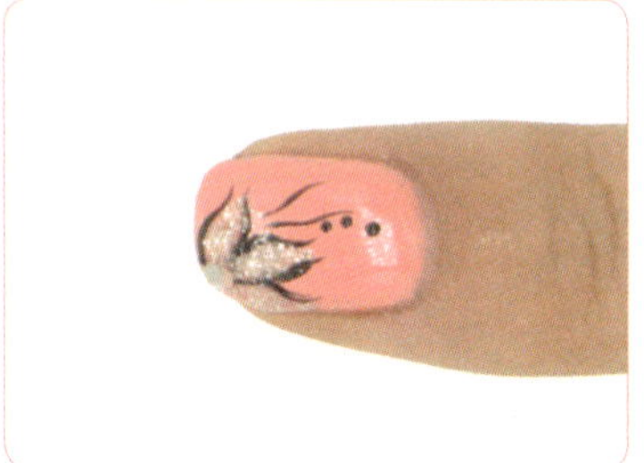 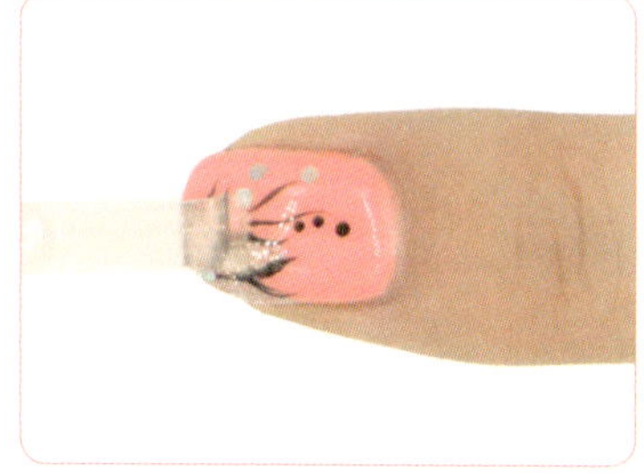

07 글리터 젤을 꽃잎 라인 안쪽에 채워 바른 다음 큐어링합니다(UV 램프 60초, LED 램프 30초).

08 꽃잎 주변을 꾸미고 큐어링합니다 (UV 램프 60초, LED 램프 30초).

09 탑 젤을 바르고 큐어링합니다(UV 램프 60초, LED 램프 30초).

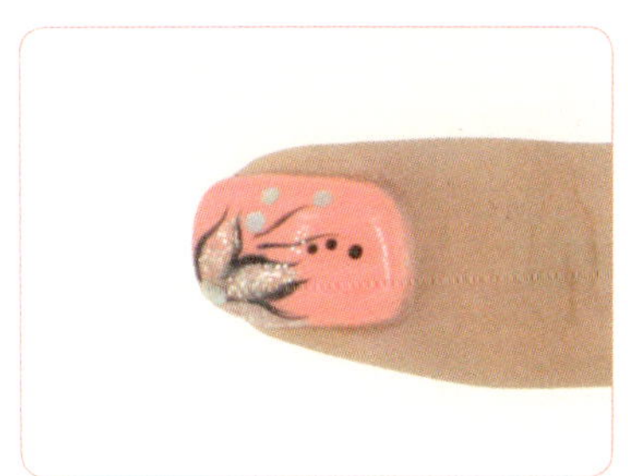

10 미경화된 젤을 닦아 완성합니다.

수줍은 꽃 한 송이,

봄의 왈츠 네일아트

둥근 브러시로 시스루 느낌의 꽃잎을 그려 시스루 플라워 네일아트를 완성해 봅니다.

준비물

베이스 젤, 탑 젤, 샌딩, 둥근 브러시, 라인 브러시, 컬러 젤, 젤 클렌저, 젤 램프

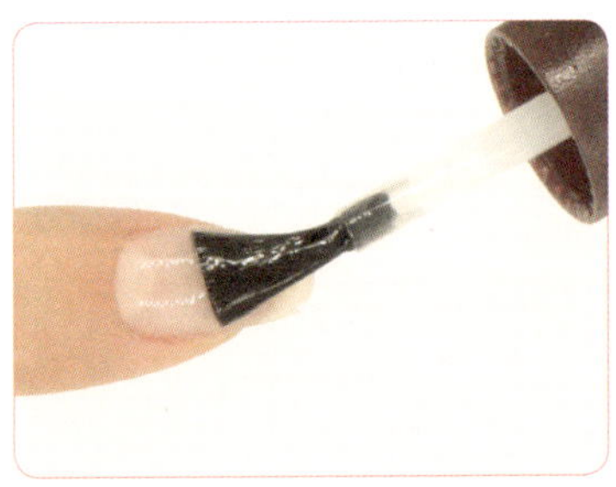

01 샌딩을 사용해 손톱 표면의 유분기를 제거한 다음 베이스 젤을 바릅니다.

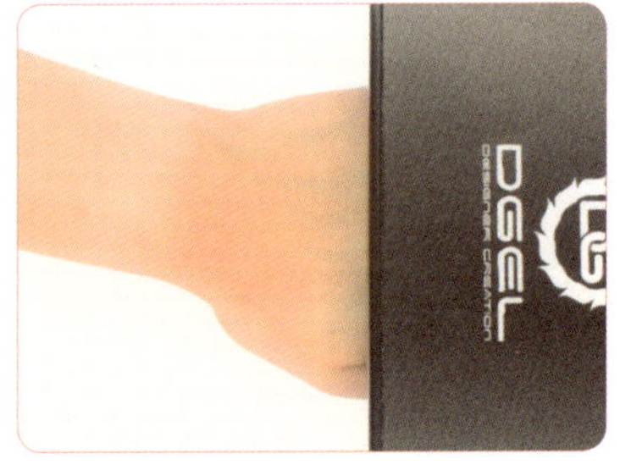

02 큐어링합니다(UV 램프 60초, LED 램프 30초).

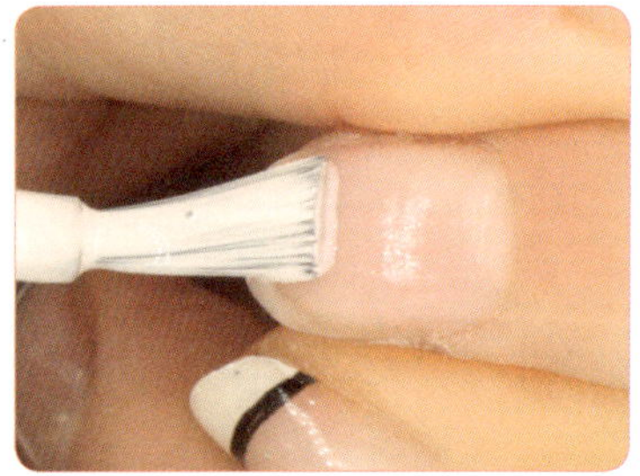

03 화이트 젤 컬러를 둥근 프렌치로 바른 다음 큐어링합니다(UV 램프 60초, LED 램프 30초).

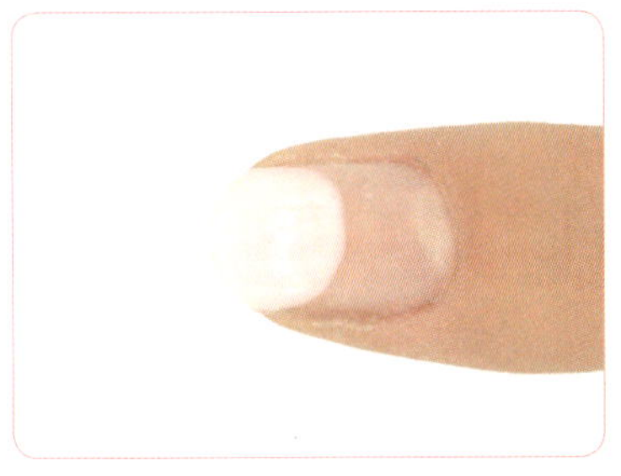

04 선명한 발색을 위해 03번 과정을 한 번 더 반복합니다.

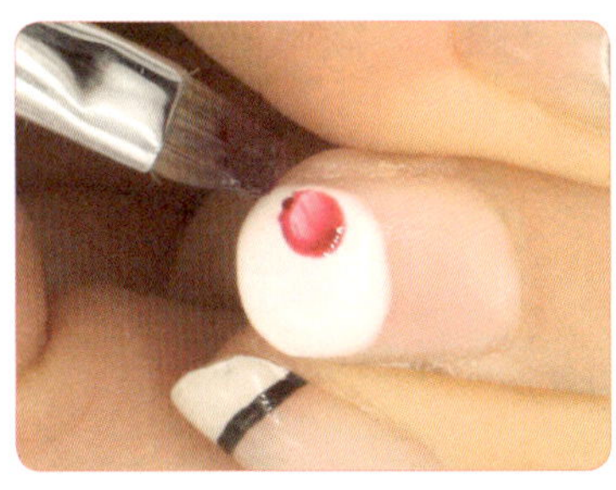

05 둥근 브러시를 사용해 그림과 같이 콤마스트록 기법으로 꽃잎을 그립니다.

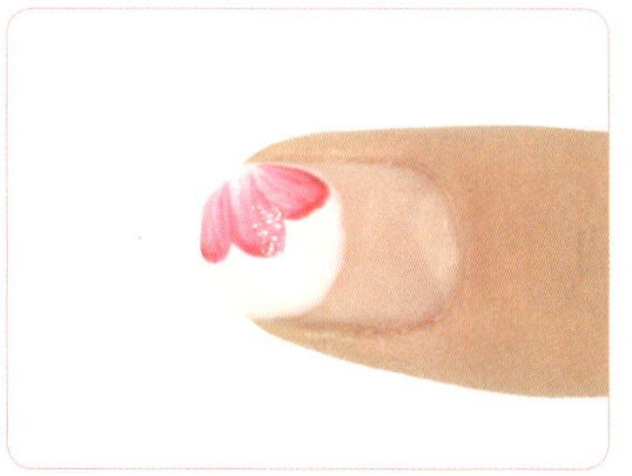

06 같은 방법으로 꽃잎을 세 장 그린 다음 큐어링합니다(UV 램프 60초, LED 램프 30초).

07 골드 글리터 젤을 꽃잎 안쪽에 채워 바르고 큐어링합니다(UV 램프 60초, LED 램프 30초).

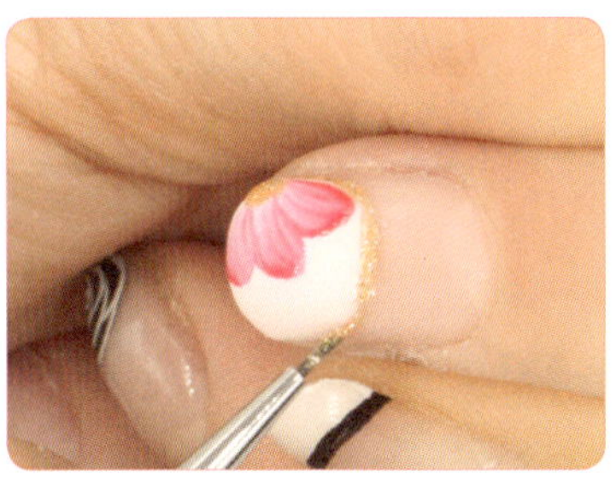

08 라인 브러시에 골드 글리터 젤을 묻혀 둥근 프렌치의 테두리를 그린 다음 큐어링합니다(UV 램프 60초, LED 램프 30초).

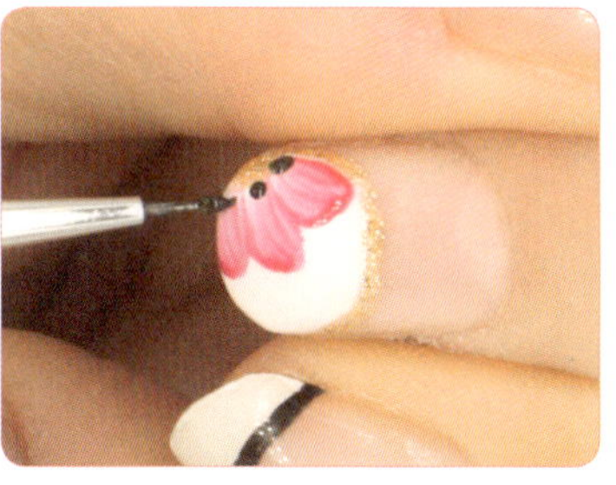

09 골드 글리터 젤의 윗부분에 블랙 젤 컬러로 도트를 찍은 다음 큐어링합니다(UV 램프 60초, LED 램프 30초).

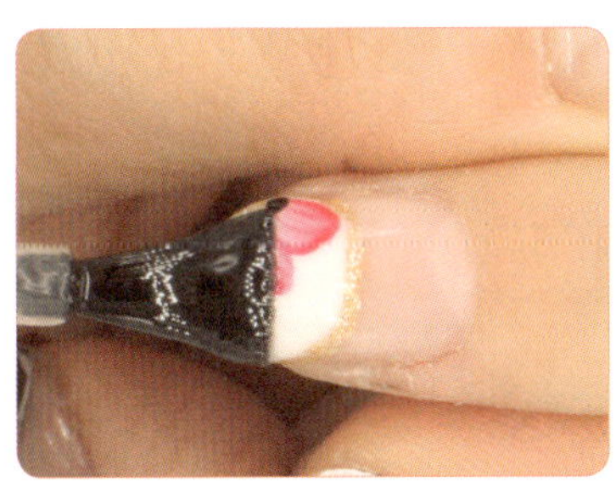

10 탑 젤을 바르고 큐어링합니다(UV 램프 60초, LED 램프 30초).

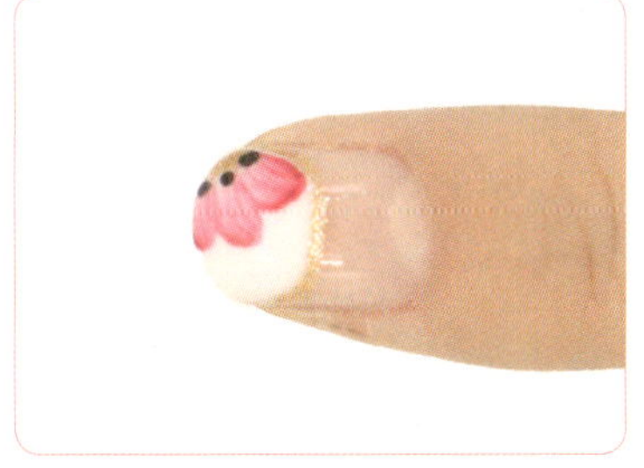

11 미경화된 젤을 닦아 완성합니다.

가을의 상징,

해바라기 네일아트

둥근 브러시로 해바라기 꽃잎을 그리고 라인 브러시로 해바라기의 라인을 그려 해바라기 네일아트를 완성해 봅니다.

준비물

베이스 젤, 탑 젤, 샌딩, 라인 브러시, 둥근 브러시, 컬러 젤, 젤 클렌저, 젤 램프

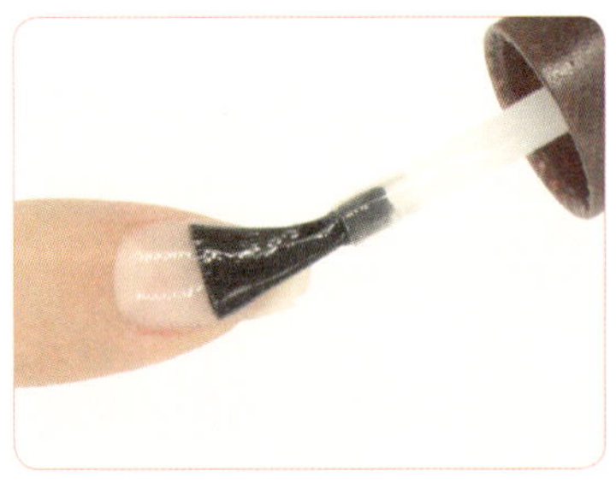

01 샌딩을 사용해 손톱 표면의 유분기를 제거한 다음 베이스 젤을 바릅니다.

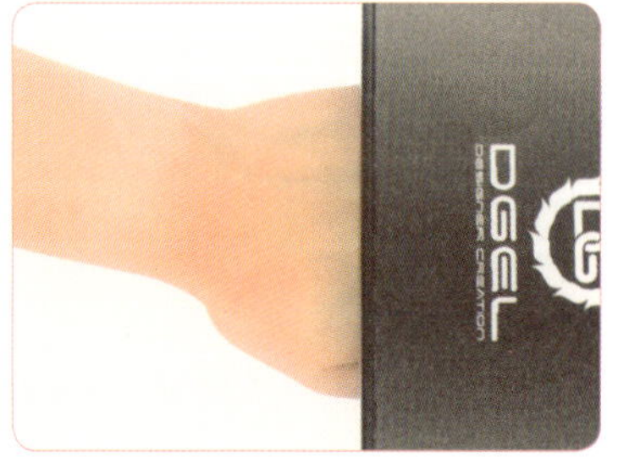

02 큐어링합니다(UV 램프 60초, LED 램프 30초).

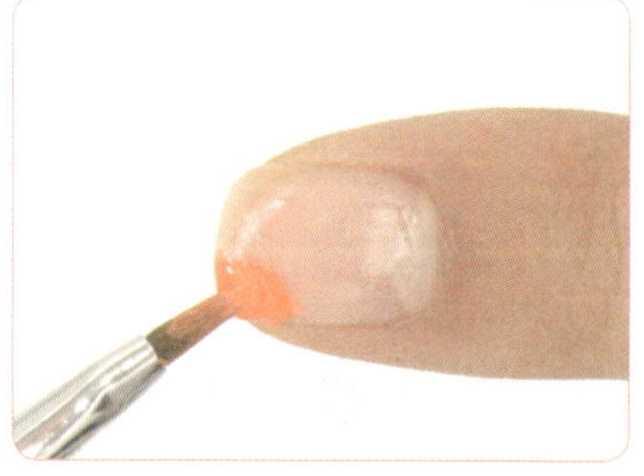

03 손톱 끝부분에 반원을 그리고 큐어링합니다(UV 램프 60초, LED 램프 30초).

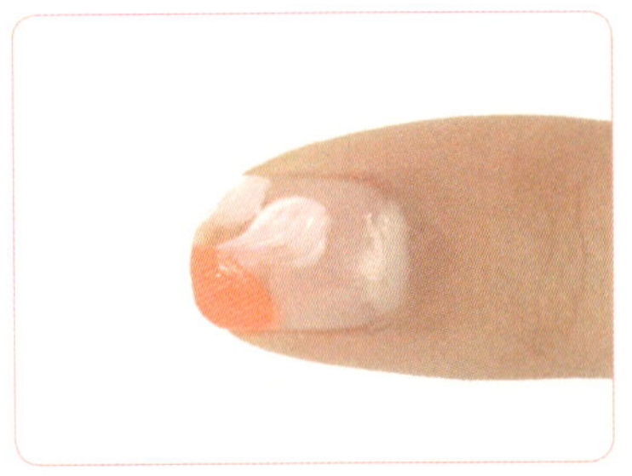

04 둥근 브러시로 꽃잎을 그립니다.

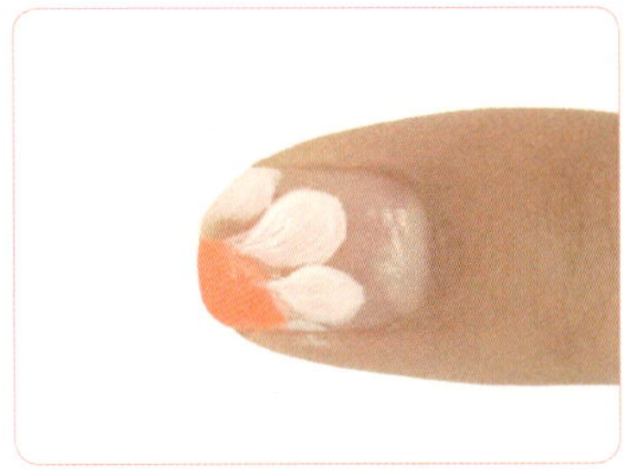

05 꽃잎을 다 그리면 큐어링합니다(UV 램프 60초, LED 램프 30초).

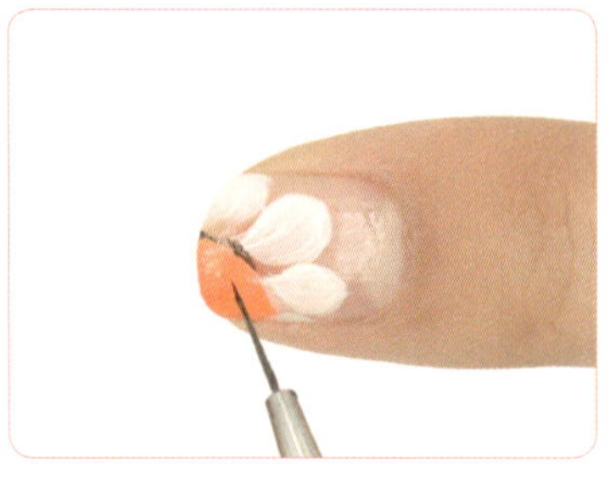

06 라인 브러시에 블랙 젤 컬러를 묻히고 3번 과정에서 그린 반원의 테두리를 얇게 그립니다.

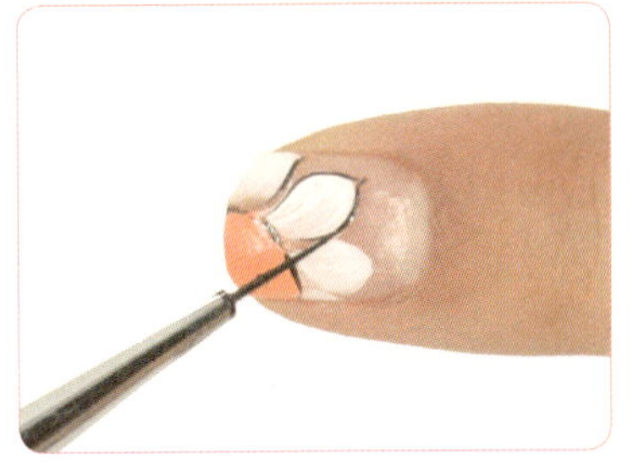

07 라인 브러시로 꽃잎의 테두리를 두께의 강약을 조절하면서 자연스럽게 그린 다음 큐어링합니다(UV 램프 60초, LED 램프 30초).

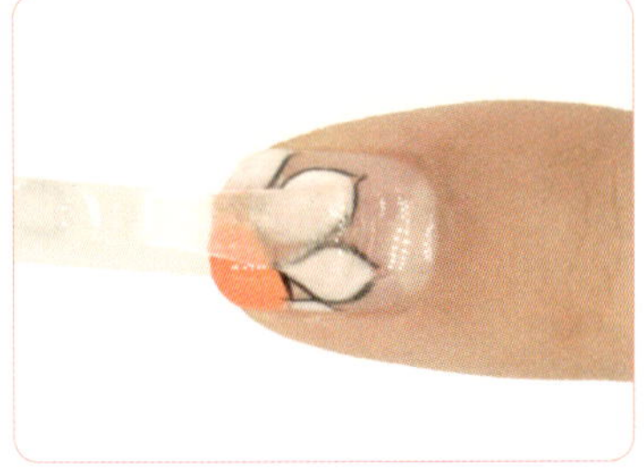

08 탑 젤을 바르고 큐어링합니다(UV 램프 60초, LED 램프 30초).

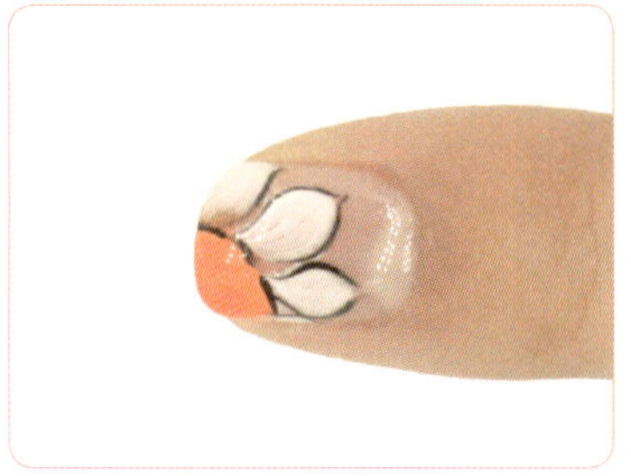

09 미경화된 젤을 닦아 완성합니다.

보랏빛 신비로운,

라인 플라워 네일아트

07

스펀지를 사용해 그러데이션을 표현하고 라인 브러시로 꽃잎을 그려 라인 플라워 네일아트를
완성해 봅니다.

준비물

베이스 젤, 탑 젤, 샌딩, 스펀지, 라인 브러시, 컬러 젤, 젤 클렌저, 젤 램프

01 샌딩을 사용해 손톱 표면의 유분기
를 제거한 다음 베이스 젤을 바릅니다.

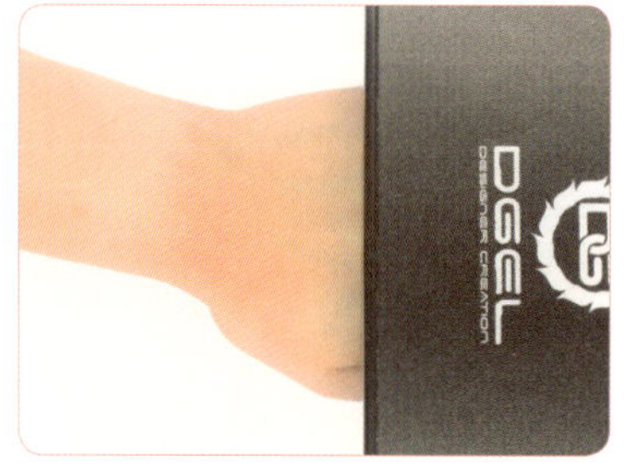

02 큐어링합니다(UV 램프 60초, LED
램프 30초).

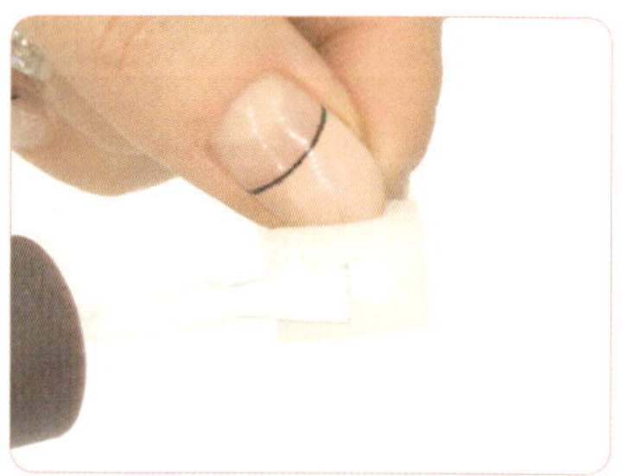

03 스펀지 한쪽 귀퉁이에 화이트 젤 컬
러를 묻힙니다.

04 03번 과정에서 묻힌 컬러와 겹치지 않도록 퍼플 젤 컬러를 묻힙니다.

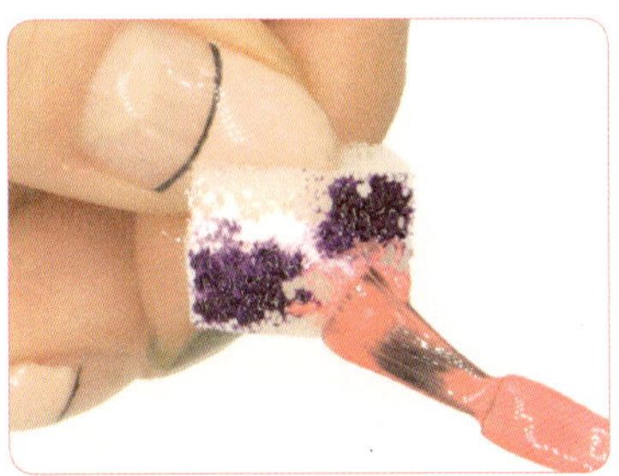

05 남은 부분에 핑크 젤 컬러를 묻힙니다.

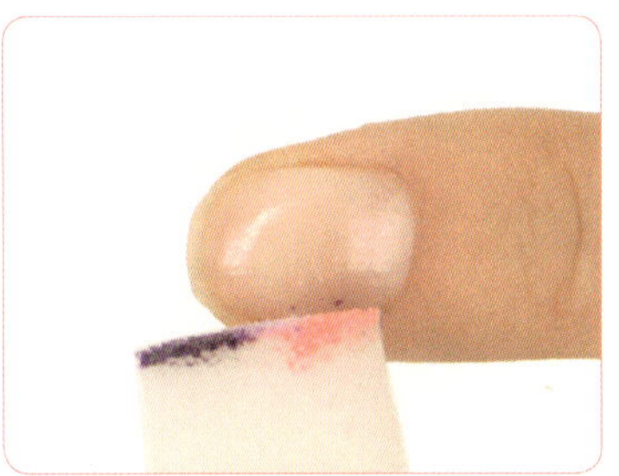

06 스펀지를 손톱 옆쪽부터 굴리듯이 두드립니다.

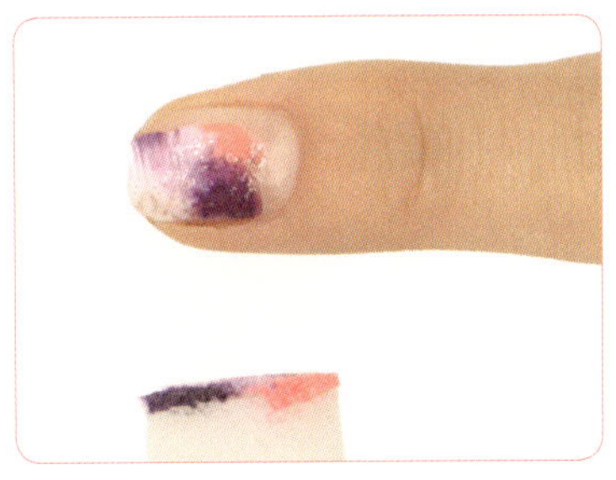

07 그림과 같이 그러데이션을 표현한 다음 큐어링합니다(UV 램프 60초, LED 램프 30초).

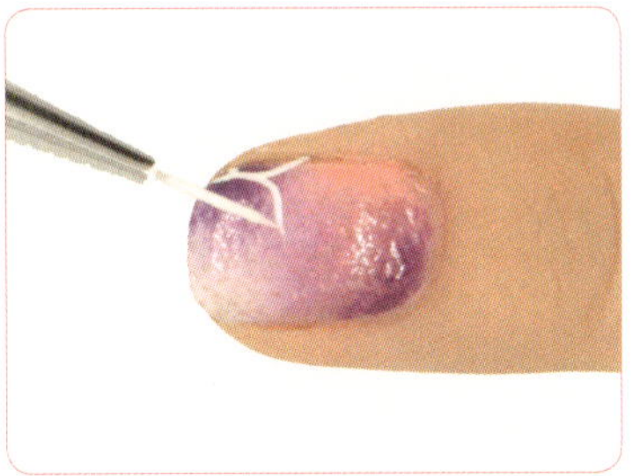

08 라인 브러시로 꽃잎의 테두리를 그립니다.

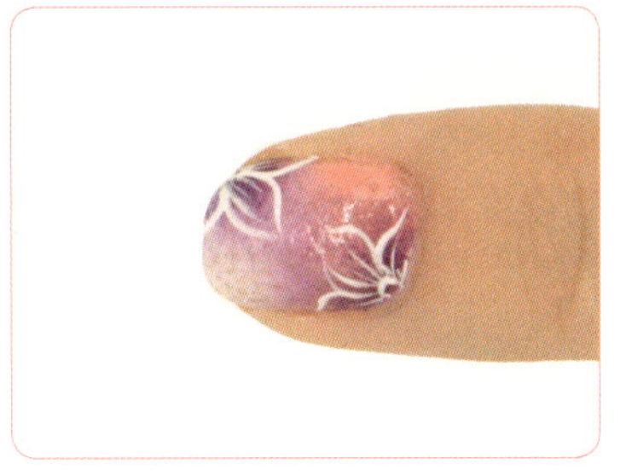

09 그림과 같이 꽃잎을 완성한 다음 큐어링합니다(UV 램프 60초, LED 램프 30초).

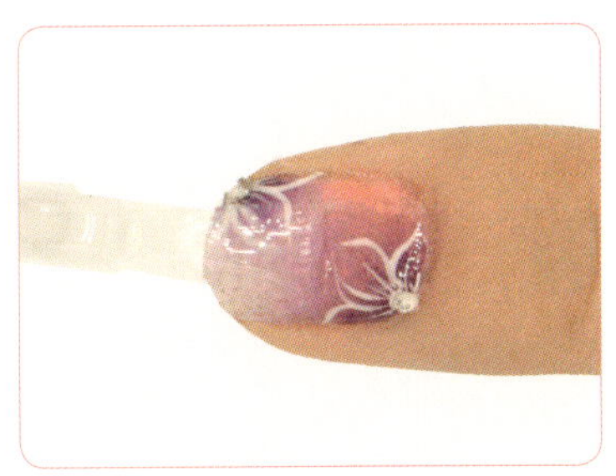

10 탑 젤을 바르고 큐어링합니다(UV 램프 60초, LED 램프 30초).

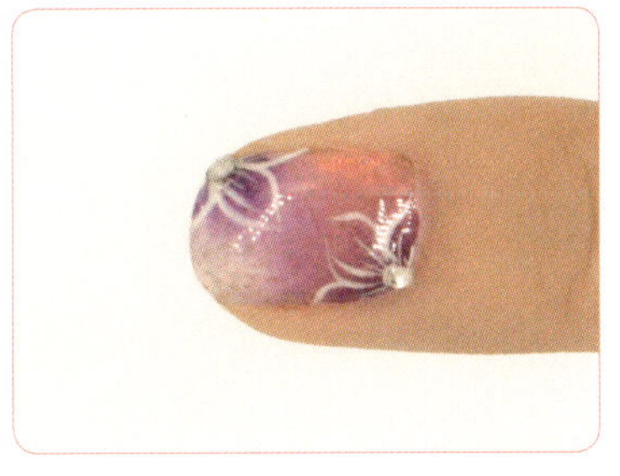

11 미경화된 젤을 닦아 완성합니다.

꽃들의 여왕,

마블 장미 네일아트

08

스펀지로 그러데이션을 넣어 딥 프렌치로 컬러를 채우고 마블 장미를 그린 다음 가루 글리터를 딥 프렌치 라인에 붙여 마블 장미 네일아트를 완성해 봅니다.

준비물

베이스 젤, 탑 젤, 샌딩, 스펀지, 라인 브러시, 가루 글리터, 컬러 젤, 젤 클렌저, 젤 램프

01 샌딩을 사용해 손톱 표면의 유분기를 제거한 다음 베이스 젤을 바릅니다.

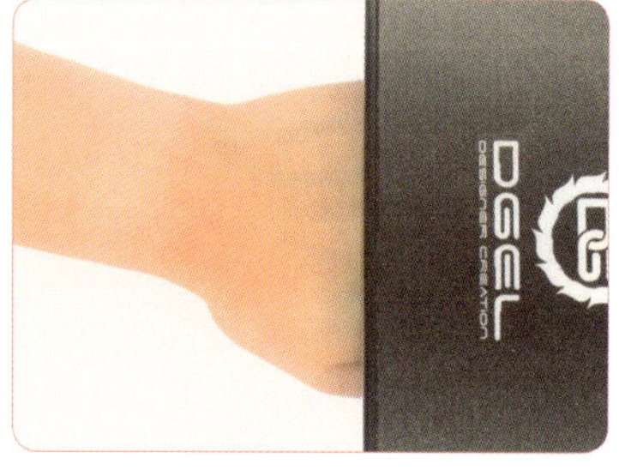

02 큐어링합니다(UV 램프 60초, LED 램프 30초).

03 스펀지에 서로 다른 컬러의 젤을 묻힙니다.

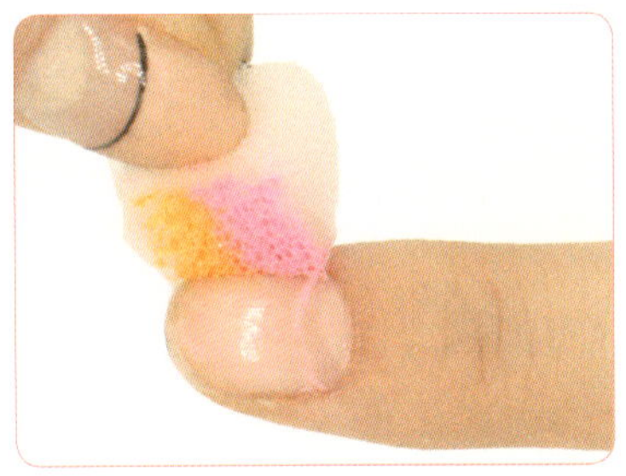

04 스펀지에 묻힌 컬러 젤로 손톱 표면에 딥 프렌치 라인을 표시합니다.

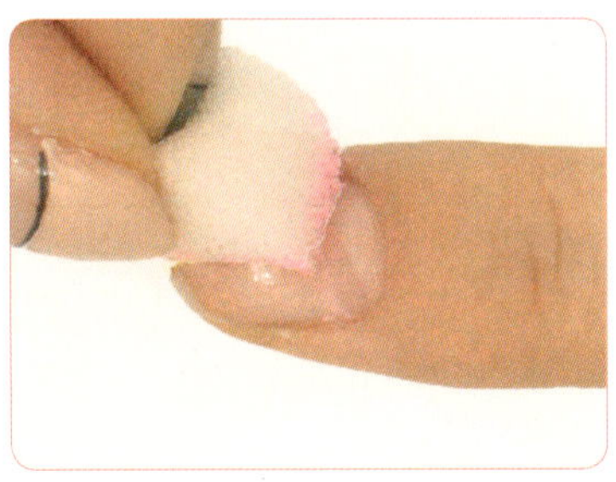

05 표시한 딥 프렌치 라인에 맞춰 스펀지를 굴리듯 문질러 그러데이션을 표현합니다.

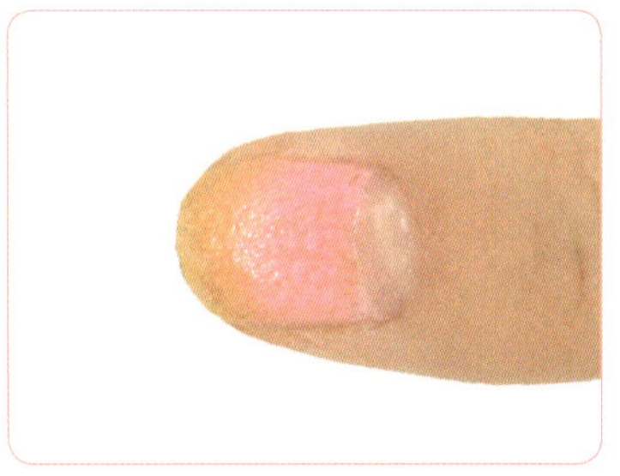

06 그러데이션이 완성되면 큐어링합니다(UV 램프 60초, LED 램프 30초).

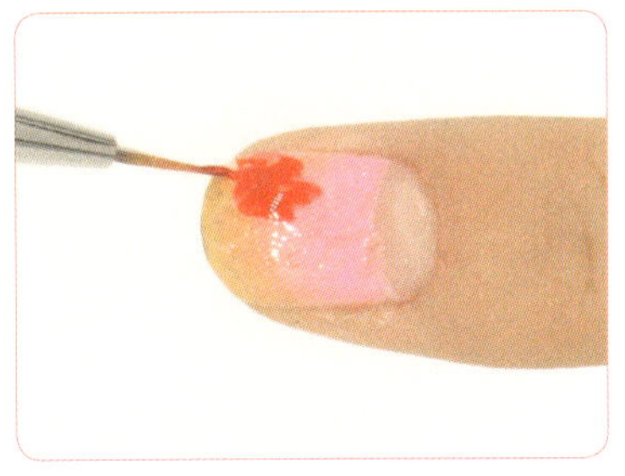

07 라인 브러시에 레드 젤 컬러를 묻히고 툭툭 묻히듯 발라 장미를 표현합니다.

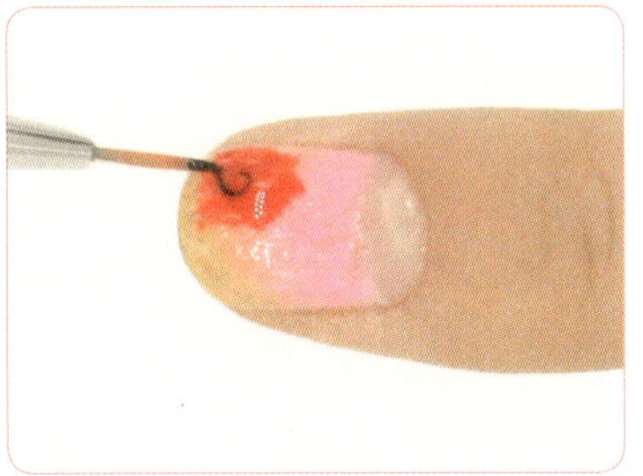

08 라인 브러시에 블랙 젤 컬러를 묻히고 장미의 테두리를 그립니다.

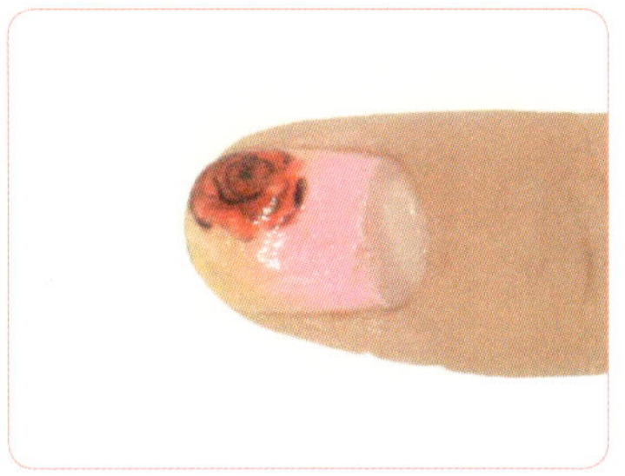

09 큐어링합니다(UV 램프 60초, LED 램프 30초).

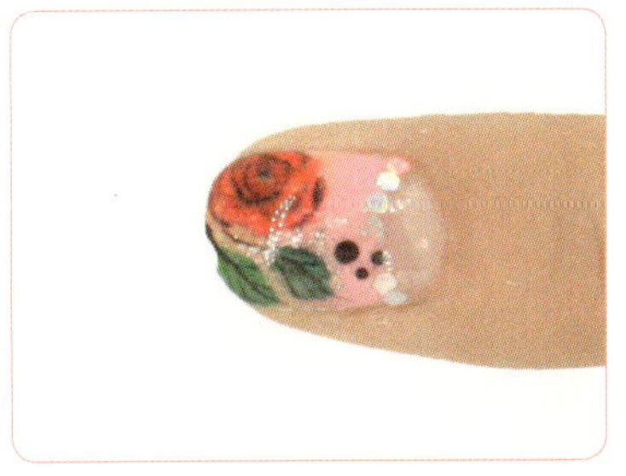

10 라인 브러시로 나뭇잎을 그린 다음 주변을 꾸미고 가루 글리터를 딥 프렌치 라인에 붙입니다.

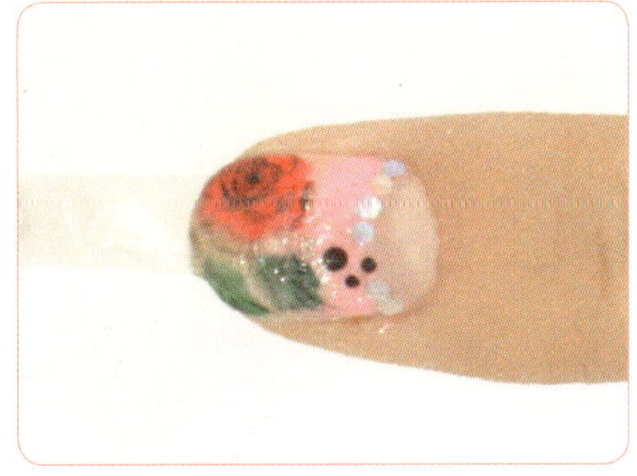

11 탑 젤을 바르고 큐어링합니다(UV 램프 60초, LED 램프 30초).

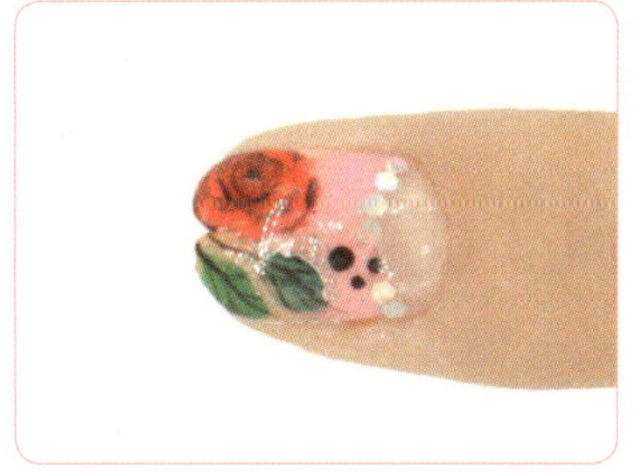

12 미경화된 젤을 닦아 완성합니다.

봄을 알리는,

제비꽃 네일아트

둥근 브러시로 콤마스트록 기법을 사용해 꽃잎을 그려 제비꽃 네일아트를 완성해 봅니다.

준비물

베이스 젤, 탑 젤, 샌딩, 둥근 브러시, 라인 브러시, 컬러 젤, 젤 클렌저, 젤 램프

01 샌딩을 사용해 손톱 표면의 유분기를 제거한 다음 베이스 젤을 바릅니다.

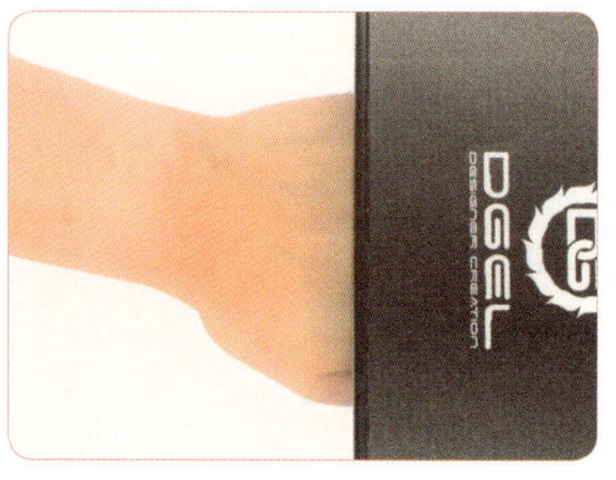

02 큐어링합니다(UV 램프 60초, LED 램프 30초).

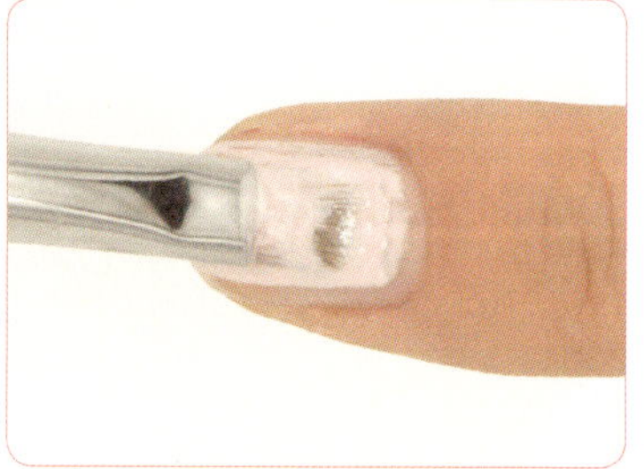

03 젤 컬러를 손톱 표면 전체에 바르고 큐어링합니다(UV 램프 60초, LED 램프 30초).

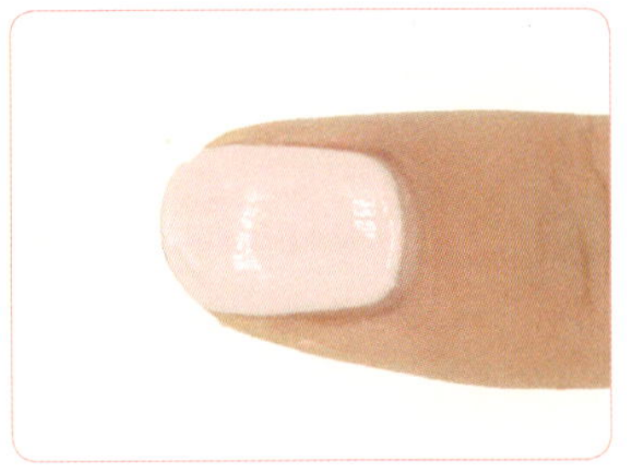

04 선명한 발색을 위해 03번 과정을 한 번 더 반복합니다.

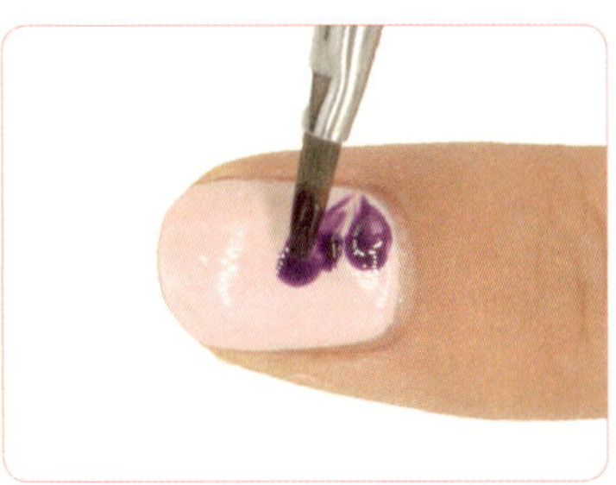

05 둥근 브러시로 윗부분에서 아랫부분으로 갈수록 힘을 빼가며 꽃잎을 그립니다.

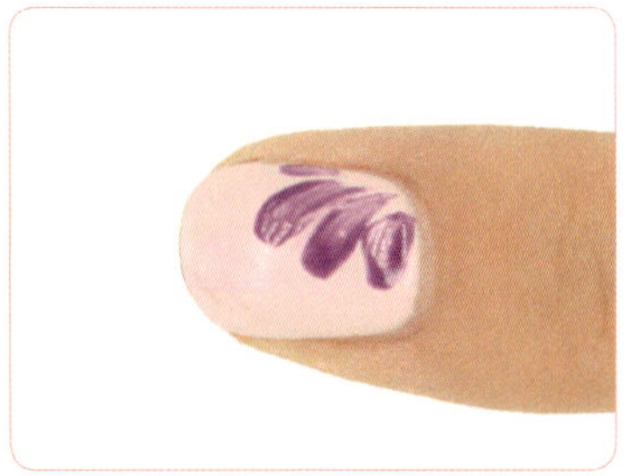

06 꽃잎을 완성하면 큐어링합니다(UV 램프 60초, LED 램프 30초).

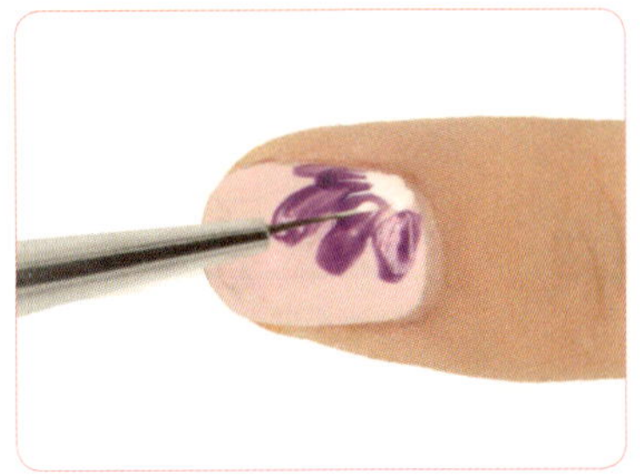

07 화이트 젤 컬러를 꽃잎 안쪽에 올리고 라인 브러시로 얇게 빼서 꽃술을 표현한 다음 큐어링합니다(UV 램프 60초, LED 램프 30초).

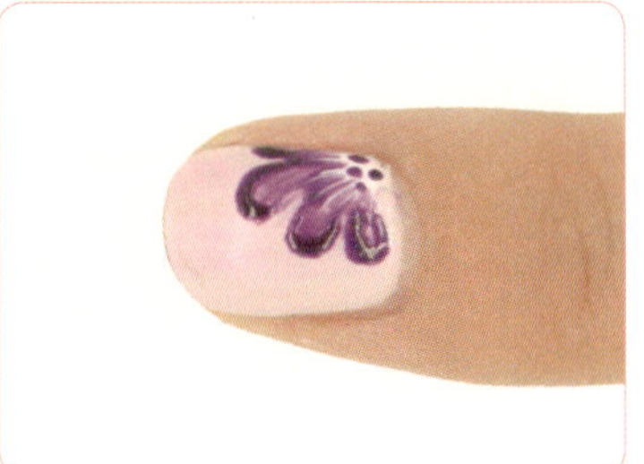

08 꽃잎 안쪽에 도트를 찍어 꽃술을 완성합니다.

09 꽃 주변에 글리터 젤을 바르고 큐어링합니다(UV 램프 60초, LED 램프 30초).

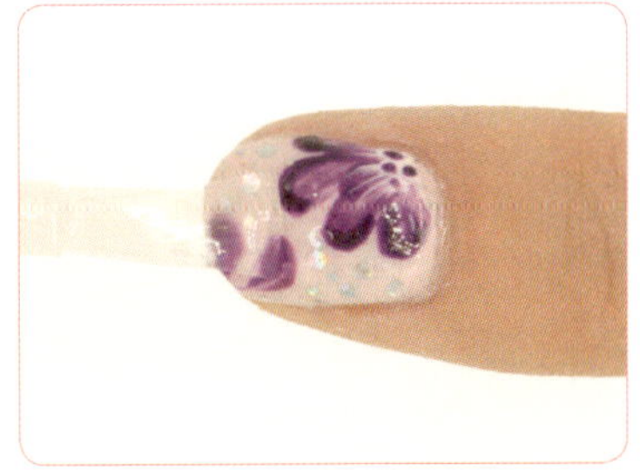

10 탑 젤을 바르고 큐어링합니다(UV 램프 60초, LED 램프 30초).

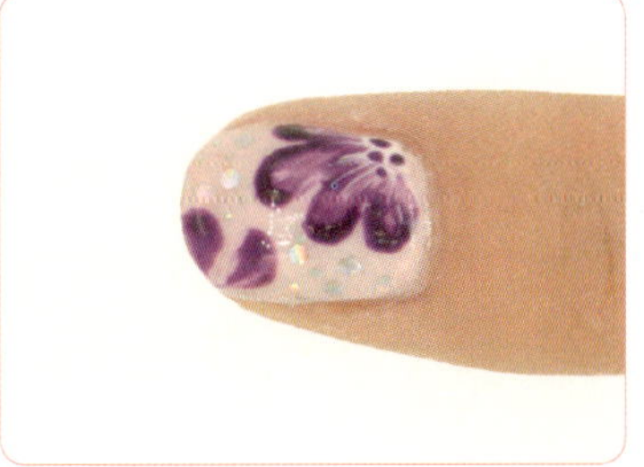

11 미경화된 젤을 닦아 완성합니다.

상큼함이 톡톡,

레몬 트리 네일아트

둥근 브러시로 콤마스트록 기법을 사용해 꽃잎을 그린 다음 도트를 찍어 레몬 트리 네일아트를 완성해 봅니다.

준비물

베이스 젤, 탑 젤, 샌딩, 둥근 브러시, 라인 브러시, 컬러 젤, 젤 클렌저, 젤 램프

01 샌딩을 사용해 손톱 표면의 유분기를 제거한 다음 베이스 젤을 바르고 큐어링합니다(UV 램프 60초, LED 램프 30초).

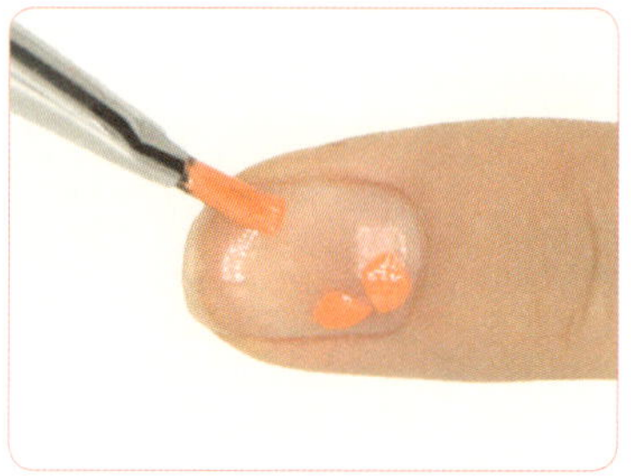

02 둥근 브러시를 사용해 그림과 같이 콤마스트록 기법으로 꽃잎을 그립니다.

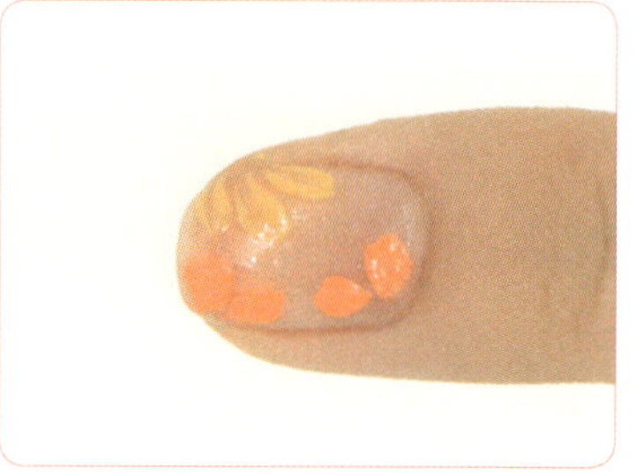

03 같은 방법으로 손톱 빈 공간마다 꽃잎을 그려넣은 다음 큐어링합니다(UV 램프 60초, LED 램프 30초).

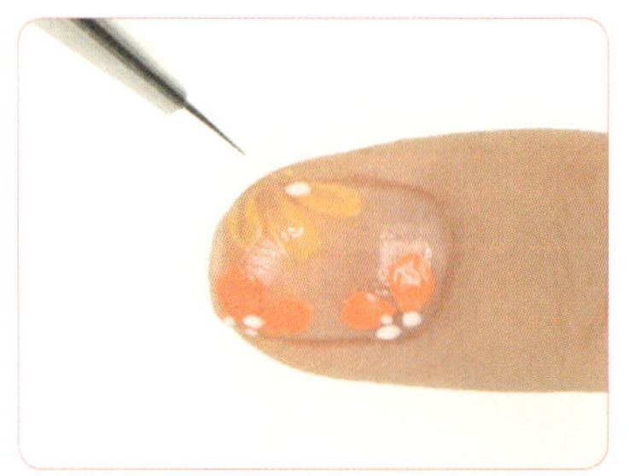

04 라인 브러시로 도트를 찍어 꽃술을 표현하고 큐어링합니다(UV 램프 60초, LED 램프 30초).

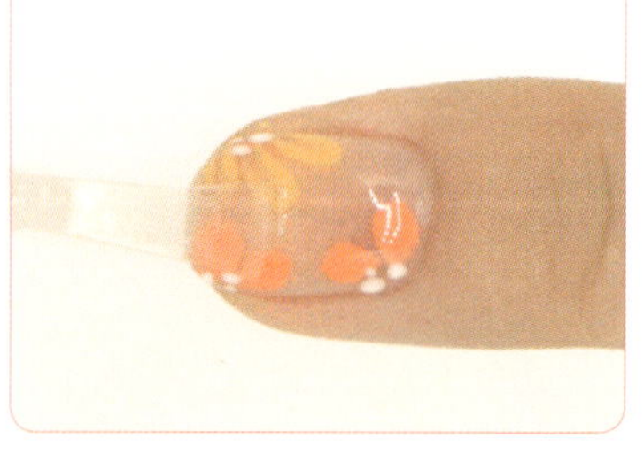

05 탑 젤을 바르고 큐어링합니다(UV 램프 60초, LED 램프 30초).

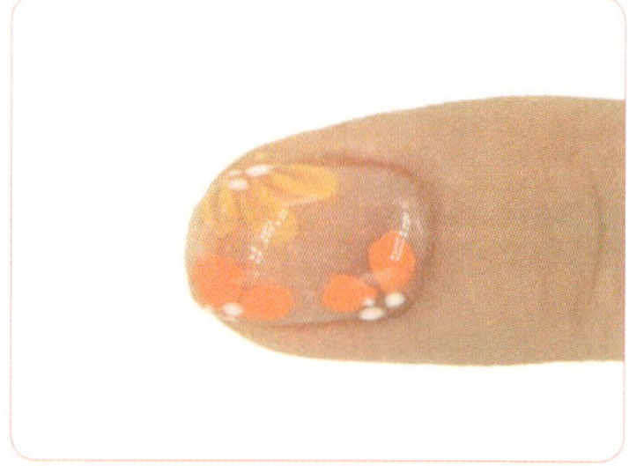

06 미경화된 젤을 닦아 완성합니다.

차분한 느낌의,

수채화 네일아트

11

라인 브러시로 꽃잎의 테두리를 그린 다음 둥근 브러시로 안쪽을 자연스럽게 채워 수채화 꽃 네일아트를 완성해 봅니다.

준비물

베이스 젤, 탑 젤, 샌딩, 둥근 브러시, 라인 브러시, 컬러 젤, 젤 클렌저, 젤 램프

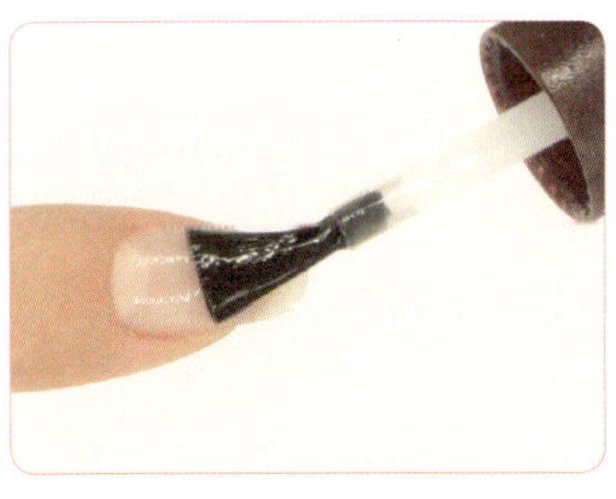

01 샌딩을 사용해 손톱 표면의 유분기를 제거한 다음 베이스 젤을 바릅니다.

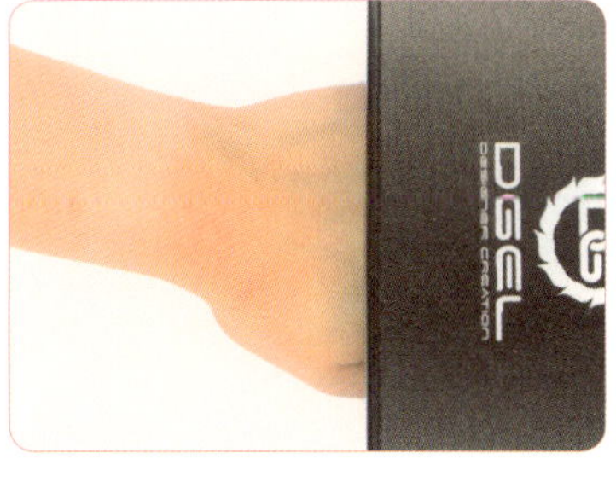

02 큐어링합니다(UV 램프 60초, LED 램프 30초).

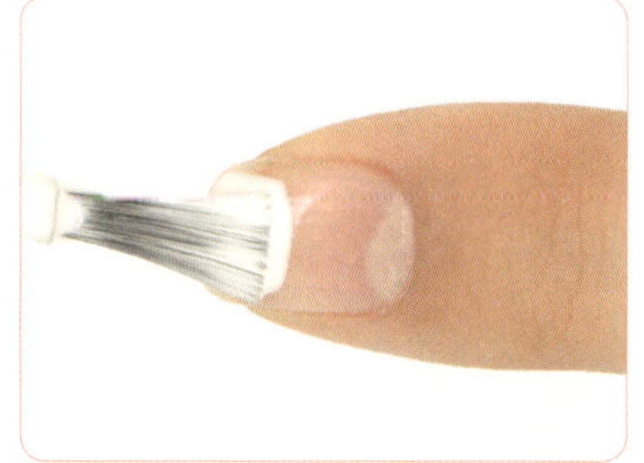

03 화이트 젤 컬러를 손톱 표면 전체에 바르고 큐어링합니다(UV 램프 60초, LED 램프 30초).

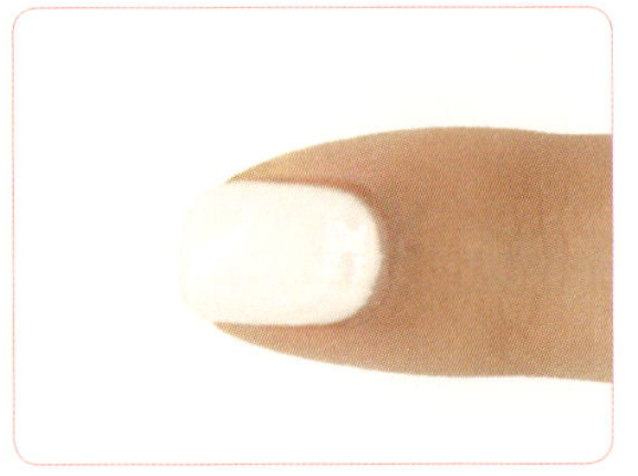

04 선명한 발색을 위해 03번 과정을 한 번 더 반복합니다.

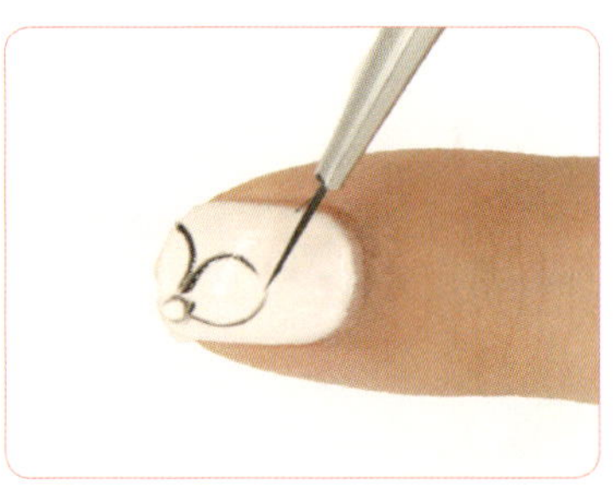

05 라인 브러시에 블랙 젤 컬러를 묻혀 꽃잎의 테두리를 그리고 큐어링합니다(UV 램프 60초, LED 램프 30초).

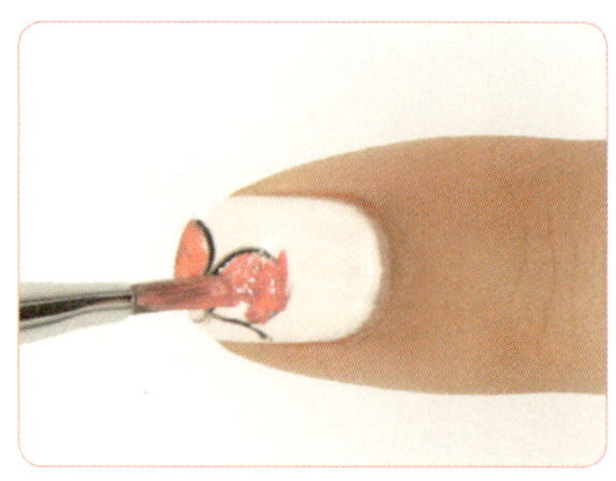

06 꽃잎 안쪽에 컬러 젤을 자연스럽게 채워 바른 다음 큐어링합니다(UV 램프 60초, LED 램프 30초).

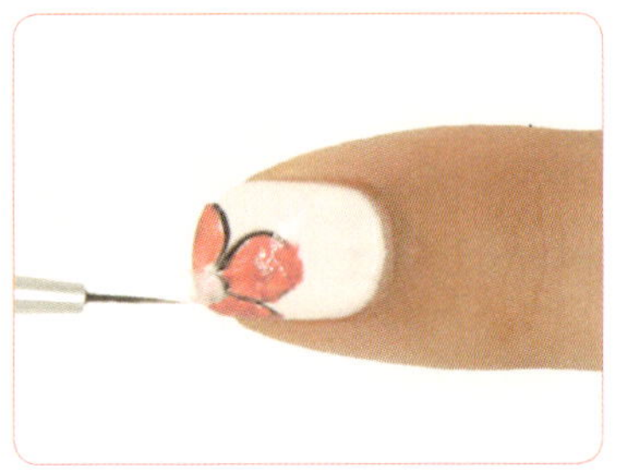

07 라인 브러시로 꽃술을 표현하고 큐어링합니다(UV 램프 60초, LED 램프 30초).

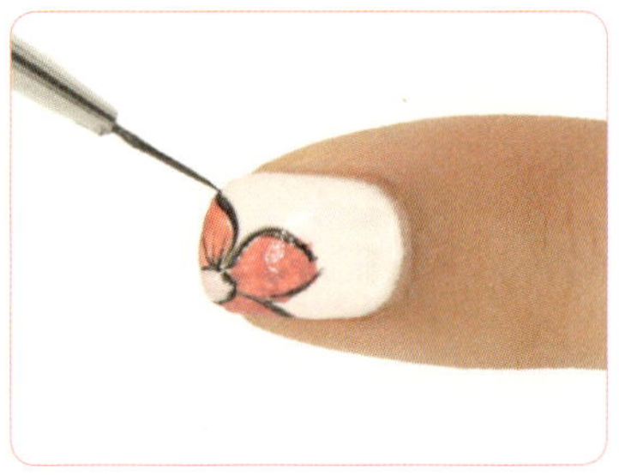

08 라인 브러시로 꽃술의 테두리를 그린 다음, 꽃잎의 테두리를 더 선명하게 그리고 큐어링합니다(UV 램프 60초, LED 램프 30초).

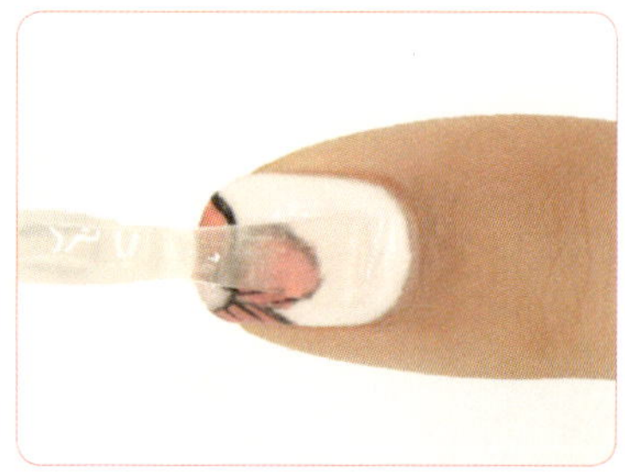

09 탑 젤을 바르고 큐어링합니다(UV 램프 60초, LED 램프 30초).

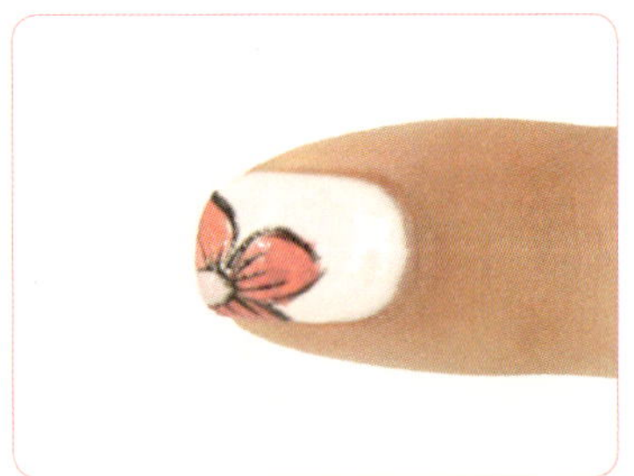

10 미경화된 젤을 닦아 완성합니다.

이상한 나라의,

데이지 네일아트

12

마블 효과를 사용해 배경을 채우고 둥근 브러시로 꽃잎을 그려 이상한 나라의 데이지 네일아트를 완성해 봅니다.

준비물

베이스 젤, 탑 젤, 샌딩, 우드 파일, 컬러 젤, 젤 클렌저,
둥근 브러시, 라인 브러시, 젤 램프

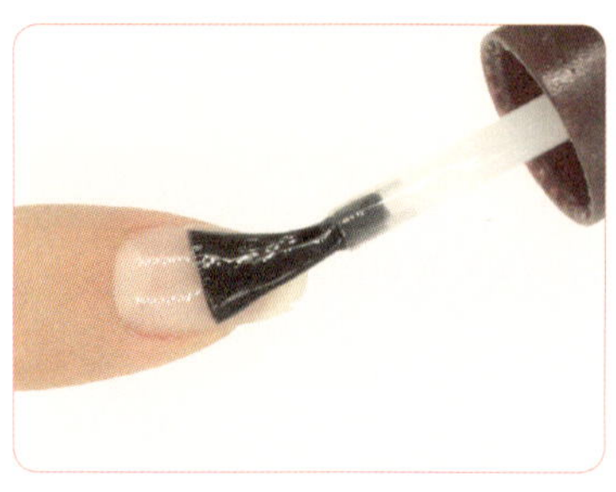

01 샌딩을 사용해 손톱 표면의 유분기를 제거한 다음 베이스 젤을 바르고 큐어링합니다(UV 램프 60초, LED 램프 30초).

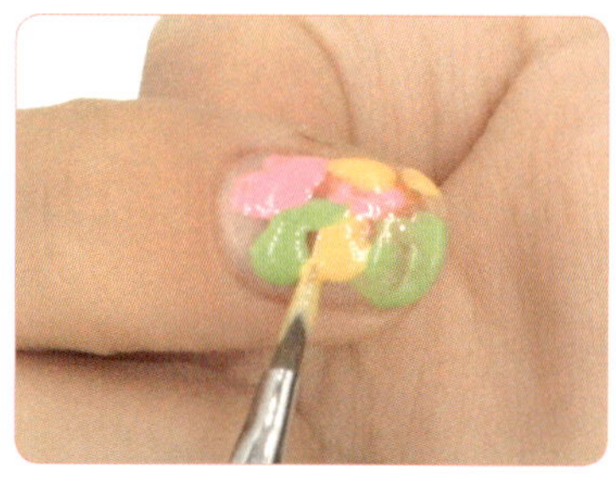

02 그린, 옐로우, 핑크 컬러의 젤을 자유롭게 발라 마블을 표현한 다음 큐어링합니다(UV 램프 60초, LED 램프 30초).

03 둥근 브러시를 사용해 그림과 같이 콤마스트록 기법으로 꽃잎을 그린 다음 큐어링합니다(UV 램프 60초, LED 램프 30초).

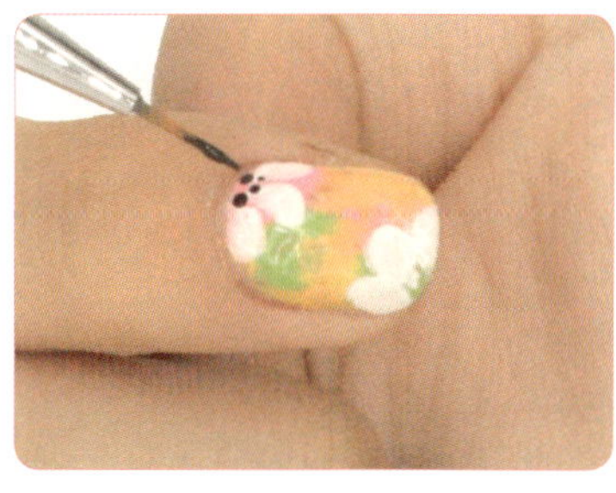

04 라인 브러시로 꽃잎의 꽃술을 표현하고 큐어링합니다(UV 램프 60초, LED 램프 30초).

05 탑 젤을 바르고 큐어링합니다(UV 램프 60초, LED 램프 30초).

06 미경화된 젤을 닦아 완성합니다.

반짝이는 꽃 한 송이,

블링블링 네일아트

13

라인 브러시로 꽃잎의 구도를 잡은 다음 꽃을 완성해 블링블링 네일아트를 완성해 봅니다.

준비물

베이스 젤, 탑 젤, 샌딩, 라인 브러시, 컬러 젤, 젤 클렌저, 젤 램프

01 샌딩을 사용해 손톱 표면의 유분기를 제거한 다음 베이스 젤을 바릅니다.

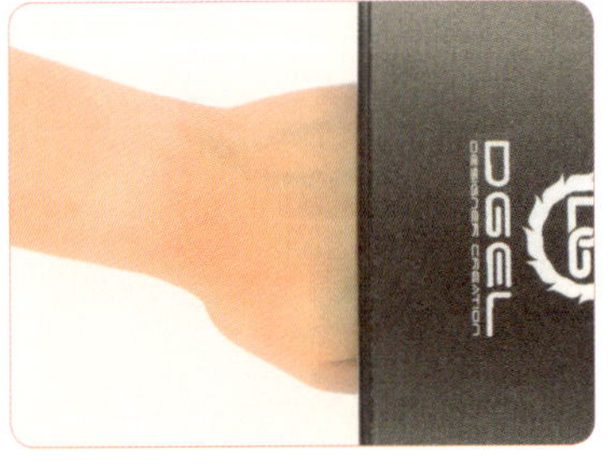

02 큐어링합니다(UV 램프 60초, LED 램프 30초).

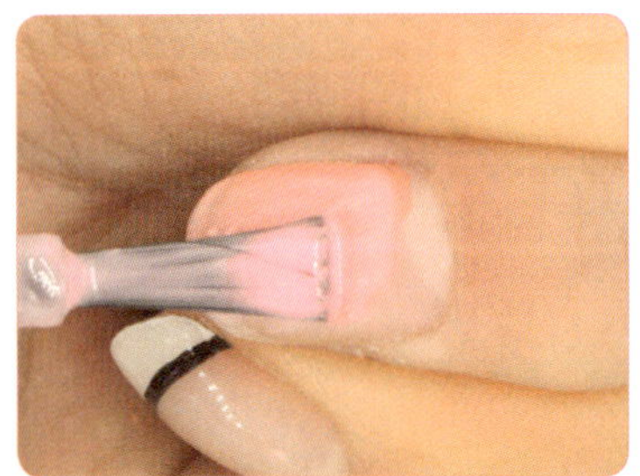

03 핑크 젤 컬러를 손톱 표면 전체에 바르고 큐어링합니다(UV 램프 60초, LED 램프 30초).

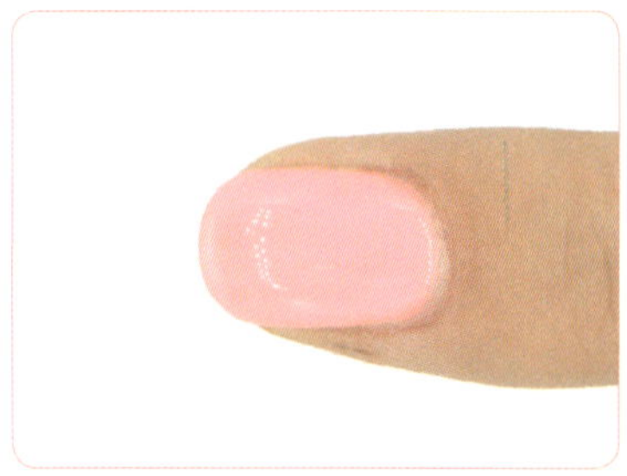

04 선명한 발색을 위해 03번 과정을 한 번 더 반복합니다.

05 신비로운 느낌을 더하기 위해 손톱 표면 전체에 글리터 젤을 바르고 큐어링 합니다(UV 램프 60초, LED 램프 30초).

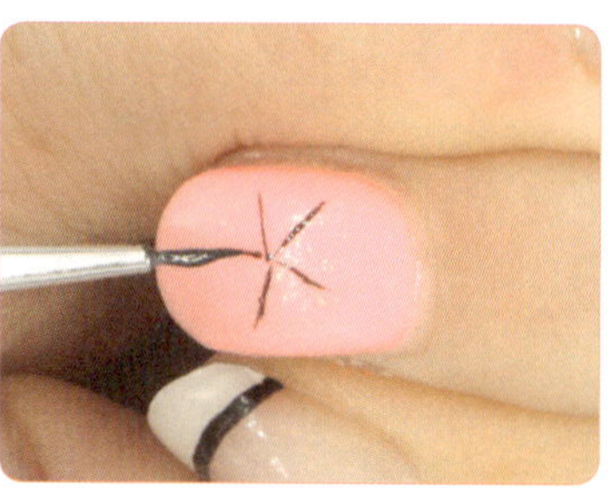

06 라인 브러시로 그림과 같이 다섯 개의 라인을 그려 꽃잎의 구도를 잡습니다.

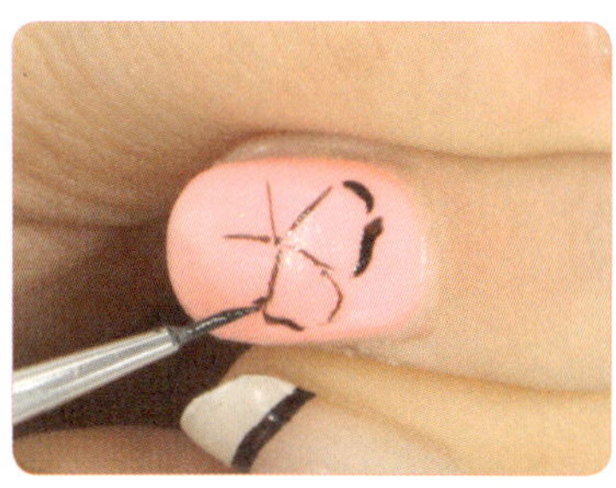

07 라인 브러시로 꽃잎의 테두리를 두께에 강약을 주면서 그립니다.

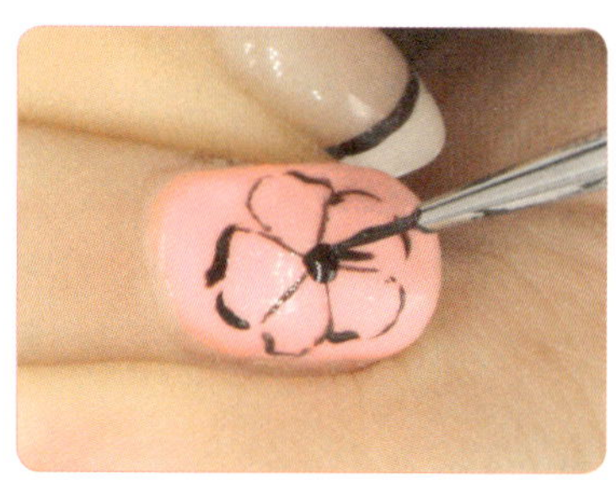

08 꽃잎 중앙에 젤 컬러를 넉넉하게 올린 다음 라인 브러시로 얇게 빼고 큐어링합니다 (UV 램프 60초, LED 램프 30초).

09 탑 젤을 바르고 큐어링합니다(UV 램프 60초, LED 램프 30초).

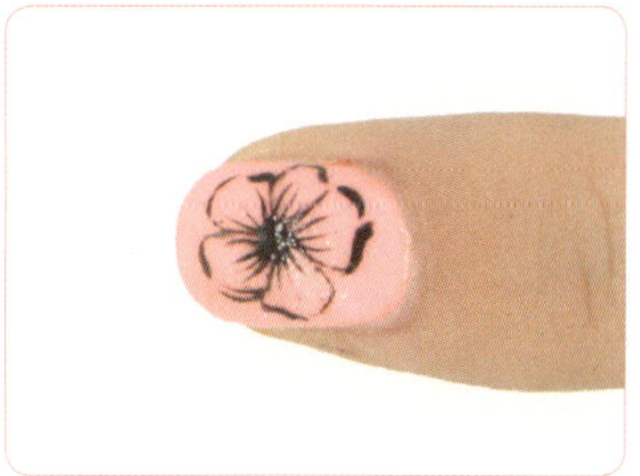

10 미경화된 젤을 닦아 완성합니다.

차분하고 은은한,

화려한 외출 네일아트

둥근 브러시로 콤마스트록 기법을 사용해서 겹겹이 꽃잎을 그려 화려한 외출 네일아트를 완성해 봅니다.

준비물

베이스 젤, 탑 젤, 샌딩, 둥근 브러시, 젤 컬러, 젤 클렌저

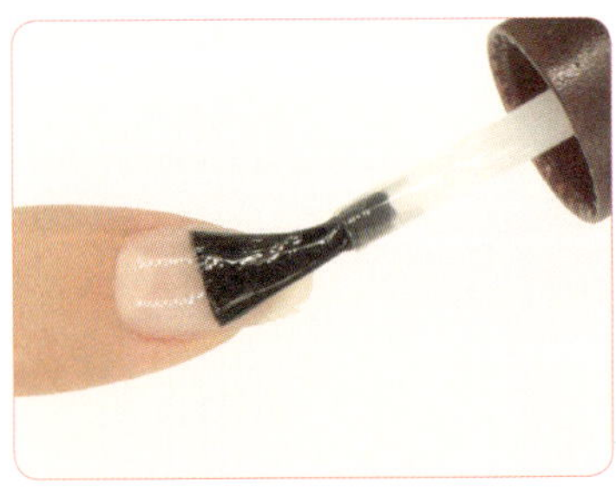

01 샌딩을 사용해 손톱 표면의 유분기를 제거한 다음 베이스 젤을 바릅니다.

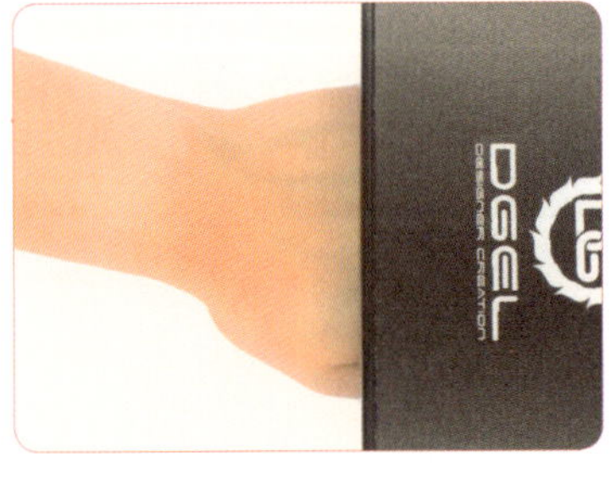

02 큐어링합니다(UV 램프 60초, LED 램프 30초).

03 블랙 젤 컬러를 손톱 표면 전체에 바르고 큐어링합니다(UV 램프 60초, LED 램프 30초).

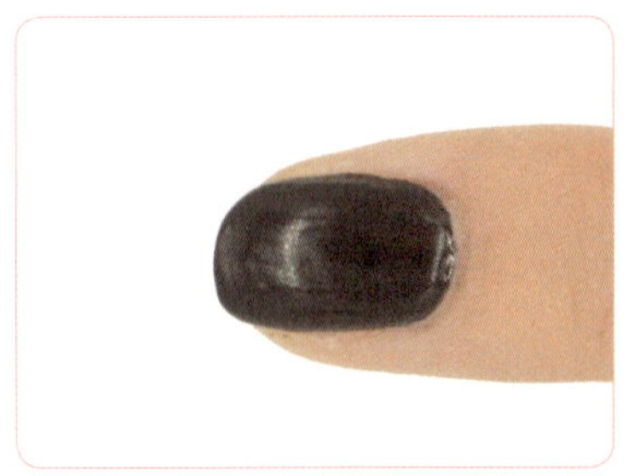

04 선명한 발색을 위해 03번 과정을 한 번 더 반복합니다.

05 둥근 브러시를 사용해 그림과 같이 콤마스트록 기법으로 꽃잎 세 장을 그린 다음 큐어링합니다(UV 램프 60초, LED 램프 30초).

06 05번 과정에서 그린 꽃잎과 겹치도록 꽃잎 네 장을 그리고 큐어링합니다(UV 램프 60초, LED 램프 30초).

07 06번 과정에서 그린 꽃잎과 겹치도록 꽃잎 세 장을 그리고 큐어링합니다(UV 램프 60초, LED 램프 30초).

08 탑 젤을 바르고 큐어링합니다(UV 램프 60초, LED 램프 30초).

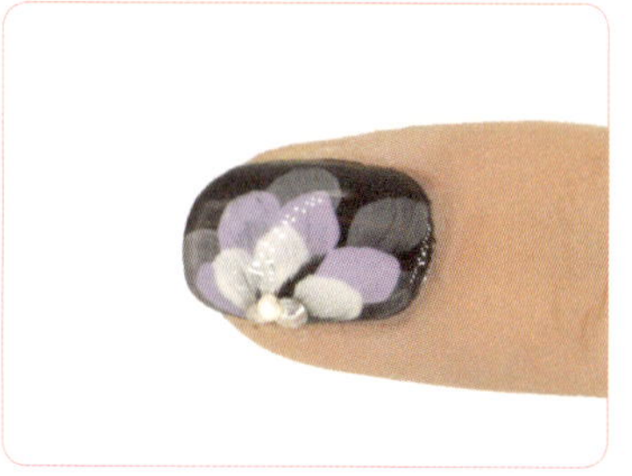

09 미경화된 젤을 닦아 완성합니다.

타라코시미 기법을 사용한,

카네이션 네일아트

프렌치로 컬러를 채운 다음, 클리어 젤과 컬러 젤을 섞어 시럽 컬러를 만들고 꽃 모양을 그려 산뜻한 타라코시미 카네이션 네일아트를 완성해 봅니다.

준비물

베이스 젤, 탑 젤, 샌딩, 라인 브러시, 클리어 젤, 팔레트, 젤 컬러, 젤 클렌저

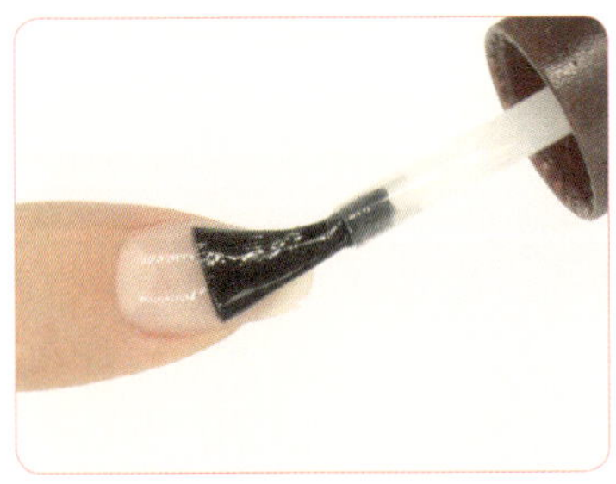

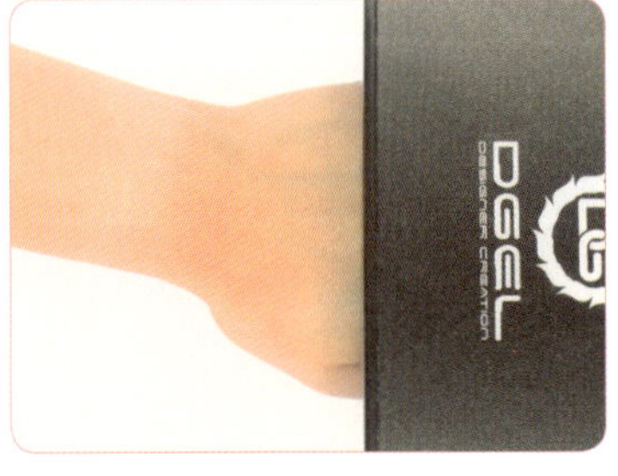

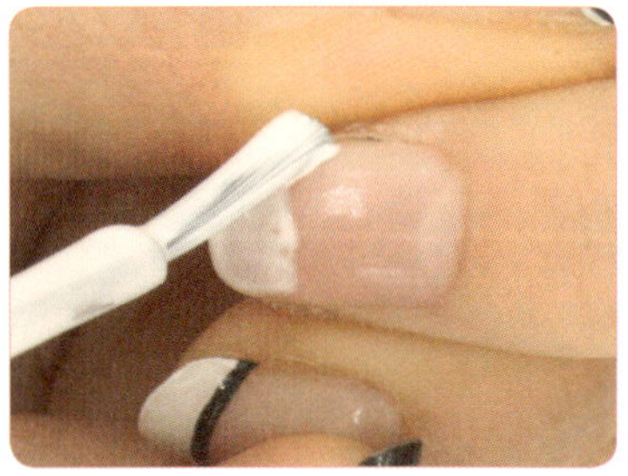

01 샌딩을 사용해 손톱 표면의 유분기를 제거한 다음 베이스 젤을 바릅니다.

02 큐어링합니다(UV 램프 60초, LED 램프 30초).

03 화이트 젤 컬러를 프렌치로 바른 다음 큐어링합니다(UV 램프 60초, LED 램프 30초).

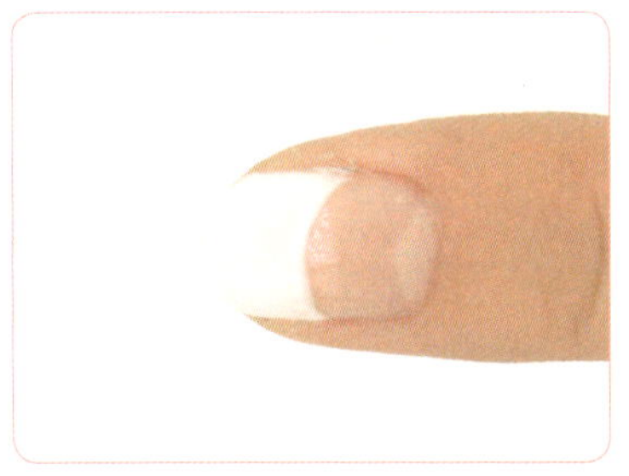

04 선명한 발색을 위해 03번 과정을 한 번 더 반복합니다.

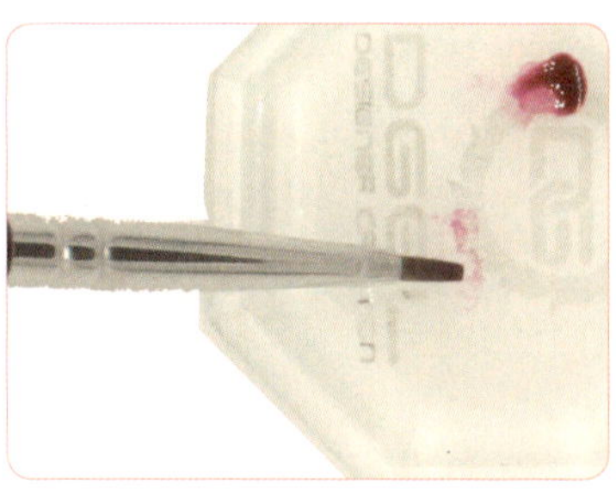

05 팔레트에 핑크 젤 컬러와 클리어 젤을 섞어 투명한 느낌의 시럽 컬러를 만듭니다.

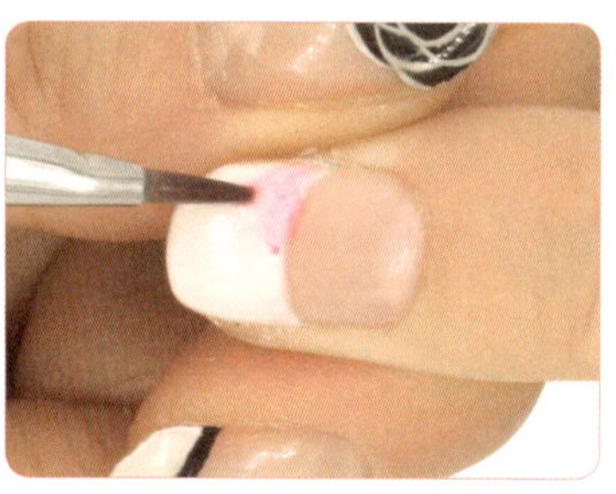

06 05번 과정에서 만든 시럽 컬러로 카네이션을 그립니다.

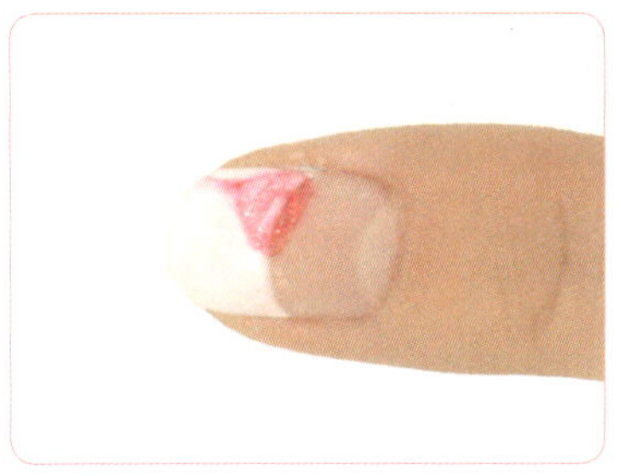

07 큐어링합니다(UV 램프 60초, LED 램프 30초).

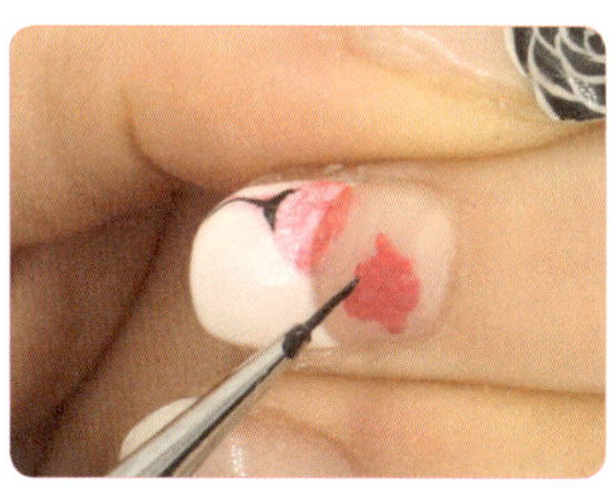

08 06번 과정과 같은 방법으로 카네이션을 하나 더 그리고 큐어링한 다음. 블랙 젤 컬러로 꽃대를 그리고 큐어링합니다(UV 램프 60초, LED 램프 30초).

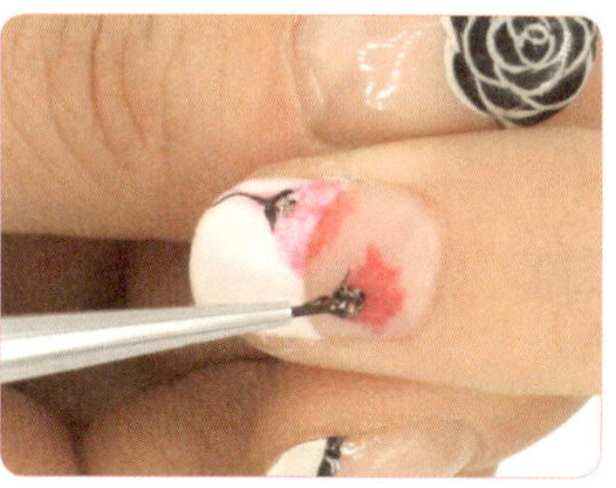

09 화려함을 더하기 위해 꽃잎과 꽃대 사이에 글리터 젤을 바르고 큐어링합니다(UV 램프 60초, LED 램프 30초).

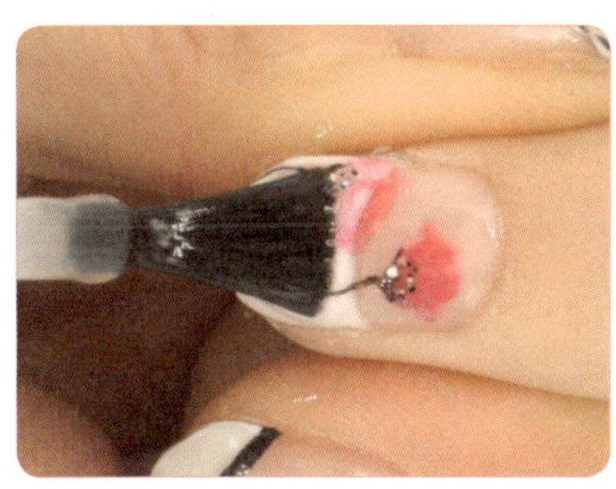

10 탑 젤을 바르고 큐어링합니다(UV 램프 60초, LED 램프 30초).

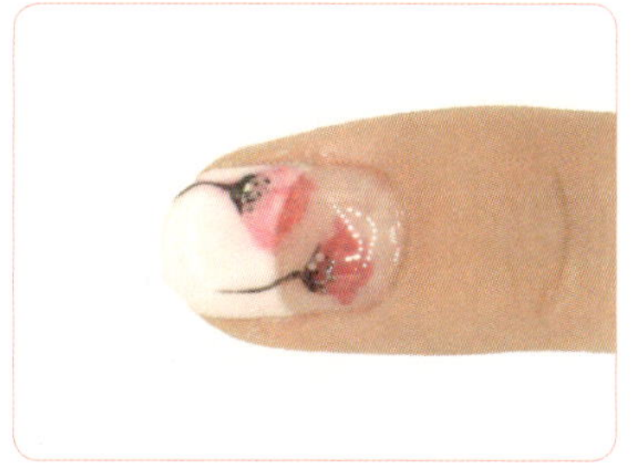

11 미경화된 젤을 닦아 완성합니다.

청순한 느낌의,

화이트 코스모스 네일아트

스텐실 브러시로 컬러를 섞고 둥근 브러시를 사용해 꽃잎을 그려 화이트 코스모스 네일아트를 완성해 봅니다.

준비물

베이스 젤, 탑 젤, 샌딩, 스텐실 브러시, 라인 브러시, 둥근 브러시, 젤 컬러, 젤 클렌저, 젤 램프

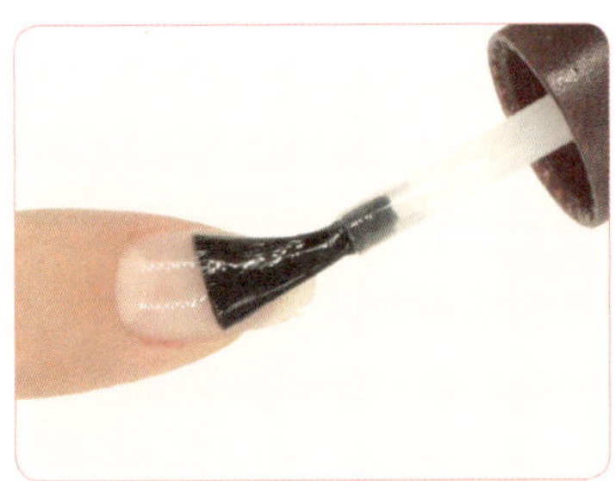

01 샌딩을 사용해 손톱 표면의 유분기를 제거한 다음 베이스 젤을 바릅니다.

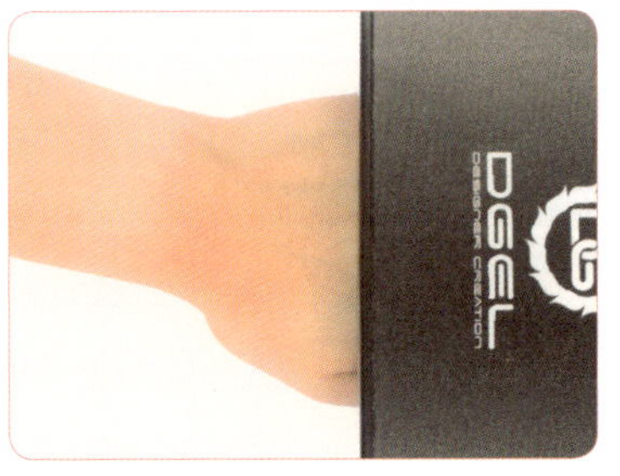

02 큐어링합니다(UV 램프 60초, LED 램프 30초).

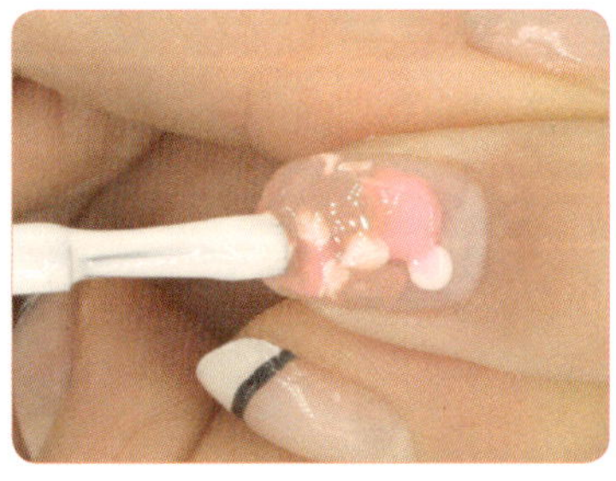

03 서로 다른 컬러의 젤을 손톱에 듬성 듬성 묻히듯 바릅니다.

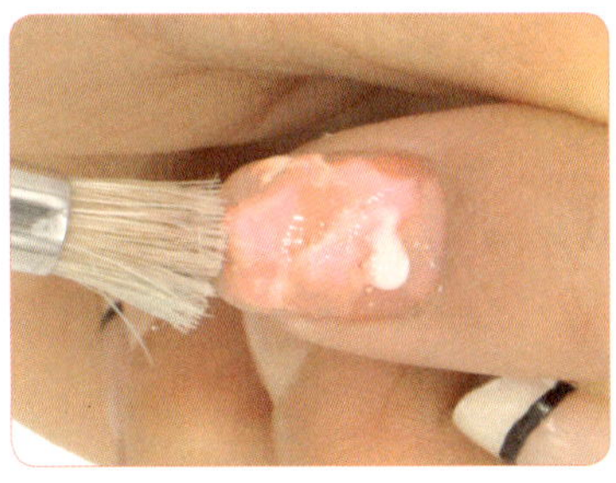

04 큐어링하지 않은 상태에서 스텐실 브러시로 컬러를 섞습니다.

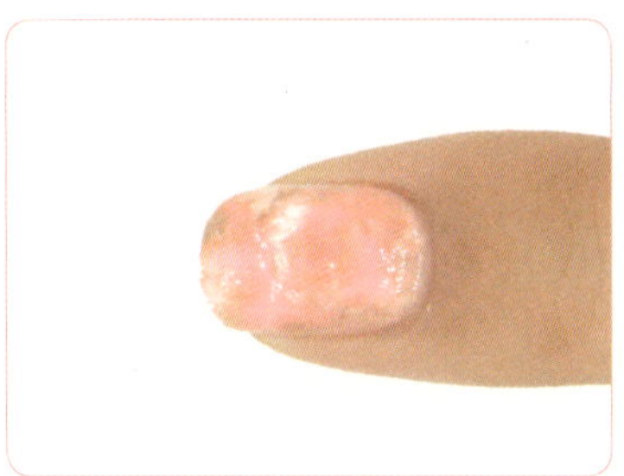

05 큐어링합니다(UV 램프 60초, LED 램프 30초).

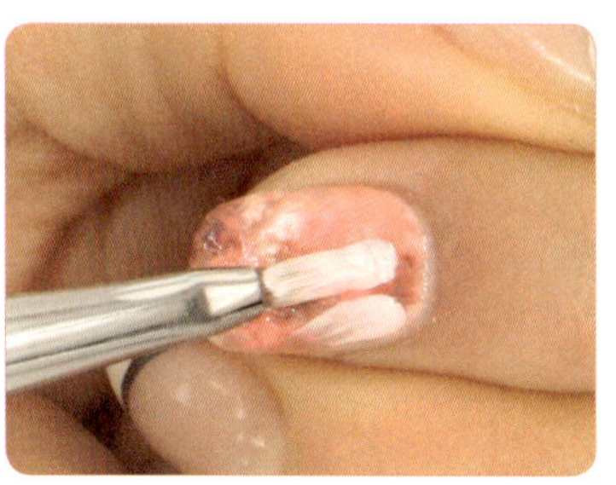

06 둥근 브러시로 꽃잎 모양을 길게 그립니다.

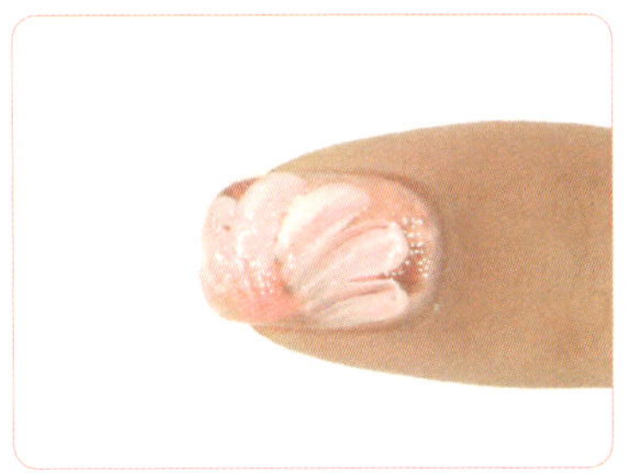

07 큐어링합니다(UV 램프 60초, LED 램프 30초).

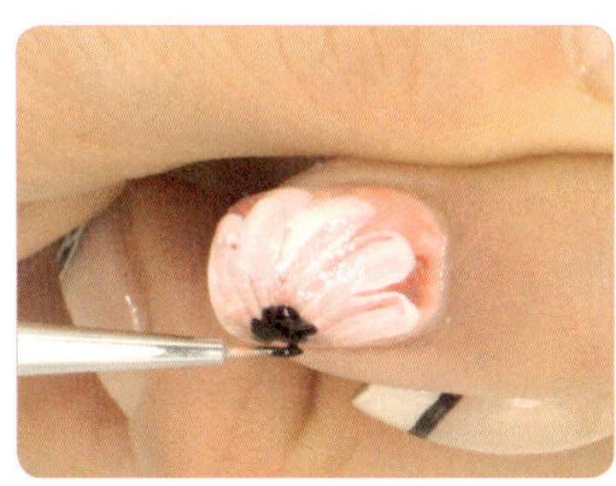

08 라인 브러시에 블랙 젤 컬러를 묻힌 다음 꽃잎 안쪽에 넉넉하게 올립니다.

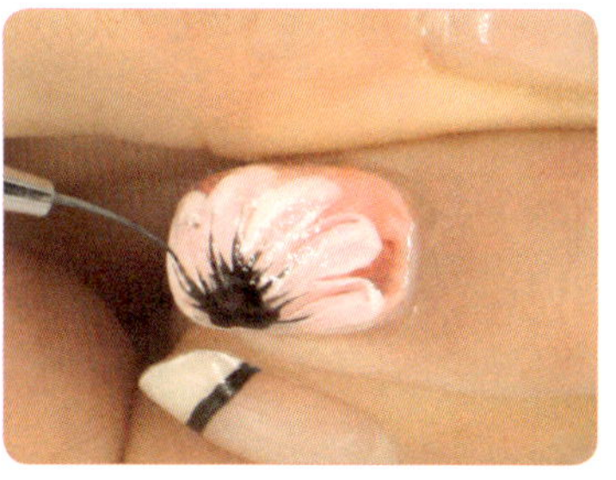

09 08번 과정에서 올린 블랙 젤 컬러를 라인 브러시로 얇게 빼서 꽃술을 표현한 다음 큐어링합니다(UV 램프 60초, LED 램프 30초).

10 꽃잎 안쪽에 화이트 젤 컬러로 도트를 찍은 다음 큐어링합니다(UV 램프 60초, LED 램프 30초).

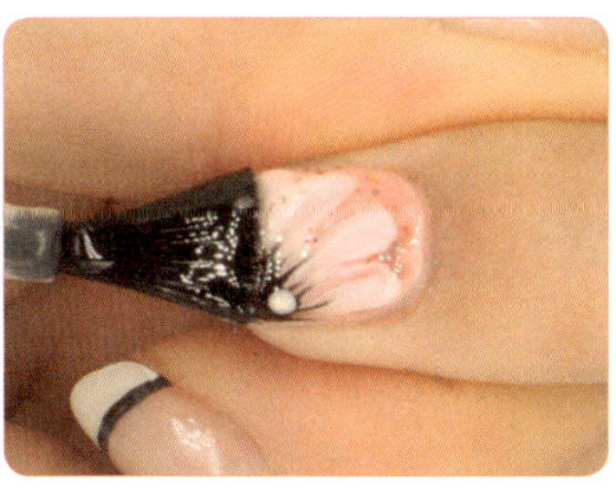

11 탑 젤을 바르고 큐어링합니다(UV 램프 60초, LED 램프 30초).

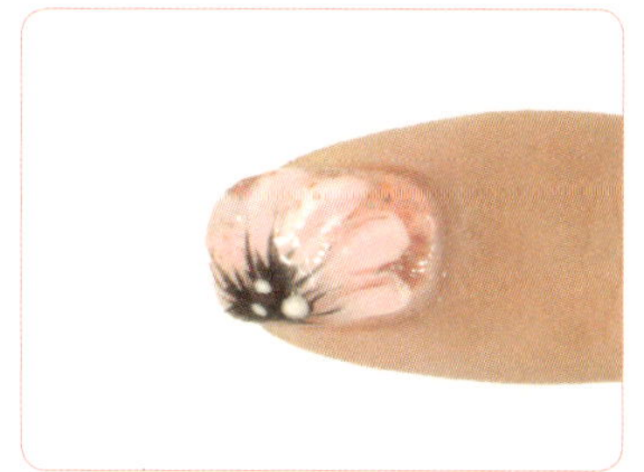

12 미경화된 젤을 닦아 완성합니다.

불꽃 속에 피어난,

호일 플라워 네일아트

17

네일 전용 호일을 붙여 배경을 만든 다음 라인 브러시로 꽃을 그려 호일 플라워 네일아트를 완성해 봅니다.

준비물

베이스 젤, 탑 젤, 샌딩, 호일 전용 글루, 네일 전용 호일, 둥근 브러시, 젤 컬러, 젤 클렌저, 젤 램프

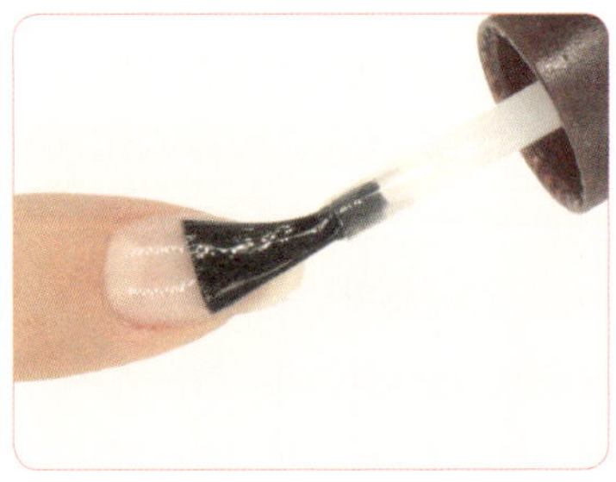

01 샌딩을 사용해 손톱 표면의 유분기를 제거한 다음 베이스 젤을 바릅니다.

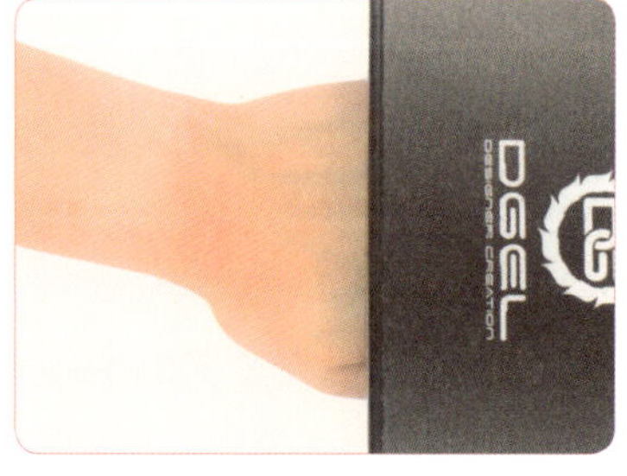

02 큐어링합니다(UV 램프 60초, LED 램프 30초).

03 손톱 표면 전체에 블랙 젤 컬러를 바르고 큐어링합니다(UV 램프 60초, LED 램프 30초).

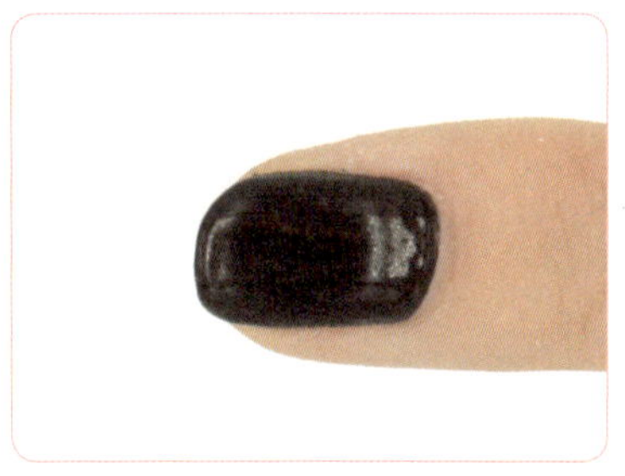

04 선명한 발색을 위해 03번 과정을 한 번 더 반복합니다.

05 호일 전용 글루를 바른 다음 글루의 우윳빛 컬러가 사라질 때까지 기다립니다.

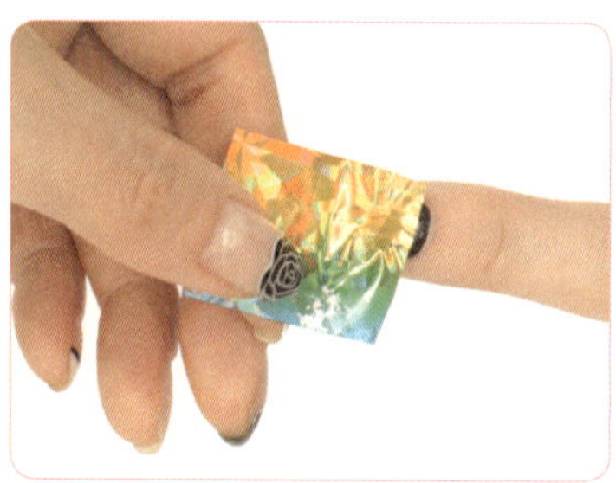

06 네일 전용 호일을 손톱에 붙였다 뗍니다.

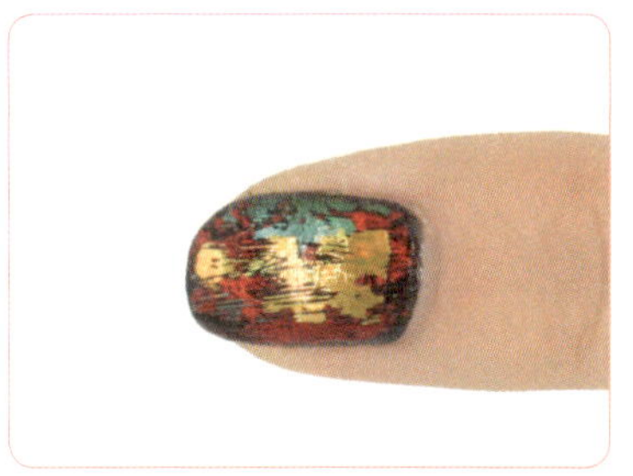

07 원하는 스타일로 호일을 꾸민 다음 탑 젤을 바르고 큐어링합니다(UV 램프 60초, LED 램프 30초).

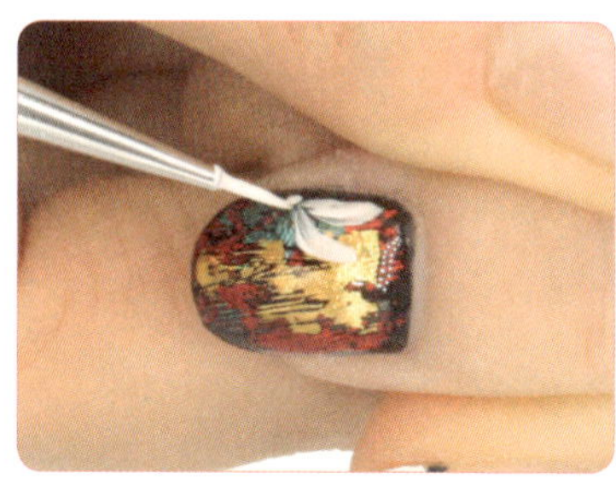

08 라인 브러시에 화이트 젤 컬러를 묻혀 호일 위에 꽃을 그린 다음 큐어링합니다(UV 램프 60초, LED 램프 30초).

09 탑 젤을 바르고 큐어링합니다(UV 램프 60초, LED 램프 30초).

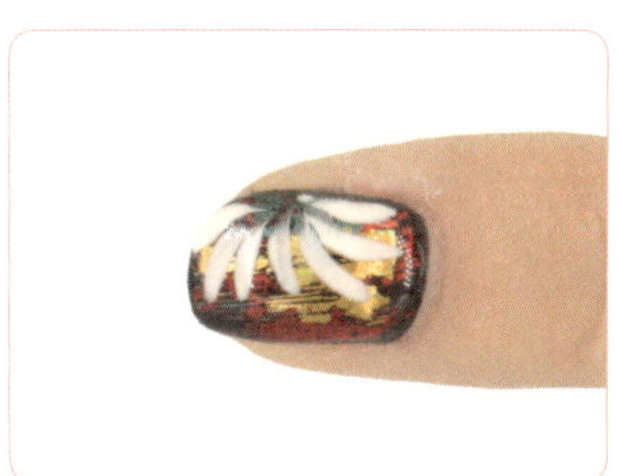

10 미경화된 젤을 닦아 완성합니다.

꽃 피는 봄이 오면,

꽃잎 네일아트

손톱 표면 전체에 마블 효과를 넣어 바르고 콤마스트록 기법을 사용해 꽃잎 네일아트를 완성해 봅니다.

준비물

베이스 젤, 탑 젤, 샌딩, 젤 컬러, 젤 클렌저, 젤 램프, 둥근 브러시, 라인 브러시

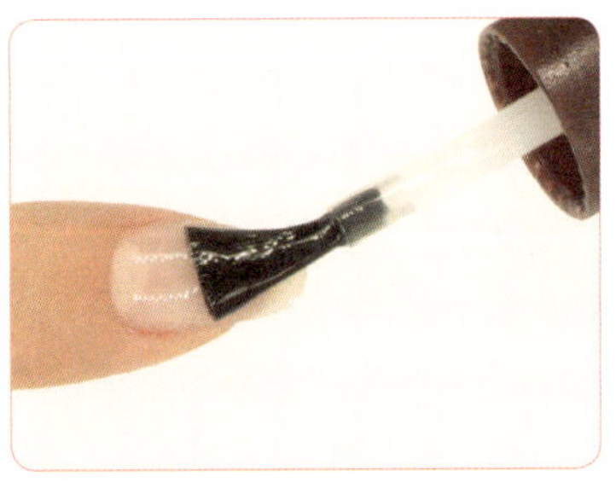

01 샌딩을 사용해 손톱 표면의 유분기를 제거한 다음 베이스 젤을 바르고 큐어링합니다(UV 램프 60초, LED 램프 30초).

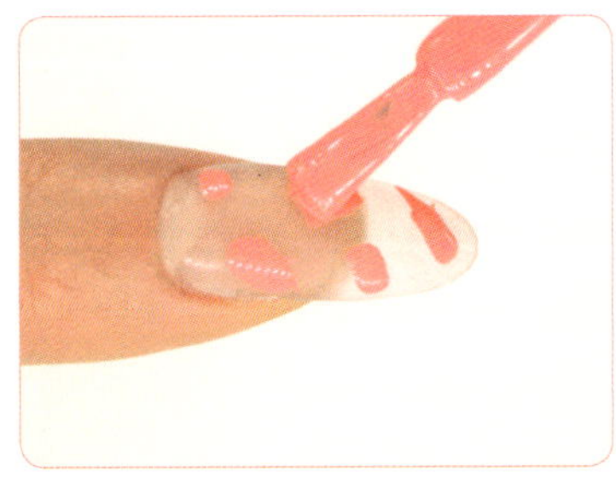

02 핑크 젤 컬러를 손톱 표면에 툭툭 묻히듯 바릅니다.

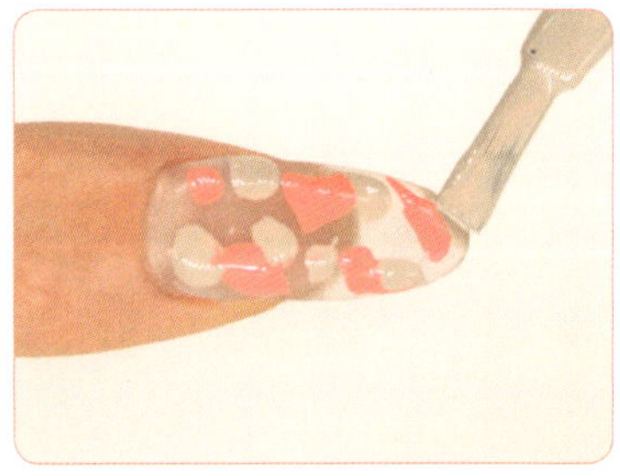

03 핑크 젤 컬러를 큐어링하지 않은 상태에서 베이지 젤 컬러를 손톱 표면에 툭툭 묻히듯 바릅니다.

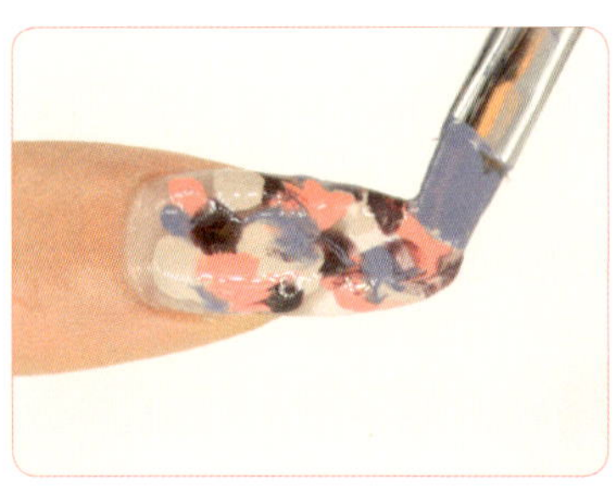

04 블랙과 블루 컬러의 젤도 같은 방법으로 바릅니다.

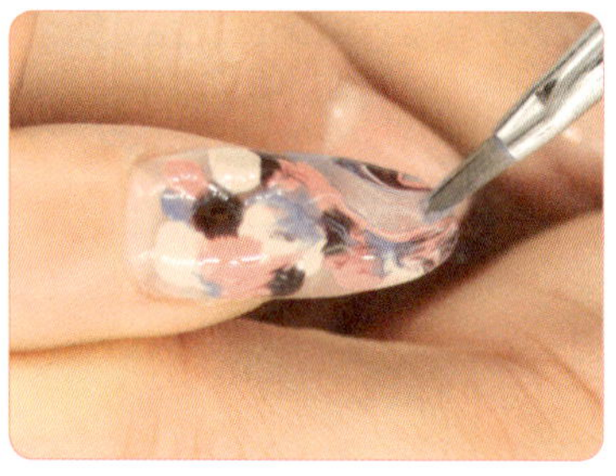

05 손에 힘을 뺀 상태에서 깨끗한 브러시로 컬러를 섞어주듯이 여러 방향으로 쓸어 내립니다.

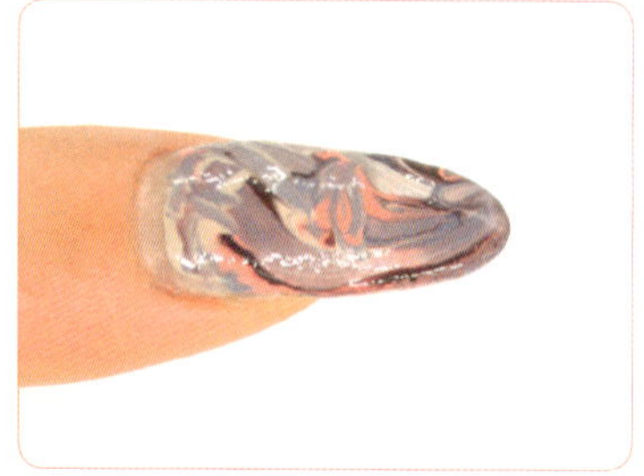

06 마블 효과가 완성되면 큐어링합니다(UV 램프 60초, LED 램프 30초).

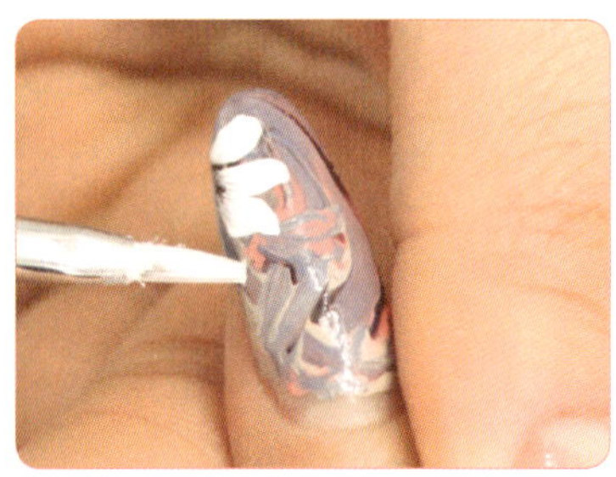

07 콤마스트록 기법으로 꽃잎을 그립니다.

(TIP) 브러시의 크기나 모양에 따라 꽃잎의 모양을 다양하게 표현할 수 있습니다.

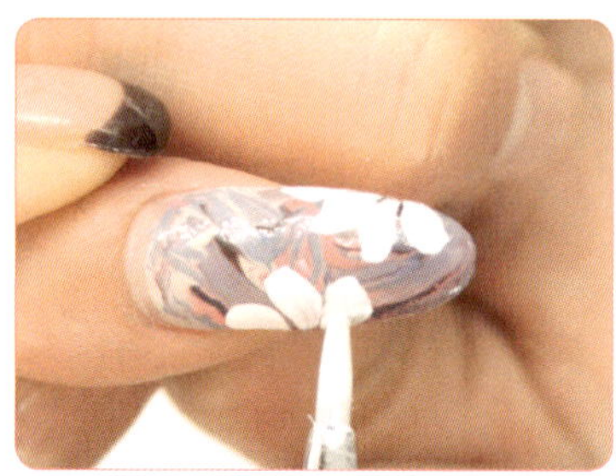

08 빈 공간을 채워가며 꽃잎을 그리고 큐어링합니다(UV 램프 60초, LED 램프 30초).

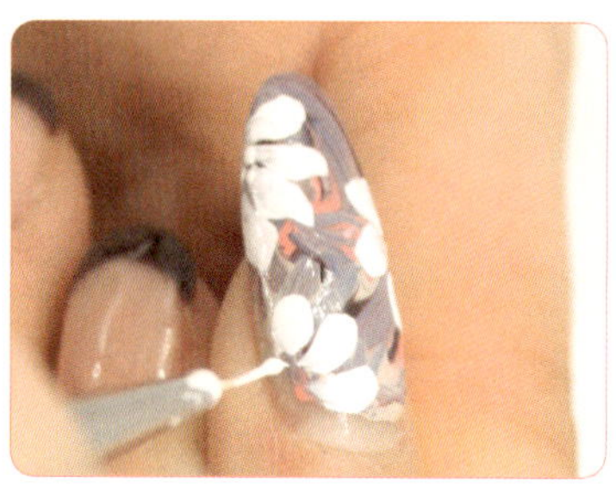

09 라인 브러시로 도트를 찍어 꽃술을 표현하고 큐어링합니다(UV 램프 60초, LED 램프 30초).

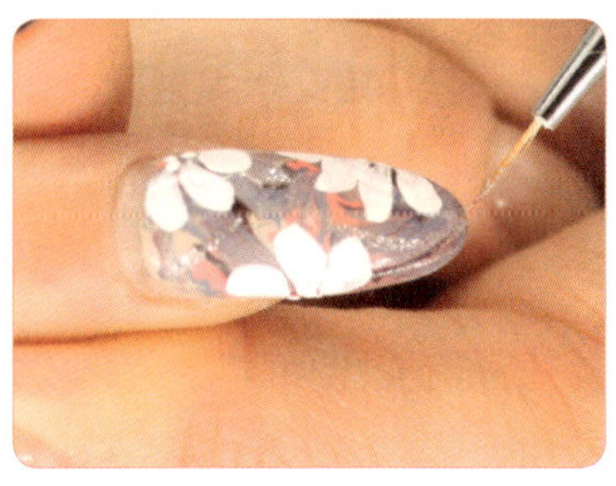

10 실버 글리터로 꽃잎 주변에 라인을 그려 화사함을 더한 다음, 큐어링합니다(UV 램프 60초, LED 램프 30초).

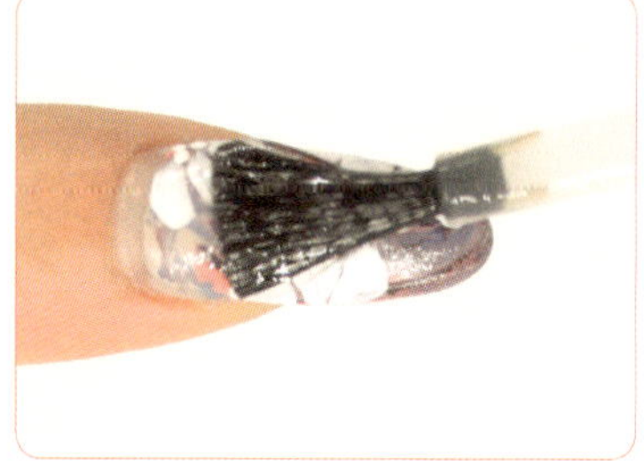

11 탑 젤을 바르고 큐어링합니다(UV 램프 60초, LED 램프 30초).

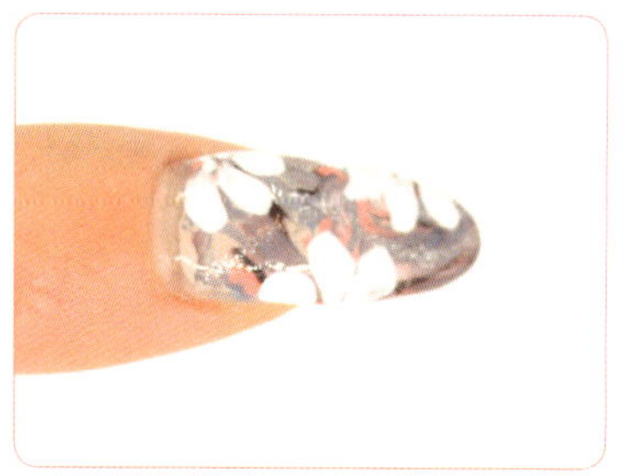

12 미경화된 젤을 닦아 완성합니다.

설레임 가득한,

후니와리 네일아트

젤 컬러를 손톱 전체에 바르고 수채화 느낌으로 꽃잎 모양을 그린 다음 후니와리 네일아트를 완성해 봅니다.

준비물

베이스 젤, 탑 젤, 샌딩, 젤 컬러, 젤 클렌저, 젤 램프, 라인 브러시, 글리터

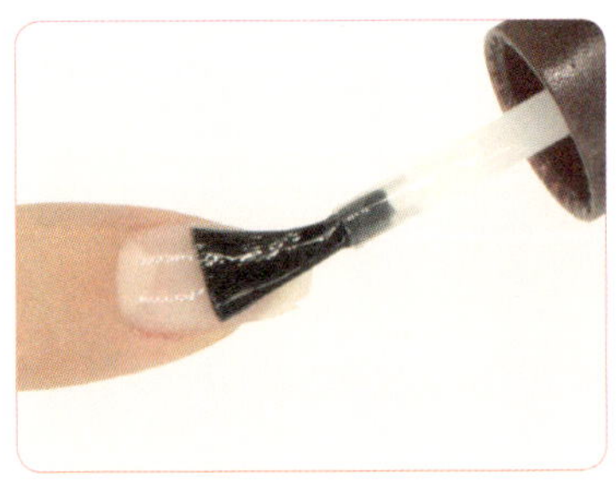

01 샌딩을 사용해 손톱 표면의 유분기를 제거한 다음 베이스 젤을 바르고 큐어링합니다(UV 램프 60초, LED 램프 30초).

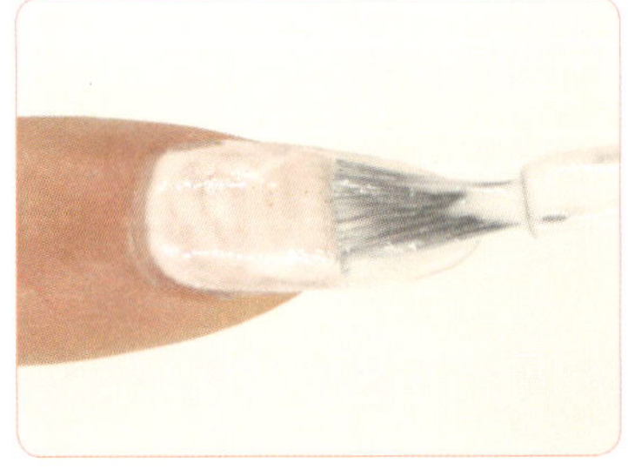

02 손톱 표면 전체에 화이트 젤 컬러를 바르고 큐어링합니다(UV 램프 60초, LED 램프 30초).

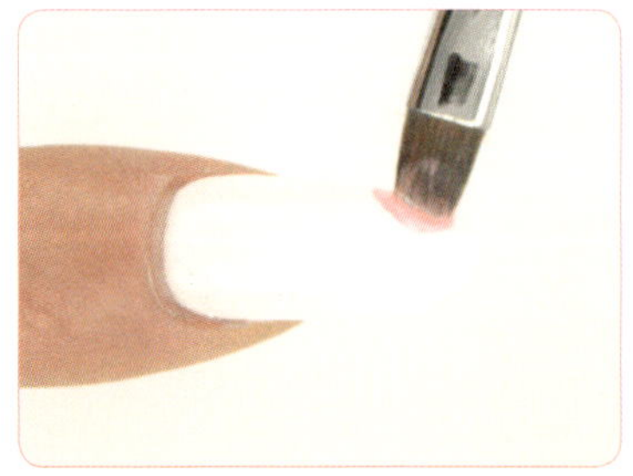

03 선명한 발색을 위해 02번 과정을 한 번 더 반복한 다음, 그림과 같이 손톱 끝 부분에 핑크 젤 컬러를 바르고 큐어링합니다(UV 램프 60초, LED 램프 30초).

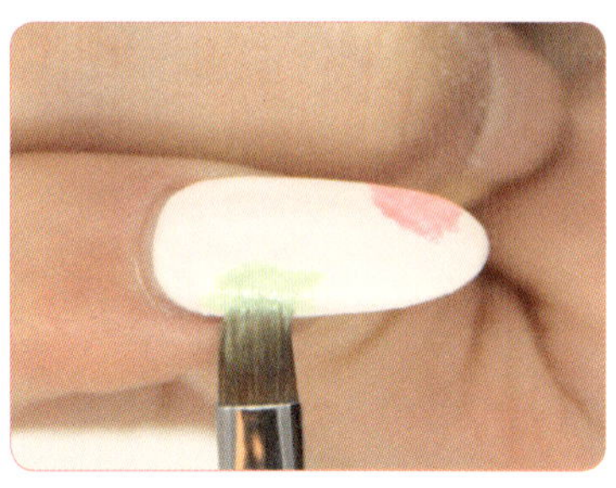

04 그림과 같이 밝은 그린 컬러의 젤을 바르고 큐어링합니다(UV 램프 60초, LED 램프 30초).

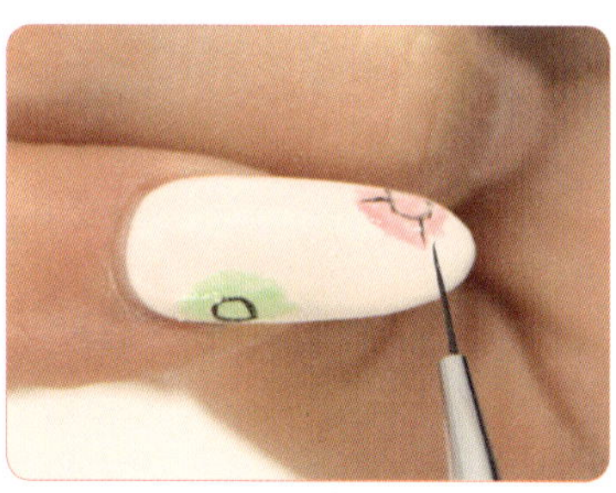

05 라인 브러시로 꽃의 중심이 되는 원을 그리고 꽃잎의 등분을 나누기 위해 그림과 같이 선을 그립니다.

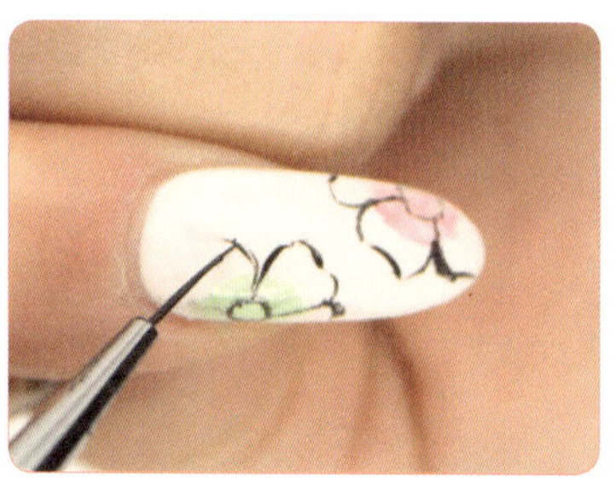

06 라인 브러시로 꽃의 테두리를 그리고 큐어링합니다(UV 램프 60초, LED 램프 30초).

07 라인 브러시에 블랙 젤 컬러를 묻힌 다음, 05번 과정에서 그린 원 위에 젤 컬러의 양을 넉넉하게 올립니다.

08 07번 과정에서 올린 젤 컬러를 얇게 빼서 꽃잎 라인을 그리고 큐어링합니다(UV 램프 60초, LED 램프 30초).

09 라인 브러시에 화이트 젤 컬러를 묻힌 다음, 도트를 찍어 꽃술을 표현하고 큐어링합니다(UV 램프 60초, LED 램프 30초).

10 꽃 안쪽으로 은은한 느낌의 글리터를 바르고 큐어링합니다(UV 램프 60초, LED 램프 30초).

11 탑 젤을 바르고 가루 글리터를 우드 스틱에 묻혀 손톱에 올린 다음, 큐어링합니다(UV 램프 60초, LED 램프 30초).

12 다시 한 번 탑 젤을 바르고 큐어링(UV 램프 60초, LED 램프 30초)한 다음 미경화된 젤을 닦아 완성합니다.

핑크빛 향기,

라인 플라워 네일아트

꽃이 들어갈 부분에만 컬러를 바르고 라인 브러시로 꽃잎을 한장 한장 그려 꽃을 완성해 봅니다.

준비물

베이스 젤, 탑 젤, 샌딩, 라인 브러시, 젤 컬러, 젤 클렌저, 젤 램프

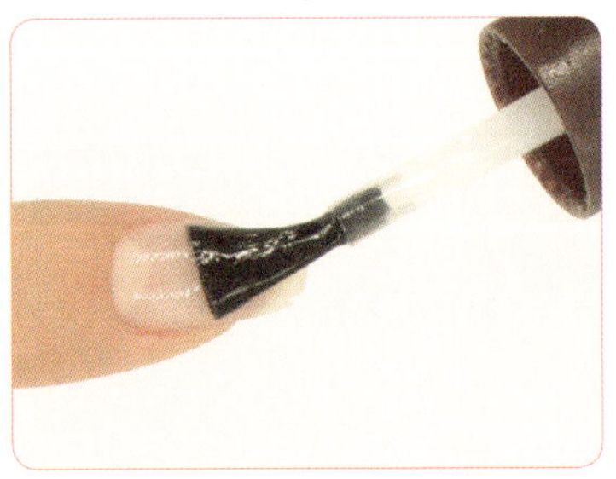

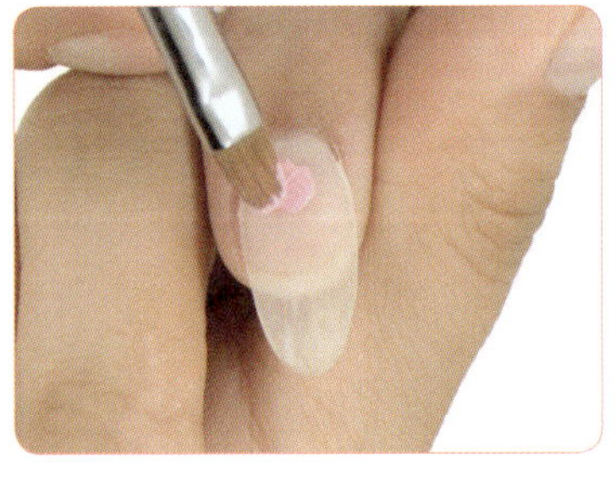

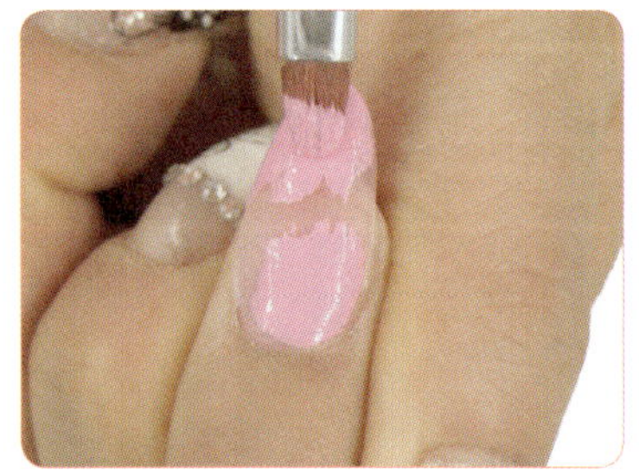

01 샌딩을 사용해 손톱 표면의 유분기를 제거한 다음 베이스 젤을 바르고 큐어링합니다(UV 램프 60초, LED 램프 30초).

02 라인 장미를 그릴 위치에 핑크 젤 컬러를 바릅니다.

03 프리 엣지 부분에도 핑크 젤 컬러를 바르고 큐어링합니다(UV 램프 60초, LED 램프 30초).

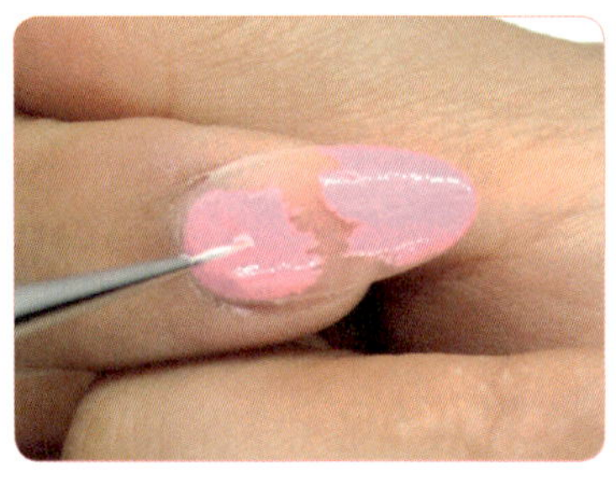

04 라인 브러시에 화이트 젤 컬러를 묻히고 라인 장미의 기준이 될 작은 원을 그립니다.

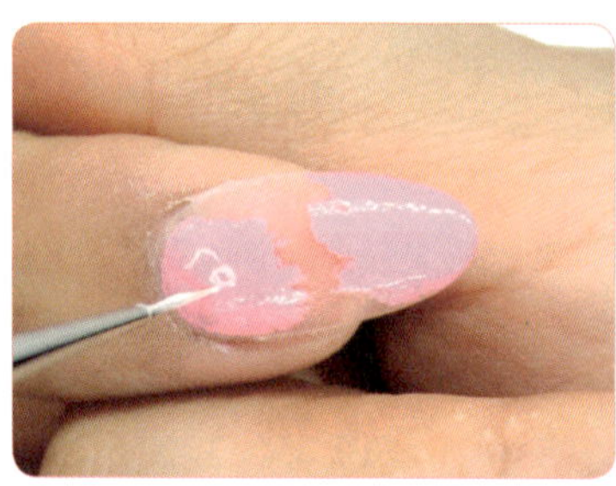

05 04번 과정에서 그린 기준을 감싸듯이 꽃잎을 그립니다.

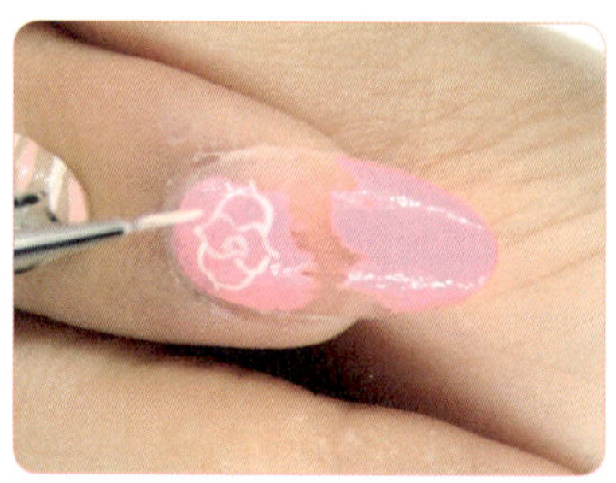

06 같은 방법으로 겹겹이 쌓듯이 꽃잎을 그립니다.

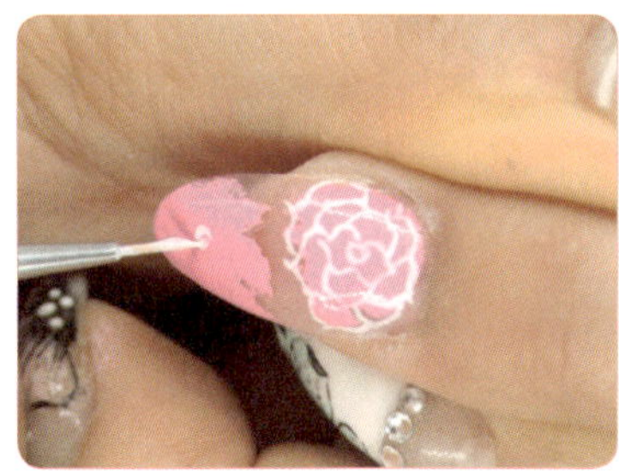

07 라인 장미를 완성하면 프리 엣지 부분에도 기준이 될 작은 원을 그립니다.

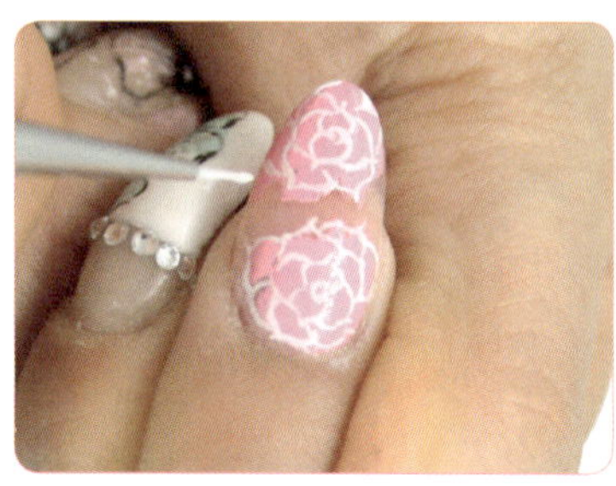

08 같은 방법으로 꽃잎을 그려 라인 장미를 완성한 다음 큐어링합니다(UV 램프 60초, LED 램프 30초).

09 탑 젤을 바르고 큐어링합니다(UV 램프 60초, LED 램프 30초).

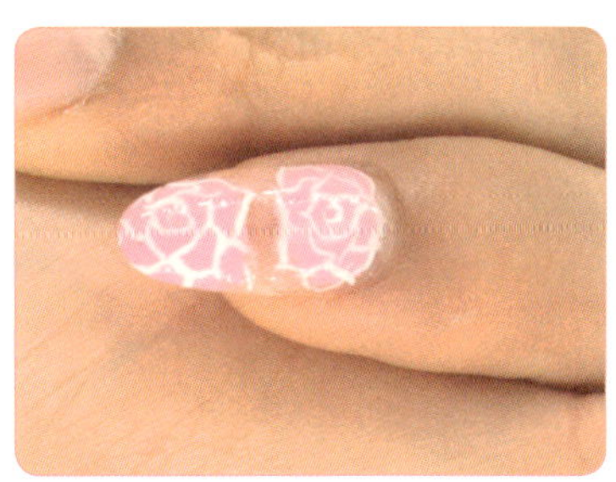

10 미경화된 젤을 닦아 완성합니다.

블랙 플라워,

흑장미 네일아트

손톱의 프리 엣지 부분에 동그랗게 컬러를 채우고 장미 모양으로 라인을 그려 블랙 플라워 장미 네일아트를 완성해 봅니다.

준비물

베이스 젤, 탑 젤, 샌딩, 라인 브러시, 젤 컬러, 젤 클렌저, 젤 램프

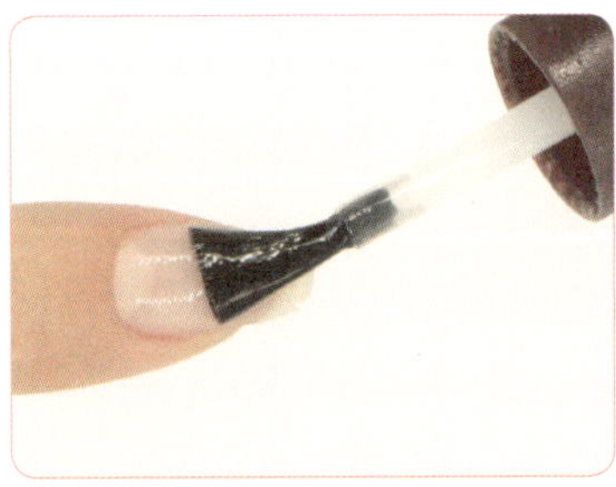

01 샌딩을 사용해 손톱 표면의 유분기를 제거한 다음 베이스 젤을 바릅니다.

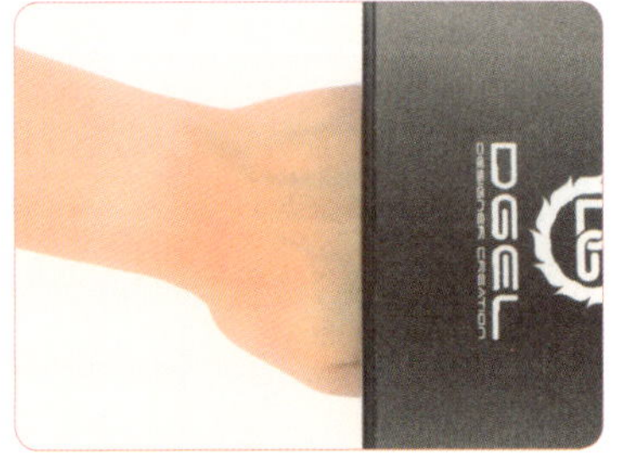

02 큐어링합니다(UV 램프 60초, LED 램프 30초).

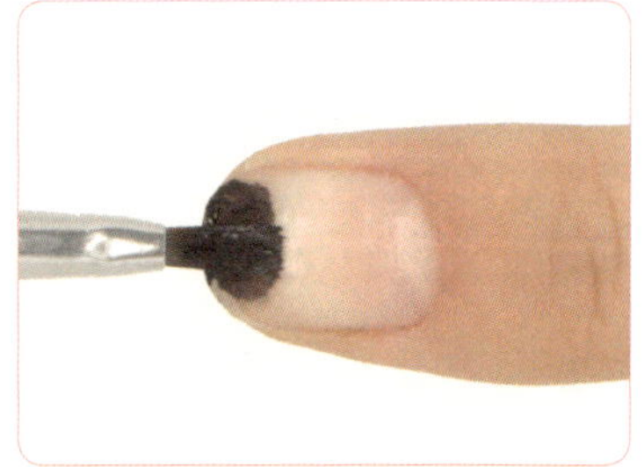

03 라인 장미를 그릴 위치에 블랙 젤 컬러를 바른 다음 큐어링합니다(UV 램프 60초, LED 램프 30초).

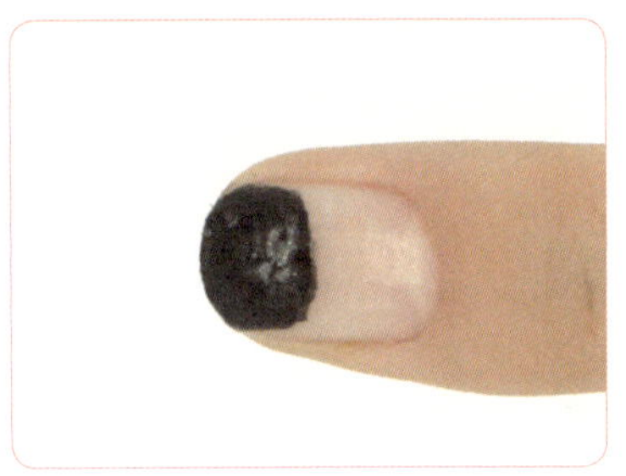 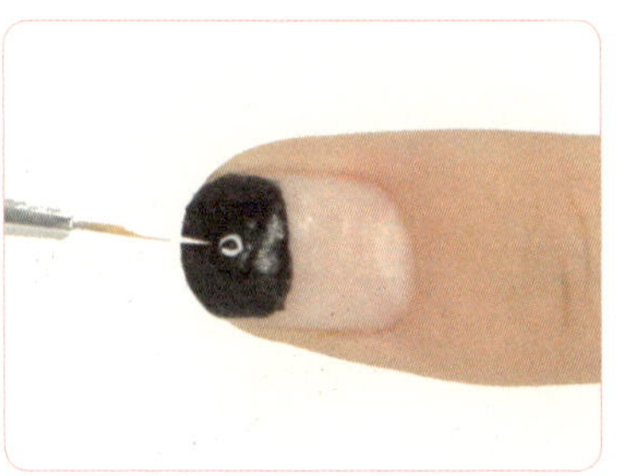 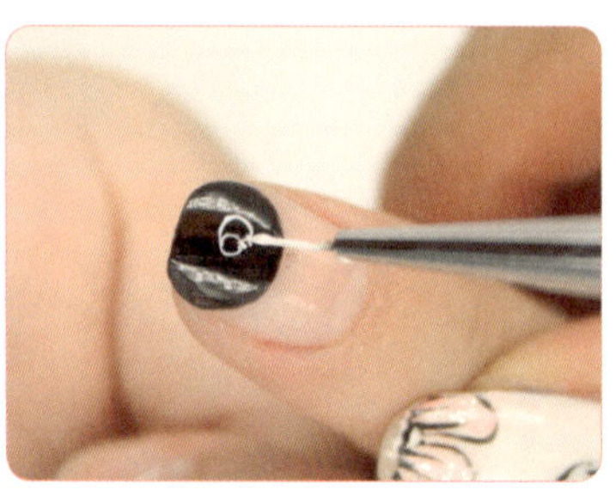

04 선명한 발색을 위해 03번 과정을 한 번 더 반복합니다.

05 라인 브러시로 라인 장미의 기준이 될 작은 원을 그립니다.

06 05번 과정에서 그린 기준을 감싸듯 이 꽃잎을 그립니다.

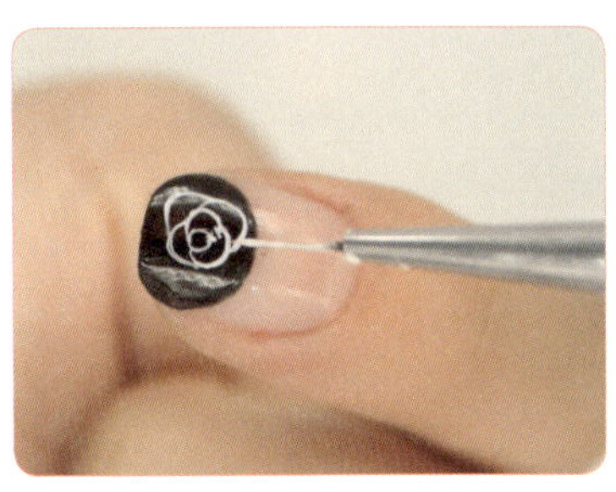  

07 그림과 같이 기준을 중심으로 겹겹 이 쌓듯이 꽃잎을 그립니다.

08 03번에서 바른 컬러의 가장자리까 지 꽃잎을 그려 라인 장미를 완성한 다음 큐어링합니다(UV 램프 60초, LED 램프 30초).

09 탑 젤을 바르고 큐어링합니다(UV 램 프 60초, LED 램프 30초).

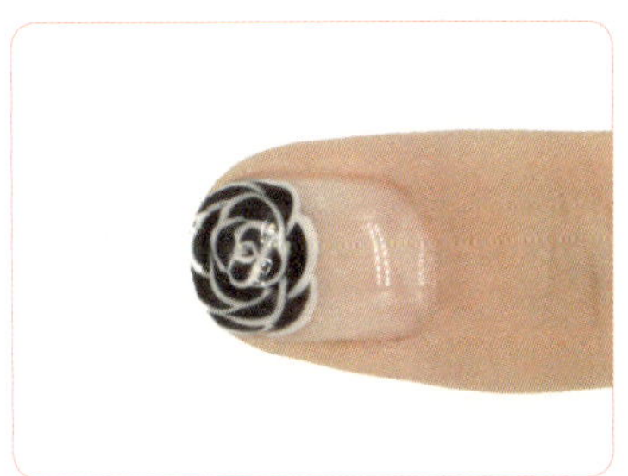

10 미경화된 젤을 닦아 완성합니다.

판화 느낌의,

시스루 라인 장미 네일아트

클리어 젤과 컬러 젤을 섞어 시럽 컬러를 만들고 배경을 채운 다음 라인 브러시로 장미를 그려 넣어 시스루 라인 장미 네일아트를 완성해 봅니다.

준비물

베이스 젤, 탑 젤, 샌딩, 젤 컬러, 젤 클렌저, 젤 램프, 젤 브러시, 펄레트, 클리어 젤

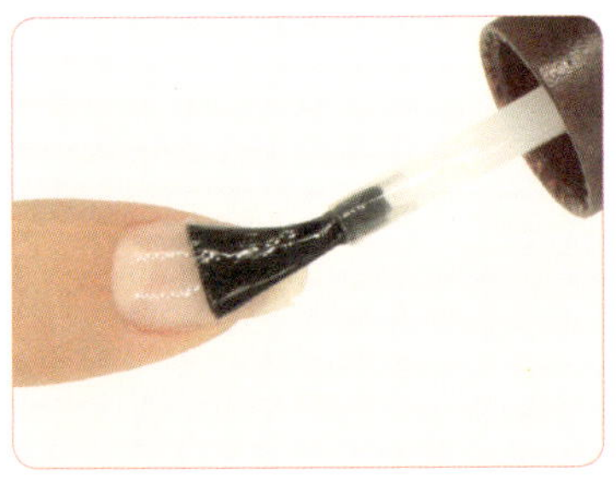

01 샌딩을 사용해 손톱 표면의 유분기를 제거한 다음 베이스 젤을 바릅니다.

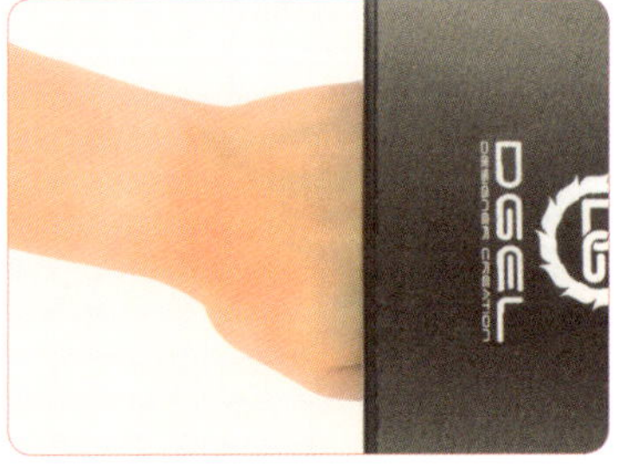

02 큐어링합니다(UV 램프 60초, LED 램프 30초).

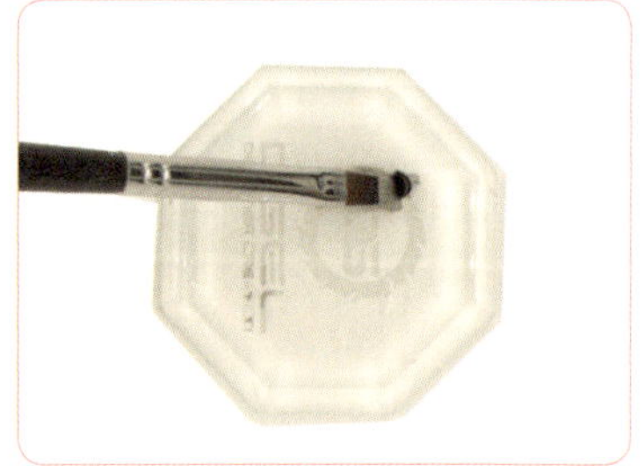

03 팔레트에 블랙 젤 컬러와 클리어 젤을 섞어 투명한 느낌의 컬러를 만듭니다.

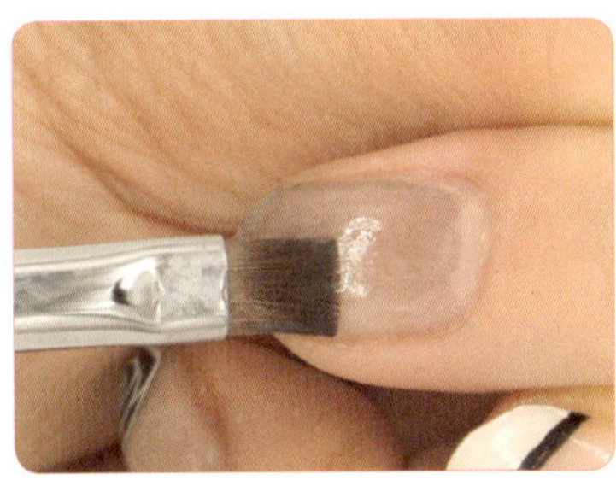

04 03번 과정에서 만든 시럽 컬러를 손톱 표면 전체에 얇게 바릅니다.

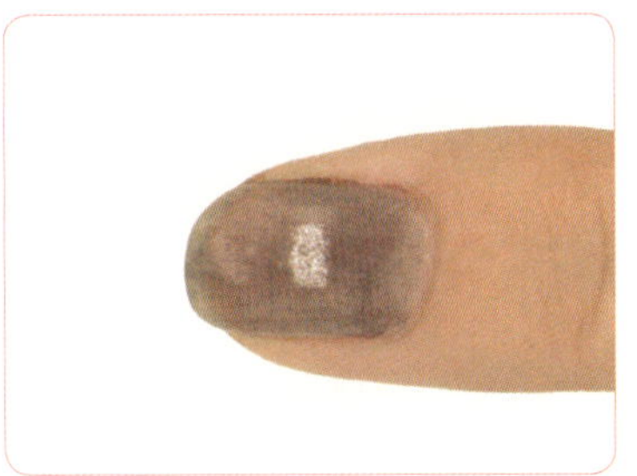

05 큐어링합니다(UV 램프 60초, LED 램프 30초).

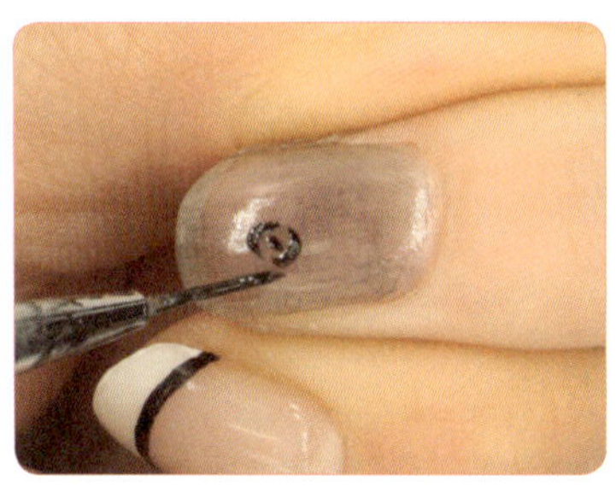

06 그림과 같이 라인 브러시로 장미의 기준이 될 점을 그리고 괄호를 씌우듯이 꽃잎을 그립니다.

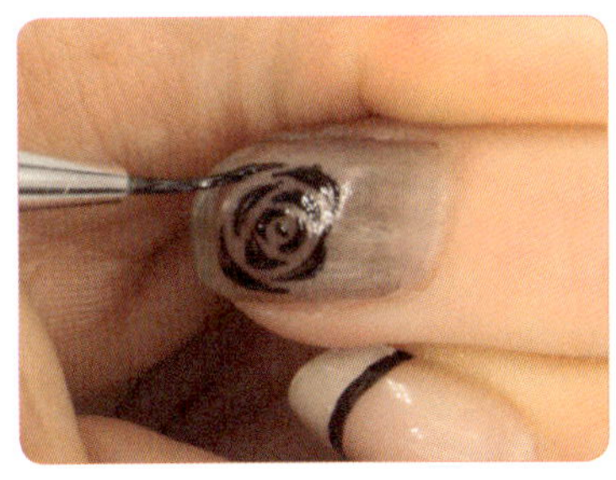

07 같은 방법으로 꽃잎을 겹겹이 그립니다.

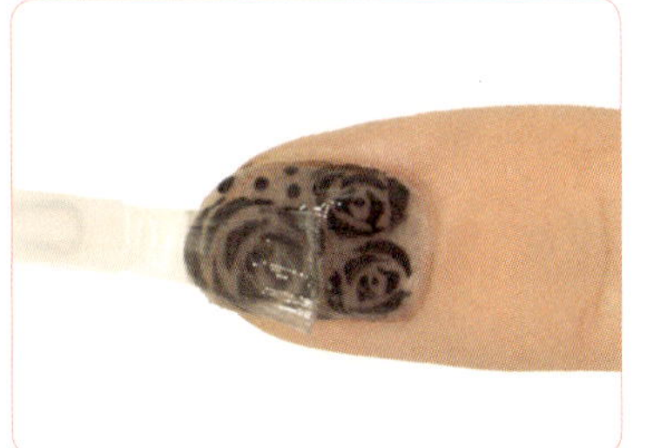

08 손톱의 빈 공간에 장미를 그려 넣은 다음, 탑 젤을 바르고 큐어링합니다(UV 램프 60초, LED 램프 30초).

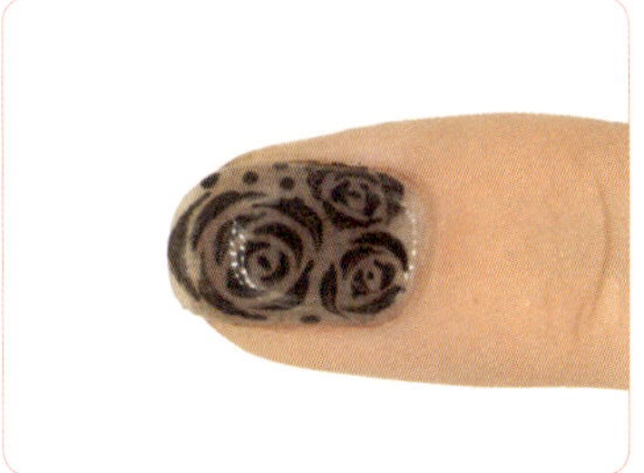

09 미경화된 젤을 닦아 완성합니다.

나비의 날갯짓,

플라워 왈츠 네일아트

손톱 전체에 컬러를 바르고 수채화 느낌으로 꽃을 그려 플라워 왈츠 네일아트를 완성해 봅니다.

준비물

베이스 젤, 탑 젤, 젤 컬러, 젤 램프, 젤 클렌저, 라인 브러시, 젤 글리터

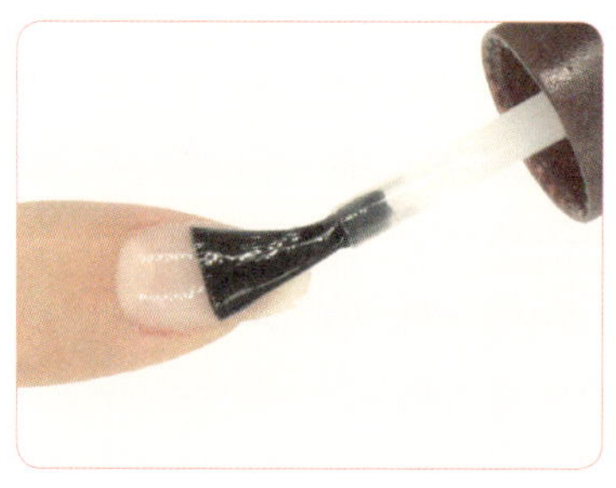

01 샌딩을 사용해 손톱 표면의 유분기를 제거한 다음 베이스 젤을 바르고 큐어링합니다(UV 램프 60초, LED 램프 30초).

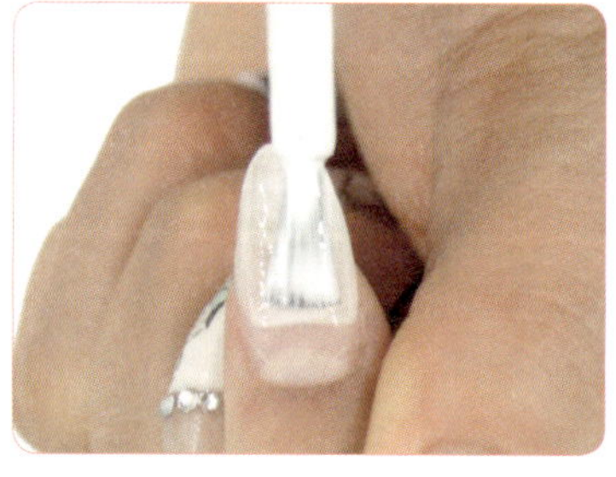

02 화이트 젤 컬러를 손톱 표면 전체에 바르고 큐어링(UV 램프 60초, LED 램프 30초)한 다음, 선명한 발색을 위해 이 과정을 한 번 더 반복합니다.

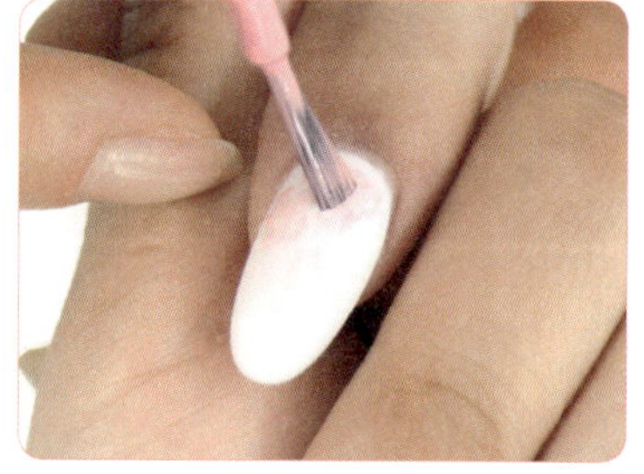

03 브러시에 핑크 젤 컬러를 소량만 묻혀 손톱 윗부분에 살짝 바릅니다.

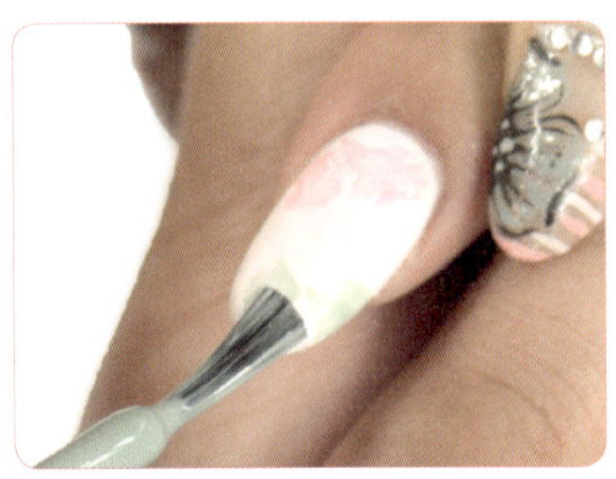

04 같은 방법으로 민트 젤 컬러를 손톱 끝부분에 바른 다음 큐어링합니다(UV 램프 60초, LED 램프 30초).

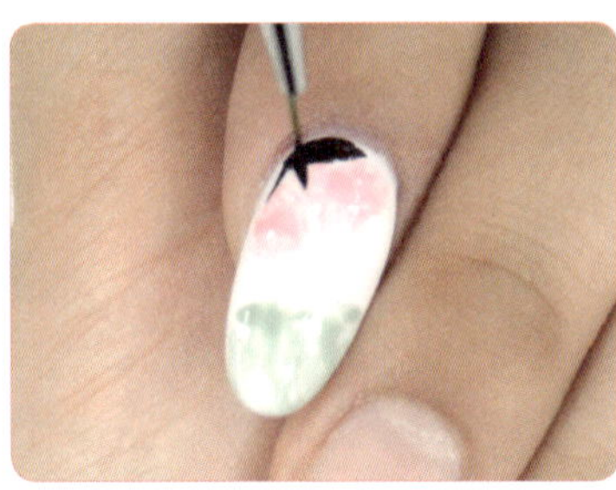

05 큐티클 라인 안쪽에 블랙 젤 컬러를 올린 다음 라인을 얇게 빼서 꽃술 위치를 잡습니다.

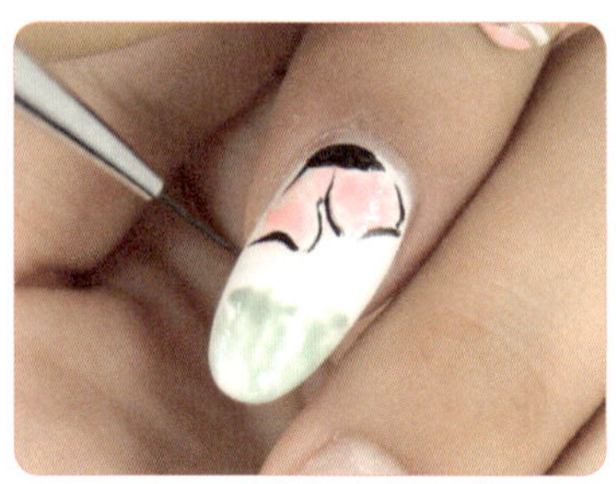

06 라인 브러시에 블랙 젤 컬러를 묻히고 두께에 강약을 주어 꽃잎의 테두리를 그립니다.

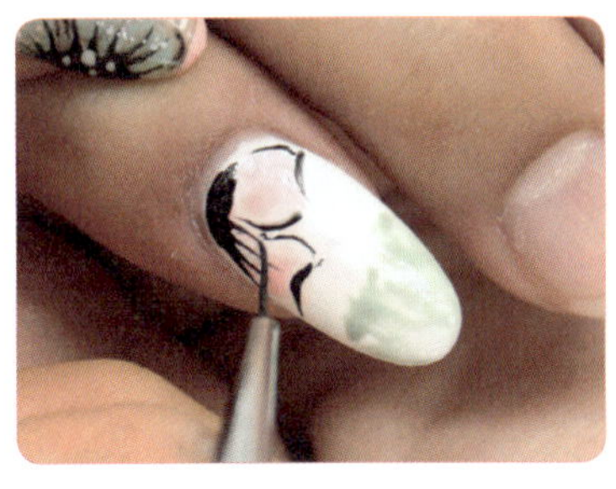

07 05번 과정에서 뺀 라인을 중심으로 라인을 한줄 한줄 얇게 빼서 꽃술을 표현합니다.

08 완성되면 큐어링합니다(UV 램프 60초, LED 램프 30초).

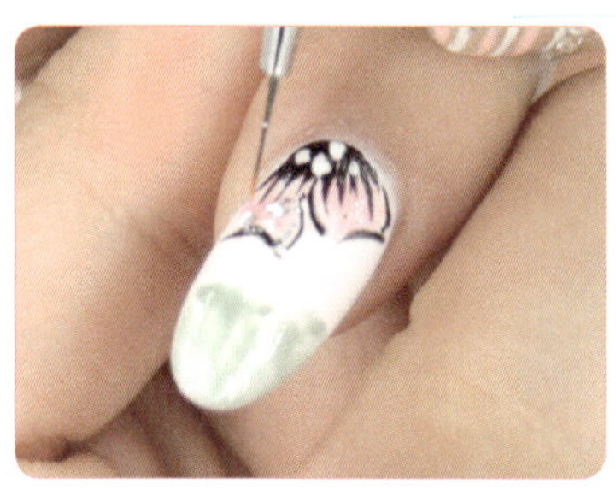

09 도트를 찍어 생동감 넘치는 꽃잎을 표현합니다.

10 민트 젤 컬러로 바른 부분도 같은 방법으로 꽃술과 꽃잎을 완성하고 큐어링합니다(UV 램프 60초, LED 램프 30초).

11 글리터를 얇게 펴 발라서 반짝이는 꽃잎을 표현합니다.

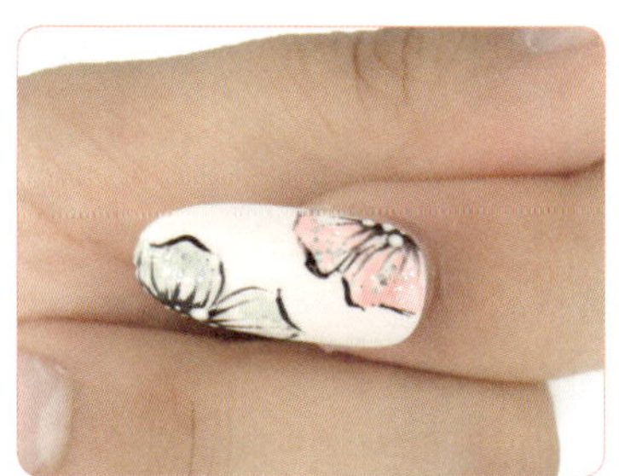

12 탑 젤을 바르고 큐어링(UV 램프 60초, LED 램프 30초)한 다음 미경화된 젤을 닦아 완성합니다.

그녀를 위한 하루,

라인 장미 네일아트

둥근 프렌치를 그린 다음 라인 장미를 그리고 장미의 라인을 또렷하게 하여 라인 장미 네일아트를 완성해 봅니다.

준비물

베이스 젤, 탑 젤, 샌딩, 젤 컬러, 파츠 글루, 스톤, 오렌지 우드스틱, 젤 클렌저, 젤 램프, 라인 브러시, 둥근 브러시

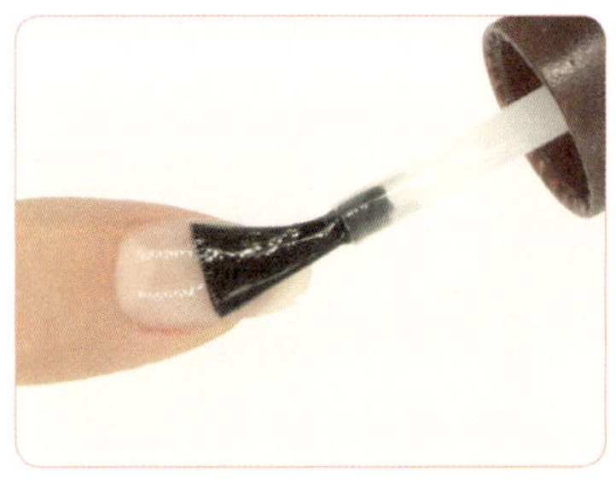

01 샌딩으로 손톱 표면의 유분기를 제거한 다음 베이스 젤을 바르고 큐어링합니다(UV 램프 60초, LED 램프 30초).

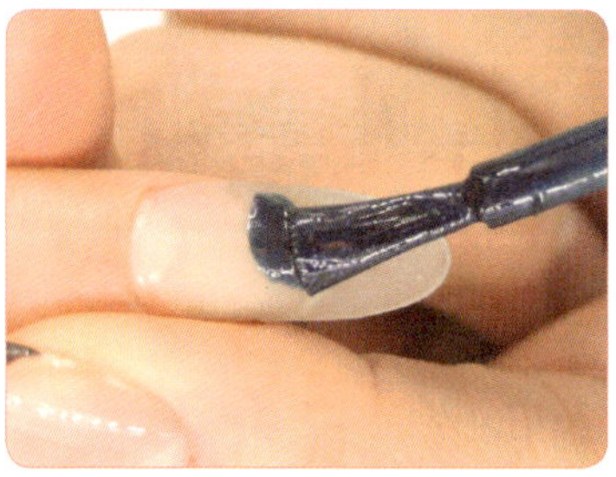

02 손톱 가운데 부터 시작해서 끝부분까지 동그랗게 네이비 젤 컬러를 바르고 큐어링(UV 램프 60초, LED 램프 30초)합니다.

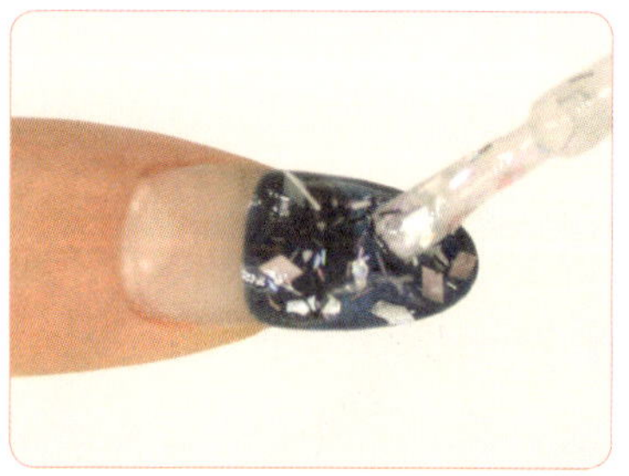

03 선명한 발색을 위해 02번 과정을 한 번 더 반복한 다음. 동그란 반원 위에 글리터를 바릅니다.

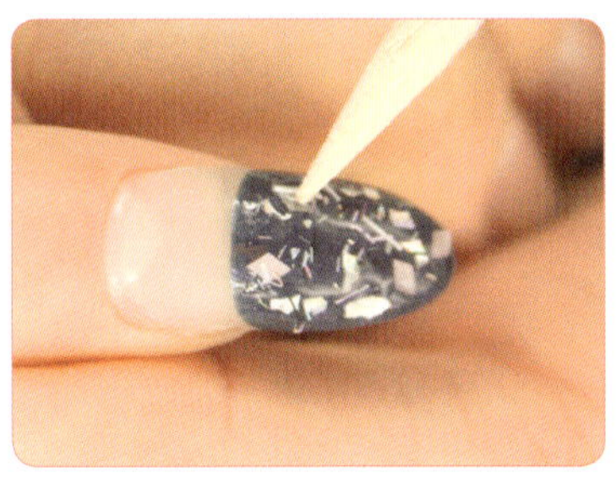

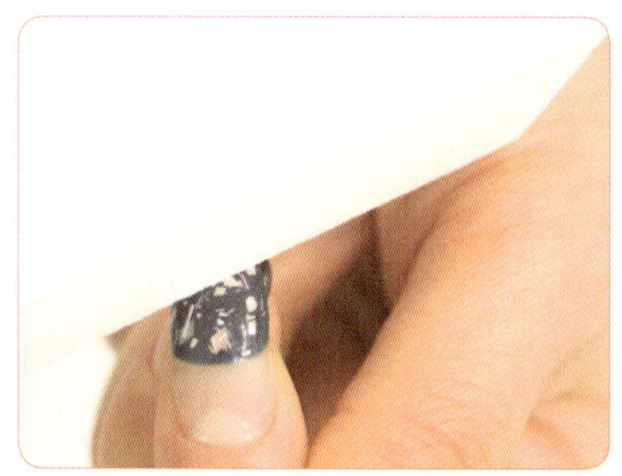

04 오렌지 우드스틱으로 글리터를 고르게 펴고 큐어링합니다(UV 램프 60초, LED 램프 30초).

05 미경화된 젤을 닦은 다음, 우드 파일로 글리터의 거친 표면을 정리합니다.

06 샌딩으로 표면을 한번 더 정리하고 손톱 표면과 주변에 묻은 가루를 거즈나 물티슈로 닦습니다.

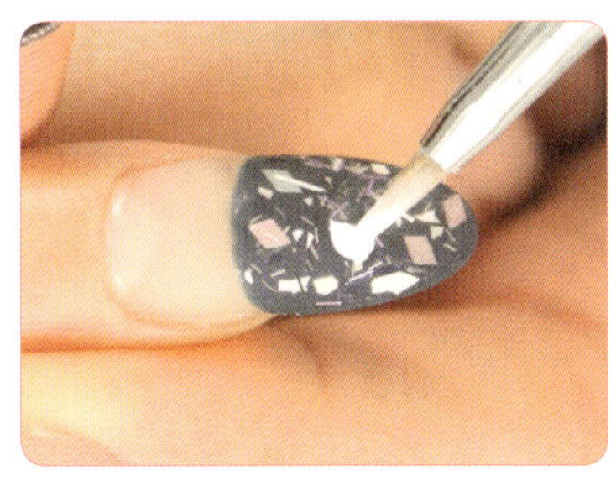

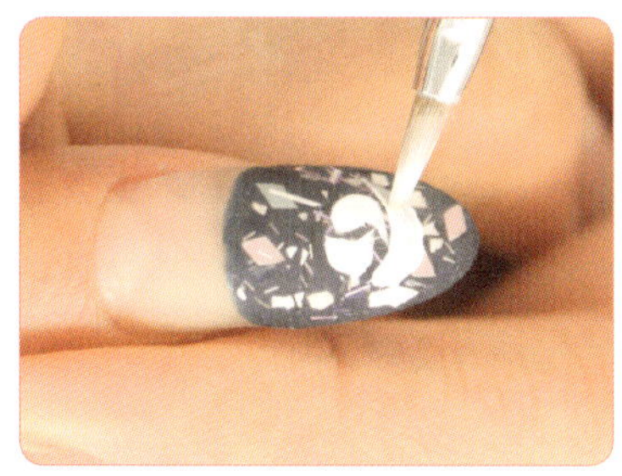

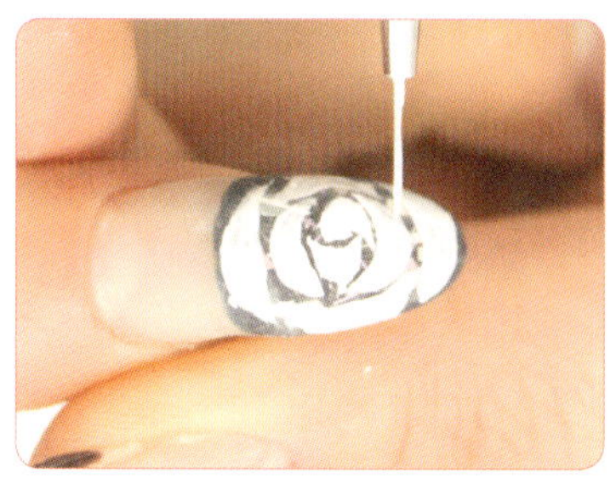

07 둥근 브러시에 화이트 젤 컬러를 묻히고 라인 장미의 중심을 콤마 모양으로 그립니다.

08 중심을 감싸면서 괄호를 닫는 느낌으로 라인 장미를 그리고 큐어링합니다 (UV 램프 60초, LED 램프 30초).

09 08번 과정에서 그린 라인 장미를 또렷하게 만들기 위해 라인 브러시로 라인을 한 번 더 따라 그리고 큐어링합니다 (UV 램프 60초, LED 램프 30초).

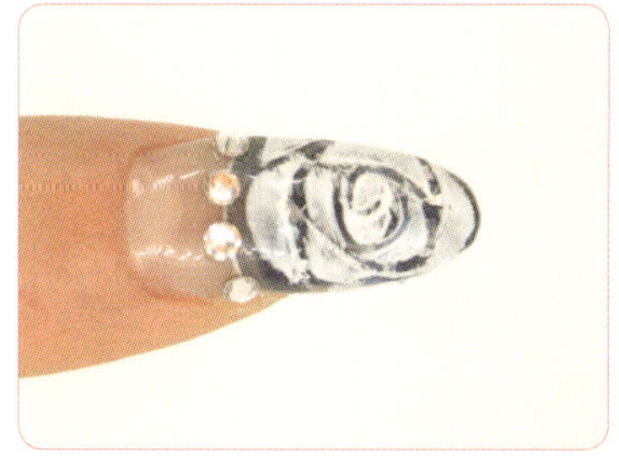

10 탑 젤을 바르고 큐어링합니다(UV 램프 60초, LED 램프 30초).

11 미경화된 젤을 닦고 파츠 글루로 스톤을 붙여 완성합니다.

눈꽃처럼 하얗게 빛나는,

백장미 네일아트

글리터 컬러로 프렌치 그러데이션하고 아크릴 파우더로 꽃 볼을 만들어 장미 네일아트를 완성해 봅니다.

준비물

베이스 젤, 탑 젤, 샌딩, 젤 컬러, 젤 클렌저, 젤 램프, 젤 브러시, 오렌지 우드스틱, 아크릴 리퀴드, 아크릴 파우더(화이트), 꽃볼 브러시, 디펜디쉬, 스톤, 파츠 글루

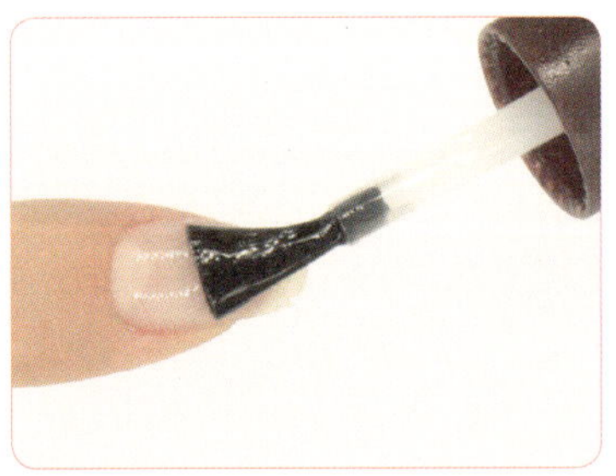

01 샌딩을 사용해 손톱 표면의 유분기를 제거한 다음 베이스 젤을 바르고 큐어링합니다(UV 램프 60초, LED 램프 30초).

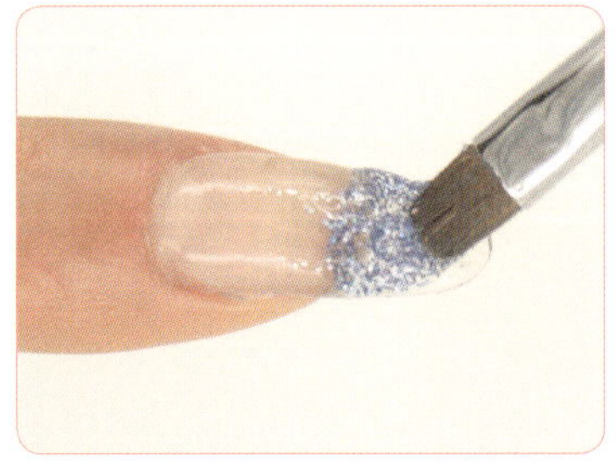

02 딥 프렌치 라인까지 글리터를 바릅니다.

03 오렌지 우드스틱으로 글리터를 잘 펴고 큐어링합니다(UV 램프 60초, LED 램프 30초).

04 오팔 느낌의 글리터를 한 번 더 바릅니다.

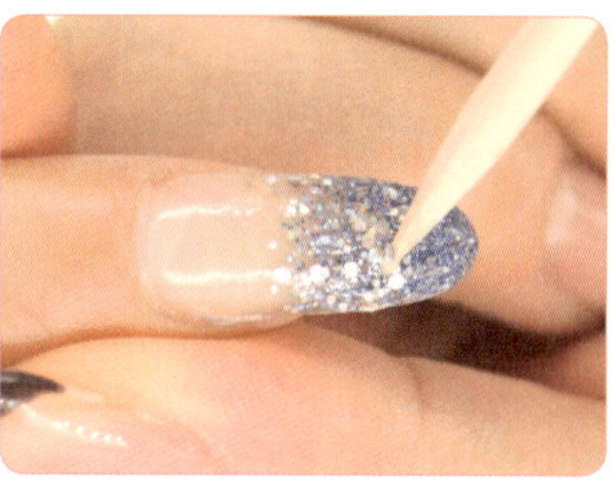

05 오렌지 우드스틱으로 글리터를 잘 펴고 큐어링합니다(UV 램프 60초, LED 램프 30초).

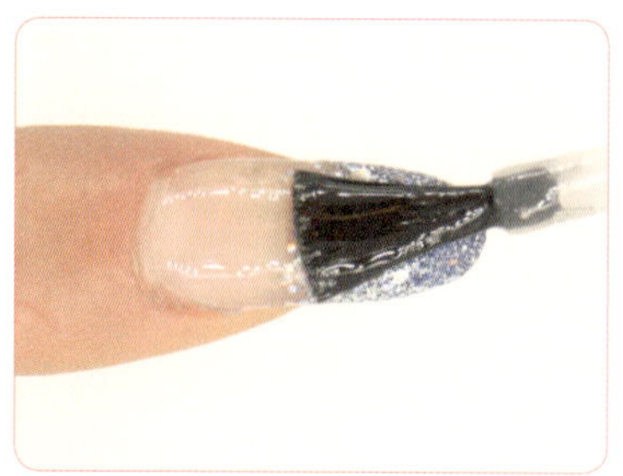

06 우드 파일과 샌딩으로 글리터의 거친 표면을 정리한 다음. 손톱에 묻은 가루를 거즈나 물티슈로 닦아 내고 탑 젤을 바릅니다.

07 아크릴 꽃볼을 올리기 위해 아크릴 화이트 파우더, 아크릴 리퀴드, 꽃볼 브러시를 준비합니다.

08 꽃볼 브러시에 아크릴 리퀴드를 묻혀 적신 다음 아크릴 화이트 파우더 볼을 뜹니다.

09 아크릴 화이트 볼에 아크릴 리퀴드가 스며들면 손톱에 올리고 브러시로 살살 눌러 꽃잎 모양을 만듭니다.

10 같은 방법으로 꽃잎을 만들어 장미를 완성합니다.

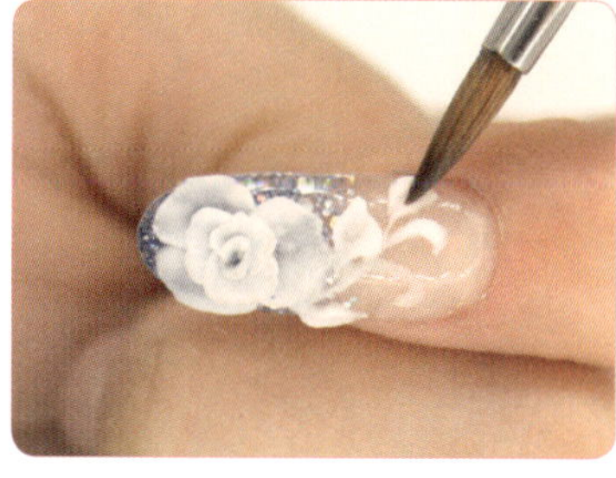

11 장미 주변 빈 공간에 아크릴 화이트 파우더로 나뭇잎을 만듭니다.

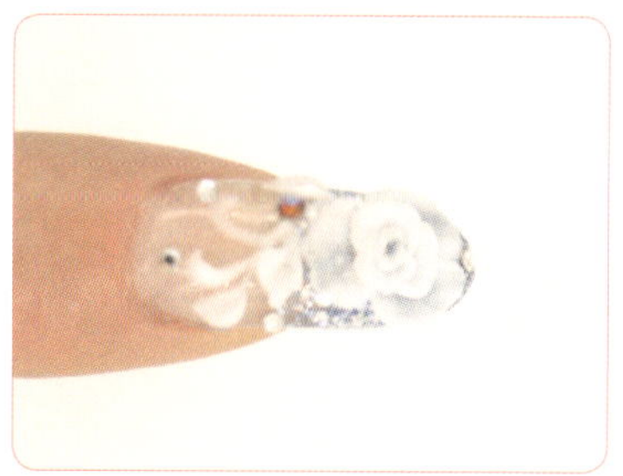

12 화려함을 더하기 위해 스톤을 붙여 완성합니다.

Part 05
데칼 네일아트

나만의 액자,

오드리햅번 워터 데칼 아트

손톱 전체에 컬러를 바르고 워터 데칼과 라인 테이프로 워터 데칼 아트를 완성해 봅니다.

준비물

젤 램프, 젤 컬러, 물, 종이컵, 워터 데칼, 라인 테이프, 탑 젤, 베이스 젤, 젤 클렌저, 파츠 글루, 스톤, 가위, 포셋

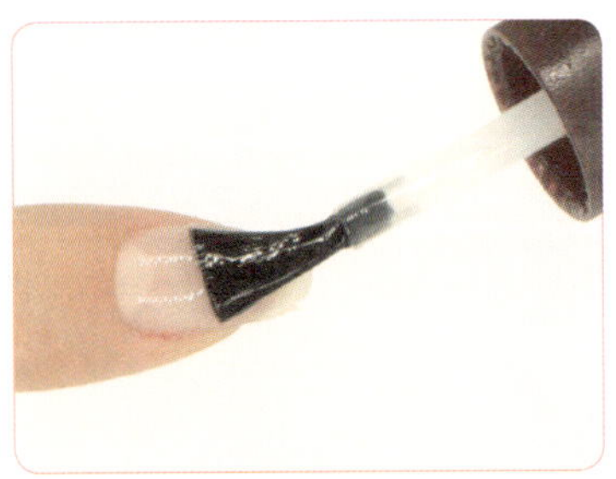

01 샌딩을 사용해 손톱 표면의 유분기를 제거한 다음 베이스 젤을 바릅니다.

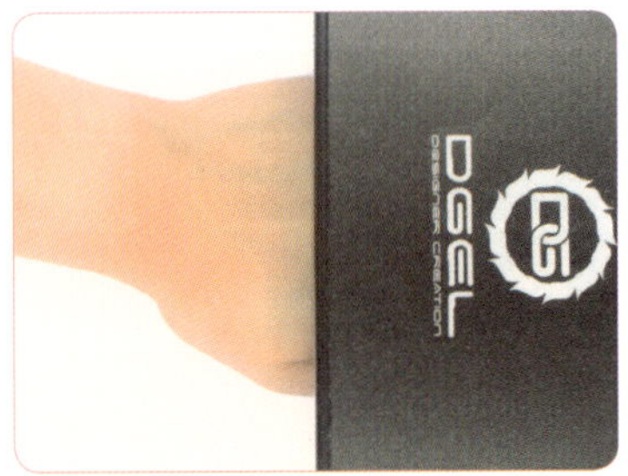

02 큐어링합니다(UV 램프 60초, LED 램프 30초).

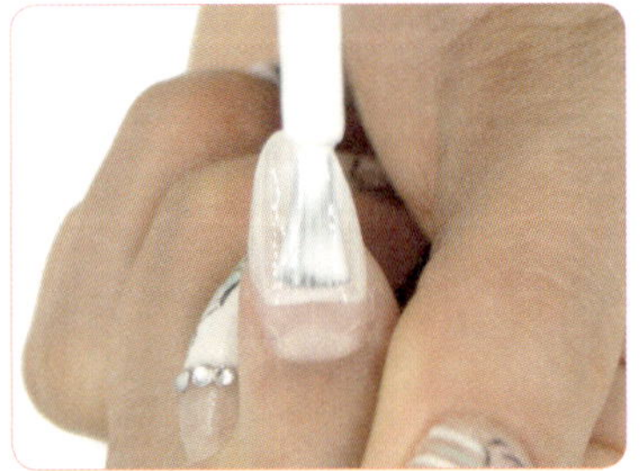

03 화이트 젤 컬러를 손톱 표면 전체에 바르고 큐어링합니다(UV 램프 60초, LED 램프 30초).

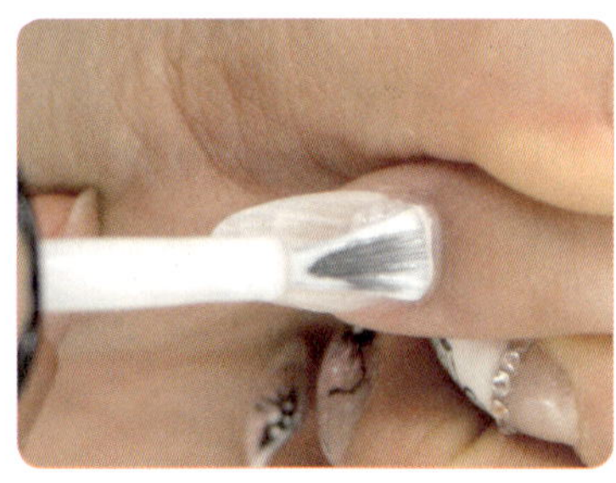

04 선명한 발색을 위해 03번 과정을 한 번 더 반복한 다음 큐어링합니다(UV 램프 60초, LED 램프 30초).

05 원하는 모양의 워터 데칼을 자르고 물에 담가 불립니다.

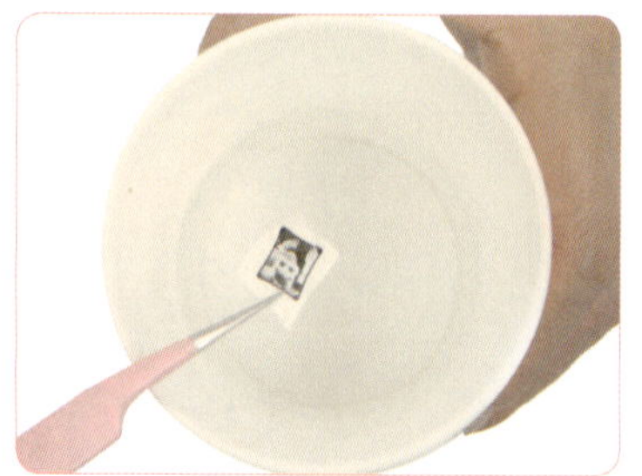

06 워터 데칼과 데칼을 고정하고 있는 종이가 서로 분리되지 않게 포셋으로 조심스럽게 꺼냅니다.

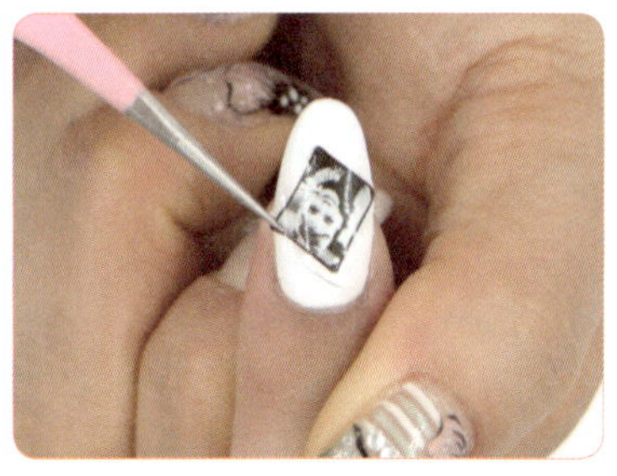

07 종이와 데칼을 분리해 손톱 표면의 원하는 위치에 붙입니다.

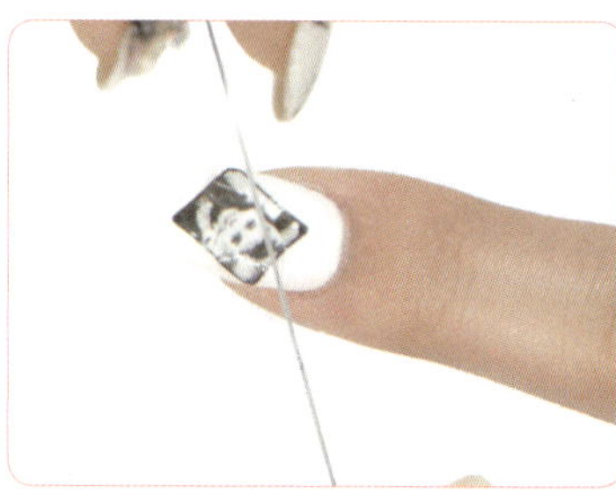

08 라인 테이프를 데칼 위에 사선으로 붙입니다.

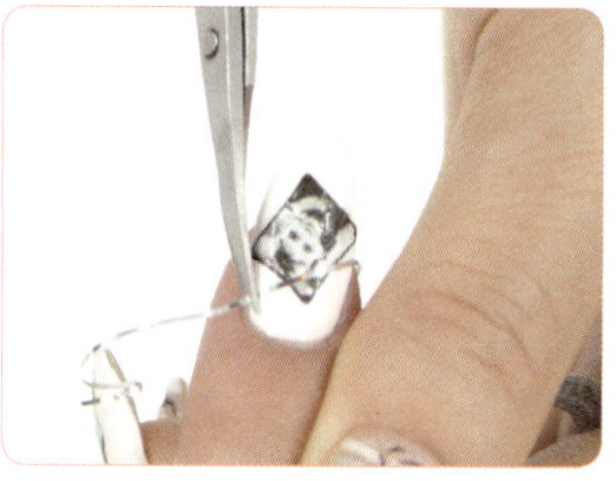

09 라인 테이프를 고정한 다음, 끝부분을 가위로 자릅니다.

> **TIP** 라인 테이프를 손톱 길이에 딱 맞게 자르면 쉽게 떨어지므로 손톱의 길이보다 0.1~0.2mm 작게 자릅니다.

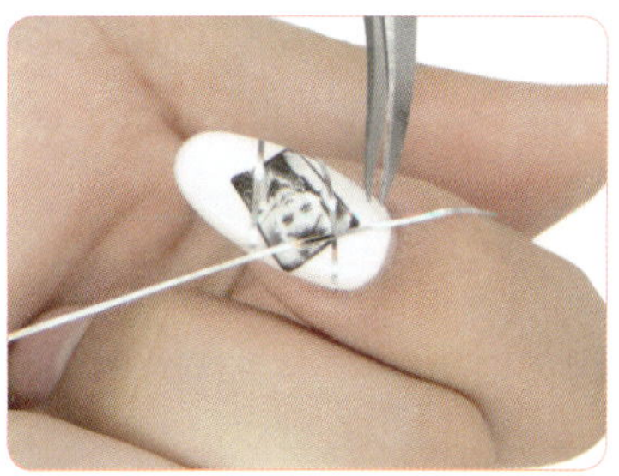

10 라인 테이프를 원하는 만큼 더 붙이고 가위로 자릅니다.

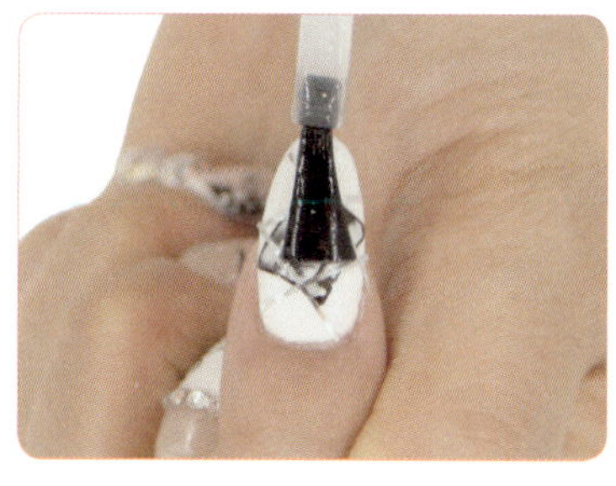

11 탑 젤을 바르고 큐어링합니다(UV 램프 60초, LED 램프 30초).

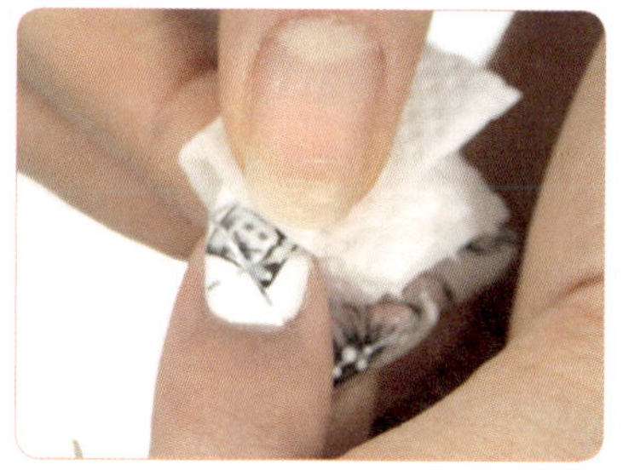

12 젤 클렌저로 미경화된 젤을 닦습니다.

13 라인 테이프 끝이 떠서 걸리는 부분이 있는지 확인하고 우드 파일로 정리합니다.

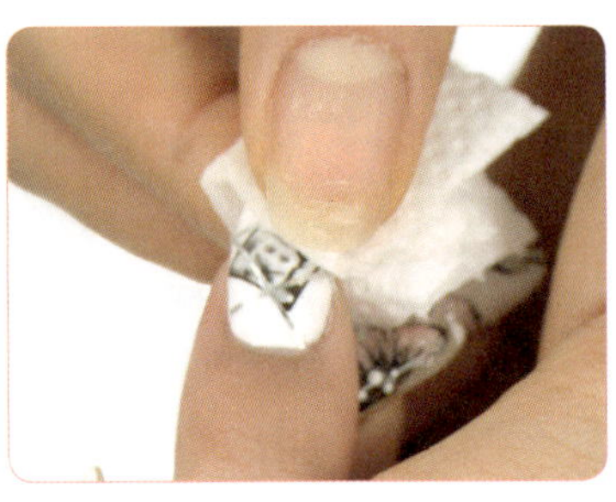

14 탑 젤을 바르고 큐어링(UV 램프 60초, LED 램프 30초)한 다음 미경화된 젤을 닦습니다.

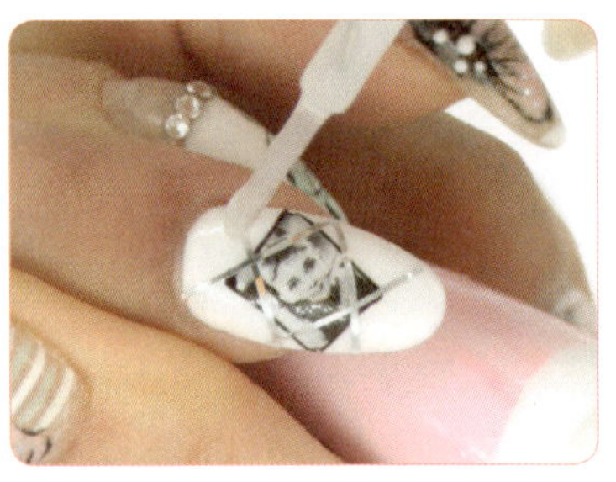

15 스톤을 붙일 위치에 파츠 글루를 살짝 떨어뜨립니다.

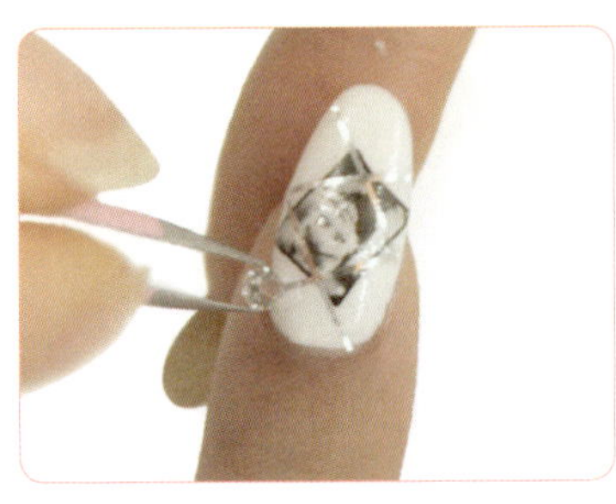

16 포셋으로 스톤을 집은 다음, 파츠 글루 위에 올려 고정합니다.

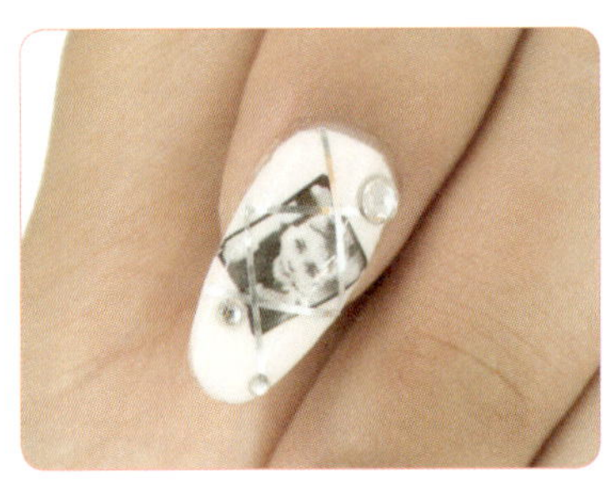

17 15번과 16번 과정을 반복해 스톤을 원하는 만큼 붙이고 완성합니다.

몽환적인 안개꽃,

설레임 워터 데칼 아트

마블 효과로 안개꽃을 표현하고 워터 데칼을 붙여 안개꽃 워터 데칼 네일아트를 완성해 봅니다.

준비물

베이스 젤, 탑 젤, 젤 컬러, 젤 램프, 젤 클렌저, 라인 브러시, 워터 데칼, 종이컵, 물, 팔레트, 포셋

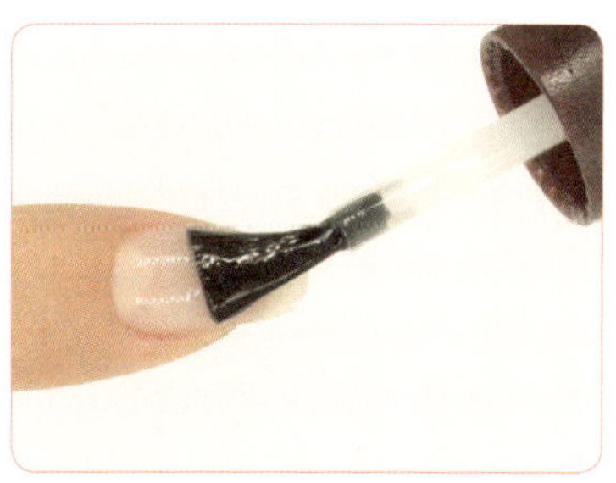

01 샌딩을 사용해 손톱 표면의 유분기를 제거한 다음 베이스 젤을 바르고 큐어링합니다(UV 램프 60초, LED 램프 30초).

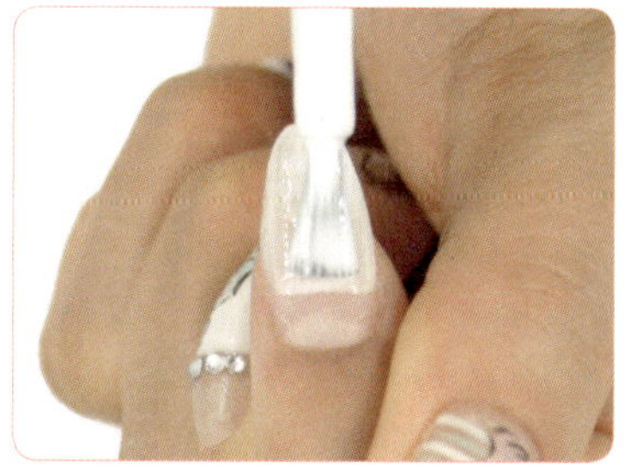

02 화이트 젤 컬러를 손톱 표면 전체에 바르고 큐어링(UV 램프 60초, LED 램프 30초)한 다음, 선명한 발색을 위해 이 과정을 한 번 더 반복합니다.

03 젤 클렌저와 팔레트를 준비하고 팔레트 위해 적당량의 블루 젤 컬러를 덜어 둡니다.

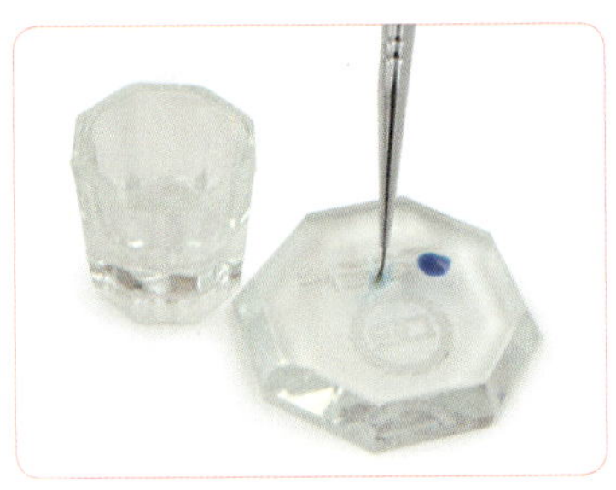

04 팔레트에 젤 클렌저를 떨어뜨려 블루 젤 컬러와 섞이도록 합니다.

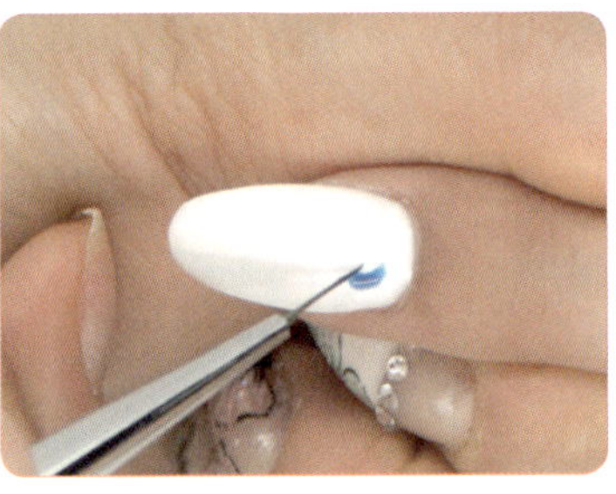

05 팔레트에서 만든 젤 컬러를 브러시에 묻히고 둥글게 퍼뜨리며 바릅니다.

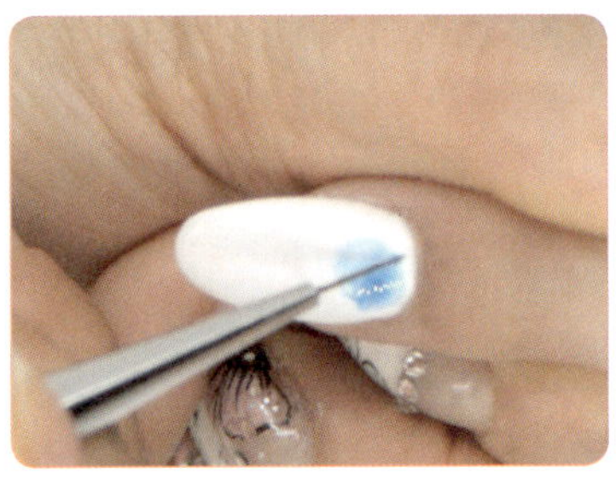

06 브러시에 젤 클렌저를 묻히고 05번 과정에서 바른 부분에서 연하게 표현하고 싶은 부분에 덧바릅니다.

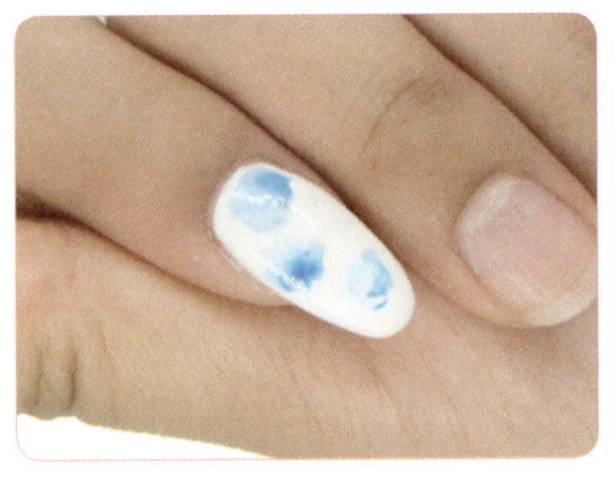

07 같은 방법으로 빈 공간에 꽃봉오리를 그리고 큐어링합니다(UV 램프 60초, LED 램프 30초).

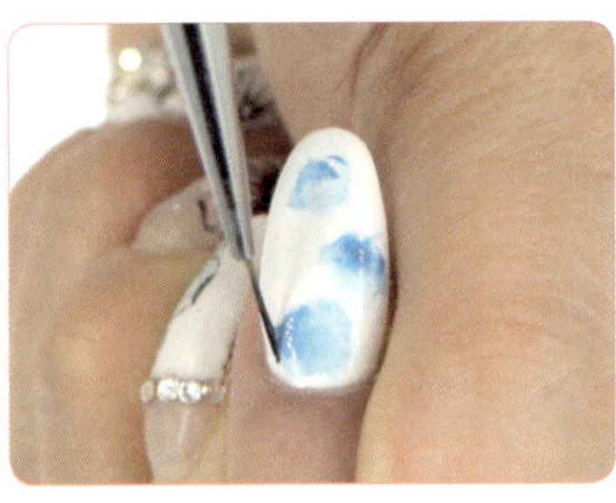

08 라인 브러시로 꽃대를 그립니다.

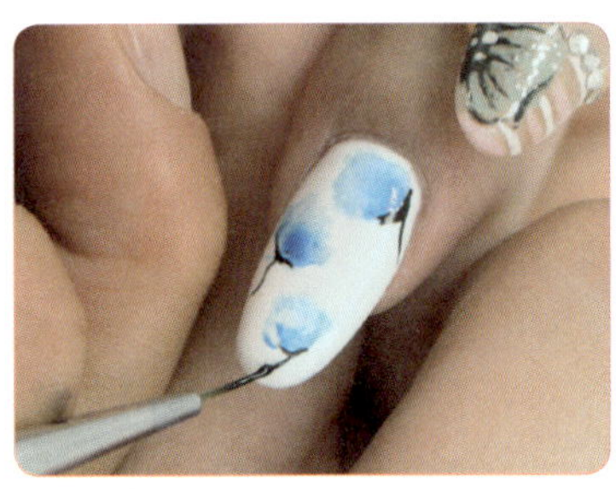

09 꽃대를 완성하면 큐어링합니다(UV 램프 60초, LED 램프 30초).

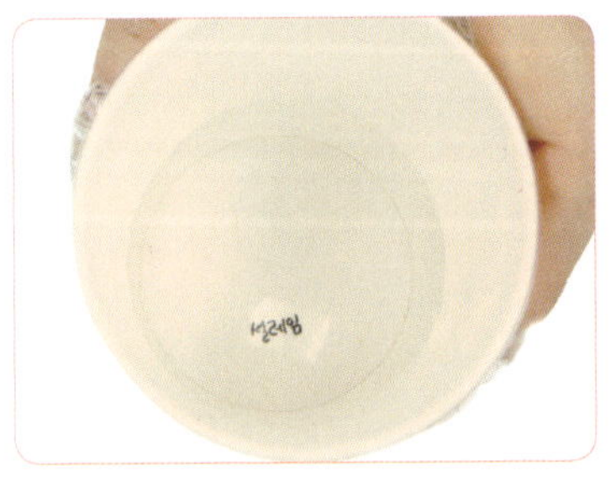

10 원하는 모양의 워터 데칼을 자르고 물에 담가 불립니다.

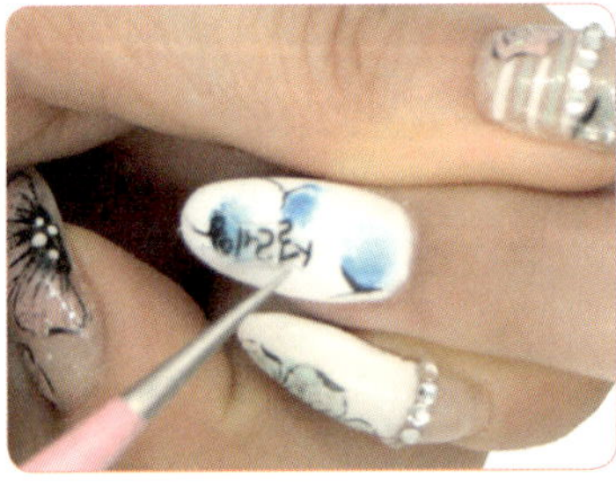

11 포셋으로 종이와 데칼을 분리한 다음, 데칼을 손톱 표면의 원하는 위치에 붙입니다.

12 완성합니다.

스테인드글라스 느낌의,

유리 네일아트

V컷 프렌치 라인으로 컬러를 채우고 그 안에 유리 필름지를 붙여 유리 네일아트를 완성해 봅니다.

준비물

베이스 젤, 탑 젤, 오렌지 우드스틱, 샌딩, 우드 파일, 필름, 컬러 젤, 젤 클렌저, 스펀지, 젤 램프

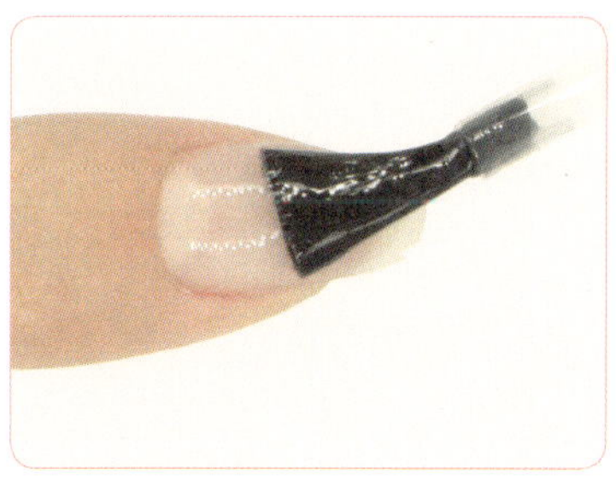

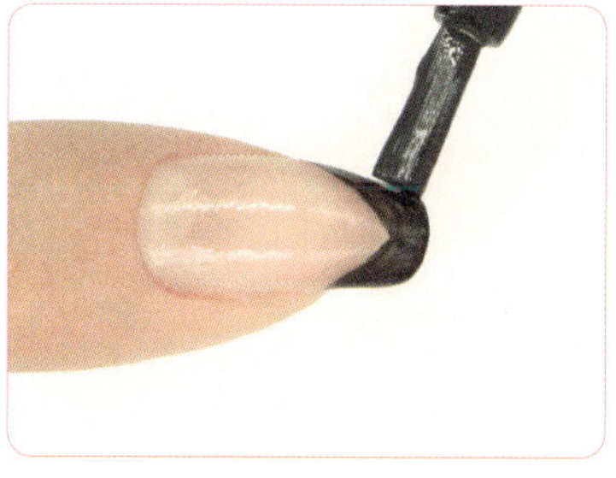

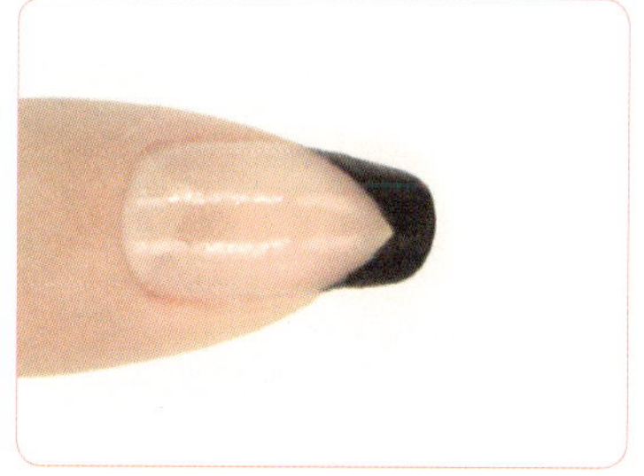

01 샌딩을 사용해 손톱 표면의 유분기를 제거한 다음 베이스 젤을 바르고 큐어링합니다(UV 램프 60초, LED 램프 30초).

02 블랙 젤 컬러를 프렌치 라인에 V자 모양으로 바른 다음 큐어링합니다(UV 램프 60초, LED 램프 30초).

03 선명한 발색을 위해 02번 과정을 한 번 더 반복합니다.

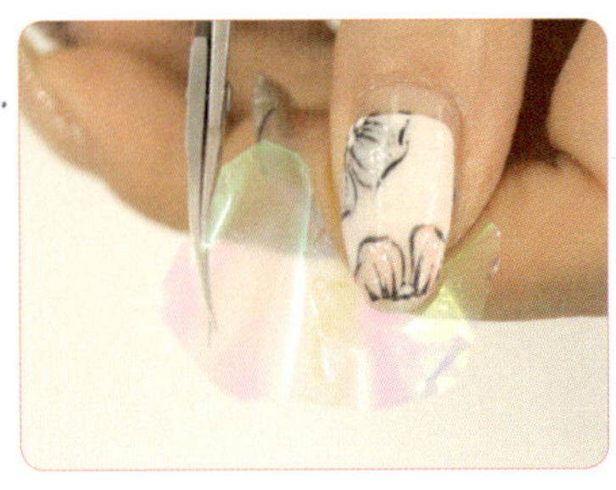  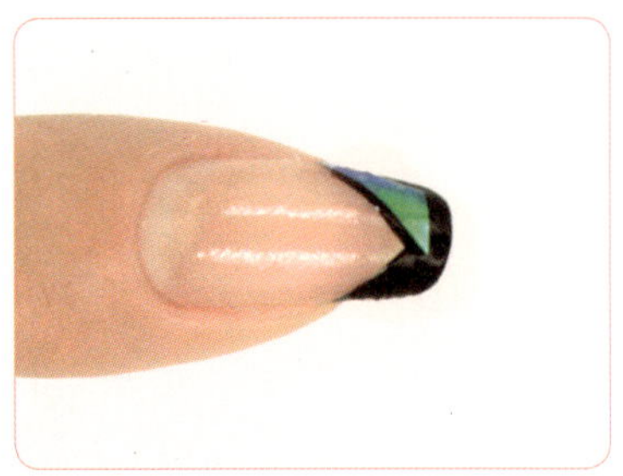

04 필름지를 프렌치 라인에 맞게 재단합니다.

05 오렌지 우드스틱을 사용해 재단한 필름지를 잡습니다.

06 프렌치 라인 한쪽 끝부분에 그림과 같이 필름지를 붙입니다.

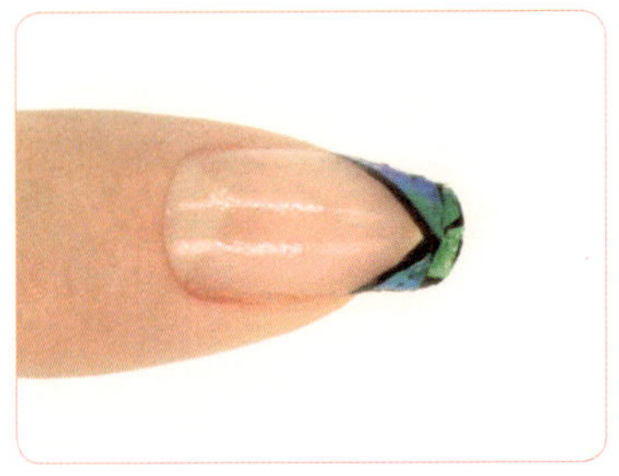 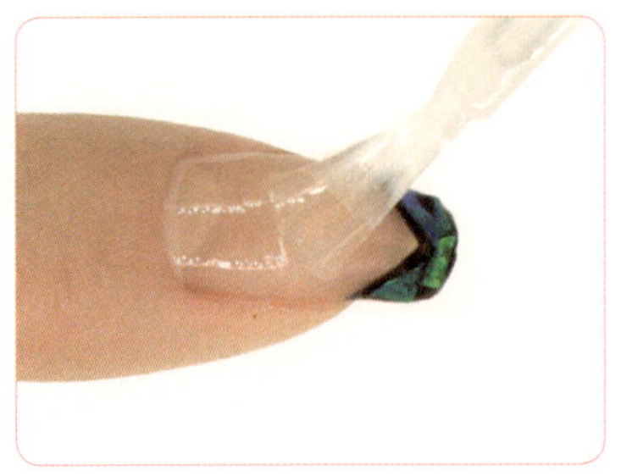 

07 반대쪽 부분에도 필름지를 올려 붙입니다.

08 탑 젤을 바른 다음 큐어링합니다(UV 램프 60초, LED 램프 30초).

09 필름지가 뜬 부분을 샌딩으로 정리합니다.

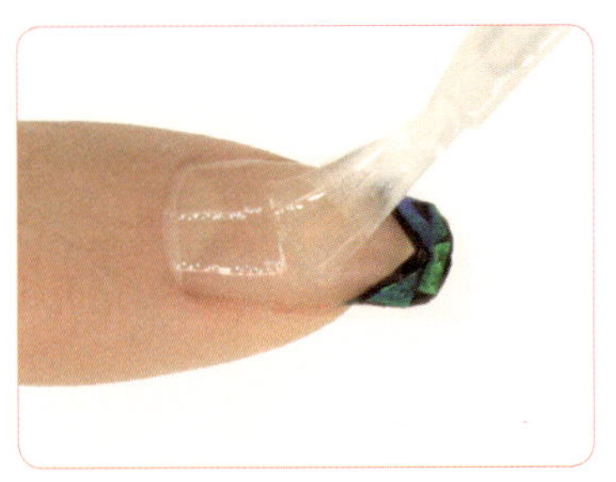 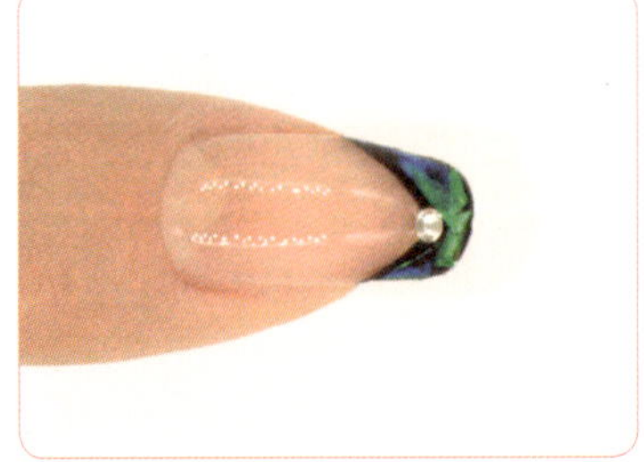

10 탑 젤을 바르고 큐어링(UV 램프 60초, LED 램프 30초)합니다.

11 미경화된 젤을 닦고 스톤을 붙여 완성합니다.

샤랄라 여성스러운,

레이스 워터 데칼 아트

프렌치로 컬러를 채우고 레이스 모양의 워터 데칼을 사용해 워터 데칼 아트를 완성해 봅니다.

준비물

베이스 젤, 탑 젤, 젤 컬러, 젤 램프, 젤 클렌저, 워터 데칼, 종이컵, 물, 포셋, 파츠글루, 스톤, 샌딩

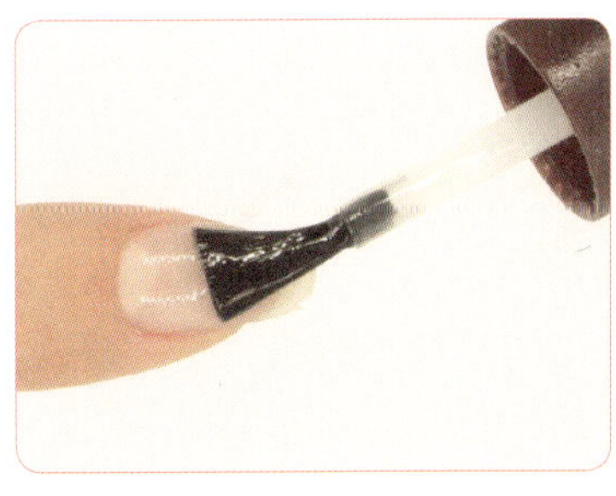

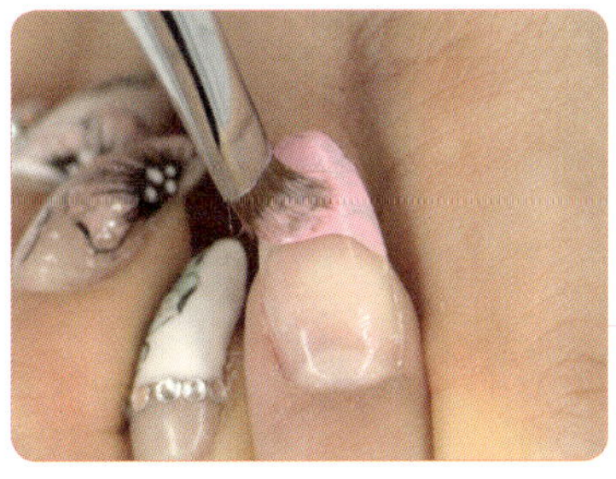

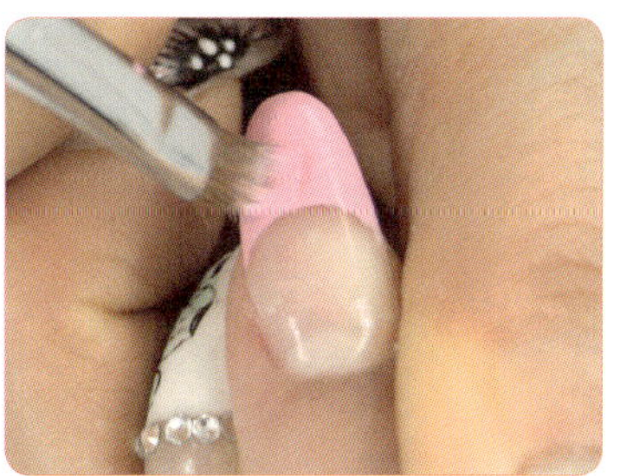

01 샌딩을 사용해 손톱 표면의 유분기를 제거한 다음 베이스 젤을 바르고 큐어링합니다(UV 램프 60초, LED 램프 30초).

02 핑크 젤 컬러를 프렌치로 바르고 큐어링합니다(UV 램프 60초, LED 램프 30초).

03 선명한 발색을 위해 02번 과정을 한 번 더 반복합니다.

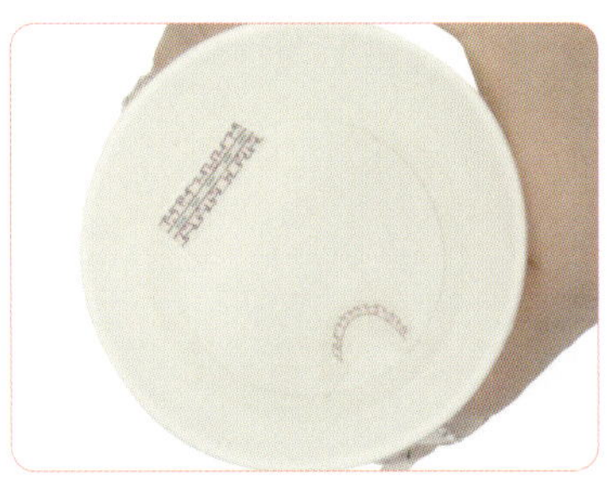

04 원하는 모양의 워터 데칼을 가위로 자른 다음 물에 담가 불립니다.

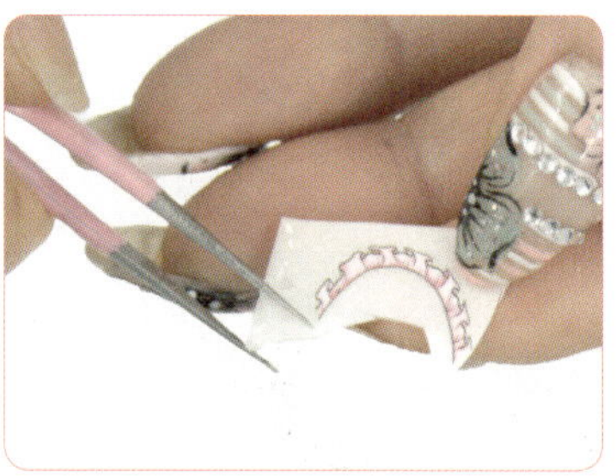

05 포셋을 사용해 물에 불린 워터 데칼을 종이와 분리합니다.

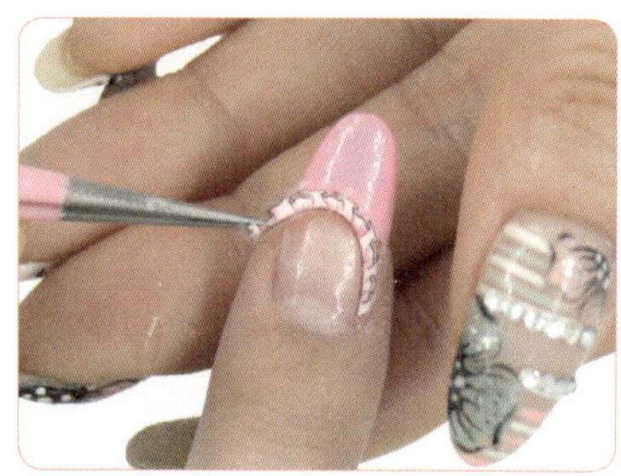

06 워터 데칼을 프렌치 스마일 라인에 맞춰 붙입니다.

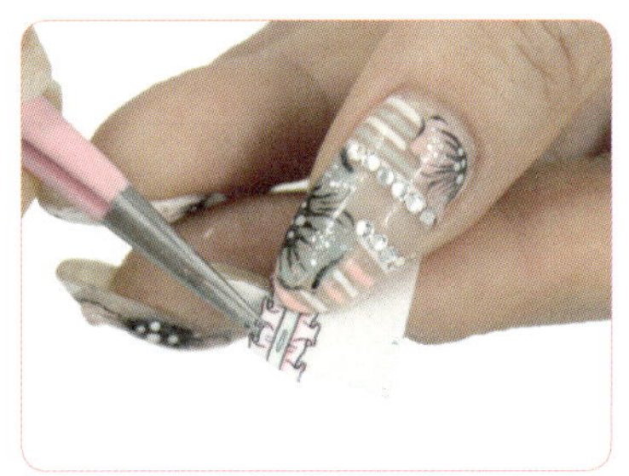

07 다른 워터 데칼도 물에 불린 다음, 포셋을 사용해 종이와 분리합니다.

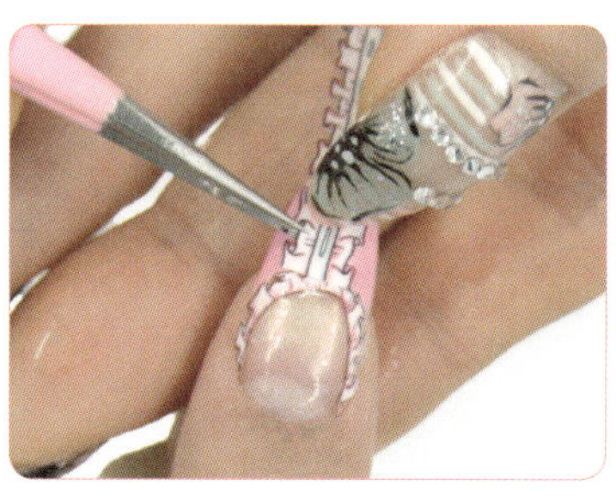

08 워터 데칼을 프렌치 가운데 부분에 붙입니다.

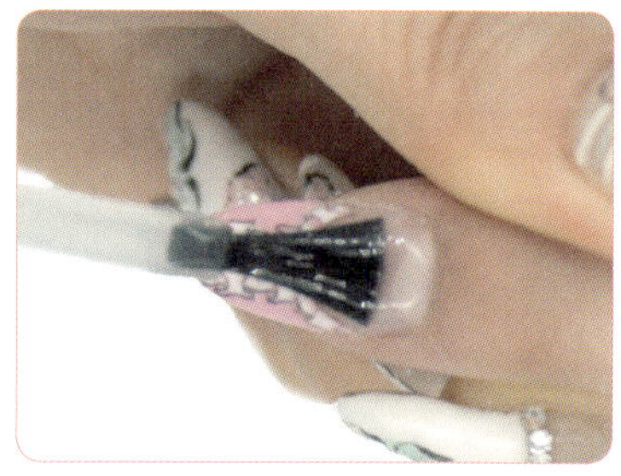

09 탑 젤을 바르고 큐어링합니다(UV 램프 60초, LED 램프 30초).

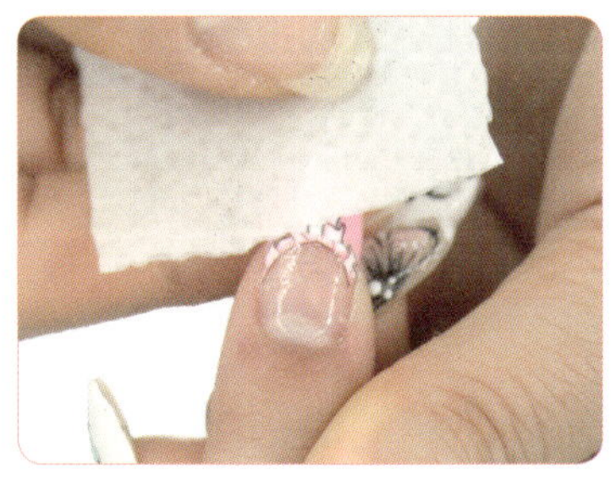

10 젤 클렌저로 미경화된 젤을 닦습니다.

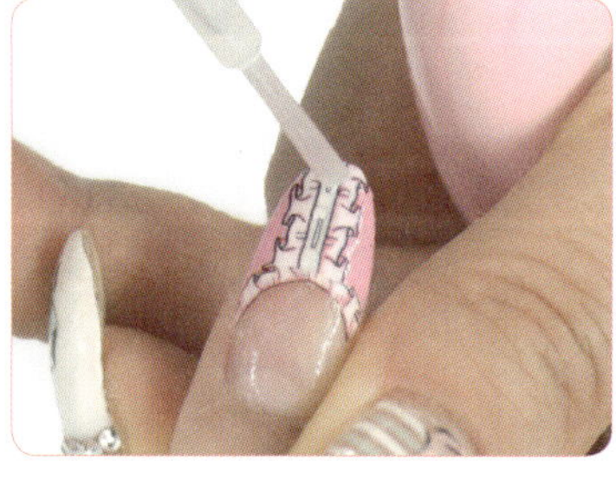

11 스톤을 붙일 위치에 파츠 글루를 바릅니다.

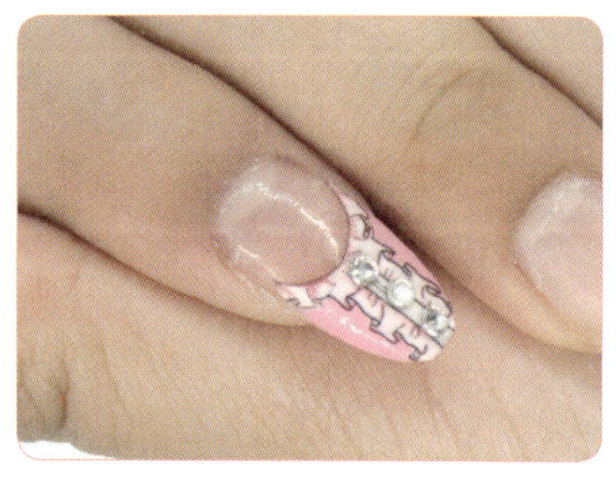

12 포셋으로 스톤을 붙여 완성합니다.

반짝이는 음표 모음,

음악시간 워터 데칼 아트

손톱의 루눌라와 프리 엣지 부분에 글리터 젤을 채우고 음표 모양의 워터 데칼을 사용해 워터 데칼 아트를 완성해 봅니다.

준비물

베이스 젤, 샌딩, 탑 젤, 젤 컬러, 젤 램프, 젤 클렌저, 워터 데칼, 종이컵, 물, 포셋

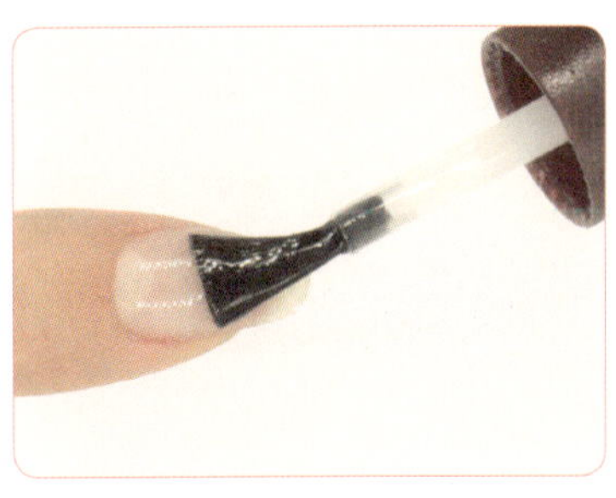

01 샌딩을 사용해 손톱 표면의 유분기를 제거한 다음 베이스 젤을 바릅니다.

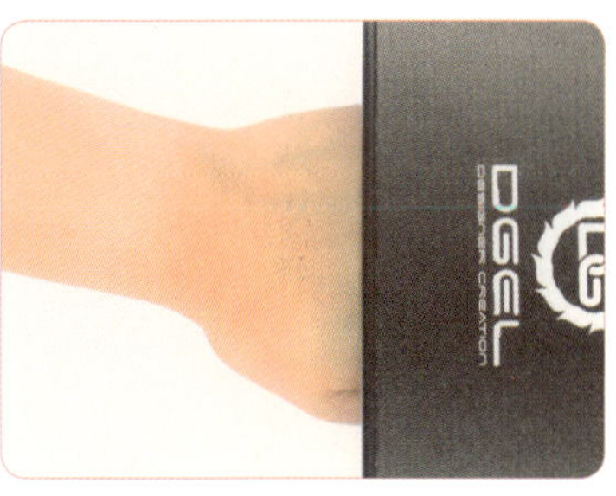

02 큐어링합니다(UV 램프 60초, LED 램프 30초).

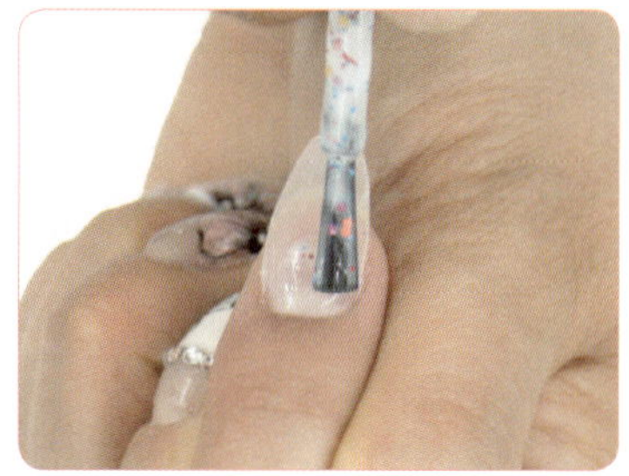

03 손톱 루눌라 부분에 글리터 젤을 바릅니다.

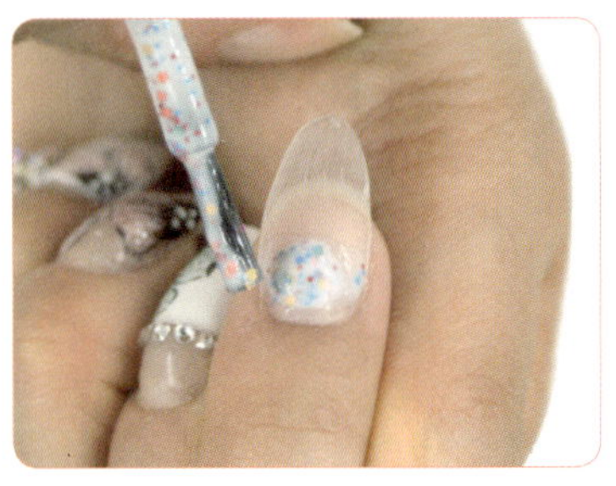

04 글리터 입자를 잘 표현하기 위해 손톱 루눌라 부분에 글리터 젤을 살짝 떨어뜨립니다.

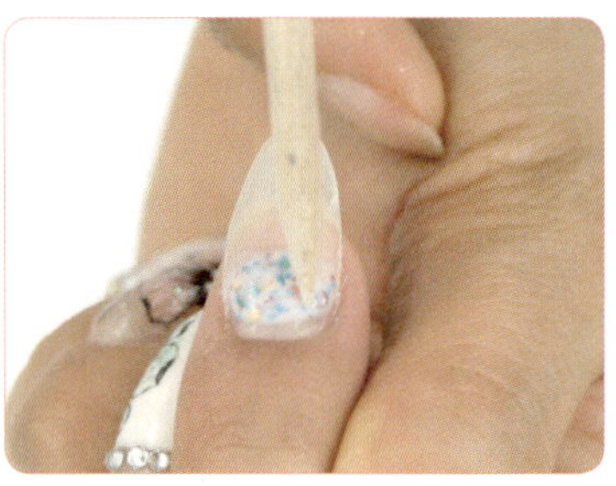

05 오렌지 우드스틱을 사용해 글리터를 고르게 펴 줍니다.

06 손톱의 프리 엣지 부분에도 글리터 젤을 바릅니다.

07 프리 엣지 부분에도 04번과 05번 과정을 반복한 다음 큐어링합니다(UV 램프 60초, LED 램프 30초).

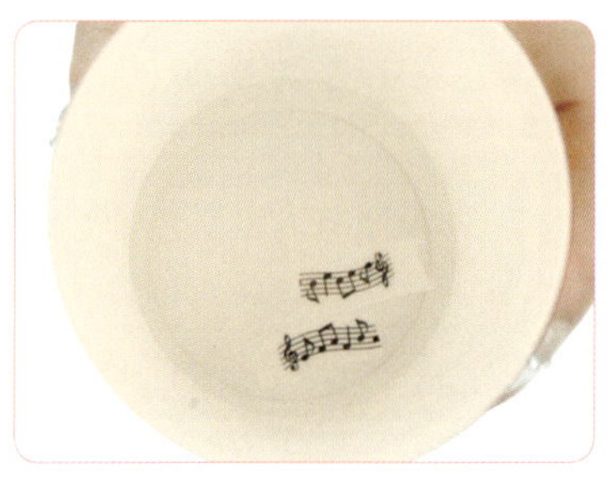

08 원하는 모양의 워터 데칼을 가위로 자르고 물에 담가 불립니다.

09 포셋으로 워터 데칼과 종이를 분리한 다음 손톱에 올리고 원하는 위치에 붙입니다.

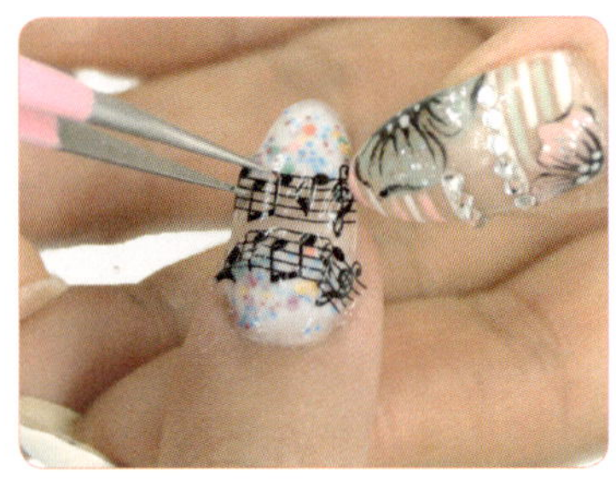

10 워터 데칼을 손톱 표면에 원하는 만큼 더 붙입니다.

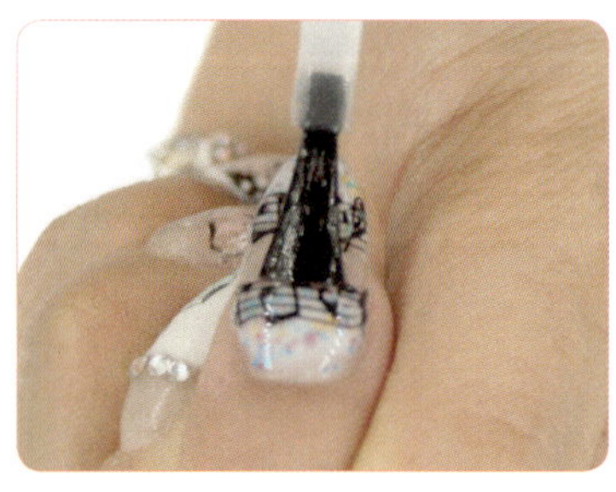

11 탑 젤을 바르고 큐어링합니다(UV 램프 60초, LED 램프 30초).

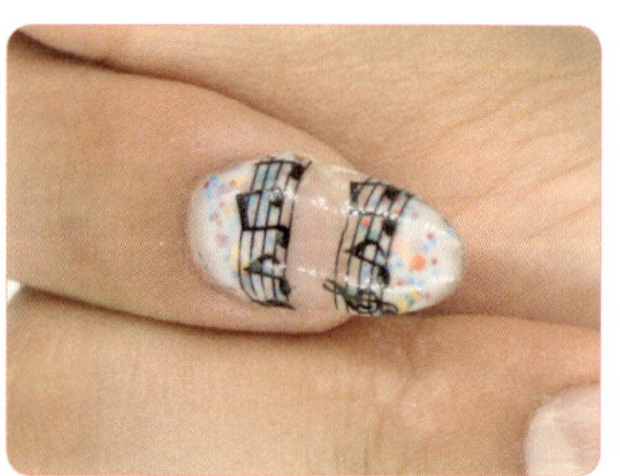

12 젤 클렌저로 미경화된 젤을 닦고 완성합니다.

여왕의 꽃,

장미 데칼 네일아트

손톱의 가운데 부분에만 컬러를 바르고 스티커 데칼을 사용해 여왕의 꽃 데칼 네일아트를 완성해 봅니다.

준비물

베이스 젤, 탑 젤, 샌딩, 라인 브러시, 스티커 데칼, 포셋, 젤 컬러, 젤 클렌저, 젤 램프

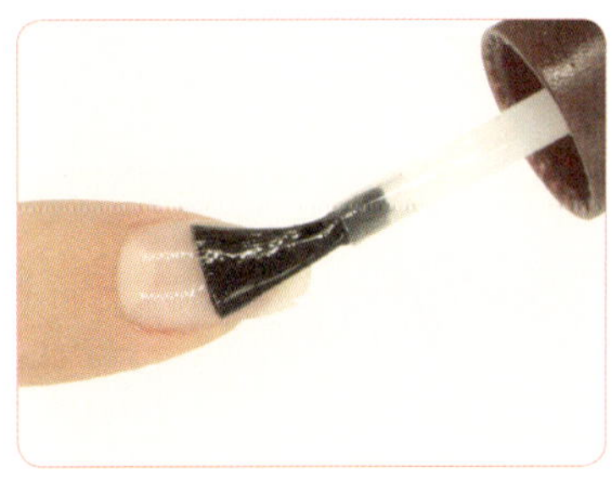

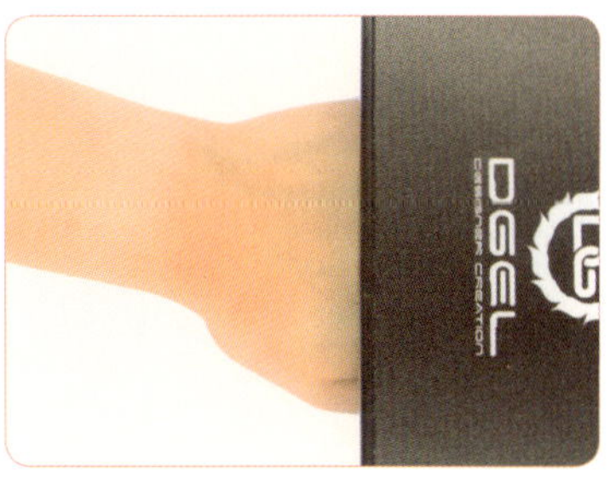

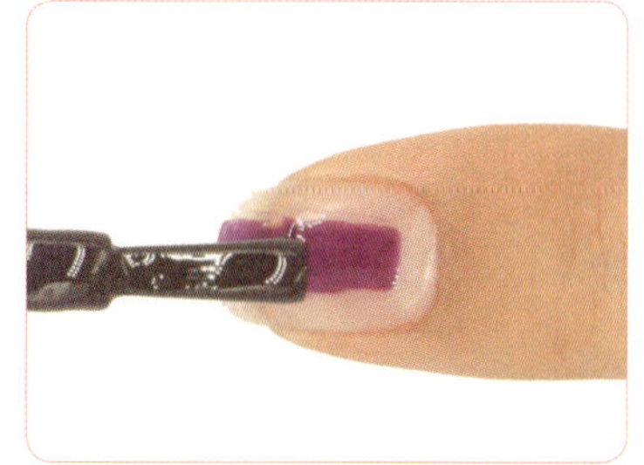

01 샌딩을 사용해 손톱 표면의 유분기를 제거한 다음 베이스 젤을 바릅니다.

02 큐어링합니다(UV 램프 60초, LED 램프 30초).

03 퍼플 젤 컬러를 손톱 가운데 부분에만 슬림 라인으로 바른 다음 큐어링합니다(UV 램프 60초, LED 램프 30초).

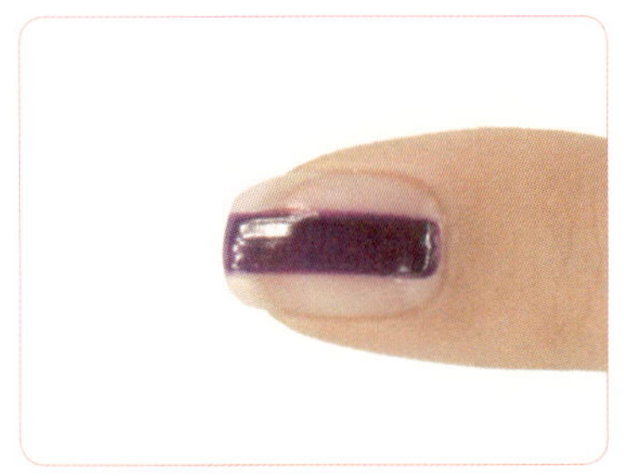

04 선명한 발색을 위해 03번 과정을 한 번 더 반복합니다.

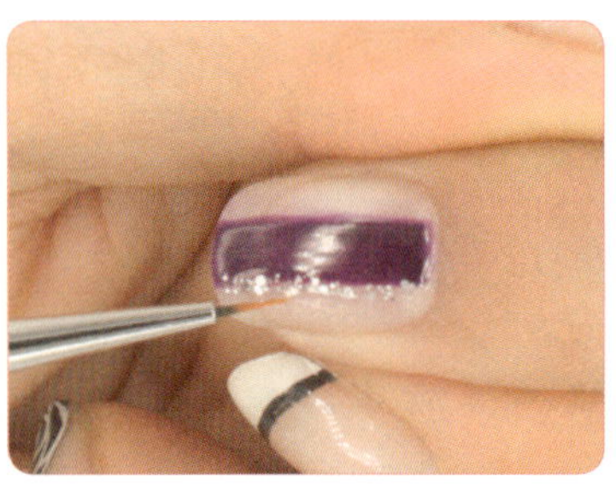

05 03번 과정에서 바른 젤 컬러의 양쪽에 글리터로 라인을 그린 다음 큐어링합니다(UV 램프 60초, LED 램프 30초).

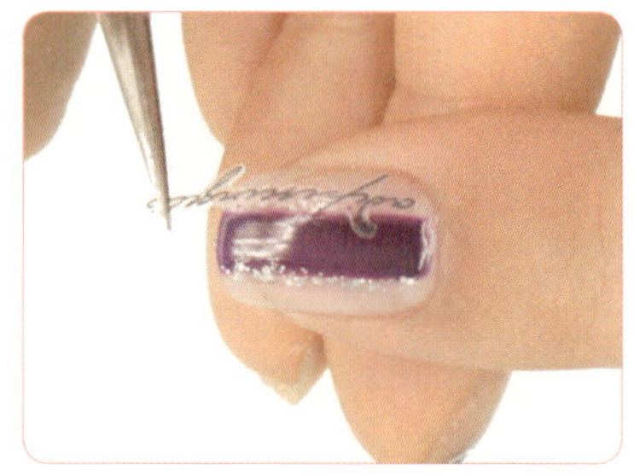

06 포셋으로 스티커를 손톱에 올리고 원하는 위치에 붙입니다.

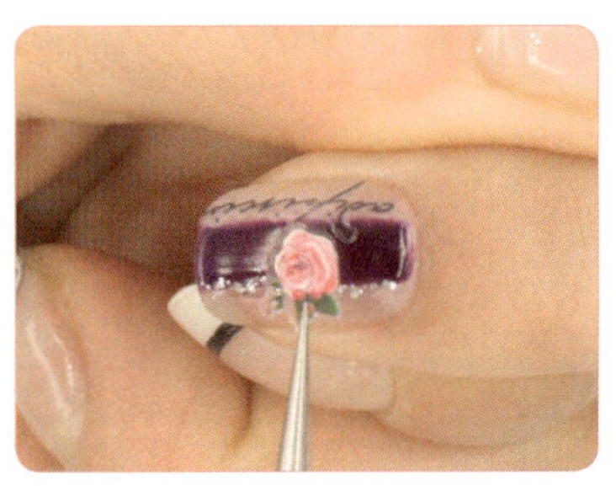

07 스티커를 손톱 표면에 원하는 만큼 더 붙입니다.

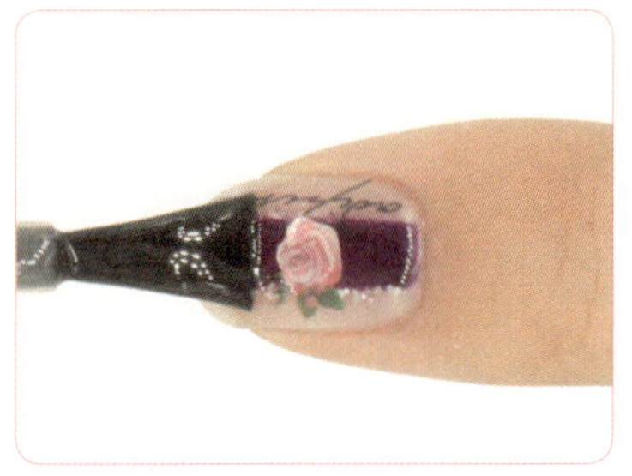

08 탑 젤을 바르고 큐어링합니다(UV 램프 60초, LED 램프 30초).

(TIP) 손으로 스티커를 집으면 지문이 묻거나 접착력이 떨어질 수 있기 때문에 포셋을 사용하는 것이 좋습니다.

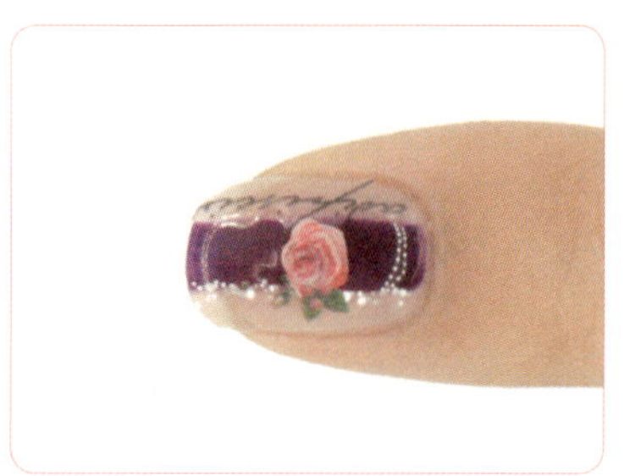

09 미경화된 젤을 닦아 완성합니다.

은은하고 신비로운,

플라워 워터 데칼 네일아트

신비로운 느낌을 추가하기 위해 시럽 느낌의 젤 컬러를 만들어 바른 다음 워터 데칼을 붙여 플라워 워터 데칼을 완성해 봅니다.

준비물

베이스 젤, 탑 젤, 샌딩, 워터 데칼, 종이컵, 물, 포셋, 둥근 브러시, 젤 컬러, 젤 클렌저, 젤 램프, 팔레트, 클리어 젤

01 샌딩을 사용해 손톱 표면의 유분기를 제거한 다음 베이스 젤을 바릅니다.

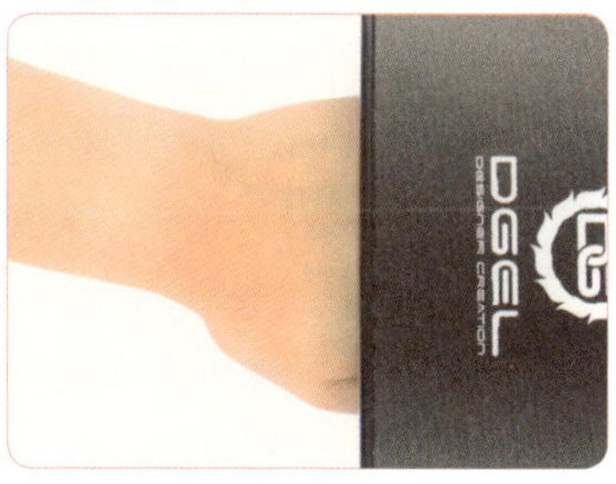

02 큐어링합니다(UV 램프 60초, LED 램프 30초).

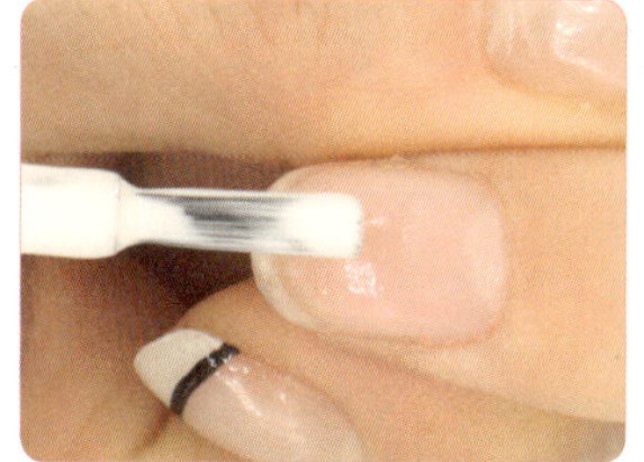

03 손톱 표면 전체에 화이트 젤 컬러를 바른 다음 큐어링합니다(UV 램프 60초, LED 램프 30초).

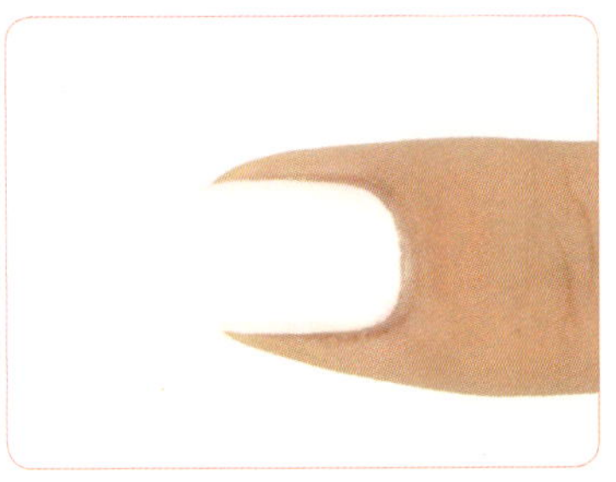

04 선명한 발색을 위해 03번 과정을 한 번 더 반복합니다.

05 팔레트에 젤 컬러와 클리어 젤을 섞어 투명한 느낌의 시럽 컬러를 만듭니다.

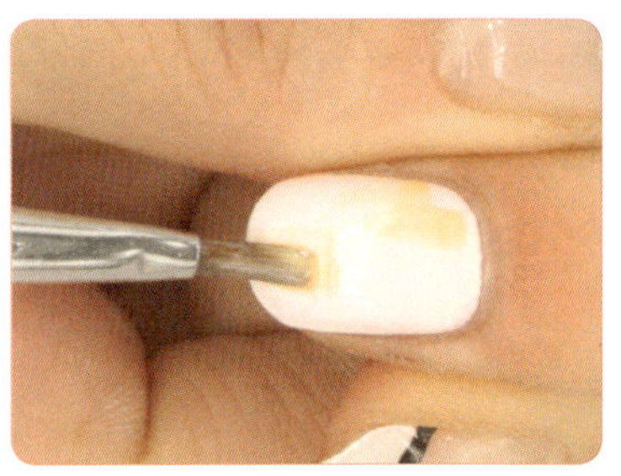

06 05번 과정에서 만든 시럽 컬러를 손톱에 표면 전체에 바르고 큐어링합니다 (UV 램프 60초, LED 램프 30초).

07 워터 데칼을 필요한 부분만 자르고 물에 살짝 담가 불린 다음, 포셋으로 원하는 위치에 붙입니다.

08 그림과 같이 손톱 빈 공간에 워터 데칼을 원하는 만큼 붙입니다.

09 탑 젤을 바르고 큐어링합니다(UV 램프 60초, LED 램프 30초).

10 미경화된 젤을 닦아 완성합니다.

살랑살랑 봄바람,

나비 데칼 네일아트

손톱의 반만 컬러를 바르고 스티커 데칼을 붙여 나비 모양의 네일아트를 완성합니다.

준비물

베이스 젤, 탑 젤, 샌딩, 젤 컬러, 젤 클렌저, 젤 램프, 라인 브러시, 스티커 데칼, 포셋

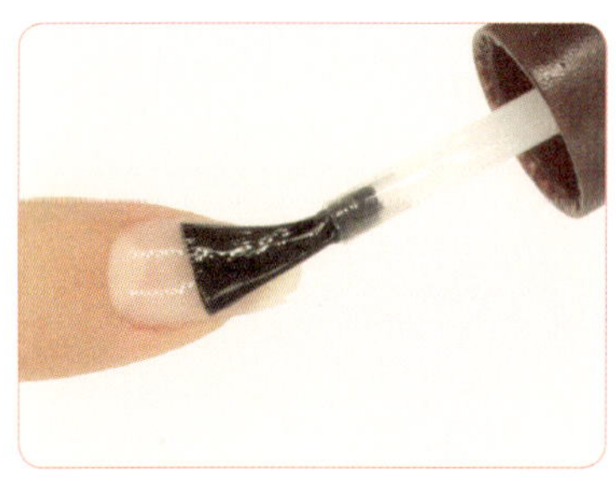

01 샌딩을 사용해 손톱 표면의 유분기를 제거한 다음 베이스 젤을 바릅니다.

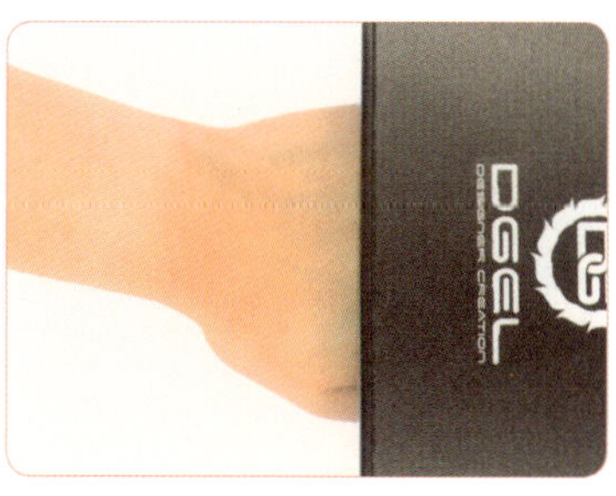

02 큐어링합니다(UV 램프 60초, LED 램프 30초).

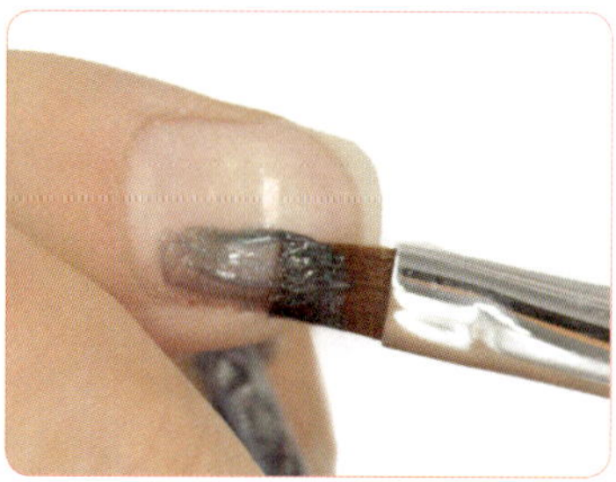

03 손톱의 반만 젤 컬러를 바르고 큐어링합니다(UV 램프 60초, LED 램프 30초).

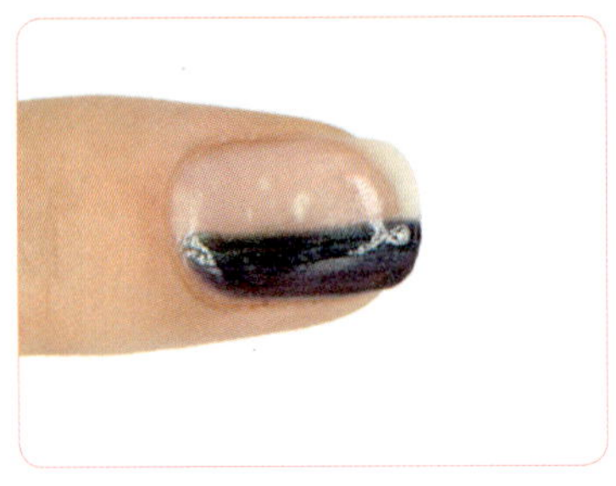

04 선명한 발색을 위해 03번 과정을 한 번 더 반복합니다.

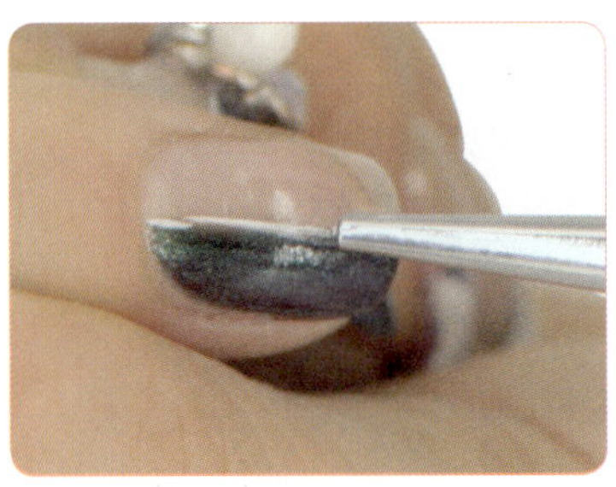

05 라인 브러시로 손톱 중앙에 라인을 그리고 큐어링합니다(UV 램프 60초, LED 램프 30초).

06 포셋을 사용해 스티커 데칼을 조심스럽게 떼어 냅니다.

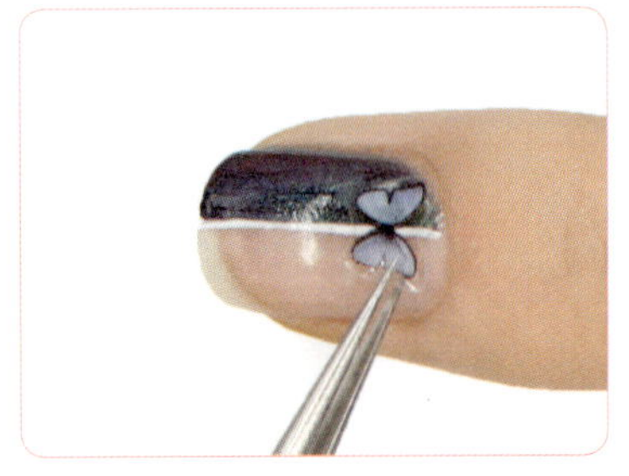

07 손톱 표면의 원하는 위치에 스티커 데칼을 붙입니다.

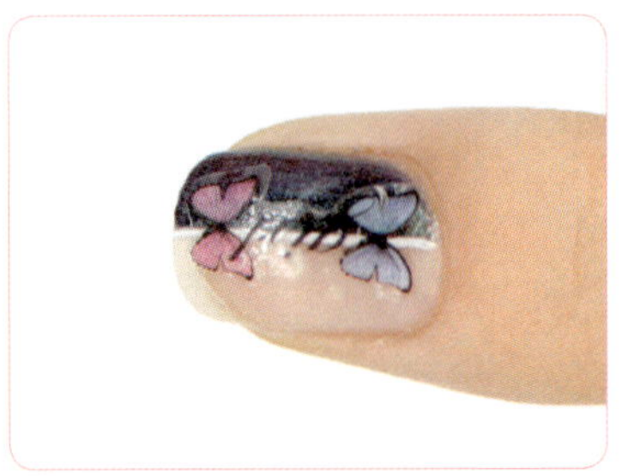

08 원하는 만큼 스티커 데칼을 붙여 꾸밉니다.

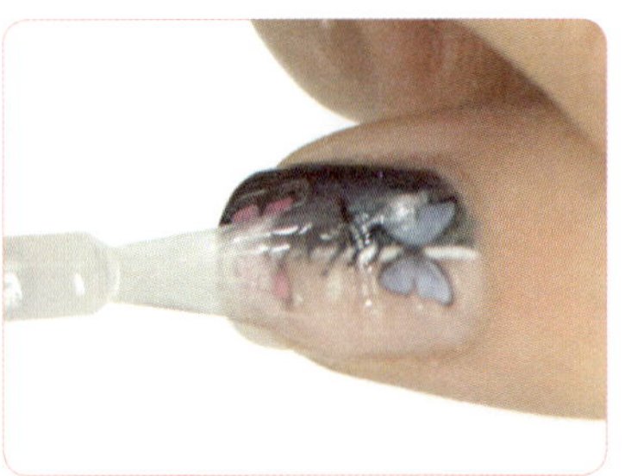

09 탑 젤을 바르고 큐어링합니다(UV 램프 60초, LED 램프 30초).

10 미경화된 젤을 닦아 완성합니다.

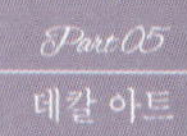

내가 제일 예뻐,

패션 데칼 네일아트

09

세련된 스티커를 사용해 패션 데칼 네일아트를 완성합니다.

준비물

베이스 젤, 탑 젤, 샌딩, 젤 컬러, 젤 클렌저, 젤 램프, 라인 브러시, 스티커 데칼, 포셋

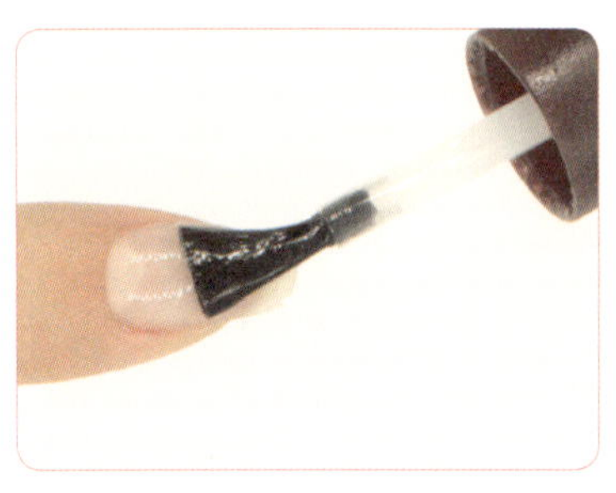

01 샌딩을 사용해 손톱 표면의 유분기를 제거한 다음 베이스 젤을 바르고 큐어링합니다(UV 램프 60초, LED 램프 30초).

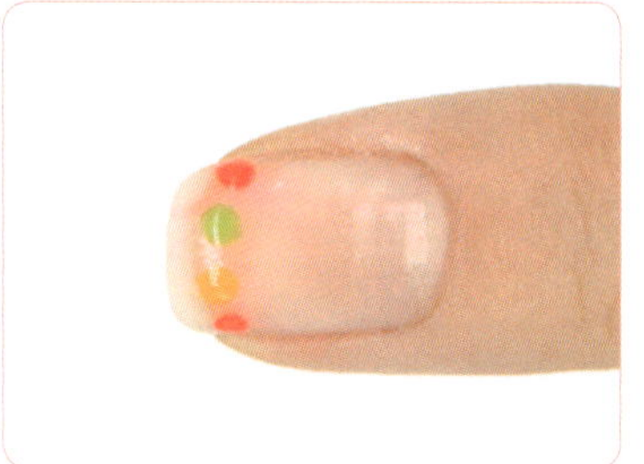

02 손톱 옐로우 라인을 따라 도트봉으로 도트를 찍고 큐어링합니다(UV 램프 60초, LED 램프 30초).

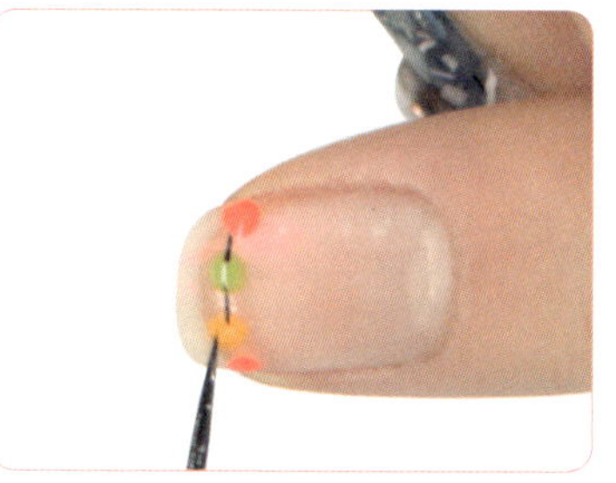

03 라인 브러시로 도트 사이를 연결하는 라인을 그리고 큐어링합니다(UV 램프 60초, LED 램프 30초).

04 포셋을 사용해 스티커 데칼을 조심스럽게 떼어 냅니다.

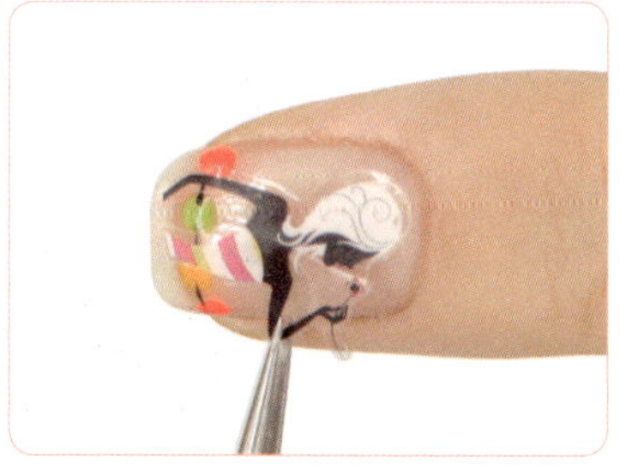

05 손톱 표면의 원하는 위치에 스티커 데칼을 올려 붙입니다.

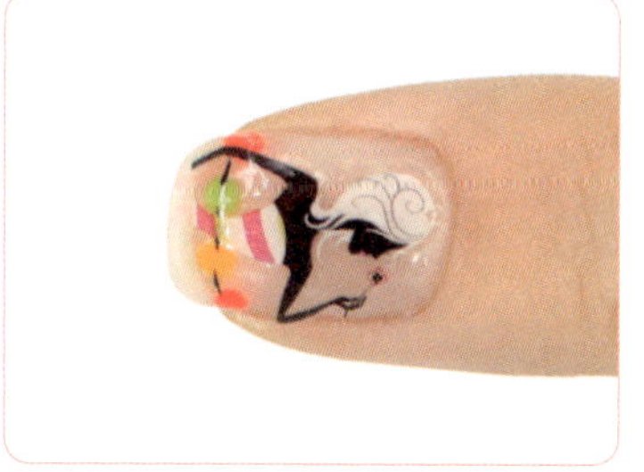

06 탑 젤을 바르고 큐어링(UV 램프 60초, LED 램프 30초)한 다음 미경화된 젤을 닦아 완성합니다.

핑크빛 소녀 감성,

리본 데칼 네일아트

여성스러운 레이스 무늬의 데칼을 사용해 사랑스러운 레이스 데칼 네일아트를 완성합니다.

준비물

베이스 젤, 탑 젤, 샌딩, 젤 컬러, 젤 클렌저, 젤 램프, 워터 데칼, 포셋, 종이컵, 물

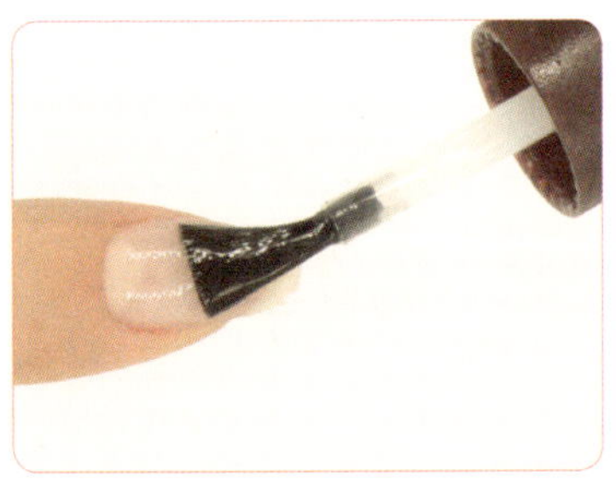

01 샌딩을 사용해 손톱 표면의 유분기를 제거한 다음 베이스 젤을 바릅니다.

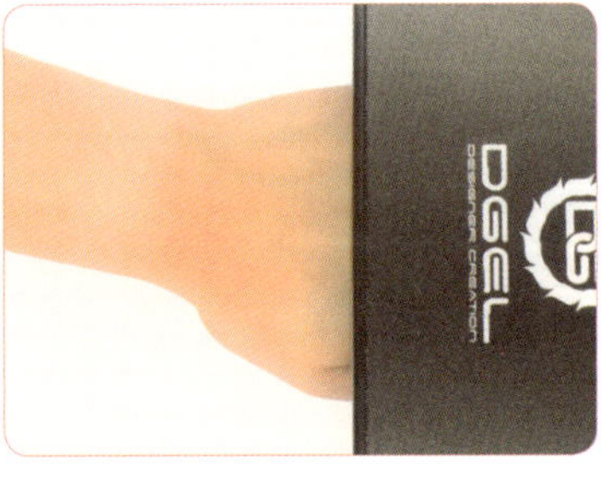

02 큐어링합니다(UV 램프 60초, LED 램프 30초).

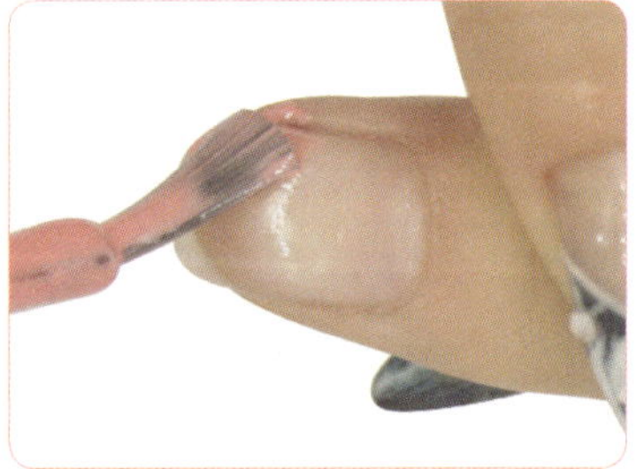

03 핑크 젤 컬러를 딥 프렌치로 바르고 큐어링합니다(UV 램프 60초, LED 램프 30초).

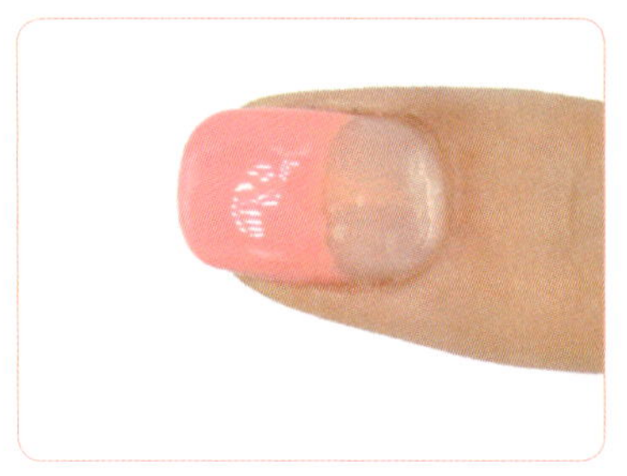

04 선명한 발색을 위해 03번 과정을 한 번 더 반복합니다.

05 실크 가위로 원하는 워터 데칼을 오립니다.

06 자른 워터 데칼을 물에 담가 불립니다.

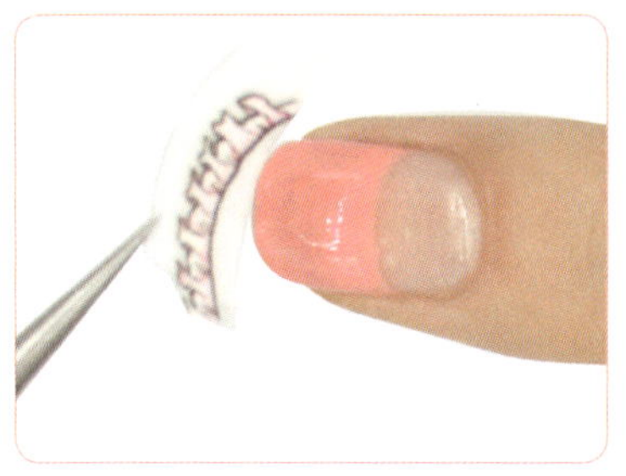

07 포셋으로 데칼을 집어 올립니다.

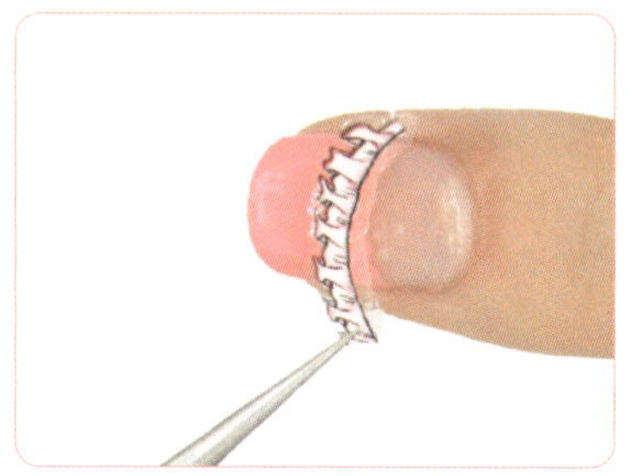

08 포셋으로 데칼과 종이를 분리한 다음, 데칼을 딥 프렌치 라인 위에 붙입니다.

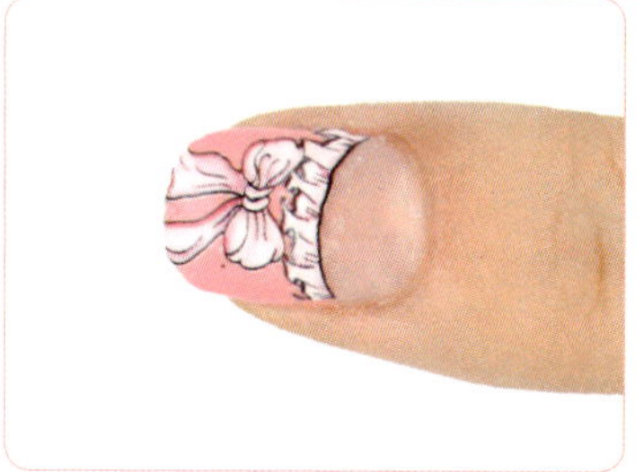

09 원하는 만큼 스티커 데칼을 붙여 꾸밉니다.

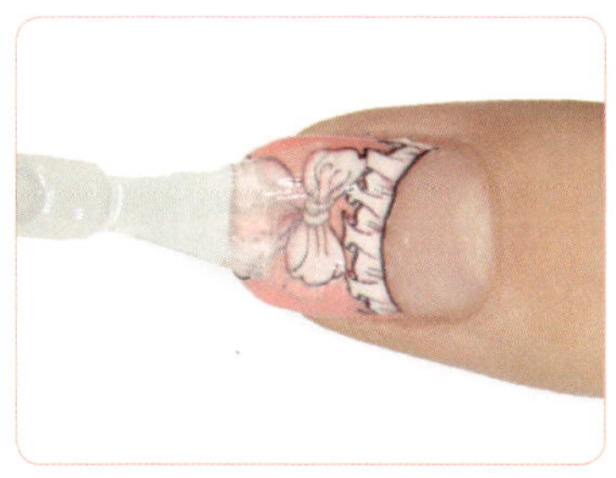

10 탑 젤을 바르고 큐어링합니다(UV 램프 60초, LED 램프 30초).

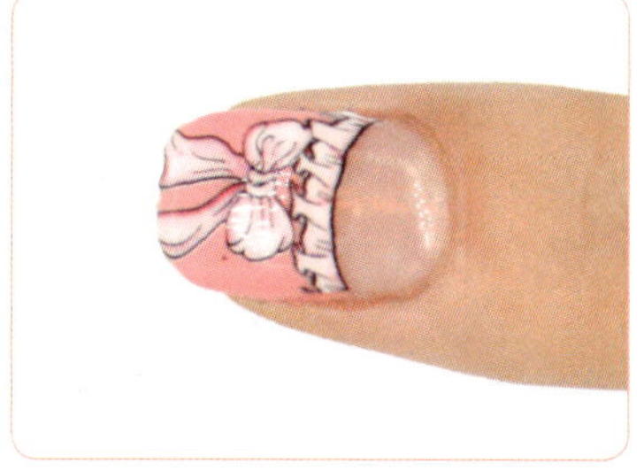

11 미경화된 젤을 닦아 완성합니다.

화사한 느낌의,

플라워 데칼 네일아트

11

꽃 모양 스티커 데칼과 반짝이는 스톤을 사용해 플라워 데칼 네일아트를 완성합니다.

준비물

베이스 젤, 탑 젤, 샌딩, 젤 컬러, 젤 클렌저, 젤 램프, 스티커 데칼, 포셋, 오렌지 우드스틱, 파츠 글루, 스톤

01 샌딩을 사용해 손톱 표면의 유분기를 제거한 다음 베이스 젤을 바릅니다.

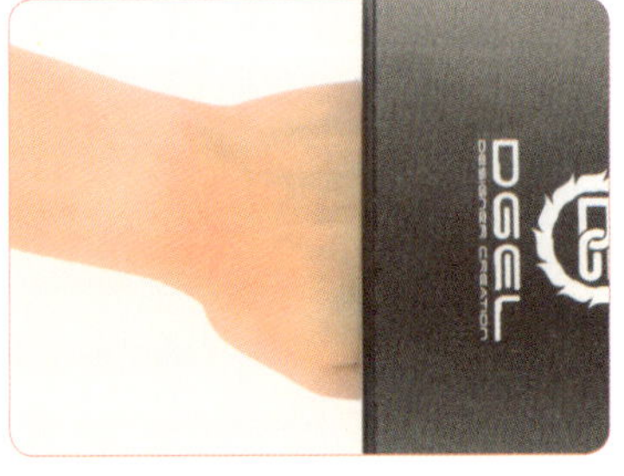

02 큐어링합니다(UV 램프 60초, LED 램프 30초).

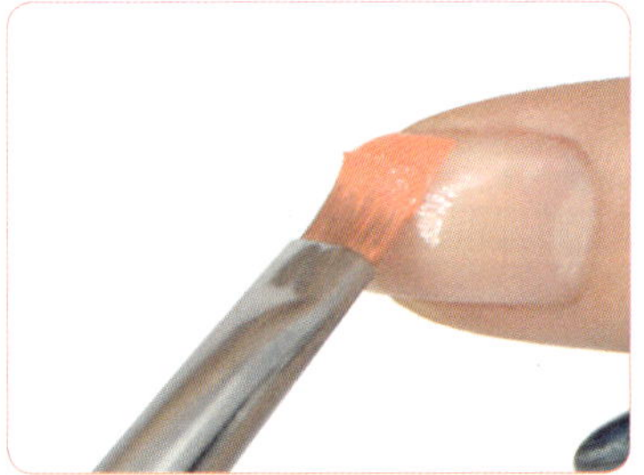

03 젤 컬러를 프렌치로 바르고 큐어링합니다(UV 램프 60초, LED 램프 30초).

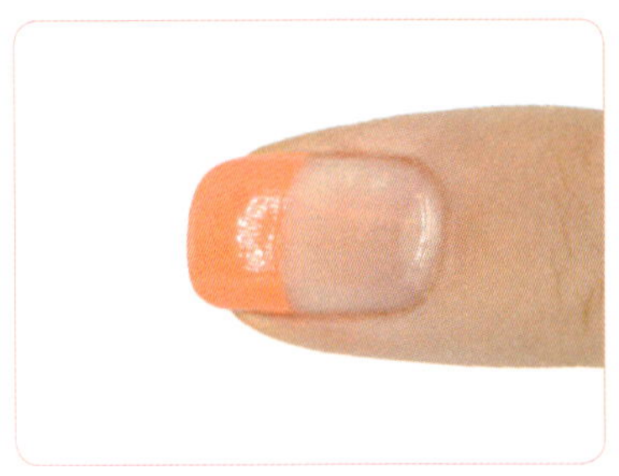

04 선명한 발색을 위해 03번 과정을 한 번 더 반복합니다.

05 포셋을 사용해 스티커 데칼을 조심스럽게 떼어 냅니다.

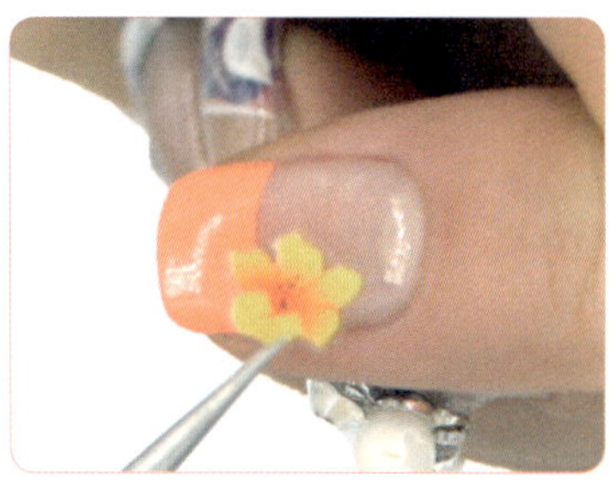

06 손톱 표면의 원하는 위치에 스티커 데칼을 붙입니다.

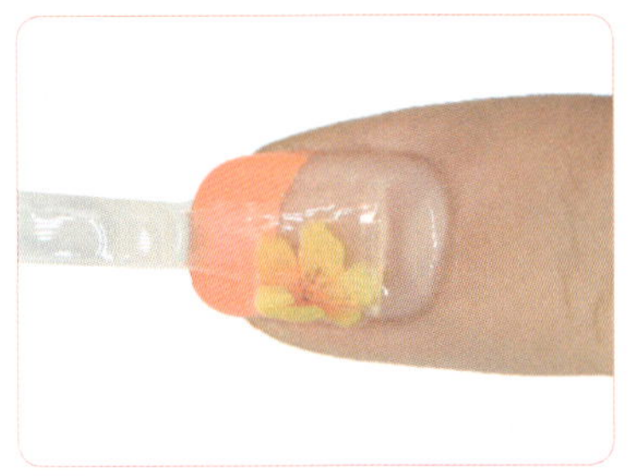

07 탑 젤을 바르고 큐어링합니다(UV 램프 60초, LED 램프 30초).

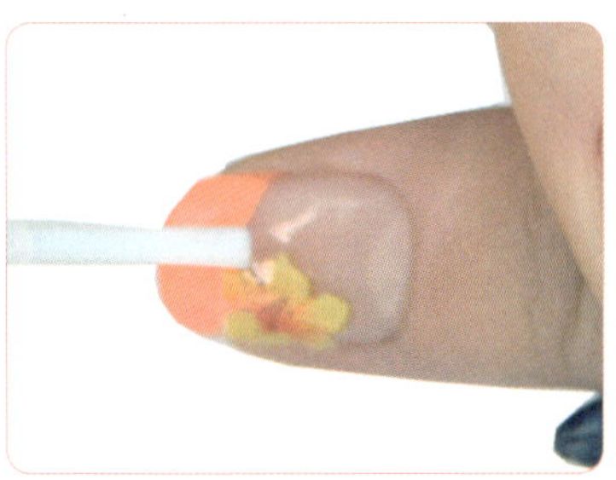

08 미경화된 젤을 닦은 다음, 파츠 글루를 손톱 위에 살짝 떨어뜨립니다.

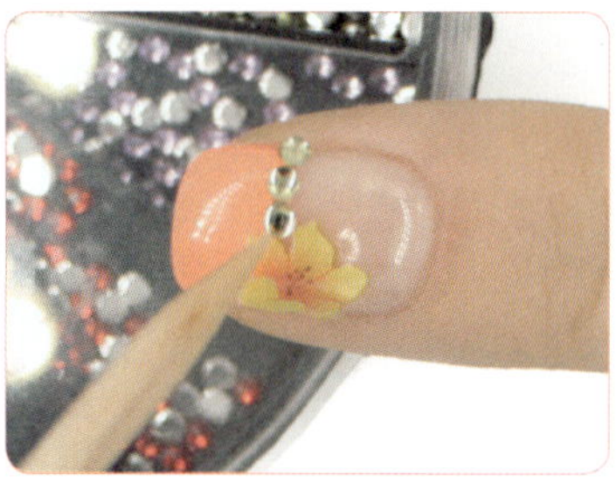

09 오렌지 우드스틱을 사용해 스톤을 손톱 표면 위에 올려 붙입니다.

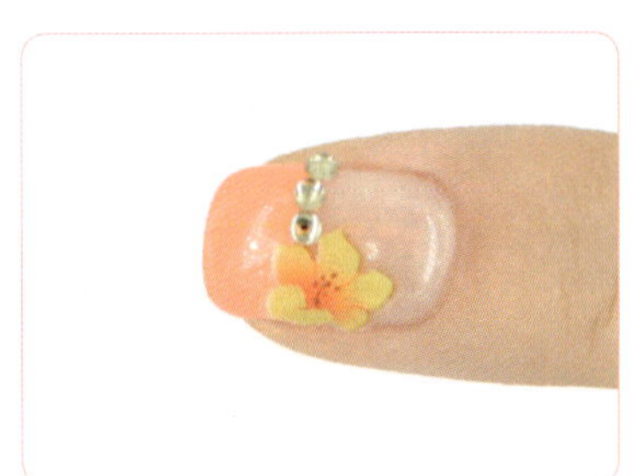

10 완성합니다.

비비드한 느낌의,

폴 프랭크 데칼 네일아트

귀여운 캐릭터를 그릴 시간이 없다면 스티커 데칼을 사용해 캐릭터 네일아트를 완성합니다.

준비물

베이스 젤, 탑 젤, 젤 컬러, 젤 클렌저, 젤 램프, 스티커 데칼, 포셋

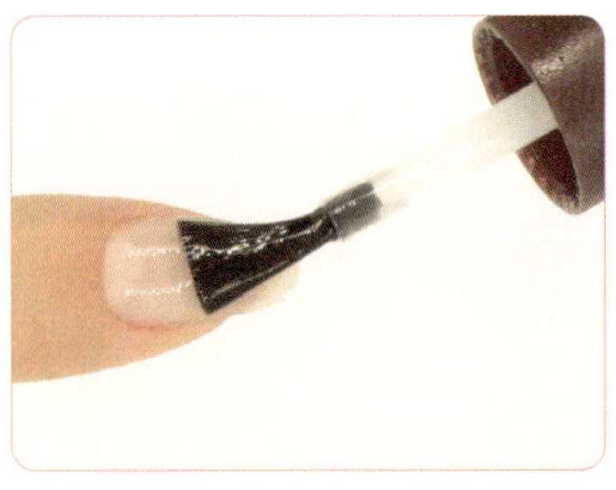

01 샌딩을 사용해 손톱 표면의 유분기를 제거한 다음 베이스 젤을 바릅니다.

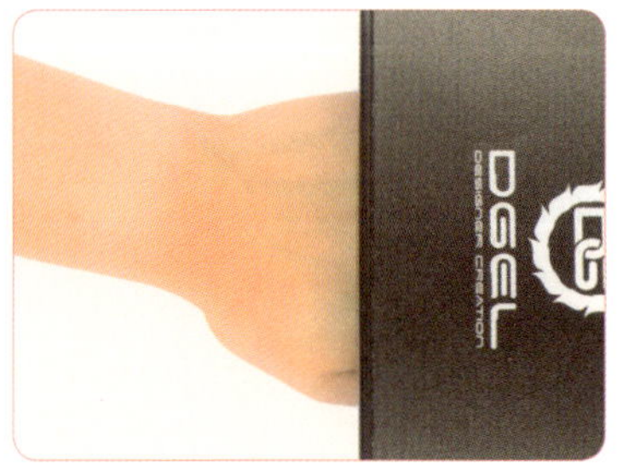

02 큐어링합니다(UV 램프 60초, LED 램프 30초).

03 손톱 표면 전체에 그린 젤 컬러를 바르고 큐어링합니다(UV 램프 60초, LED 램프 30초).

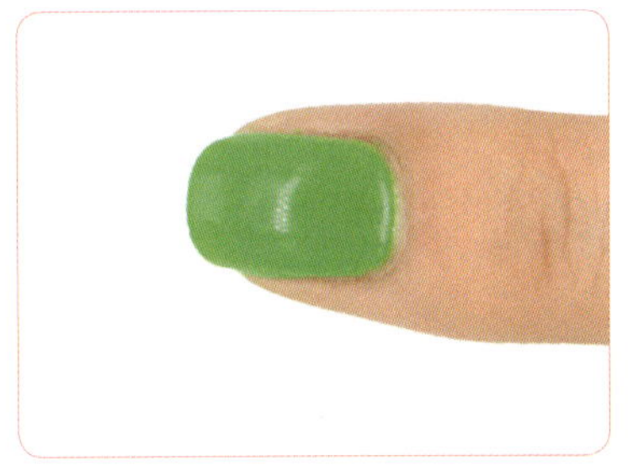

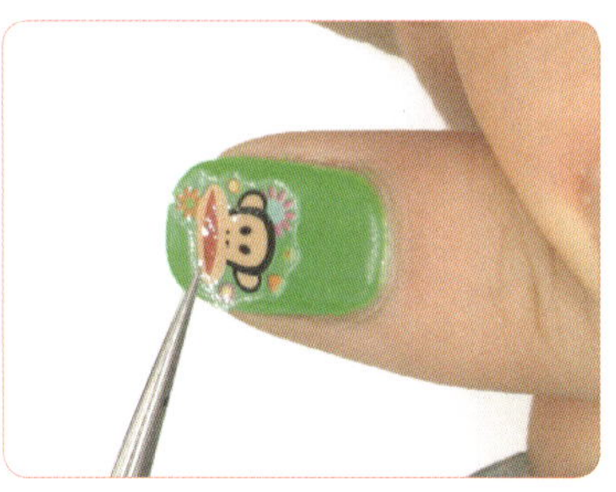

04 선명한 발색을 위해 03번 과정을 한 번 더 반복한 다음 큐어링합니다(UV 램프 60초, LED 램프 30초).

05 포셋을 사용해 스티커 데칼을 조심스럽게 떼어 냅니다.

06 손톱 표면의 원하는 위치에 스티커 데칼을 붙입니다.

07 탑 젤을 바르고 큐어링합니다(UV 램프 60초, LED 램프 30초).

08 미경화된 젤을 닦아 완성합니다.

여행 가는 날,

라인 네일아트

13

둥근 프렌치를 다음 라인 테이프를 사용해 여행갈 때 좋은 라인 네일아트를 완성해 봅니다.

준비물

베이스 젤 컬러, 탑 젤 컬러, 샌딩, 우드 파일, 컬러 젤 컬러, 젤 클렌저, 젤 램프, 젤 컬러, 젤 브러시, 라인 테이프, 우드 파일

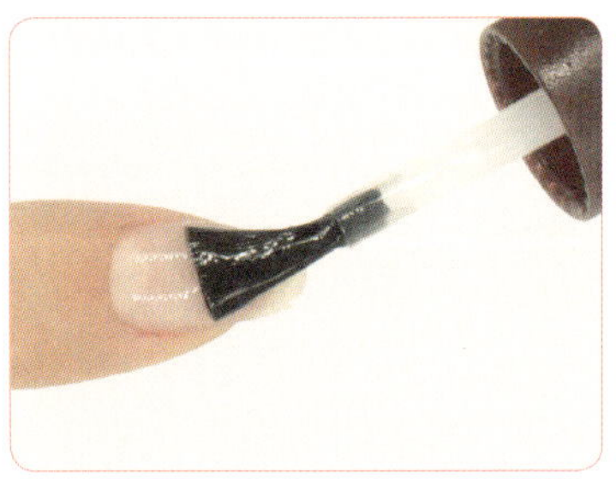

01 샌딩을 사용해 손톱 표면의 유분기를 제거한 다음 베이스 젤을 바릅니다.

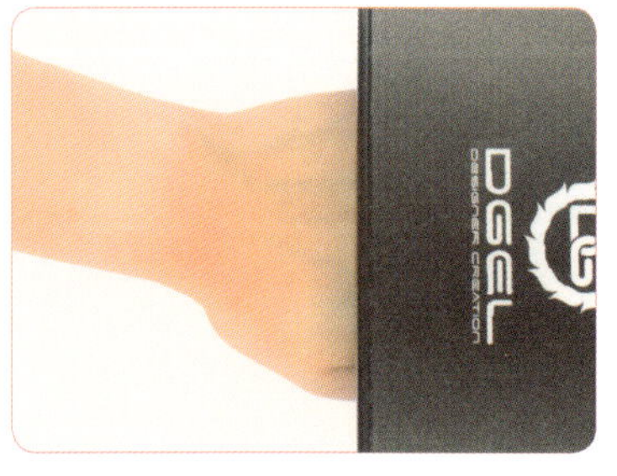

02 큐어링합니다(UV 램프 60초, LED 램프 30초).

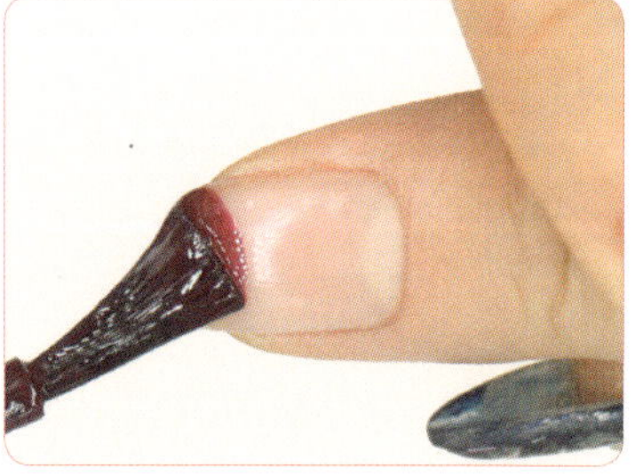

03 그림과 같이 레드 젤 컬러를 손톱 끝에 둥근 프렌치로 바르고 큐어링합니다 (UV 램프 60초, LED 램프 30초).

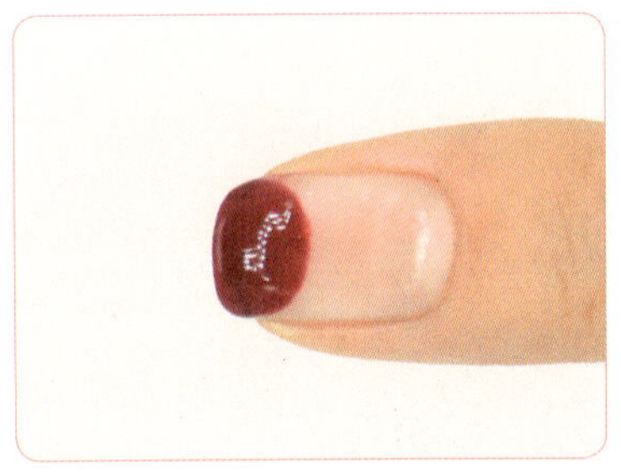

04 선명한 발색을 위해 03번 과정을 한 번 더 반복합니다.

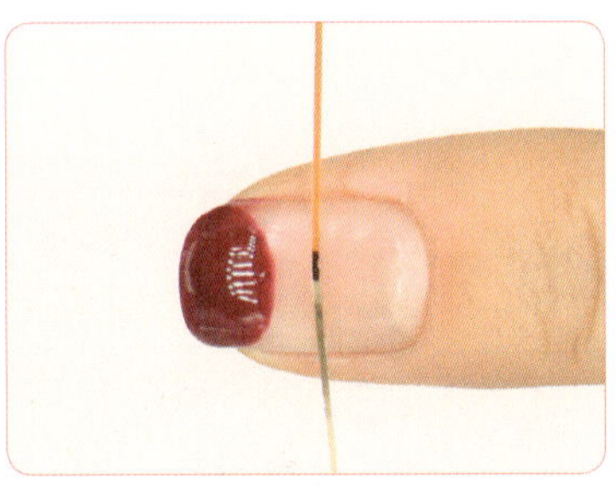

05 라인 테이프를 손톱 중앙에 길게 붙입니다.

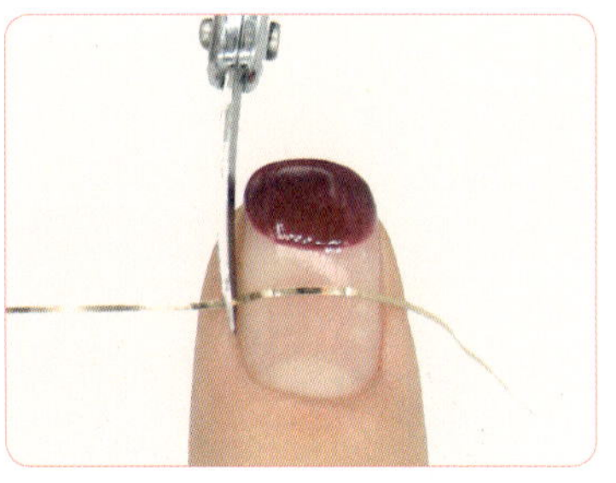

06 라인 테이프를 손톱보다 약간 짧게 자릅니다.

 라인 테이프가 손톱보다 길면 리프팅이 생길 수 있기 때문에 손톱 폭보다 짧게 자릅니다.

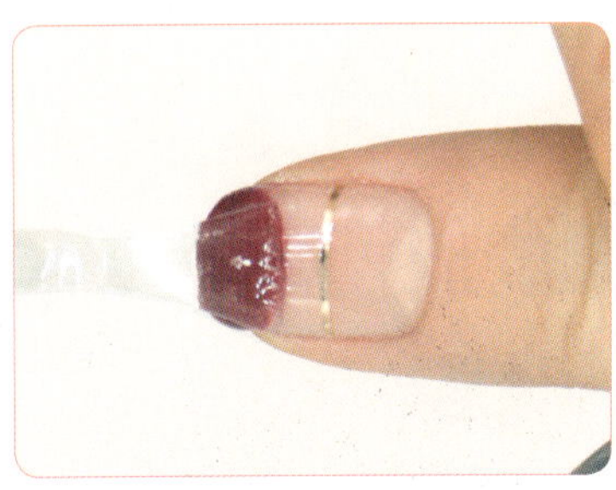

07 탑 젤을 바르고 큐어링합니다(UV 램프 60초, LED 램프 30초).

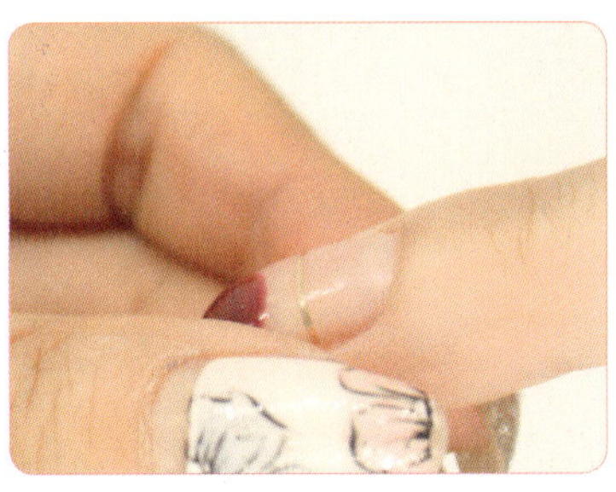

08 미경화된 젤을 닦고 라인 테이프 끝 부분을 손으로 만져 튀어 나와 있는 곳이 있는지 확인합니다.

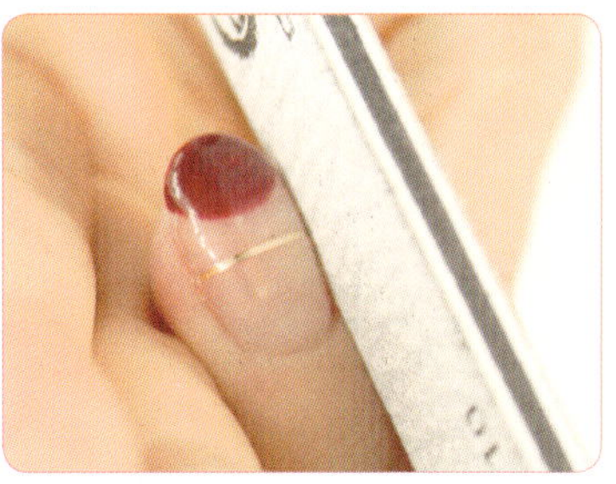

09 100 파일 또는 180 파일로 튀어 나온 부분을 정리합니다.

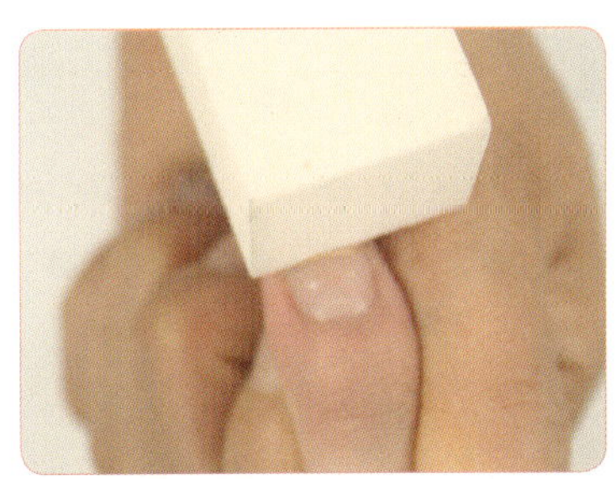

10 샌딩으로 한 번 더 정리합니다.

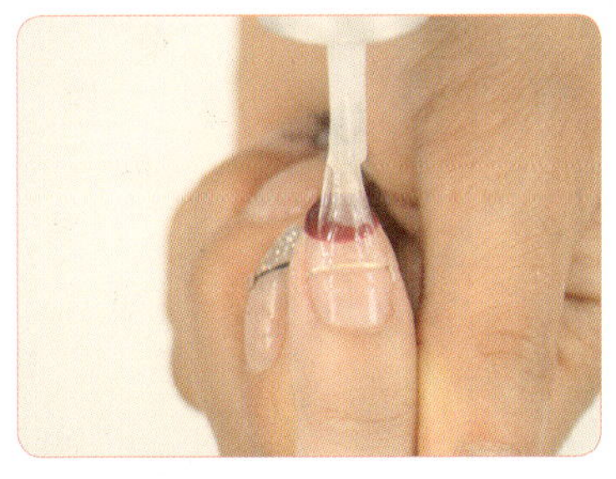

11 탑 젤을 바르고 큐어링합니다(UV 램프 60초, LED 램프 30초).

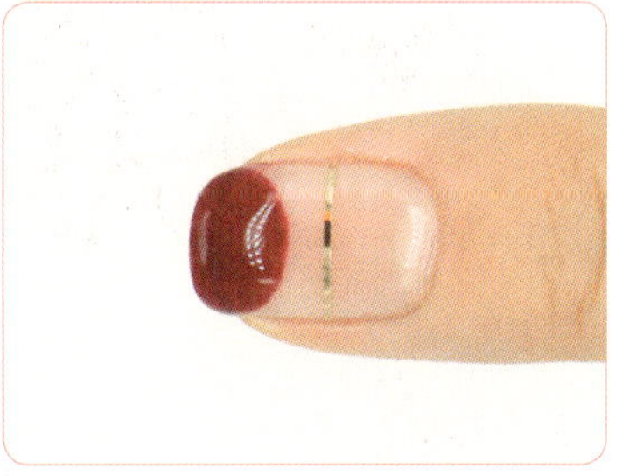

12 미경화된 젤을 닦아 완성합니다.

Part 06
캐릭터 네일아트

두둥실 떠오르는,

풍선 네일아트

01

루눌라에 동그랗게 풍선 모양을 그리고 라인 브러시로 풍선 끈을 그려 풍선 네일아트를 완성해 봅니다.

준비물

베이스 젤, 탑 젤, 샌딩, 라인 브러시, 젤 컬러, 젤 클렌저, 젤 램프

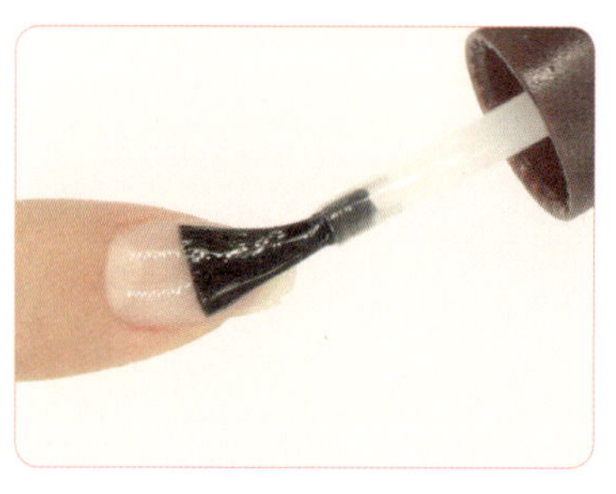

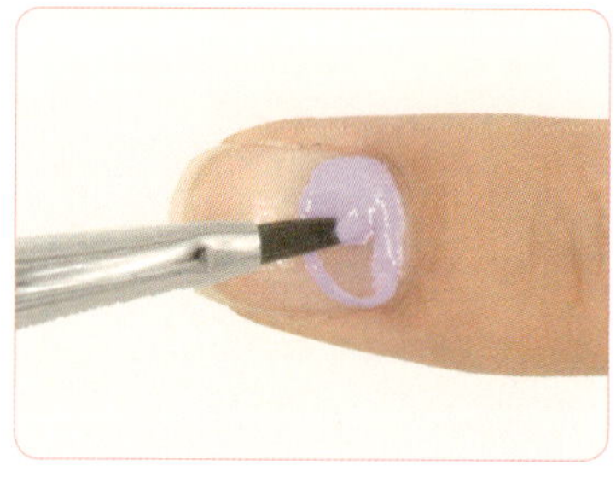

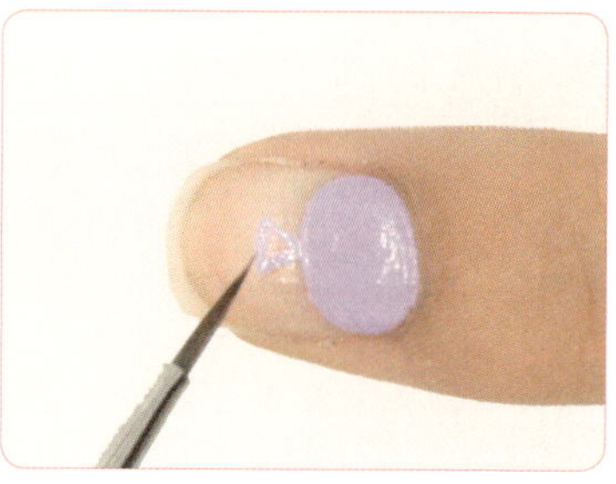

01 샌딩을 사용해 손톱 표면의 유분기를 제거한 다음 베이스 젤을 바르고 큐어링합니다(UV 램프 60초, LED 램프 30초).

02 퍼플 젤 컬러로 손톱 루눌라 부분에 원을 그리고 큐어링(UV 램프 60초, LED 램프 30초)한 다음, 선명한 발색을 위해 이 과정을 한 번 더 반복합니다.

03 풍선의 매듭 부분을 그리고 큐어링 합니다(UV 램프 60초, LED 램프 30초).

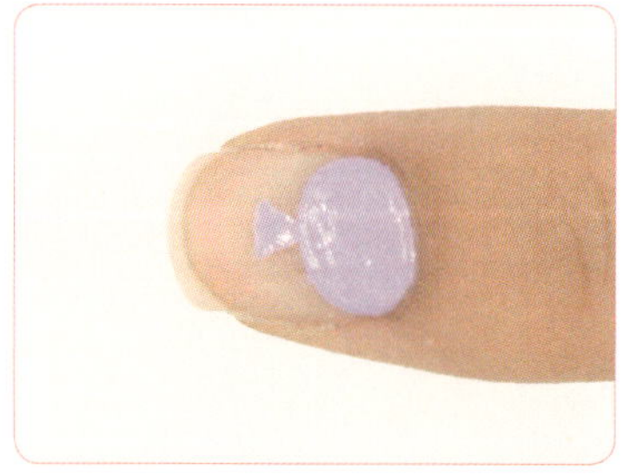

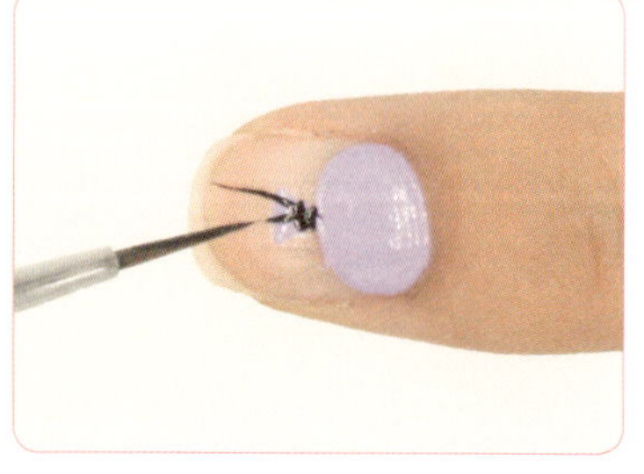

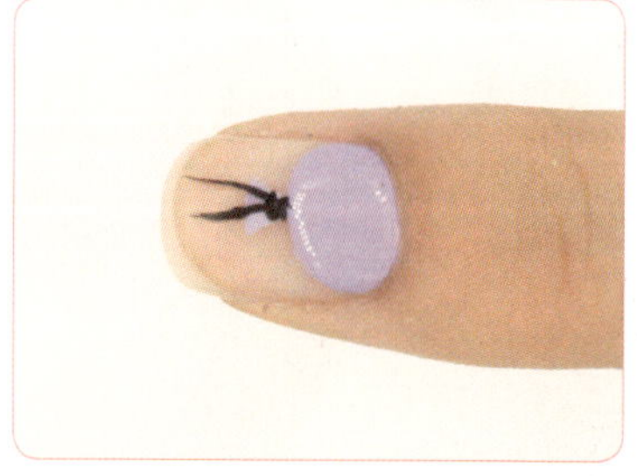

04 매듭 부분에 퍼플 젤 컬러를 채우고 큐어링합니다(UV 램프 60초, LED 램프 30초).

05 풍선 끈을 그리고 큐어링합니다(UV 램프 60초, LED 램프 30초).

06 탑 젤을 바르고 큐어링(UV 램프 60초, LED 램프 30초)한 다음 미경화된 젤을 닦아 완성합니다.

빼꼼 얼굴을 내미는,

스마일 네일아트

둥근 프렌치를 그리고 스마일에 리본을 그려 넣어 깜찍함을 더해 귀여운 스마일 네일아트를
완성해 봅니다.

준비물

베이스 젤, 탑 젤, 샌딩, 라인 브러시, 젤 컬러, 젤 클렌저, 젤 램프

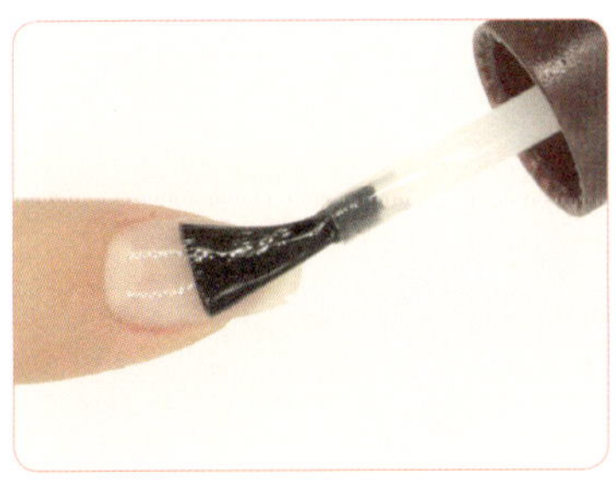

01 샌딩을 사용해 손톱 표면의 유분기를
제거한 다음 베이스 젤을 바릅니다.

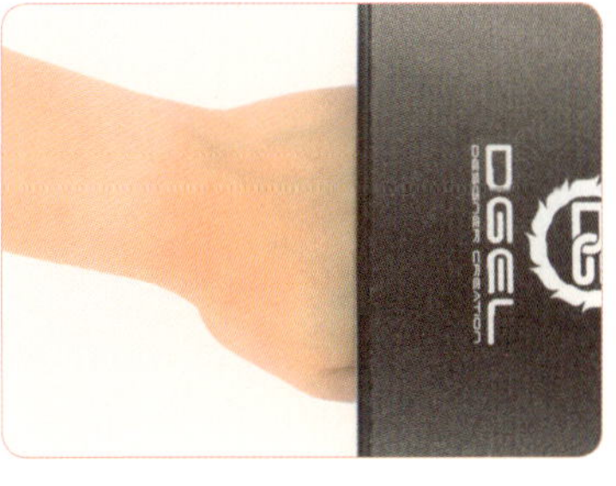

02 큐어링합니다(UV 램프 60초, LED
램프 30초).

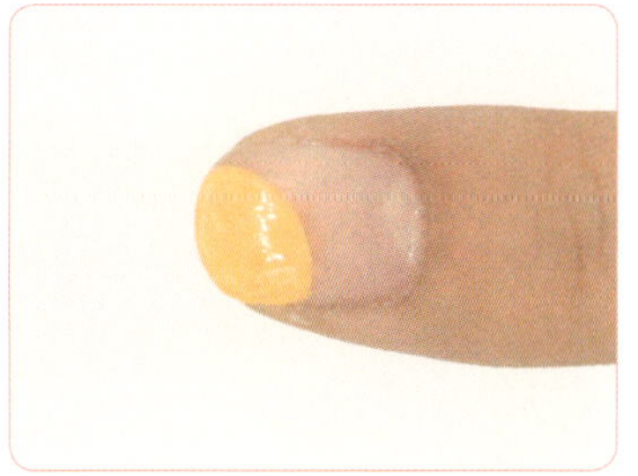

03 손톱 끝부분에 옐로우 젤 컬러를 비
스듬하게 둥근 프렌치로 바르고 큐어링합
니다(UV 램프 60초, LED 램프 30초).

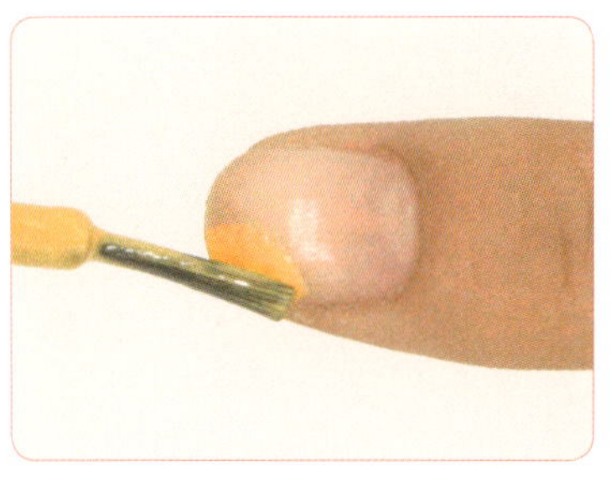

04 선명한 발색을 위해 03번 과정을 한 번 더 반복합니다.

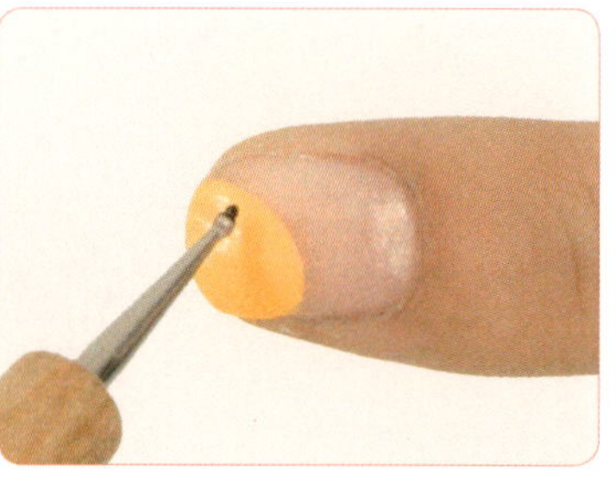

05 도트봉으로 도트를 찍어 눈을 표현하고 큐어링합니다(UV 램프 60초, LED 램프 30초).

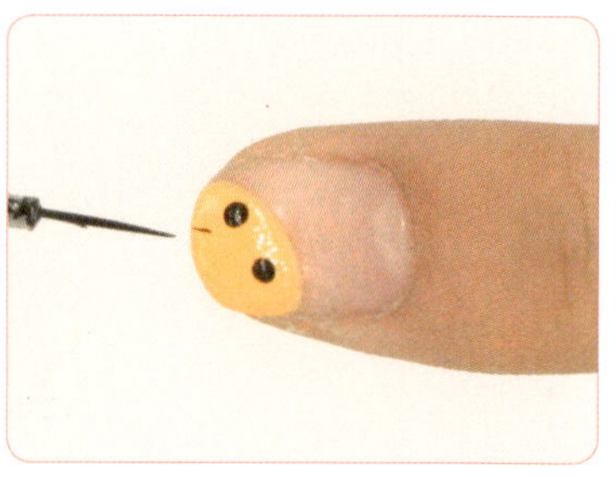

06 라인 브러시로 웃는 입을 그립니다..

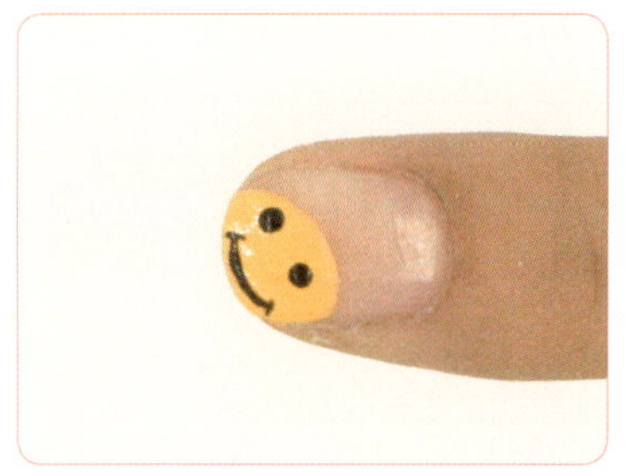

07 큐어링합니다(UV 램프 60초, LED 램프 30초).

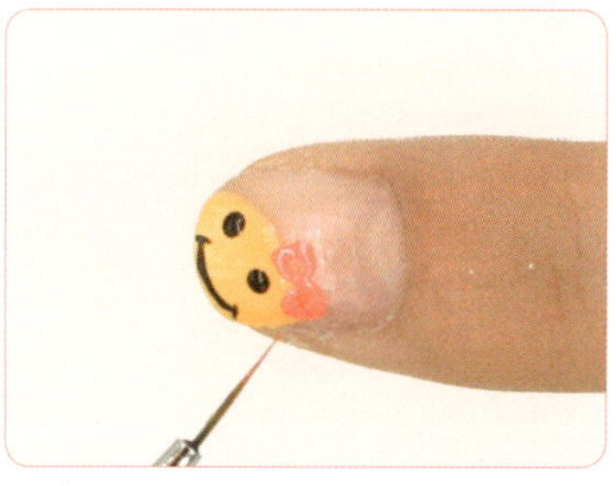

08 라인 브러시로 머리 부근에 리본을 그린 다음 큐어링합니다(UV 램프 60초, LED 램프 30초).

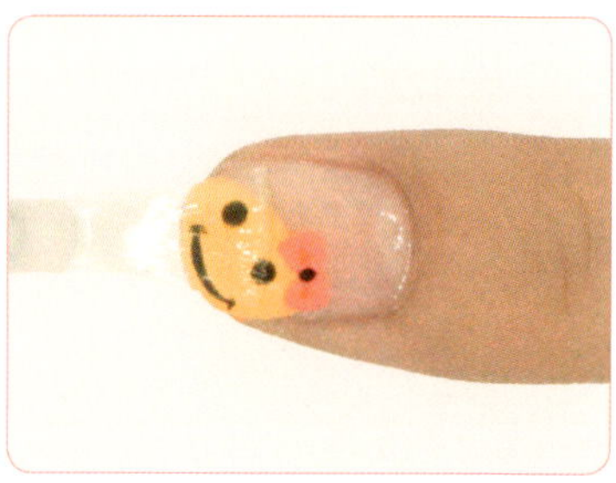

09 탑 젤을 바르고 큐어링합니다(UV 램프 60초, LED 램프 30초).

10 미경화된 젤을 닦아 완성합니다.

몽실몽실 포근한,
구름 네일아트

03

라인 브러시로 몽실몽실 포근한 느낌의 구름 모양을 그려 구름 모양의 네일아트를 완성해 봅니다.

준비물

베이스 젤, 탑 젤, 샌딩, 라인 브러시, 젤 컬러, 젤 램프

01 샌딩을 사용해 손톱 표면의 유분기를 제거한 다음 베이스 젤을 바르고 큐어링합니다(UV 램프 60초, LED 램프 30초).

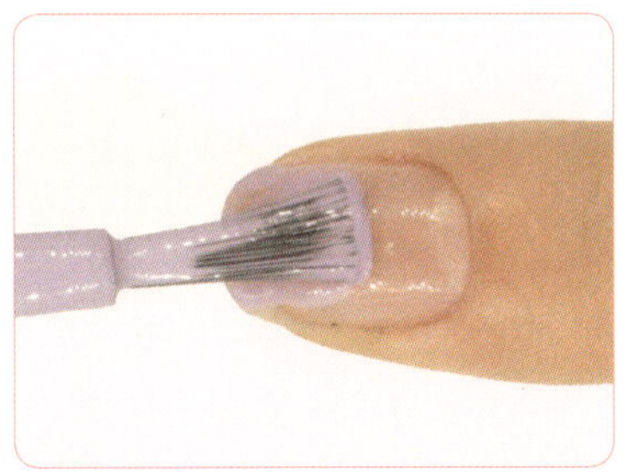

02 라이트 퍼플 젤 컬러를 손톱 표면 전체에 바르고 큐어링합니다(UV 램프 60초, LED 램프 30초).

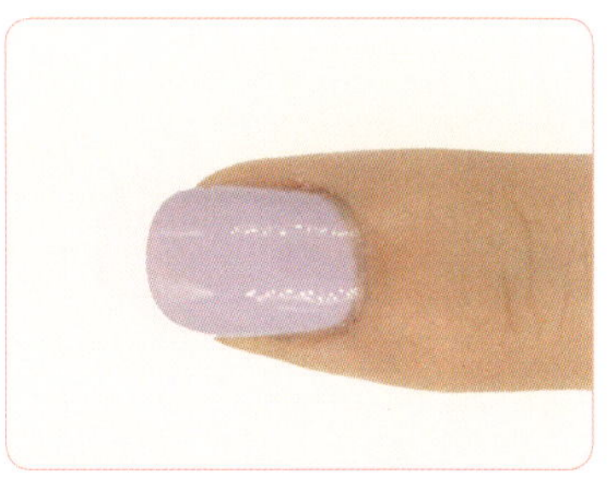

03 선명한 발색을 위해 02번 과정을 한 번 더 반복합니다.

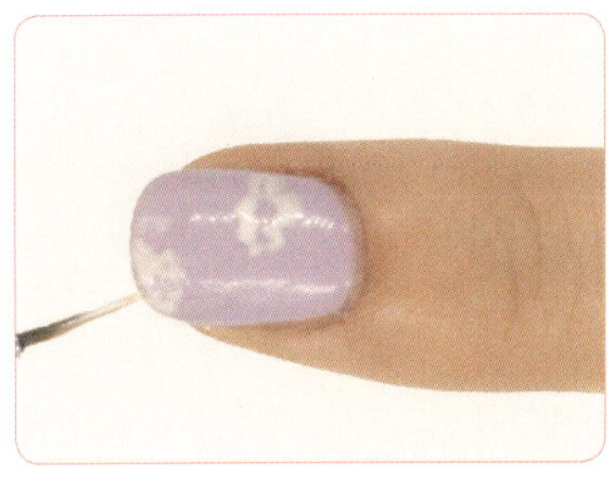

04 라인 브러시로 구름의 형태를 잡아줍니다.

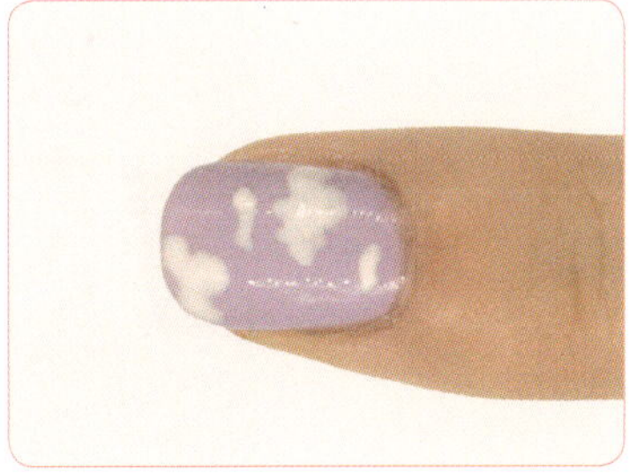

05 04번 과정에서 그린 라인의 안쪽을 채우고 큐어링합니다(UV 램프 60초, LED 램프 30초).

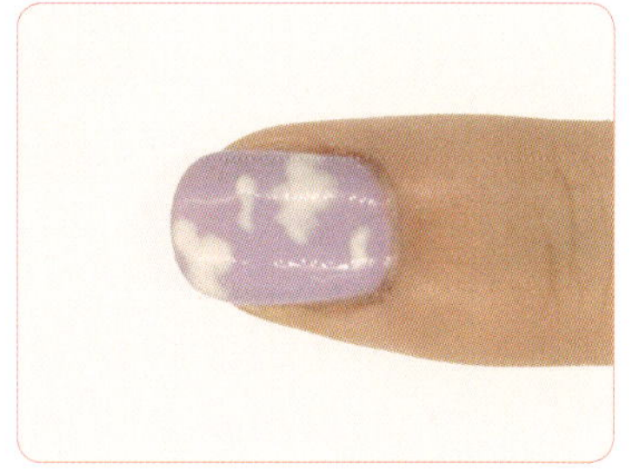

06 탑 젤을 바르고 큐어링(UV 램프 60초, LED 램프 30초)한 다음 미경화된 젤을 닦아 완성합니다.

동글동글 찹쌀떡 같은,

팬더 네일아트

도트봉을 이용해 동글동글 귀여운 팬더 네일아트를 완성해 봅니다.

준비물

베이스 젤, 탑 젤, 샌딩, 라인 브러시, 젤 컬러, 젤 클렌저, 젤 램프

01 샌딩을 사용해 손톱 표면의 유분기를 제거한 다음 베이스 젤을 바릅니다.

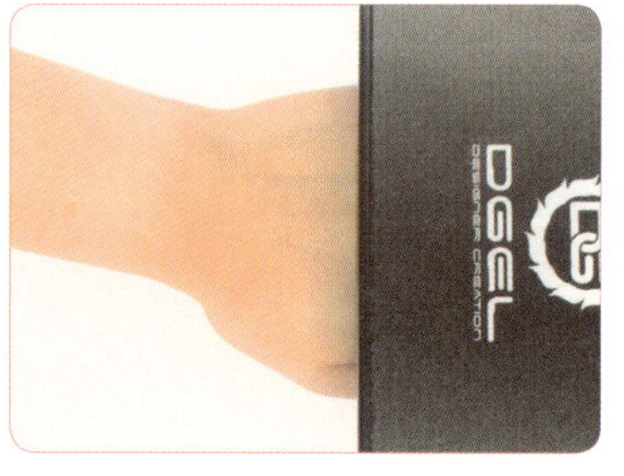

02 큐어링합니다(UV 램프 60초, LED 램프 30초).

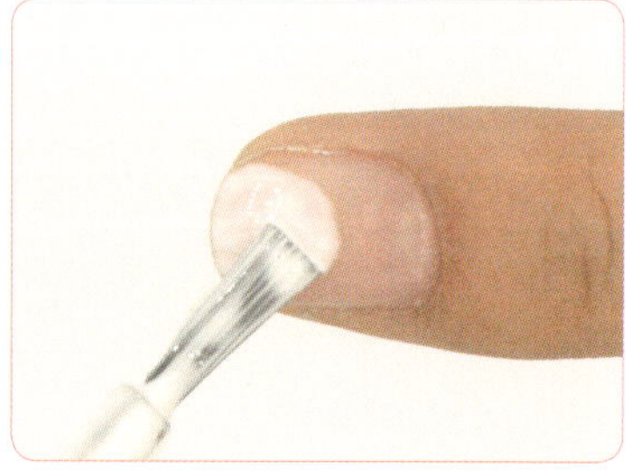

03 화이트 젤 컬러를 둥근 프렌치로 바르고 큐어링합니다(UV 램프 60초, LED 램프 30초).

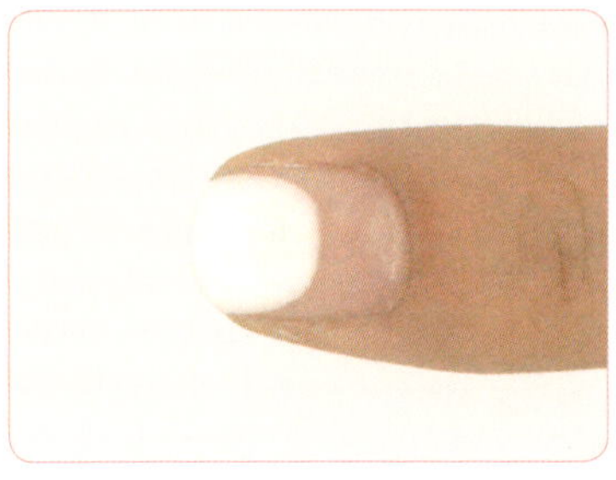

04 선명한 발색을 위해 03번 과정을 한 번 더 반복합니다.

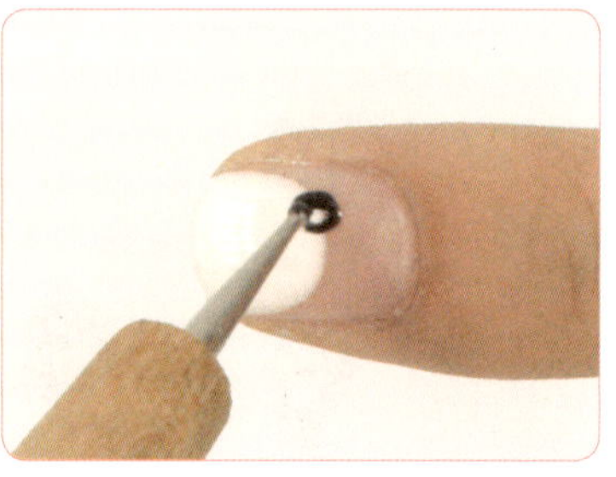

05 도트봉으로 도트를 찍어 팬더의 귀를 표현한 다음 큐어링합니다(UV 램프 60초, LED 램프 30초).

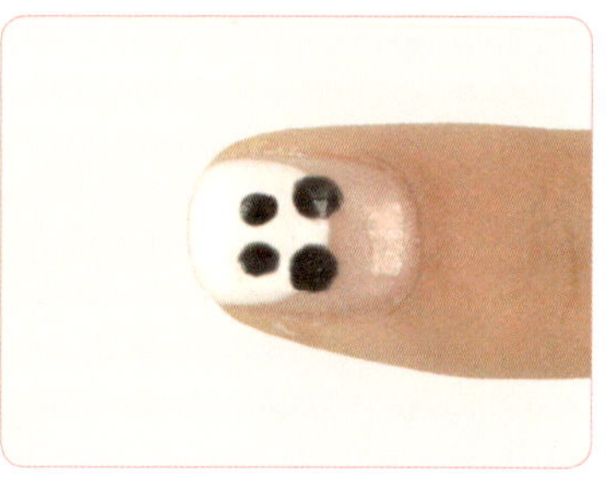

06 도트봉으로 도트를 찍어 팬더 눈의 얼룩을 표현한 다음 큐어링합니다(UV 램프 60초, LED 램프 30초).

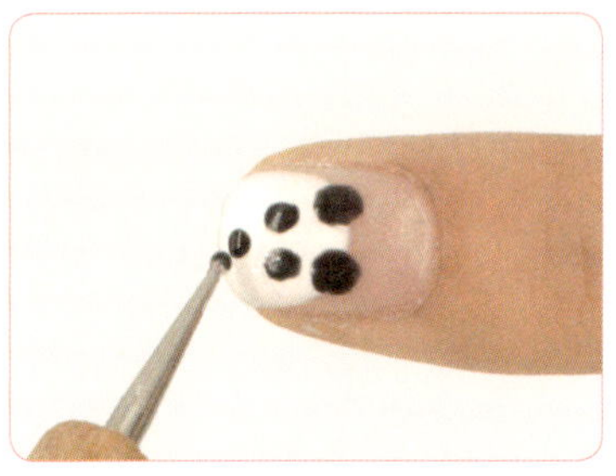

07 도트봉으로 도트를 찍어 팬더의 코를 표현한 다음 큐어링합니다(UV 램프 60초, LED 램프 30초).

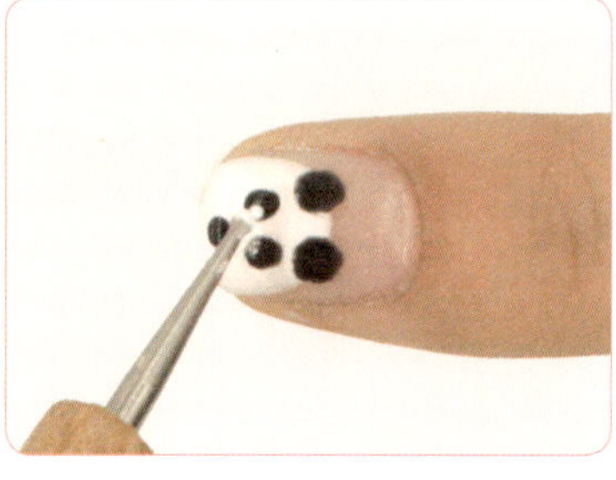

08 06번 과정에서 찍은 도트 안쪽에 작은 도트를 찍어 팬더의 눈동자를 표현한 다음 큐어링합니다(UV 램프 60초, LED 램프 30초).

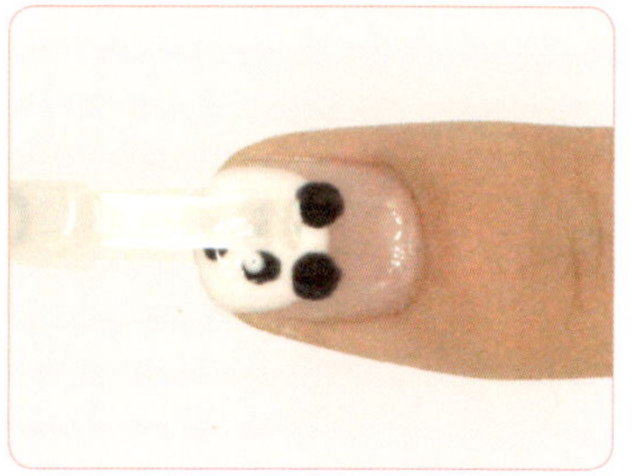

09 탑 젤을 바르고 큐어링합니다(UV 램프 60초, LED 램프 30초).

10 미경화된 젤을 닦아 완성합니다.

검은 고양이 네로,

고양이 네일아트

05

둥근 프렌치를 바르고 고양이의 눈, 코, 입을 그려 고양이 네일아트를 완성해 봅니다.

준비물

베이스 젤, 탑 젤, 샌딩, 라인 브러시, 젤 컬러, 젤 클렌저, 젤 램프

01 샌딩을 사용해 손톱 표면의 유분기를 제거한 다음 베이스 젤을 바릅니다.

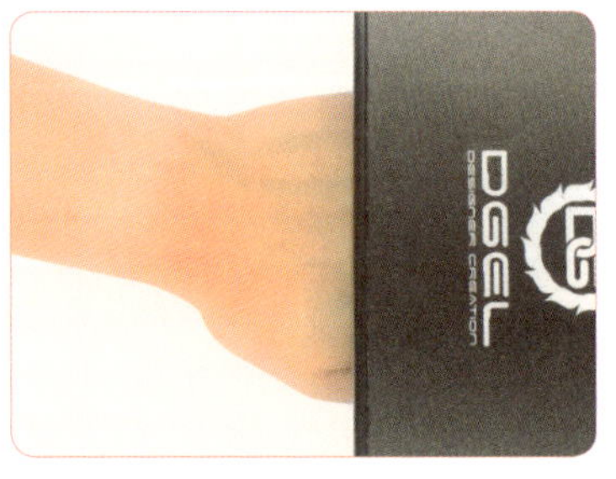

02 큐어링합니다(UV 램프 60초, LED 램프 30초).

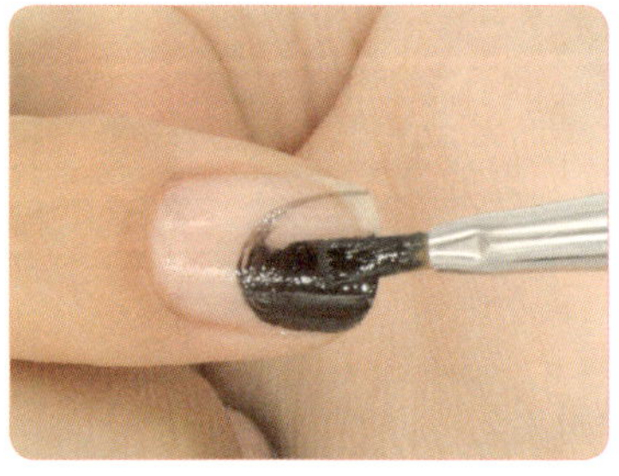

03 블랙 젤 컬러를 손톱 끝부분에 둥근 프렌치로 바르고 큐어링합니다(UV 램프 60초, LED 램프 30초).

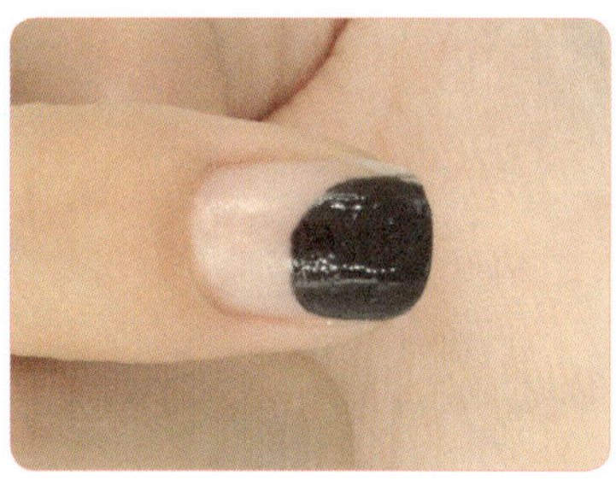

04 선명한 발색을 위해 03번 과정을 한 번 더 반복합니다.

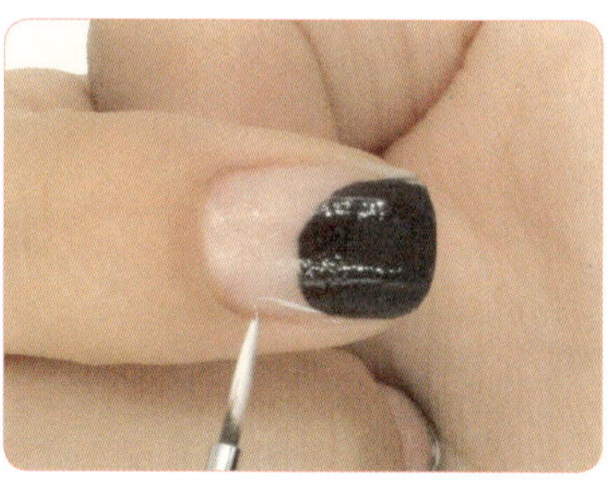

05 라인 브러시에 화이트 젤 컬러를 묻히고 고양이의 귀를 그립니다.

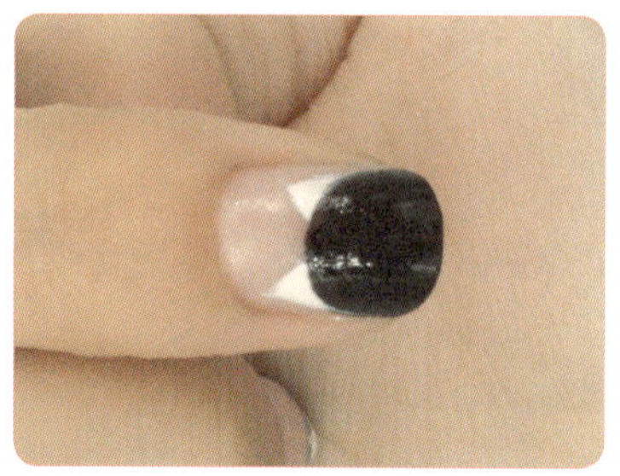

06 큐어링합니다(UV 램프 60초, LED 램프 30초).

07 화이트 젤 컬러로 도트를 찍어 고양이의 눈을 표현하고 큐어링합니다(UV 램프 60초, LED 램프 30초).

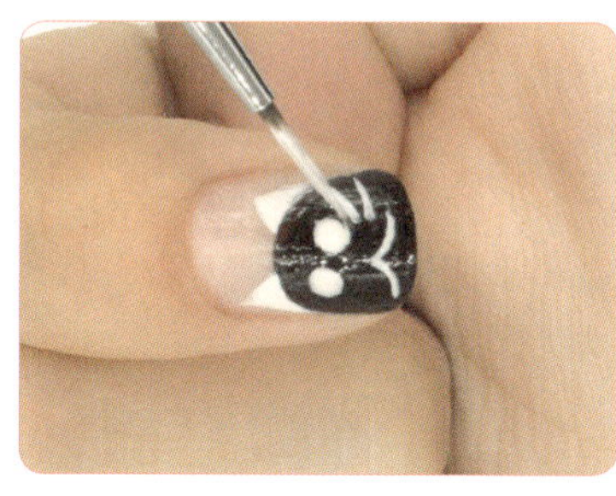

08 화이트 젤 컬러로 고양이의 코와 수염을 그리고 큐어링합니다(UV 램프 60초, LED 램프 30초).

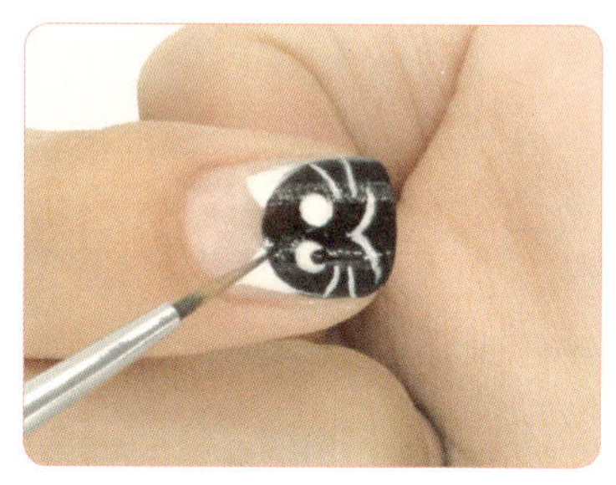

09 라인 브러시에 블랙 젤 컬러를 묻히고 07번 과정에서 찍은 도트 안쪽에 작은 도트를 찍어 눈동자를 표현한 다음 큐어링합니다(UV 램프 60초, LED 램프 30초).

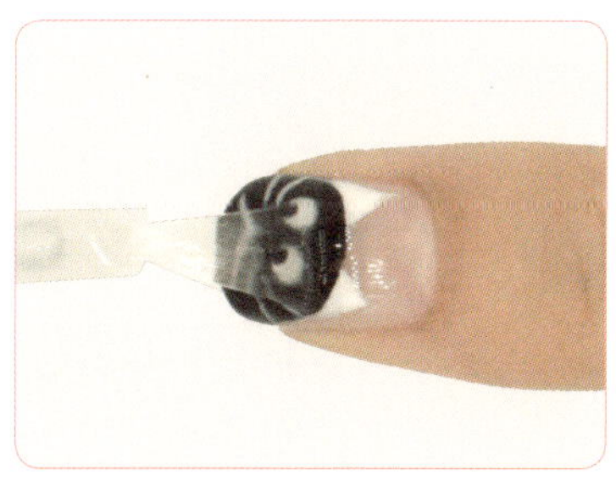

10 탑 젤을 바르고 큐어링합니다(UV 램프 60초, LED 램프 30초).

11 미경화된 젤을 닦아 완성합니다.

어디 있을까? 얼굴만 쏘~옥,

핑크 깜찍이 네일아트

핑크색의 깜찍한 캐릭터를 그려 내 마음대로 핑크 깜찍이 네일아트를 완성해 봅니다.

준비물

베이스 젤, 탑 젤, 젤 컬러, 젤 램프, 젤 클렌저, 라인 브러시, 샌딩

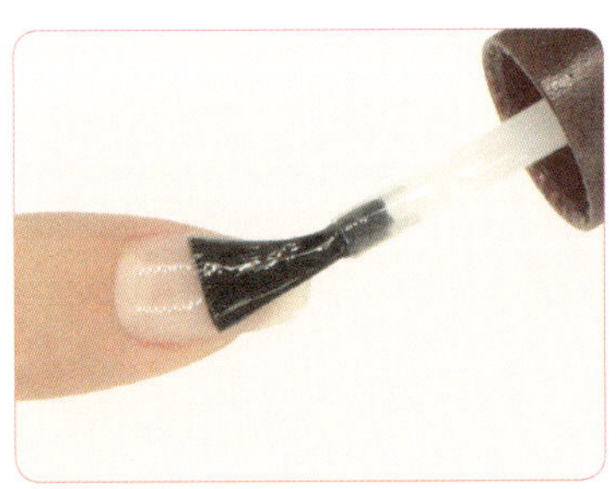

01 샌딩을 사용해 손톱 표면의 유분기를 제거한 다음 베이스 젤을 바릅니다.

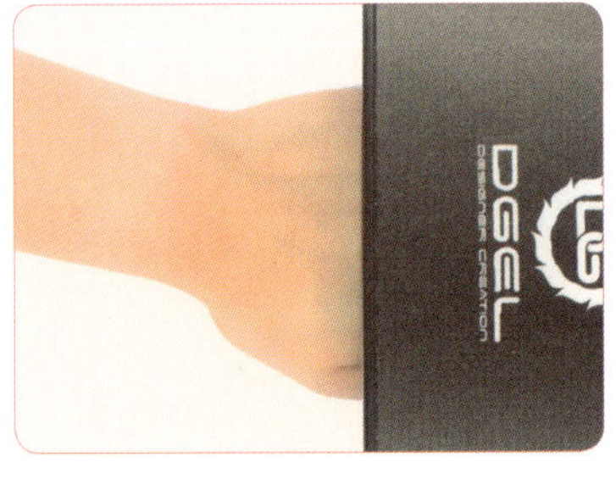

02 큐어링합니다(UV 램프 60초, LED 램프 30초).

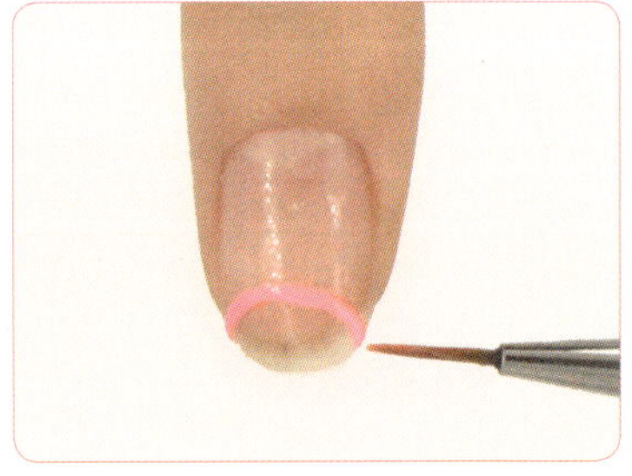

03 라인 브러시에 핑크 젤 컬러를 묻히고 손톱 끝부분에 반원 모양의 라인을 그립니다.

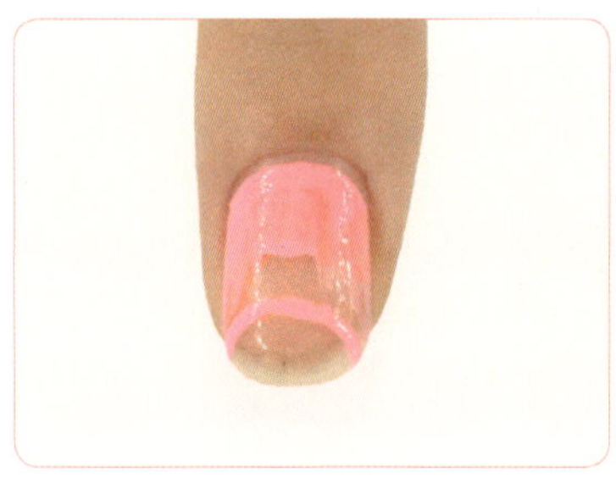 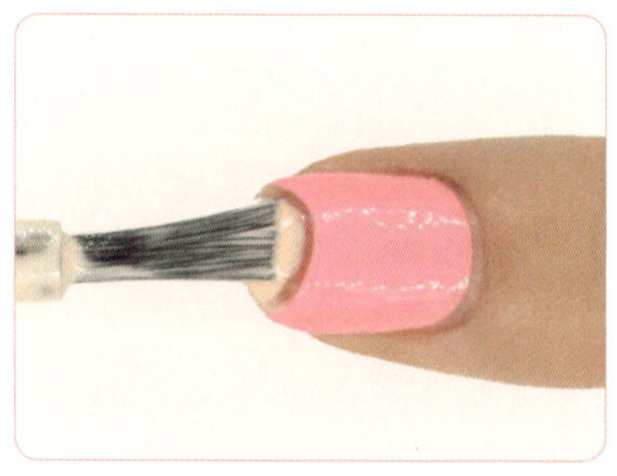 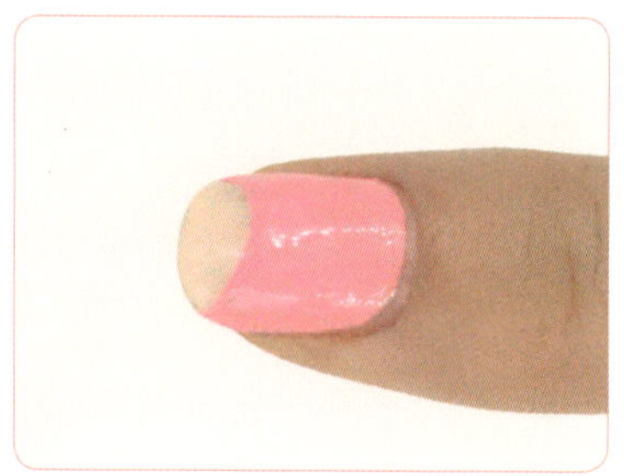

04 핑크 젤 컬러로 라인 바깥쪽을 채우고 큐어링합니다(UV 램프 60초, LED 램프 30초).

05 크림 베이지 젤 컬러로 라인 안쪽을 채웁니다.

06 큐어링합니다(UV 램프 60초, LED 램프 30초).

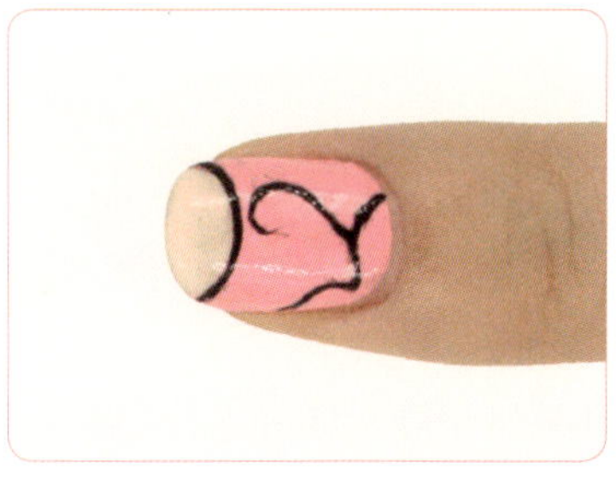 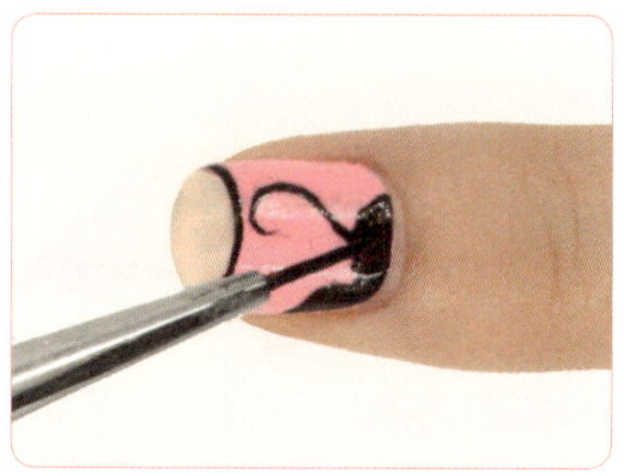 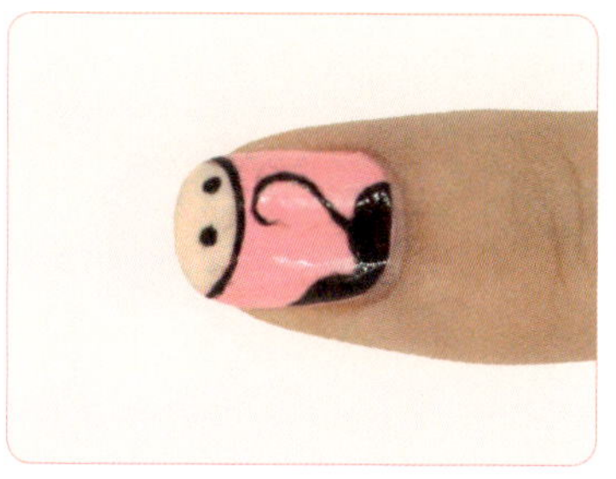

07 라인 브러시로 캐릭터의 엉덩이와 꼬리의 형태를 잡습니다.

08 라인 브러시로 캐릭터의 엉덩이 부분을 채웁니다.

09 라인 브러시로 도트를 찍어 캐릭터의 눈을 표현한 다음, 캐릭터의 입을 그리고 큐어링합니다(UV 램프 60초, LED 램프 30초).

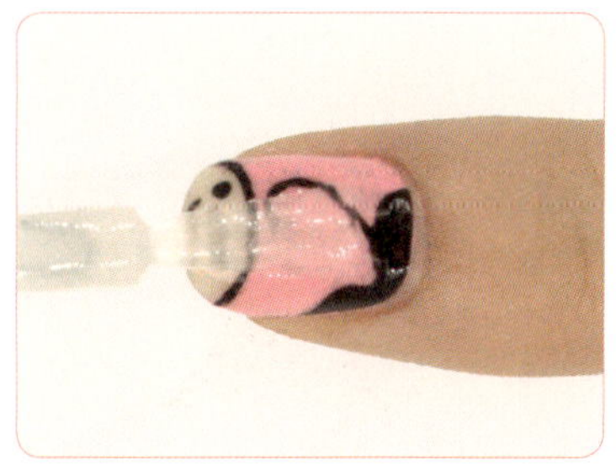 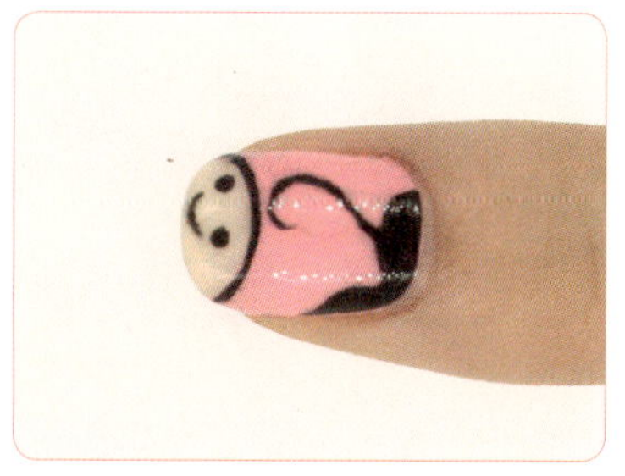

10 탑 젤을 바르고 큐어링합니다(UV 램프 60초, LED 램프 30초).

11 미경화된 젤을 닦아 완성합니다.

복실복실 갓 깨어난,
삐약이 네일아트

07

삐약 삐약! 금방이라도 뒤뚱뒤뚱 걸어올 것 같은 귀여운 삐약이 네일아트를 완성해 봅니다.

준비물

베이스 젤, 샌딩, 젤 컬러, 젤 램프, 탑 젤, 라인 브러시

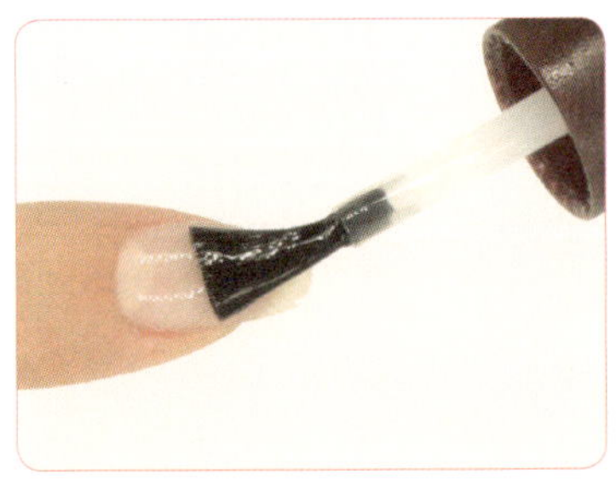

01 샌딩을 사용해 손톱 표면의 유분기를 제거한 다음 베이스 젤을 바르고 큐어링합니다(UV 램프 60초, LED 램프 30초).

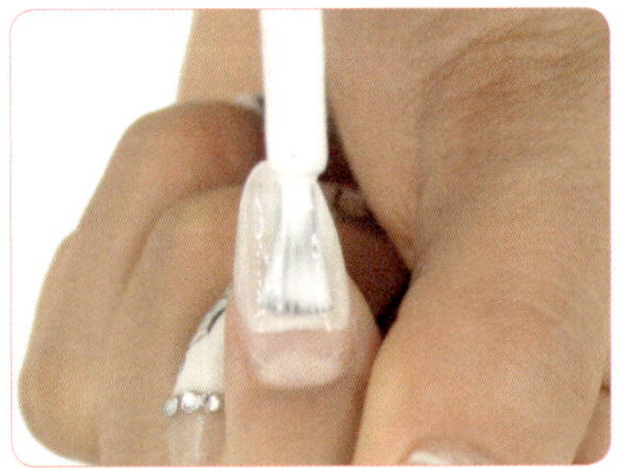

02 화이트 젤 컬러를 손톱 표면 전체에 바르고 큐어링합니다(UV 램프 60초, LED 램프 30초).

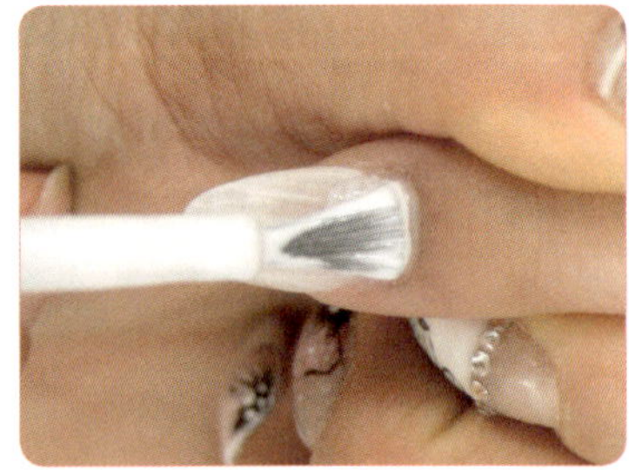

03 선명한 발색을 02번 과정을 한 번 더 반복합니다.

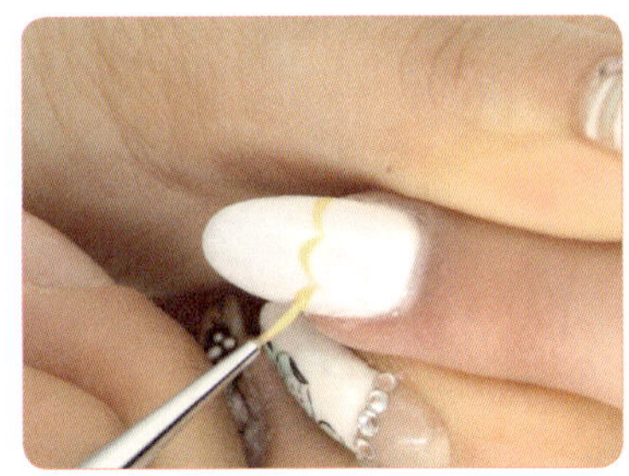

04 라인 브러시로 병아리의 형태를 잡습니다.

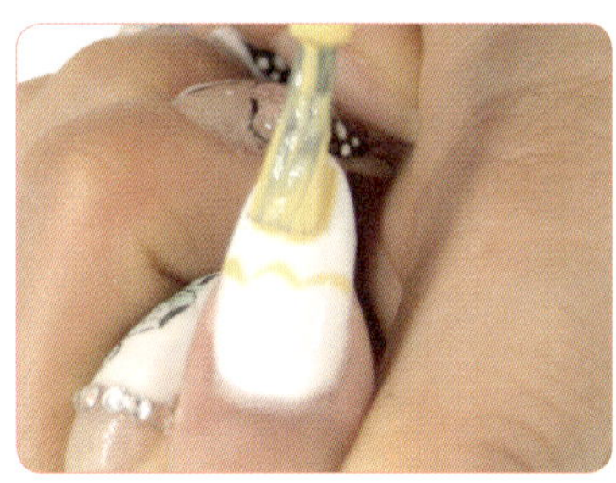

05 04번 과정에서 그린 라인 아래쪽에 옐로우 젤 컬러를 채워 바르고 큐어링합니다(UV 램프 60초, LED 램프 30초).

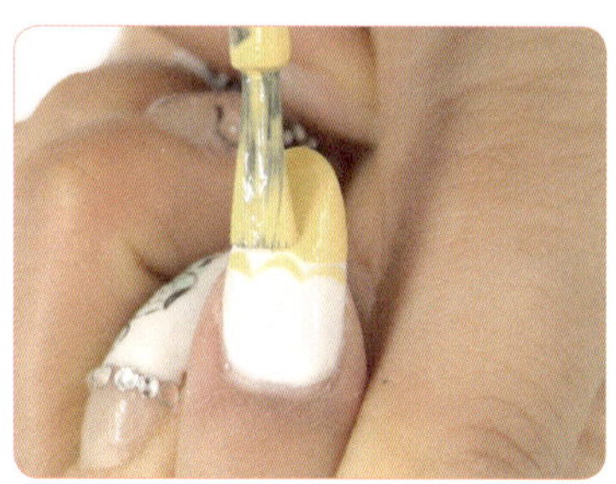

06 선명한 발색을 위해 05번 과정을 한 번 더 반복합니다.

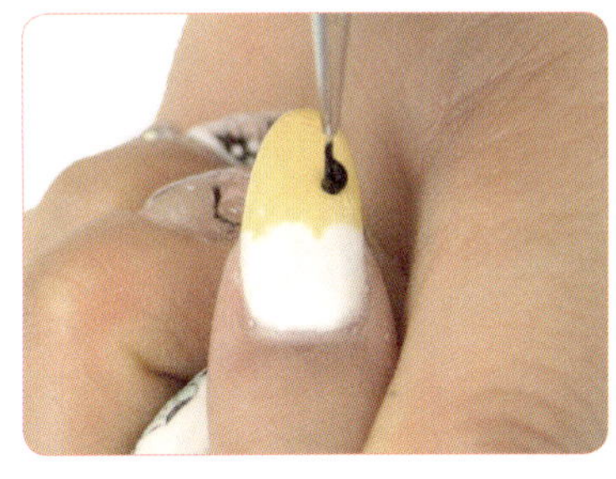

07 라인 브러시로 도트를 찍어 병아리의 눈을 표현하고 큐어링합니다(UV 램프 60초, LED 램프 30초).

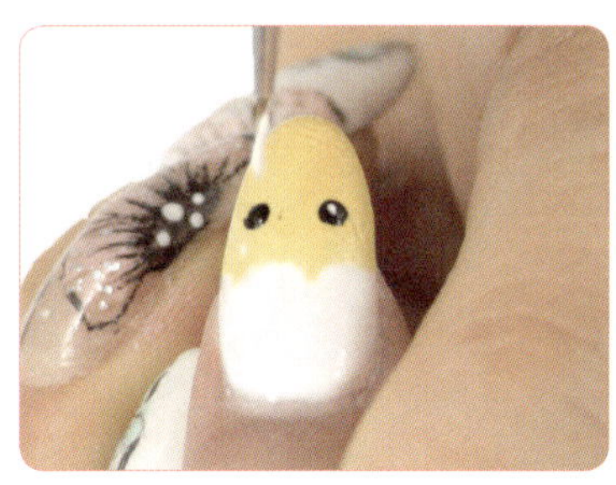

08 07번 과정에서 찍은 도트 안쪽에 작은 도트를 찍어 눈동자를 표현하고 큐어링합니다(UV 램프 60초, LED 램프 30초).

09 병아리의 입을 그리고 큐어링합니다(UV 램프 60초, LED 램프 30초).

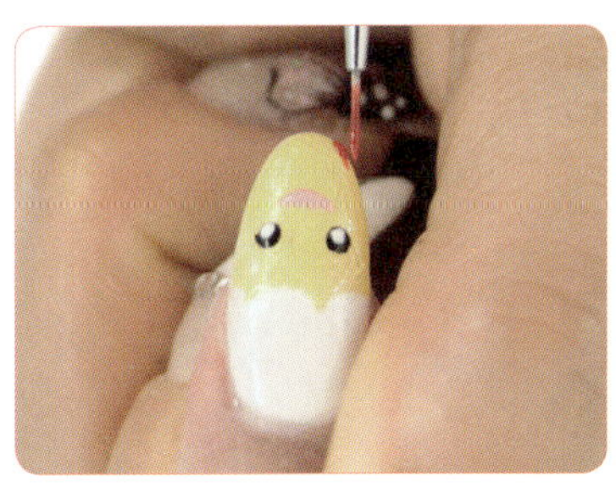

10 병아리의 발을 그리고 큐어링합니다(UV 램프 60초, LED 램프 30초).

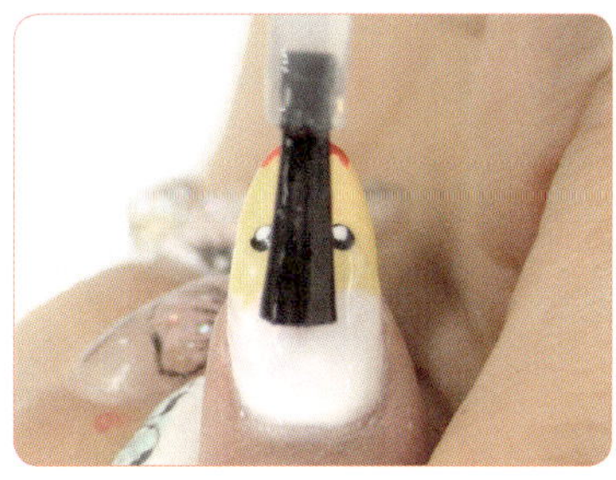

11 탑 젤을 바르고 큐어링합니다(UV 램프 60초, LED 램프 30초).

12 미경화된 젤을 닦아 완성합니다.

발그레 수줍어하는,

토끼 네일아트

라인 브러시를 사용해 귀여운 토끼 네일아트를 완성해 봅니다.

준비물

베이스 젤, 탑 젤, 샌딩, 라인 브러시, 젤 컬러, 젤 클렌저

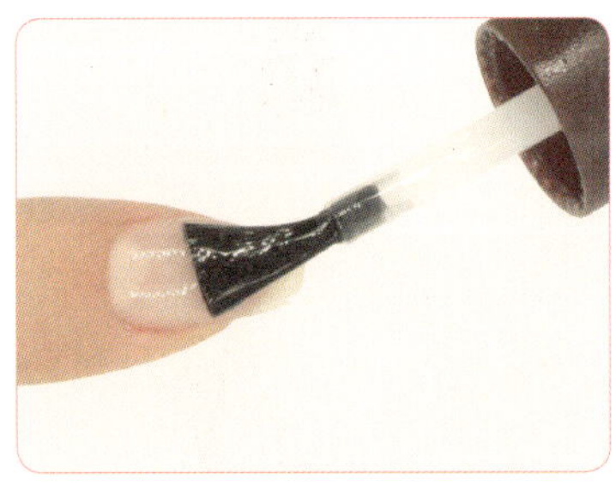

01 샌딩을 사용해 손톱 표면의 유분기를 제거한 다음 베이스 젤을 바릅니다.

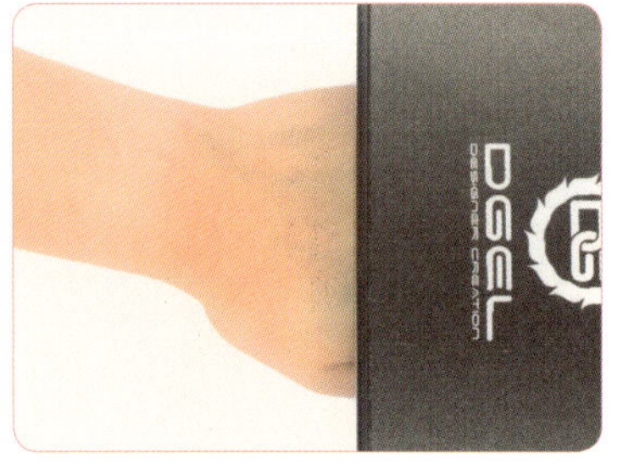

02 큐어링합니다(UV 램프 60초, LED 램프 30초).

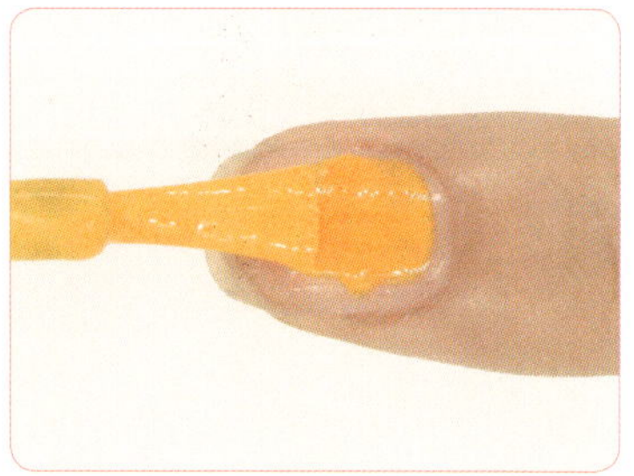

03 옐로우 젤 컬러를 토끼의 얼굴 부분을 제외하고 바른 다음 큐어링합니다(UV 램프 60초, LED 램프 30초).

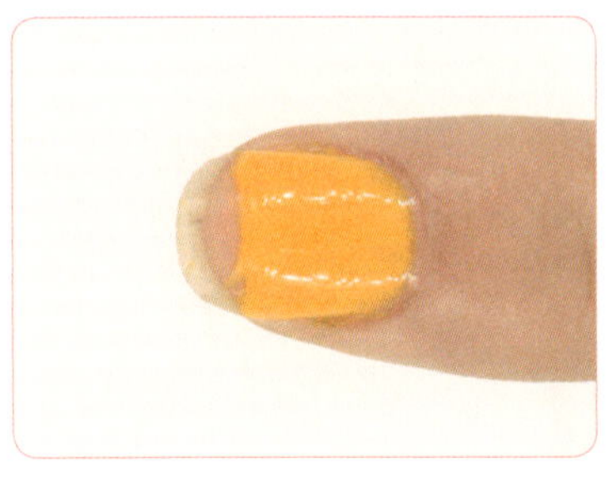

04 선명한 발색을 위해 03번 과정을 한 번 더 반복합니다.

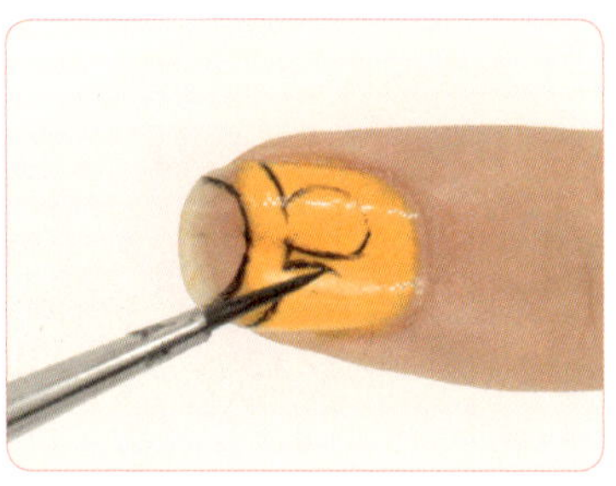

05 라인 브러시로 토끼의 얼굴과 귀의 형태를 잡아줍니다.

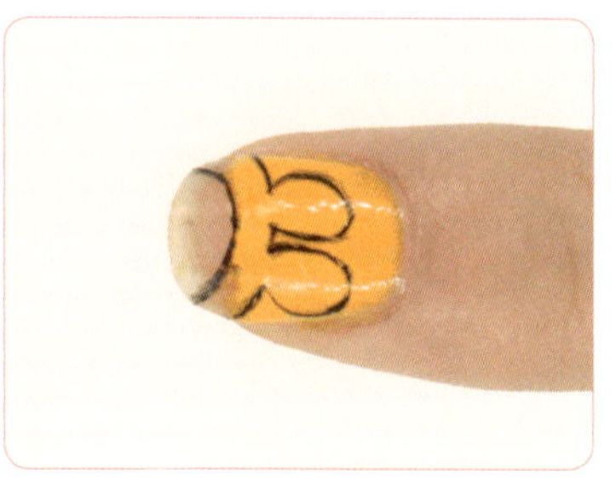

06 큐어링합니다(UV 램프 60초, LED 램프 30초).

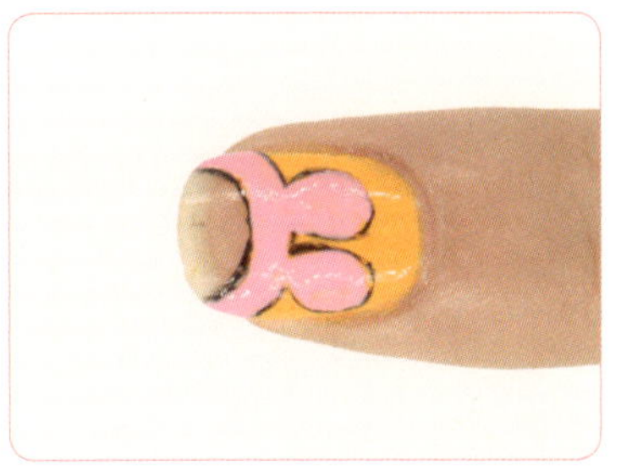

07 토끼의 귀 안쪽을 핑크 젤 컬러로 채우고 큐어링합니다(UV 램프 60초, LED 램프 30초).

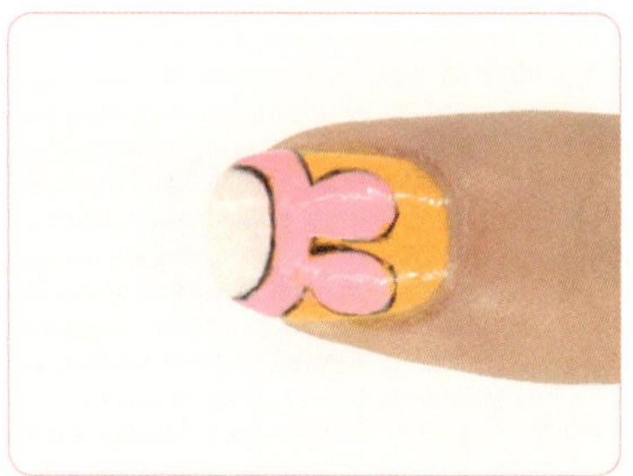

08 토끼의 얼굴을 화이트 젤 컬러로 채우고 큐어링합니다(UV 램프 60초, LED 램프 30초).

09 라인 브러시로 토끼의 눈과 코, 볼을 표현하고 큐어링합니다(UV 램프 60초, LED 램프 30초).

10 토끼의 귀 부근에 도트를 찍어 도트 꽃을 그린 다음 큐어링합니다(UV 램프 60초, LED 램프 30초).

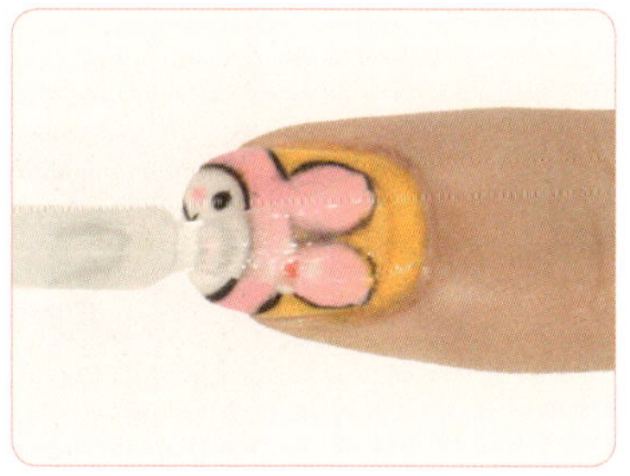

11 탑 젤을 바르고 큐어링합니다(UV 램프 60초, LED 램프 30초).

12 미경화된 젤을 닦아 완성합니다.

개구진 꼬마들의,

수근수근 네일아트

캐릭터의 형태를 먼저 잡아두고 그 안에 캐릭터의 컬러들을 채워 개구진 꼬마들의 수근수근 네일아트를 완성해 봅니다.

준비물

베이스 젤, 탑 젤, 샌딩, 젤 컬러, 젤 램프, 젤 클렌저

01 샌딩을 사용해 손톱 표면의 유분기를 제거한 다음 베이스 젤을 바릅니다.

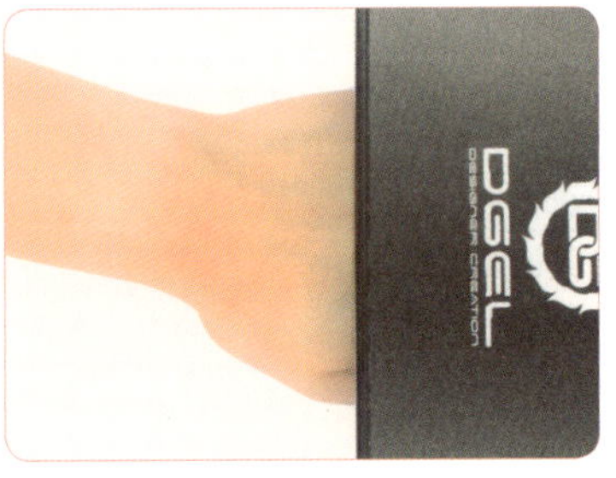

02 큐어링합니다(UV 램프 60초, LED 램프 30초).

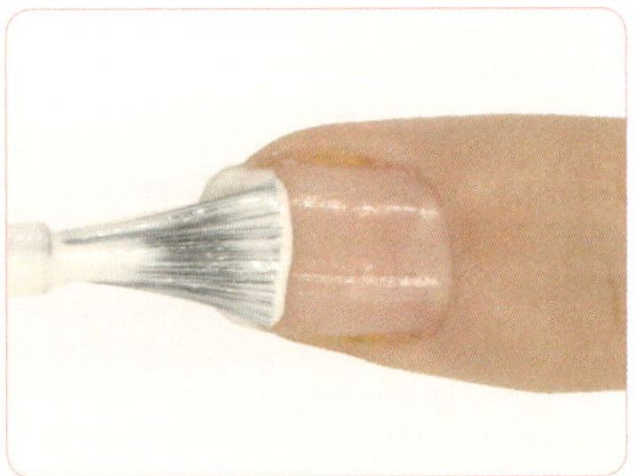

03 화이트 젤 컬러를 손톱 표면 전체에 바르고 큐어링합니다(UV 램프 60초, LED 램프 30초).

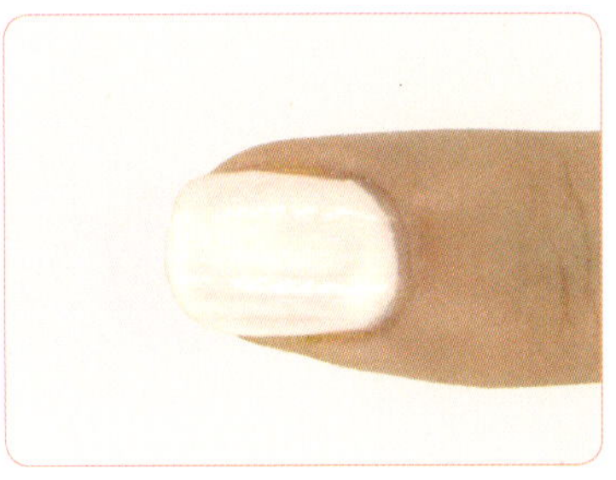

04 선명한 발색을 위해 03번 과정을 한 번 더 반복합니다.

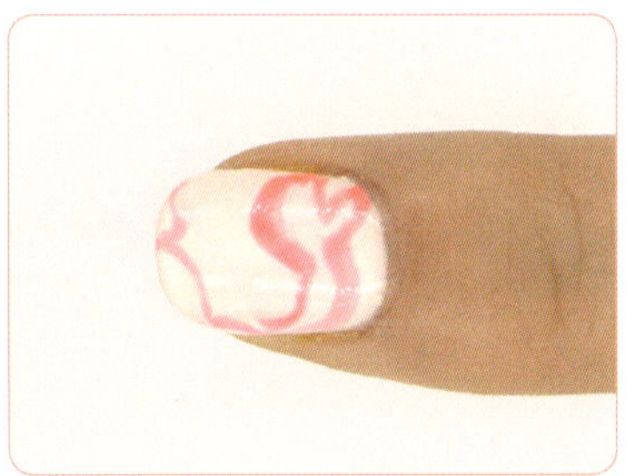

05 라인 브러시로 캐릭터의 형태를 잡은 다음 큐어링합니다(UV 램프 60초, LED 램프 30초).

06 캐릭터의 머리 부분을 핑크 젤 컬러로 채우고 큐어링합니다(UV 램프 60초, LED 램프 30초).

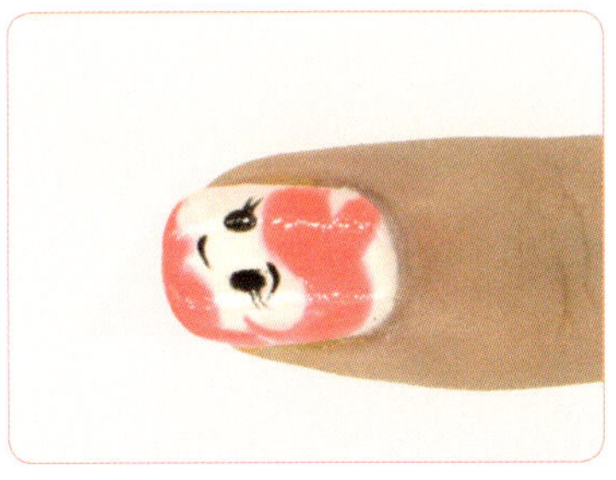

07 라인 브러시로 캐릭터의 눈과 입을 그리고 큐어링합니다(UV 램프 60초, LED 램프 30초).

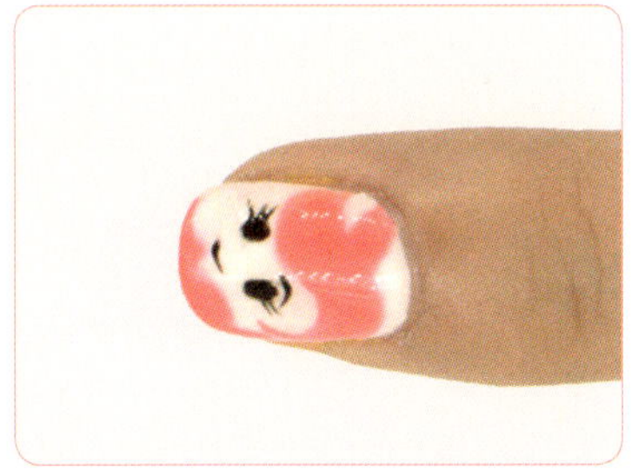

08 라인 브러시로 캐릭터의 속눈썹을 풍성하게 표현하고 큐어링합니다(UV 램프 60초, LED 램프 30초).

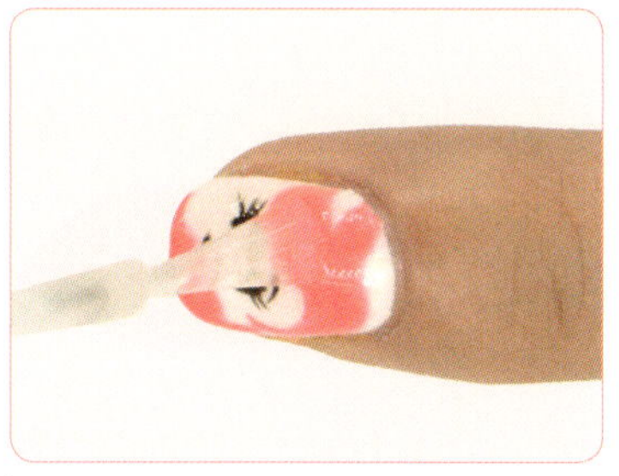

09 탑 젤을 바르고 큐어링합니다(UV 램프 60초, LED 램프 30초).

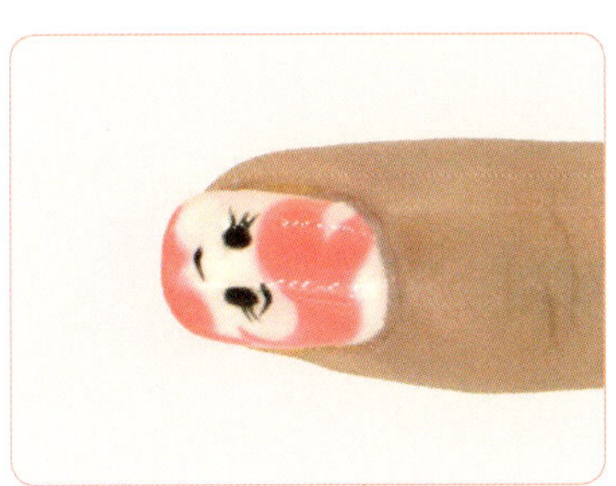

10 미경화된 젤을 닦아 완성합니다.

어린 시절 친구,

쿠키 몬스터 네일아트

쿠키 몬스터를 수배합니다. 내 손에 숨은 쿠키 몬스터 네일아트를 완성해 봅니다.

준비물

베이스 젤, 탑 젤, 샌딩, 젤 컬러, 젤 클렌저, 젤 램프

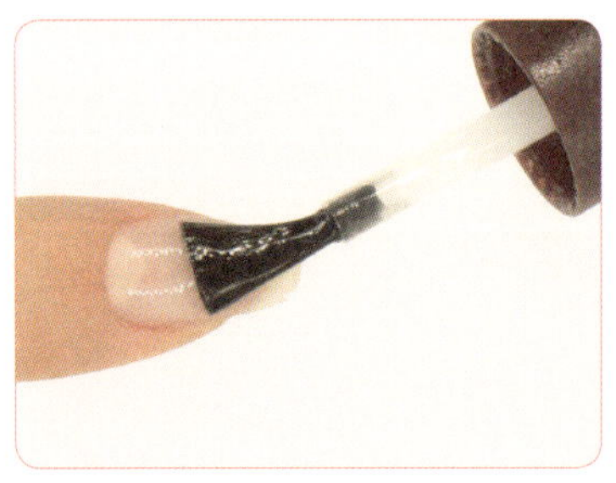

01 샌딩을 사용해 손톱 표면의 유분기를 제거한 다음 베이스 젤을 바릅니다.

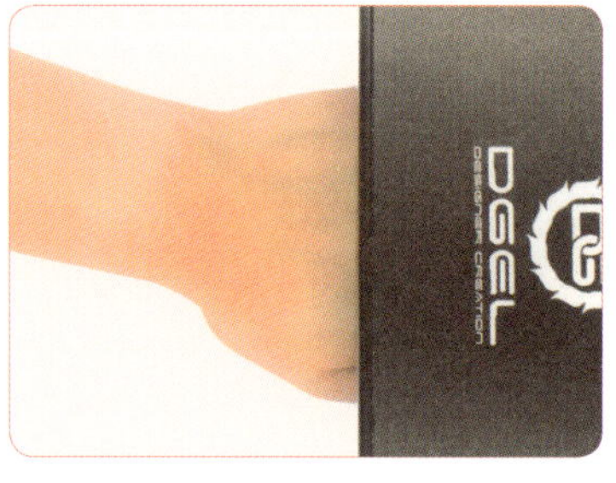

02 큐어링합니다(UV 램프 60초, LED 램프 30초).

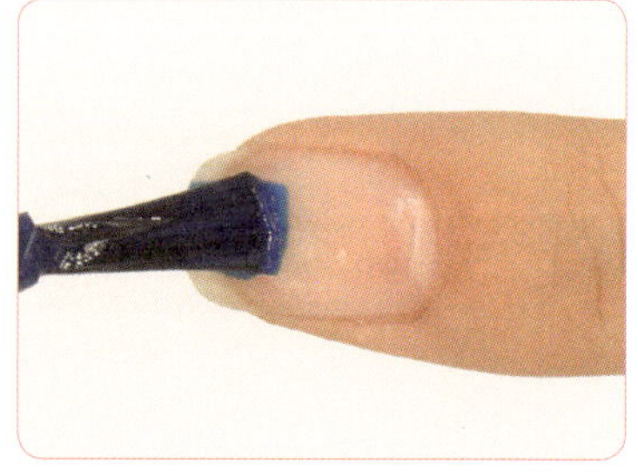

03 블루 젤 컬러로 손톱 끝부분에 반원을 그리고 큐어링합니다(UV 램프 60초, LED 램프 30초).

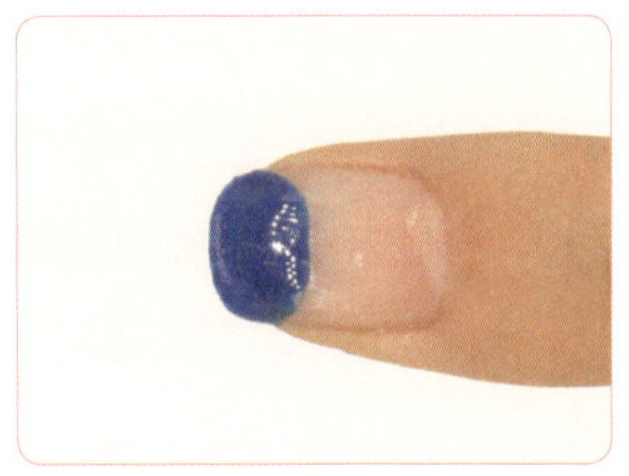

04 선명한 발색을 위해 03번 과정을 한 번 더 반복합니다.

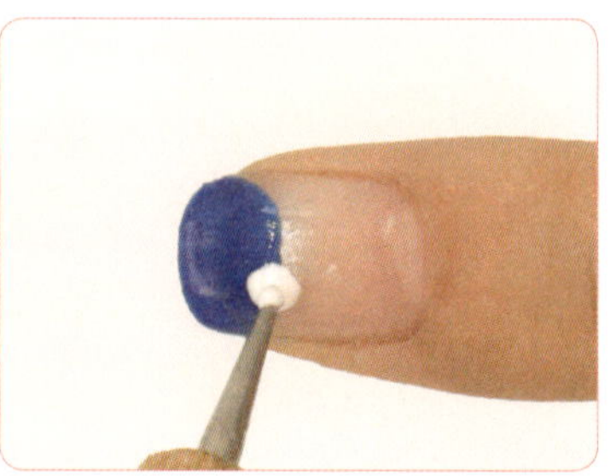

05 도트봉으로 도트를 찍어 캐릭터의 눈을 표현합니다.

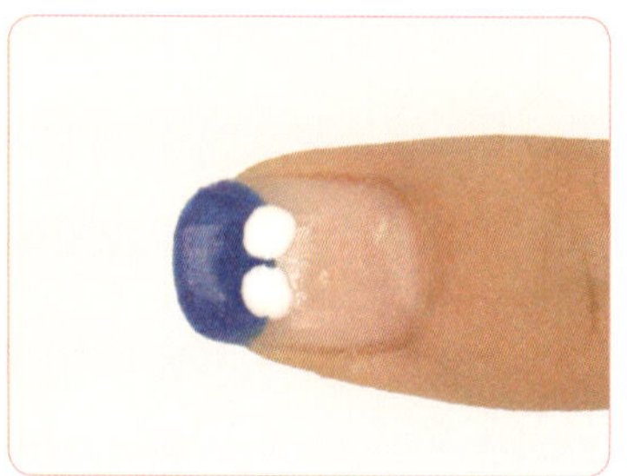

06 큐어링합니다(UV 램프 60초, LED 램프 30초).

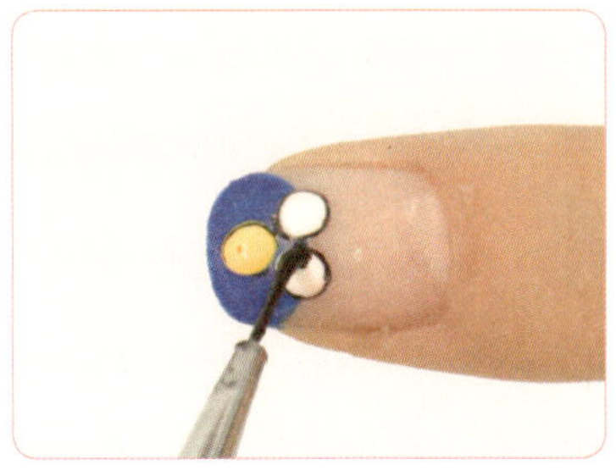

07 라인 브러시로 눈의 테두리를 그린 다음 도트를 찍어 눈동자를 표현합니다.

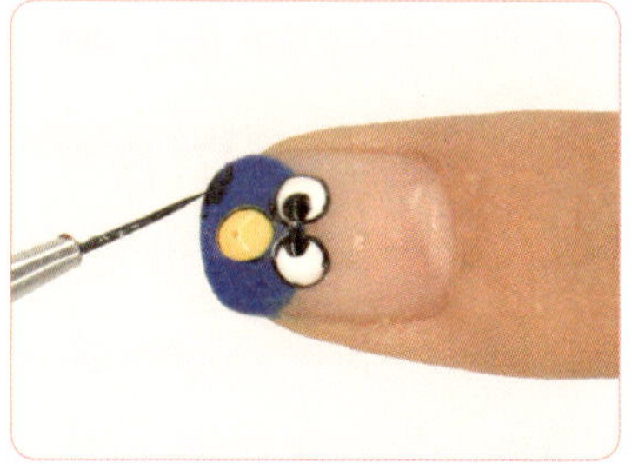

08 라인 브러시로 캐릭터의 입을 그린 다음 큐어링합니다(UV 램프 60초, LED 램프 30초).

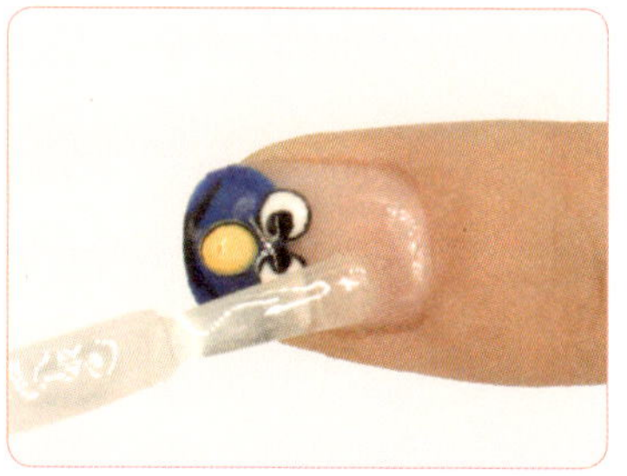

09 탑 젤을 바르고 큐어링합니다(UV 램프 60초, LED 램프 30초).

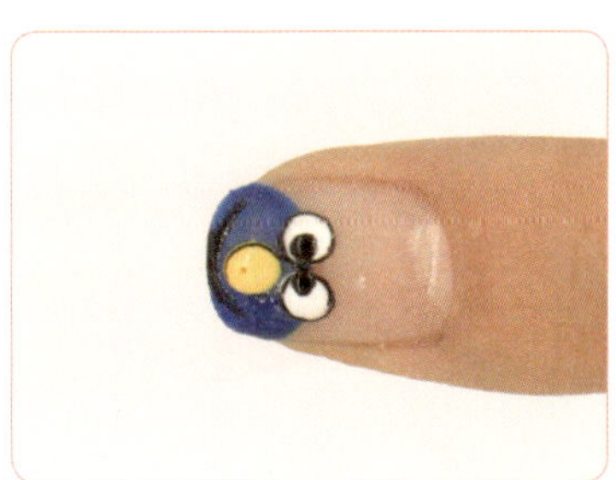

10 미경화된 젤을 닦아 완성합니다.

우리 이웃집에도 있을까?

토토로 네일아트

11

우리 이웃집에도 살고 있을 것 같은 토토로 네일아트를 완성해 봅니다.

준비물

베이스 젤, 탑 젤, 샌딩, 라인 브러시, 젤 컬러, 젤 램프, 젤 클렌저

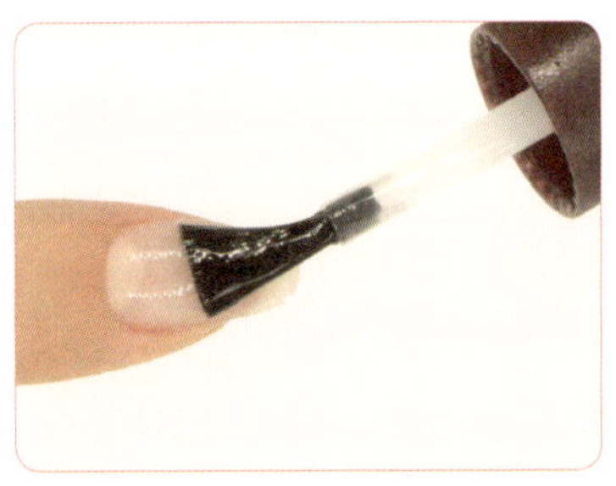

01 샌딩을 사용해 손톱 표면의 유분기를 제거한 다음 베이스 젤을 바르고 큐어링합니다(UV 램프 60초, LED 램프 30초).

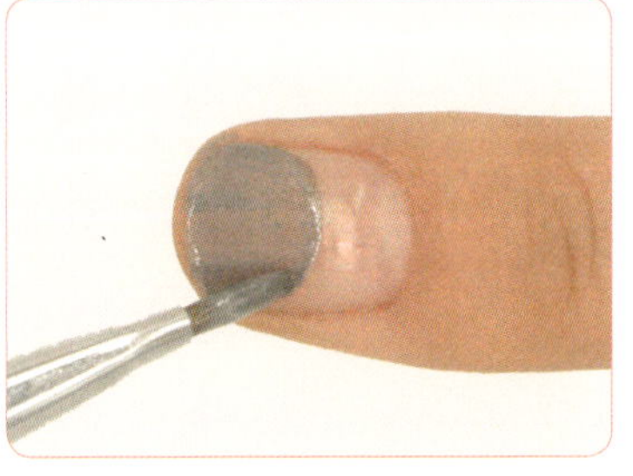

02 그레이 젤 컬러를 손톱 앞부분에 반원 모양으로 채워 바른 다음 큐어링합니다(UV 램프 60초, LED 램프 30초).

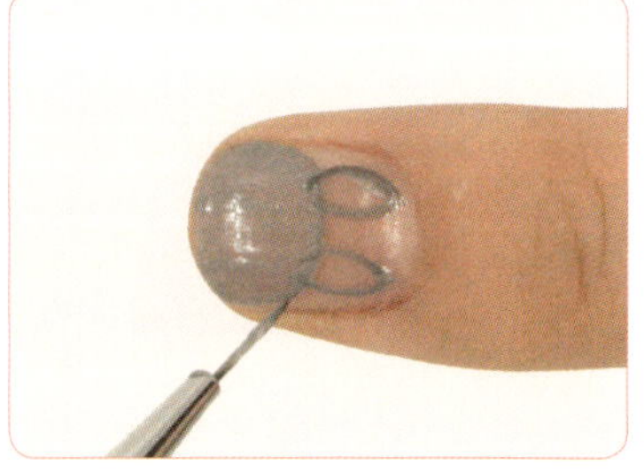

03 라인 브러시로 토토로 귀의 형태를 잡습니다.

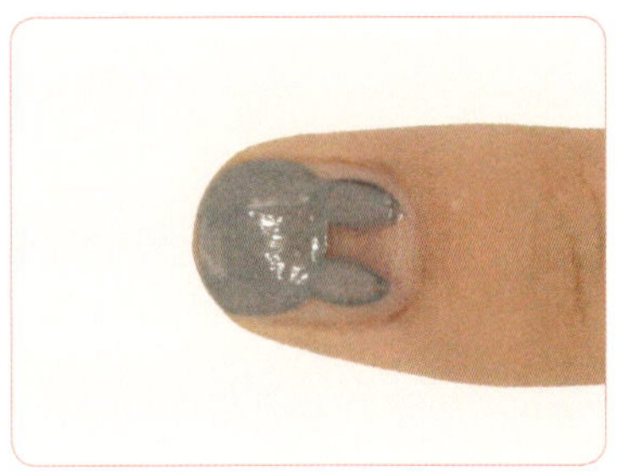

04 그레이 젤 컬러로 귀 안쪽을 채우고 큐어링합니다(UV 램프 60초, LED 램프 30초).

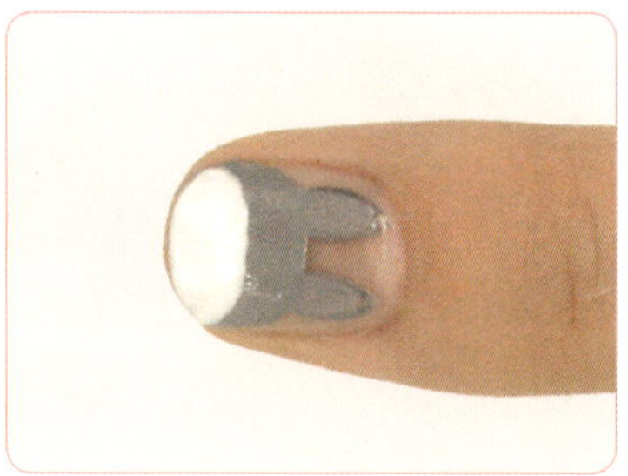

05 화이트 젤 컬러로 토토로의 배를 표현하고 큐어링합니다(UV 램프 60초, LED 램프 30초).

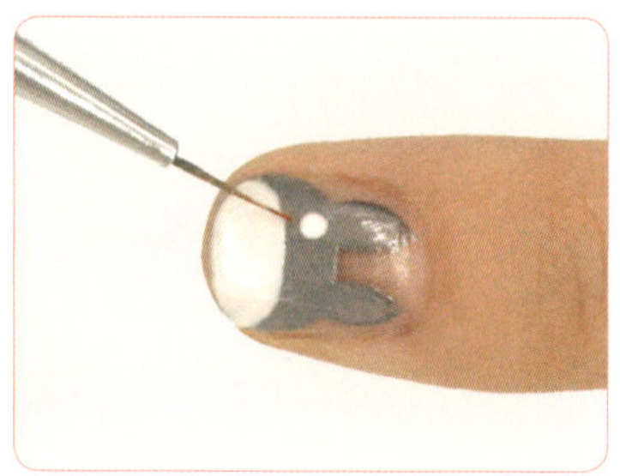

06 화이트 젤 컬러로 도트를 찍어 눈을 표현하고 큐어링합니다(UV 램프 60초, LED 램프 30초).

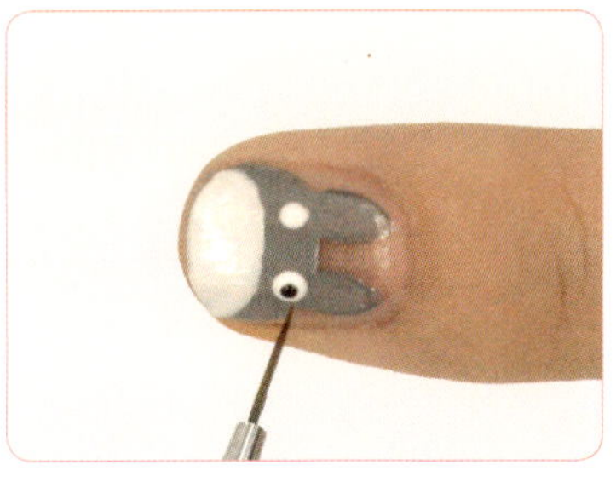

07 블랙 젤 컬러로 06번 과정에서 찍은 도트 안쪽에 작은 도트를 찍어 눈동자를 표현하고 큐어링합니다(UV 램프 60초, LED 램프 30초).

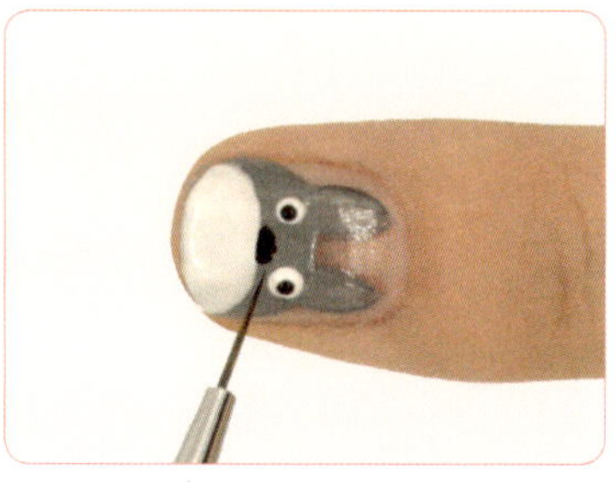

08 블랙 젤 컬러로 코를 그립니다.

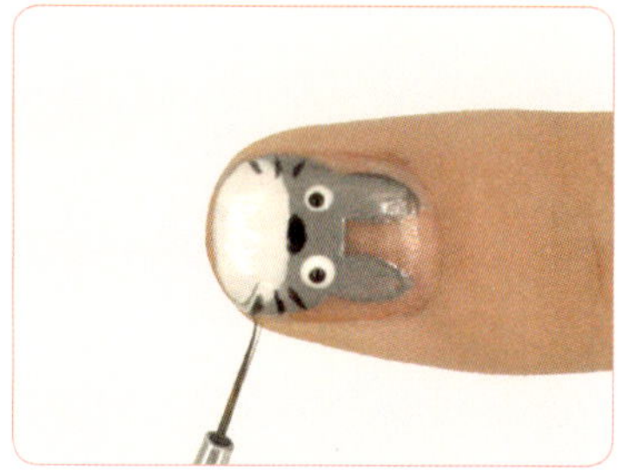

09 블랙 젤 컬러로 수염을 그린 다음 큐어링합니다(UV 램프 60초, LED 램프 30초).

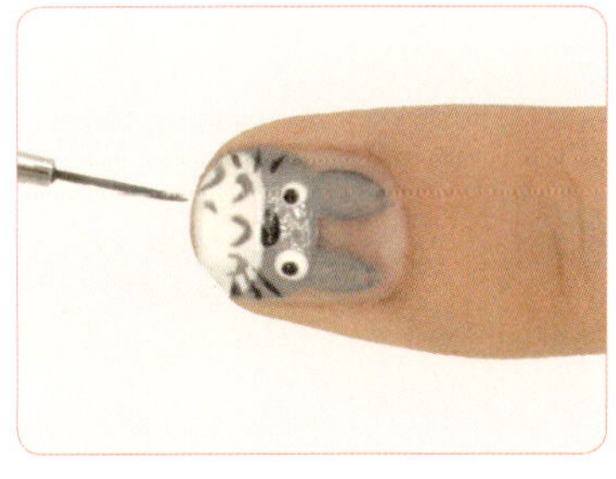

10 라인 브러시로 배에 무늬를 그리고 큐어링합니다(UV 램프 60초, LED 램프 30초).

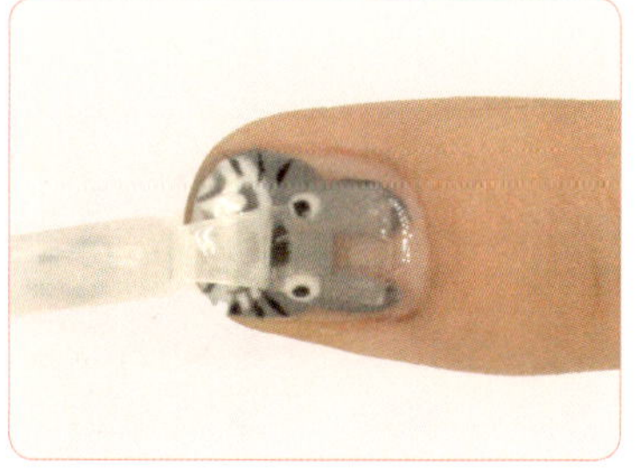

11 탑 젤을 바르고 큐어링합니다(UV 램프 60초, LED 램프 30초).

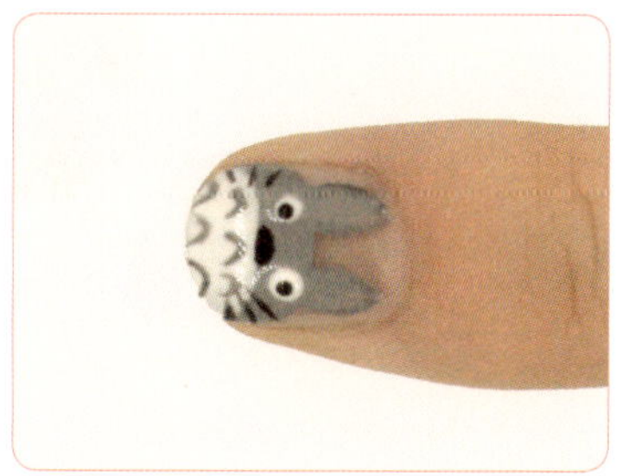

12 미경화된 젤을 닦아 완성합니다.

산타 모자 쓴 남극의,

펭귄 네일아트

뒤뚱뒤뚱 귀여운 펭귄 네일아트를 완성해 봅니다.

준비물

베이스 젤, 탑 젤, 샌딩, 라인 브러시, 젤 컬러, 젤 클렌저, 젤 램프

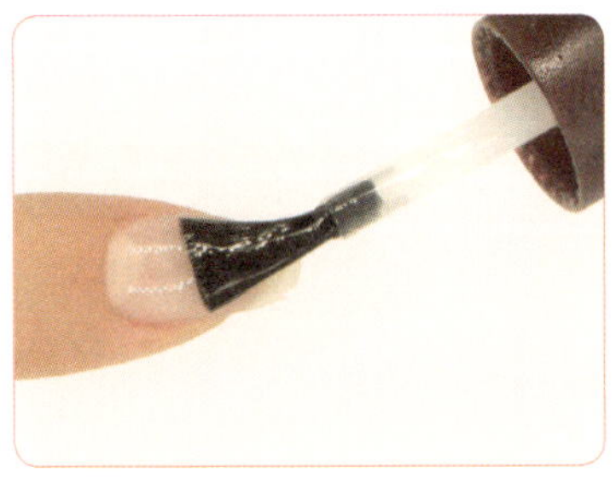

01 샌딩을 사용해 손톱 표면의 유분기를 제거한 다음 베이스 젤을 바릅니다.

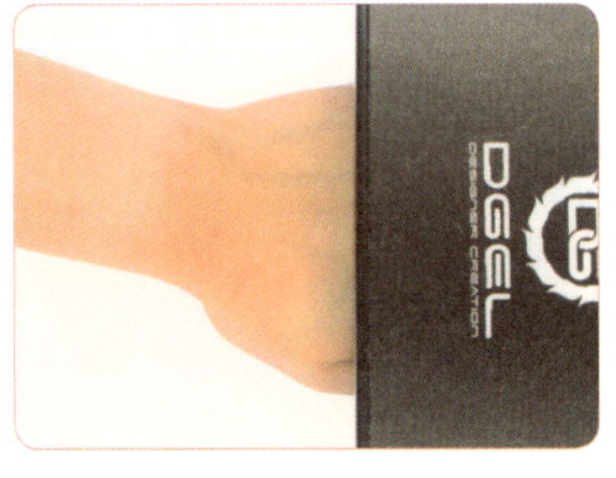

02 큐어링합니다(UV 램프 60초, LED 램프 30초).

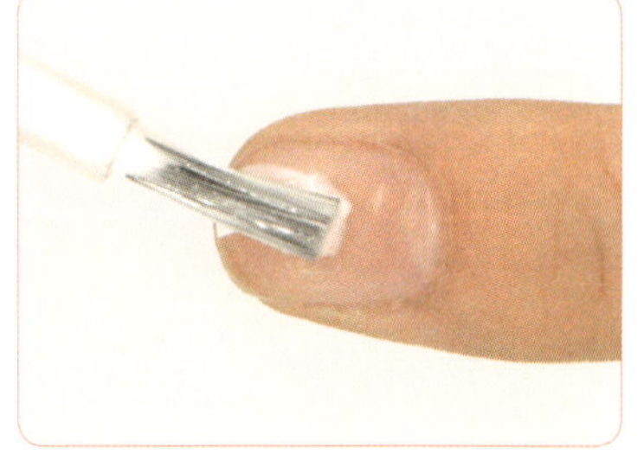

03 화이트 젤 컬러로 손톱 끝부분에 타원 모양으로 채워 바른 다음 큐어링합니다(UV 램프 60초, LED 램프 30초).

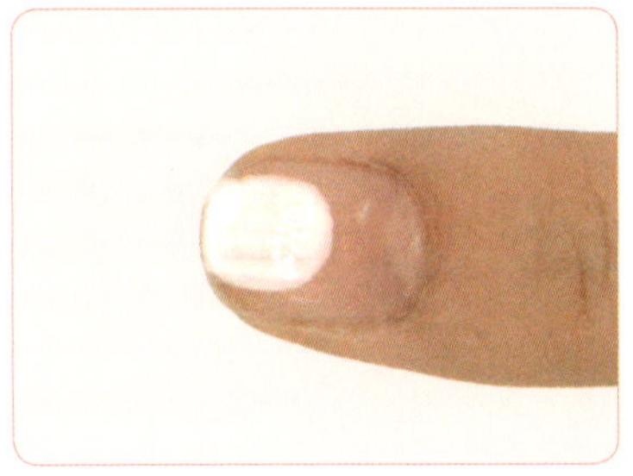

04 선명한 발색을 위해 03번 과정을 한 번 더 반복합니다.

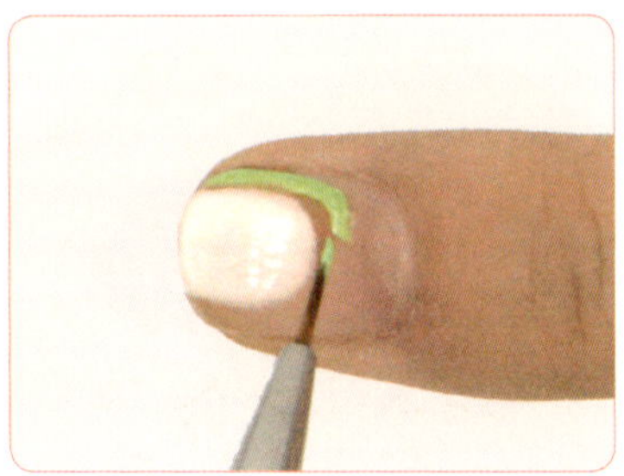

05 라인 브러시로 타원의 테두리를 두껍게 그린 다음 큐어링합니다(UV 램프 60초, LED 램프 30초).

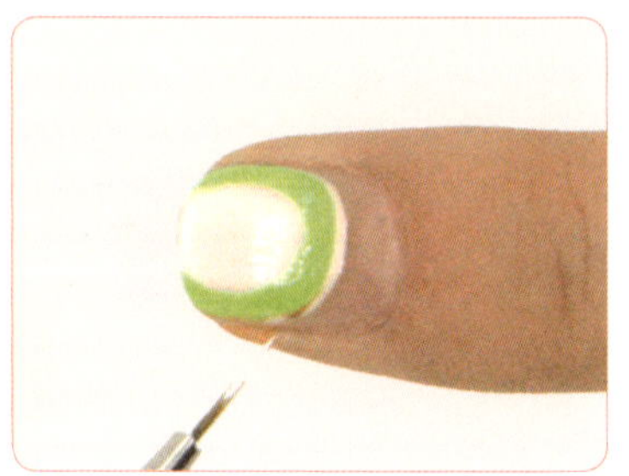

06 라인 브러시에 화이트 젤 컬러를 묻히고 05번 과정에서 그린 테두리 위에 다시 한 번 테두리를 얇게 그린 다음 큐어링합니다(UV 램프 60초, LED 램프 30초).

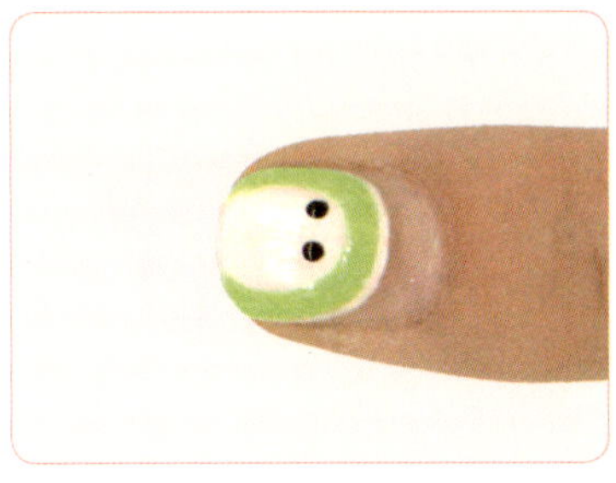

07 도트를 찍어 펭귄의 눈을 표현합니다.

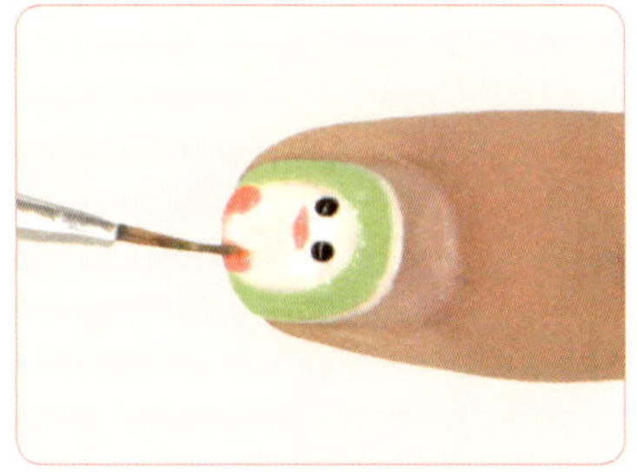

08 펭귄의 코와 발을 그리고 큐어링합니다(UV 램프 60초, LED 램프 30초).

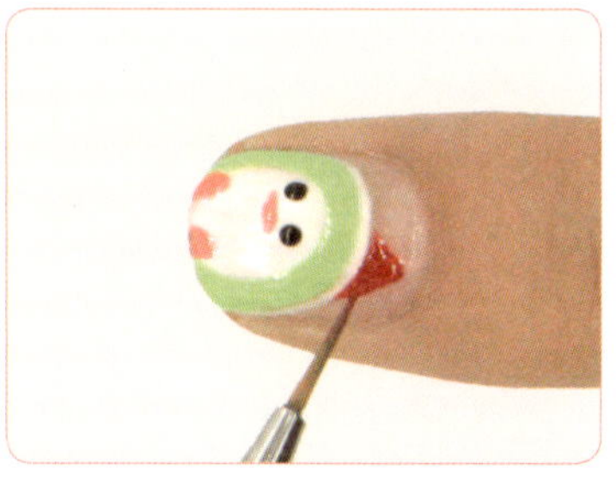

09 고깔 모자를 그리고 큐어링합니다(UV 램프 60초, LED 램프 30초).

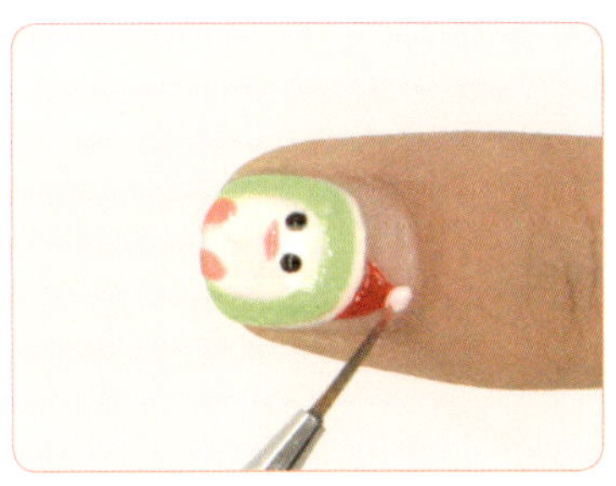

10 도트를 찍어 고깔 모자의 방울을 표현하고 큐어링합니다(UV 램프 60초, LED 램프 30초).

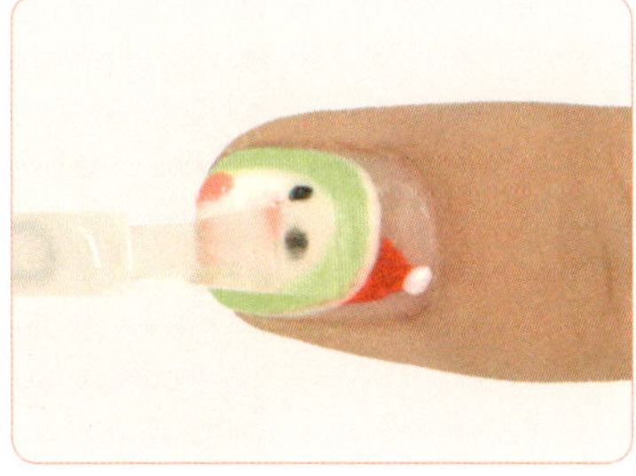

11 탑 젤을 바르고 큐어링합니다(UV 램프 60초, LED 램프 30초).

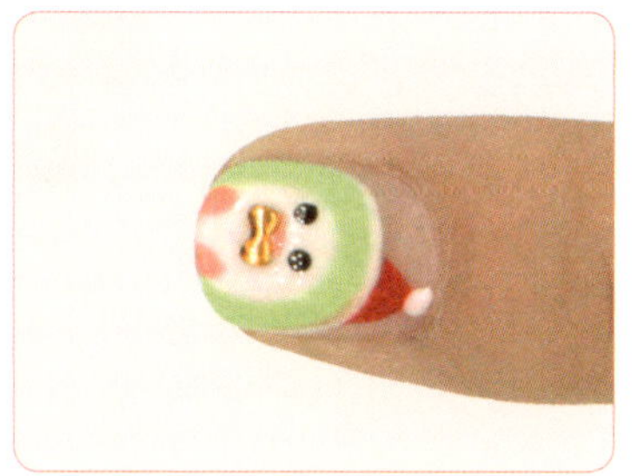

12 미경화된 젤을 닦아 완성합니다.

왕리본 새침데기,
미니 마우스 네일아트

13

미키 마우스의 여자친구 미니 마우스 네일아트를 완성해 봅니다.

준비물

베이스 젤, 탑 젤, 샌딩, 라인 브러시, 젤 컬러, 젤 클렌저, 젤 램프

01 샌딩을 사용해 손톱 표면의 유분기를 제거한 다음 베이스 젤을 바릅니다.

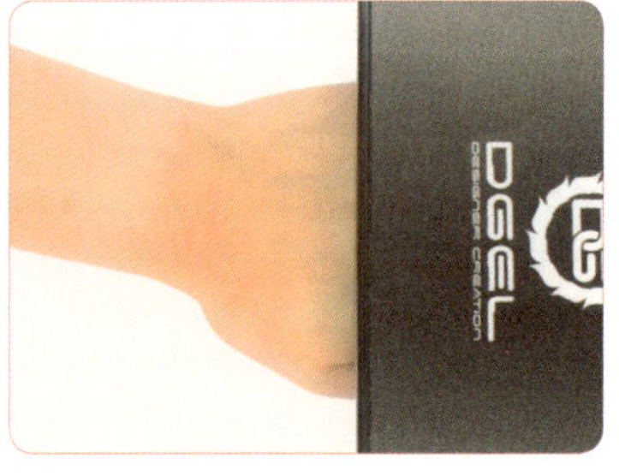

02 큐어링합니다(UV 램프 60초, LED 램프 30초).

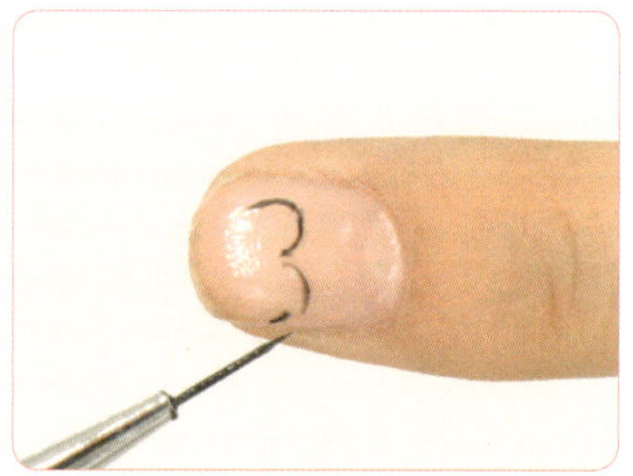

03 라인 브러시로 미니 마우스의 밑그림을 그립니다.

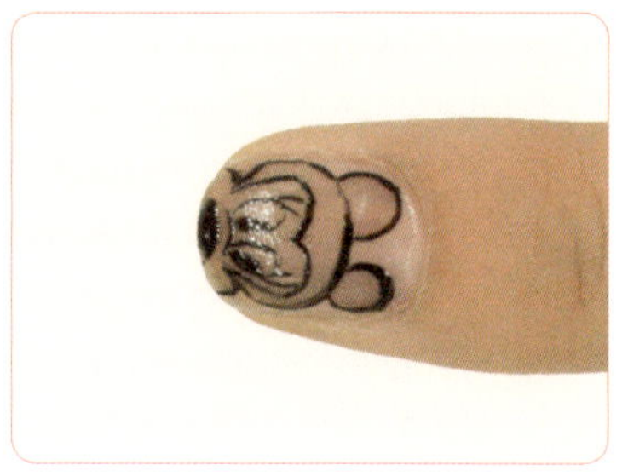

04 밑그림을 완성하면 큐어링합니다 (UV 램프 60초, LED 램프 30초).

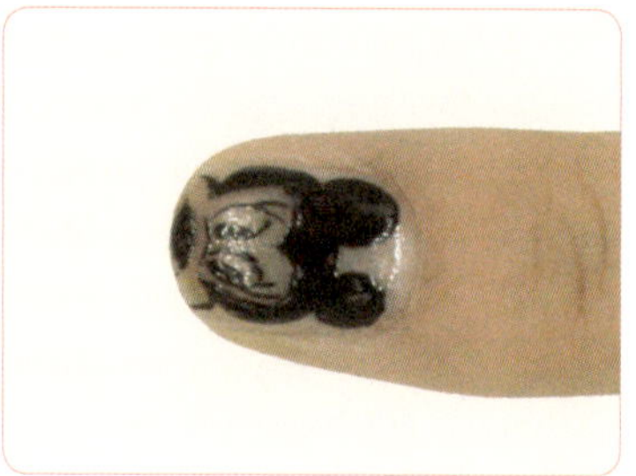

05 귀 안쪽을 블랙 젤 컬러로 채워 바르고 큐어링합니다(UV 램프 60초, LED 램프 30초).

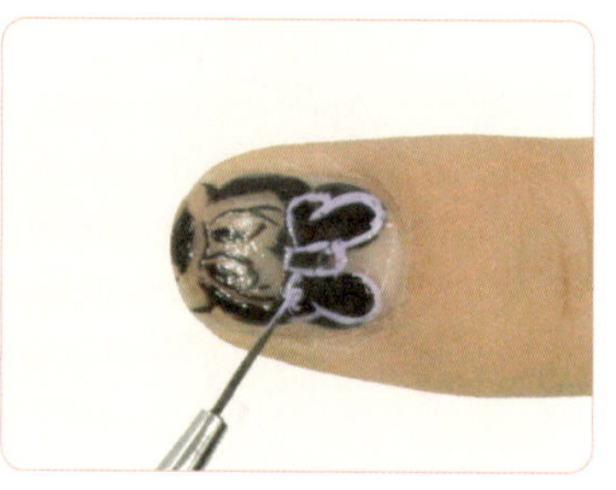

06 미니 마우스의 머리 부근에 리본의 밑그림을 그리고 큐어링합니다(UV 램프 60초, LED 램프 30초).

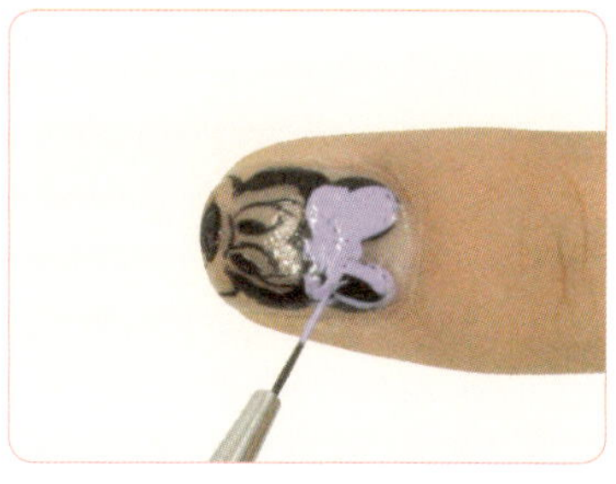

07 리본 안쪽을 채워 바르고 큐어링합니다(UV 램프 60초, LED 램프 30초).

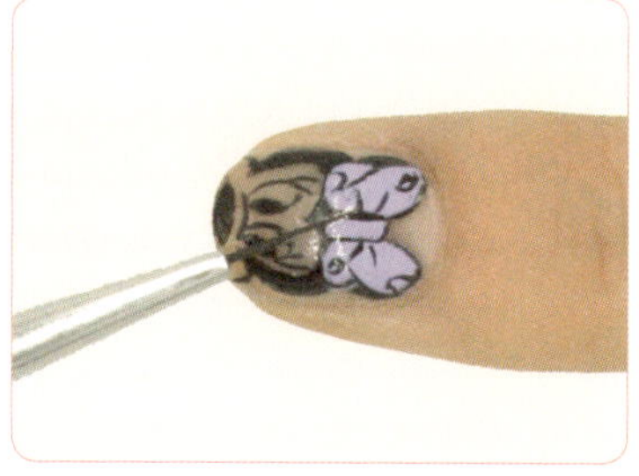

08 리본의 테두리와 주름을 그리고 큐어링합니다(UV 램프 60초, LED 램프 30초).

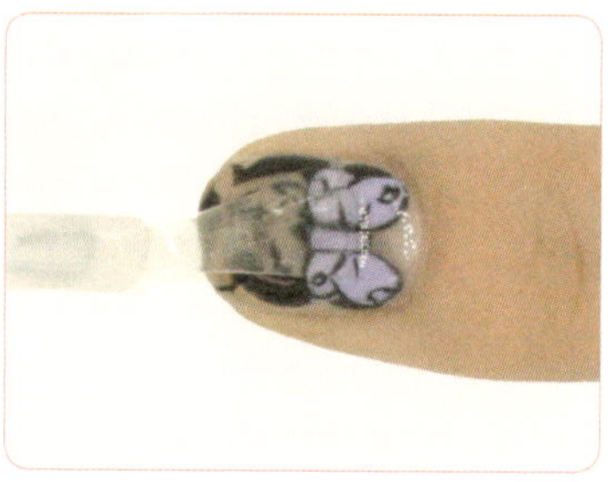

09 탑 젤을 바르고 큐어링합니다(UV 램프 60초, LED 램프 30초).

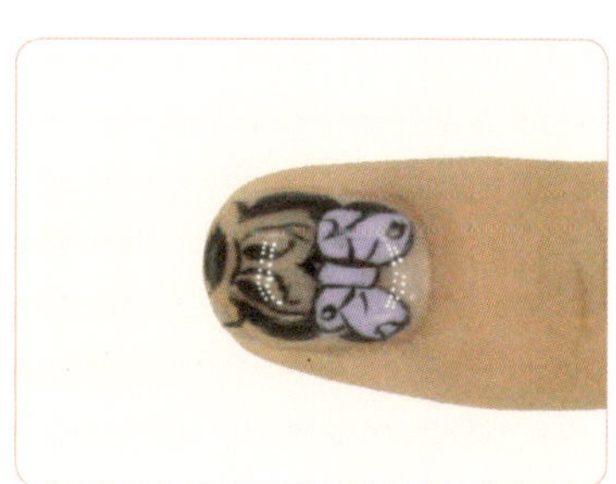

10 미경화된 젤을 닦아 완성합니다.

헬로!

키티 네일아트

14

큐티의 끝판왕!! 헬로 키티 네일아트를 완성해 봅니다.

준비물

베이스 젤, 탑 젤, 샌딩, 라인 브러시, 젤 컬러, 젤 클렌저, 젤 램프

01 샌딩을 사용해 손톱 표면의 유분기를 제거한 다음 베이스 젤을 바르고 큐어링합니다(UV 램프 60초, LED 램프 30초).

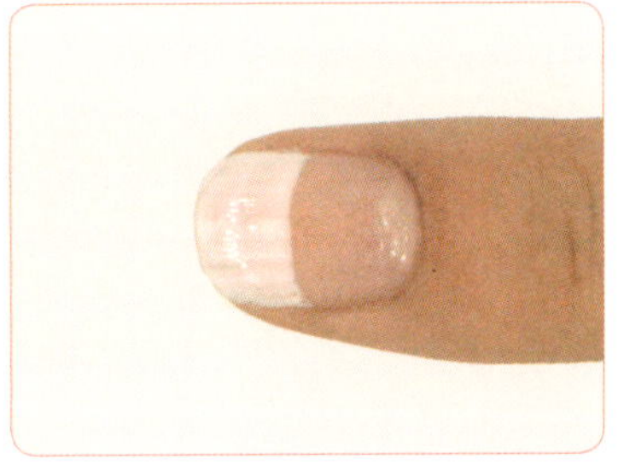

02 화이트 젤 컬러를 프렌치 라인으로 바르고 큐어링(UV 램프 60초, LED 램프 30초)한 다음, 선명한 발색을 위해 이 과정을 한 번 더 반복합니다.

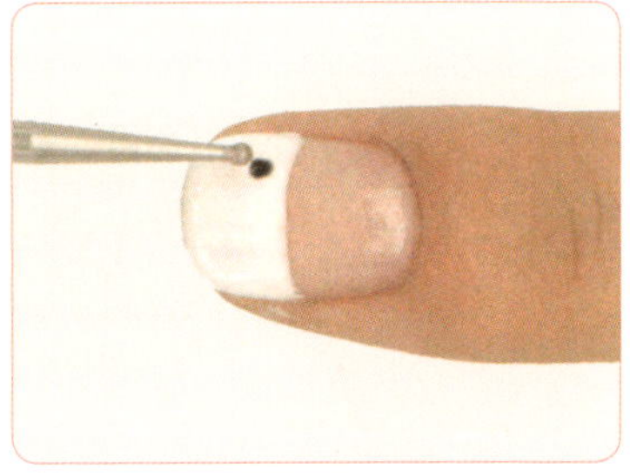

03 도트봉을 사용해 키티의 눈을 표현하고 큐어링합니다(UV 램프 60초, LED 램프 30초).

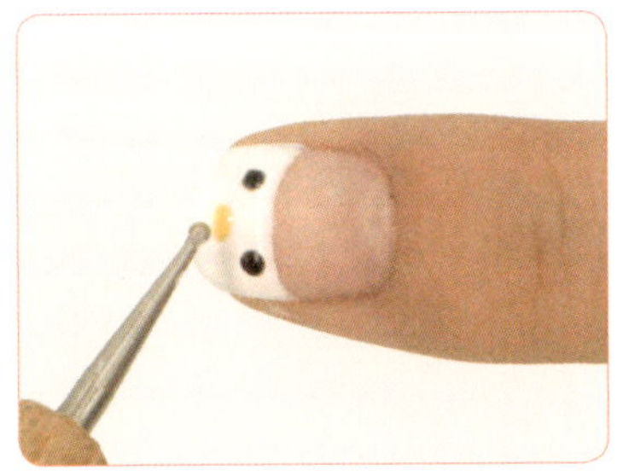

04 도트봉을 사용해 코를 표현하고 큐어링합니다(UV 램프 60초, LED 램프 30초).

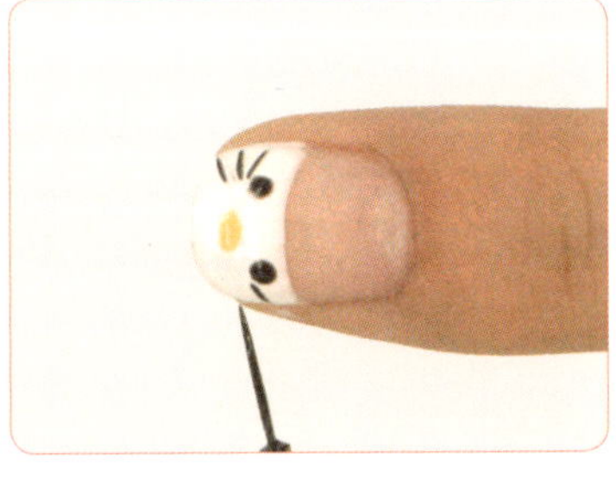

05 라인 브러시로 수염을 그리고 큐어링합니다(UV 램프 60초, LED 램프 30초).

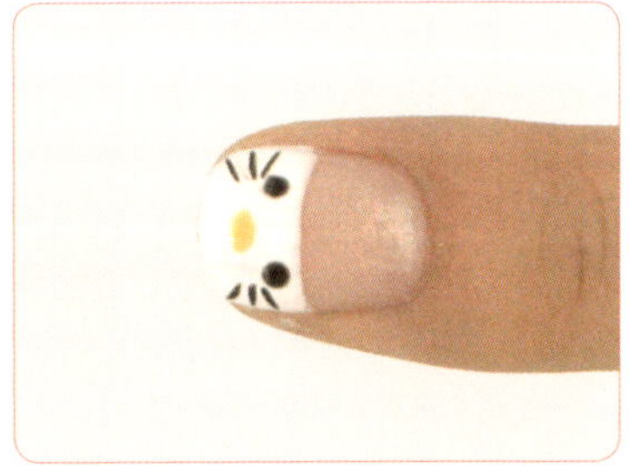

06 탑 젤을 바르고 큐어링(UV 램프 60초, LED 램프 30초)한 다음 미경화된 젤을 닦아 완성합니다.

꼬마 신랑의 턱시도,

웨딩 네일아트

결혼식 날, 누구보다 빛나야 할 신부에게 드레스보다 화려하지 않으면서 사랑스럽게 어울리는 웨딩 네일아트를 완성해 봅니다.

준비물

베이스 젤, 탑 젤, 샌딩, 젤 컬러, 젤 클렌저, 젤 램프, 젤 브러시

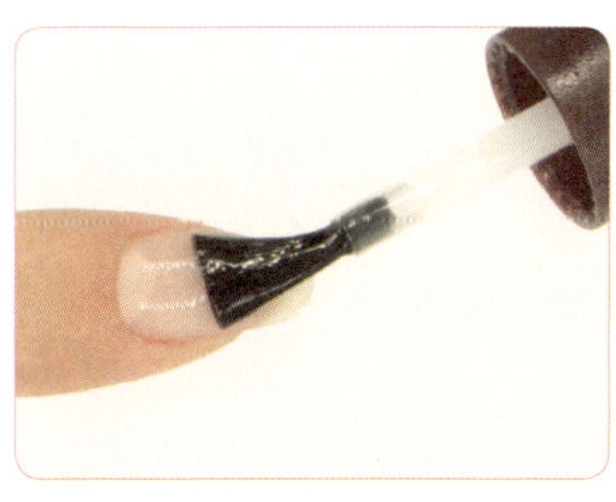

01 샌딩을 사용해 손톱 표면의 유분기를 제거한 다음 베이스 젤을 바릅니다.

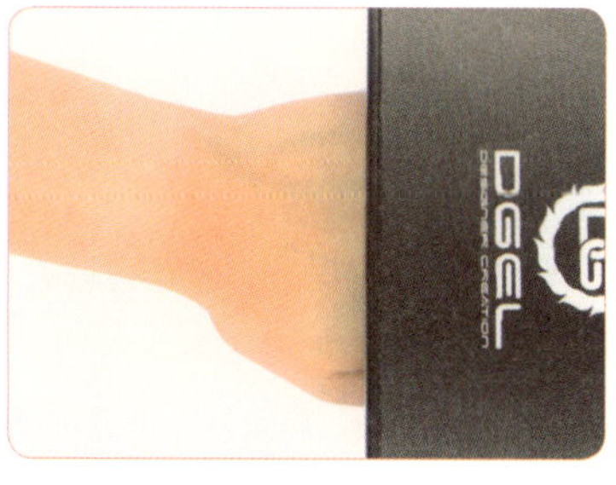

02 큐어링합니다(UV 램프 60초, LED 램프 30초).

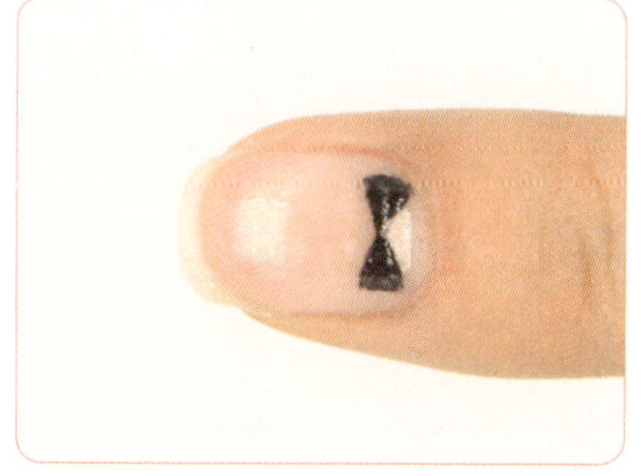

03 라인 브러시로 2개의 삼각형을 그려 리본을 완성하고 큐어링합니다(UV 램프 60초, LED 램프 30초).

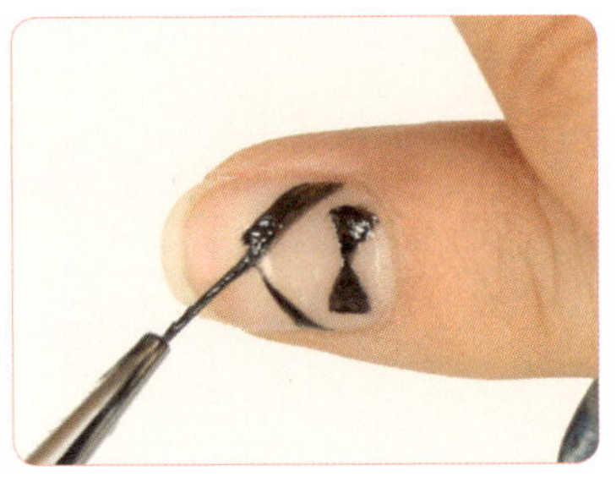

04 라인 브러시로 리본 아래에 턱시도의 윤곽선을 그립니다.

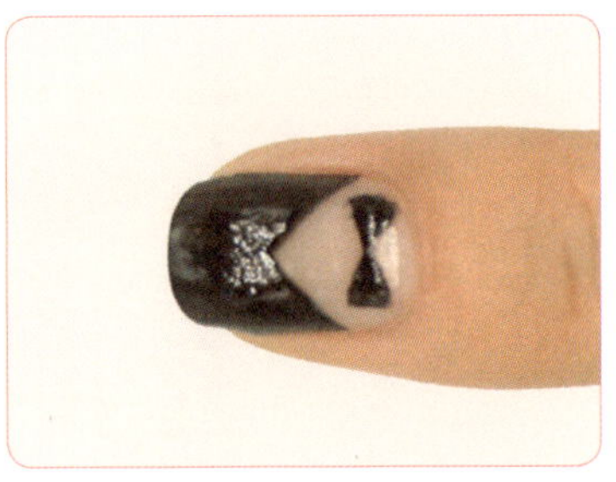

05 윤곽선 바깥 부분을 젤 컬러로 채워 바르고 큐어링합니다(UV 램프 60초, LED 램프 30초).

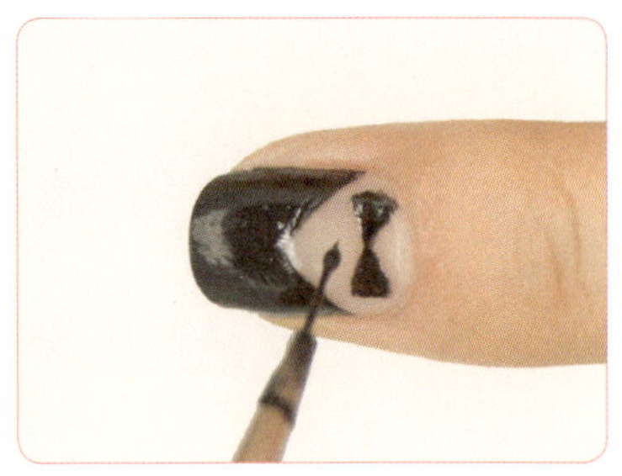

06 리본 아래에 브러시로 도트를 찍어 단추를 표현합니다.

TIP 브러시 대신 도트봉을 사용해 도트를 찍어도 됩니다.

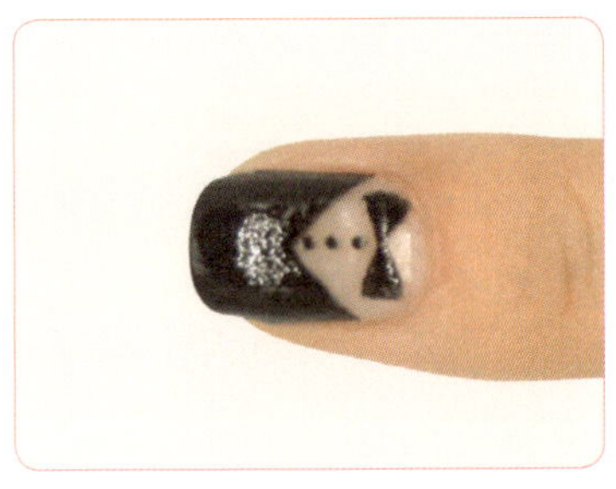

07 도트를 찍어 단추를 완성하면 큐어링합니다(UV 램프 60초, LED 램프 30초).

08 탑 젤을 바르고 큐어링합니다(UV 램프 60초, LED 램프 30초).

09 미경화된 젤을 닦아 완성합니다.

메리 크리스마스!

산타클로스 네일아트

16

친구들이나 사랑하는 연인과 함께 크리스마스 파티에 참석할 때 누구보다 돋보이는 산타클로스 네일아트를 완성해 봅니다.

준비물

베이스 젤, 탑 젤, 샌딩, 젤 컬러, 젤 클렌저, 젤 램프, 젤 브러시, 파츠 글루, 진주 스톤, 둥근 글리터, 오렌지 우드스틱, 포셋

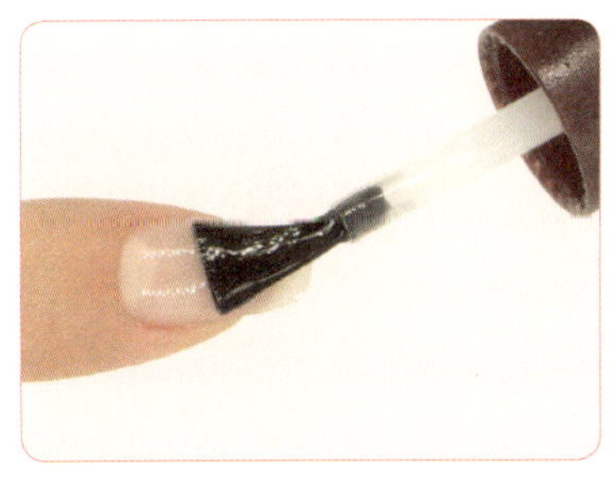

01 샌딩을 사용해 손톱 표면의 유분기를 제거한 다음 베이스 젤을 바르고 큐어링합니다(UV 램프 60초, LED 램프 30초).

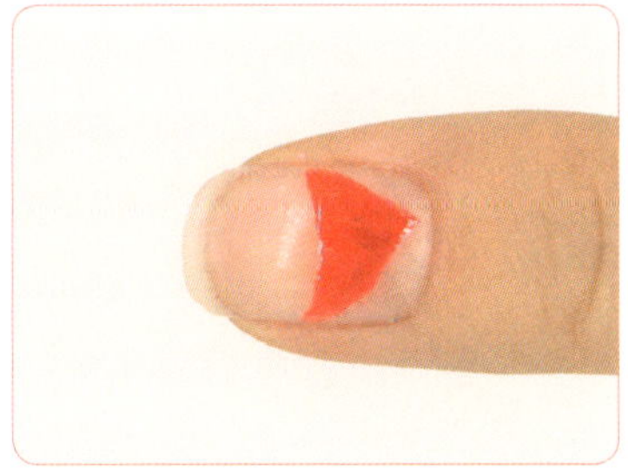

02 라인 브러시로 고깔 모양의 모자를 그리고 큐어링합니다(UV 램프 60초, LED 램프 30초).

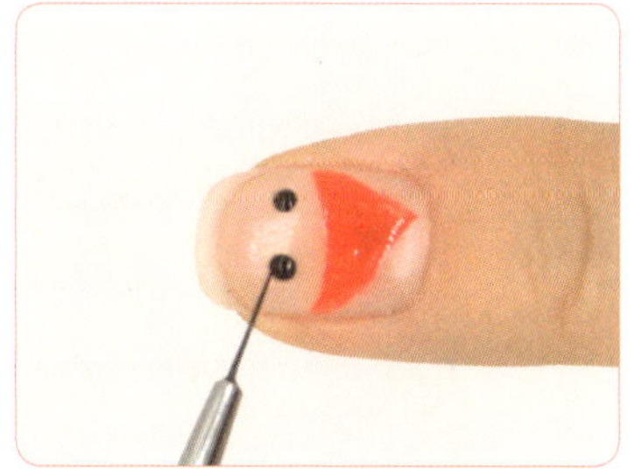

03 블랙 젤 컬러로 도트를 찍어 눈을 표현하고 큐어링합니다(UV 램프 60초, LED 램프 30초).

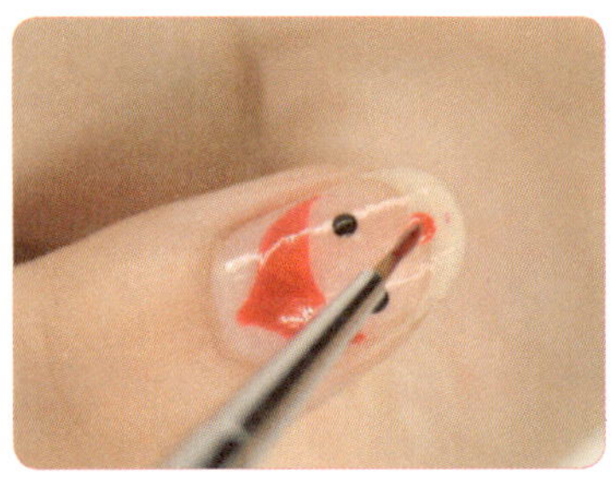 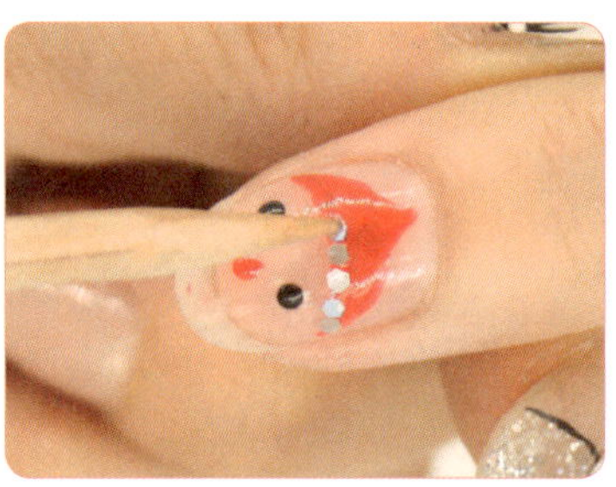 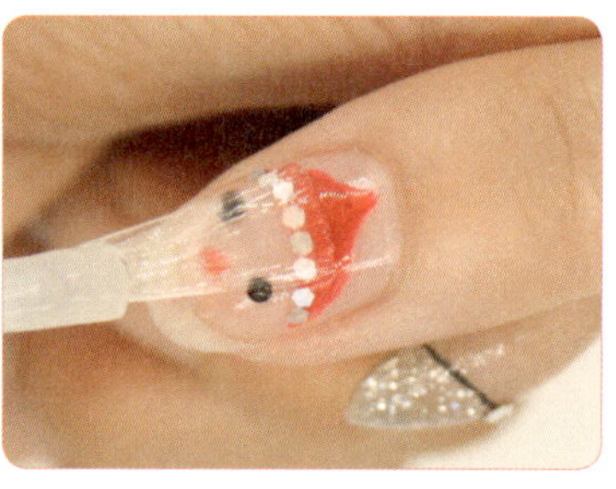

04 레드 젤 컬러로 도트를 찍어 코를 표현하고 큐어링합니다(UV 램프 60초, LED 램프 30초).

05 탑 젤을 모자 끝부분에 얇게 바르고 오렌지 우드스틱을 사용해 그림과 같이 둥근 글리터를 모자 가장자리에 붙입니다.

06 탑 젤을 바르고 큐어링합니다(UV 램프 60초, LED 램프 30초).

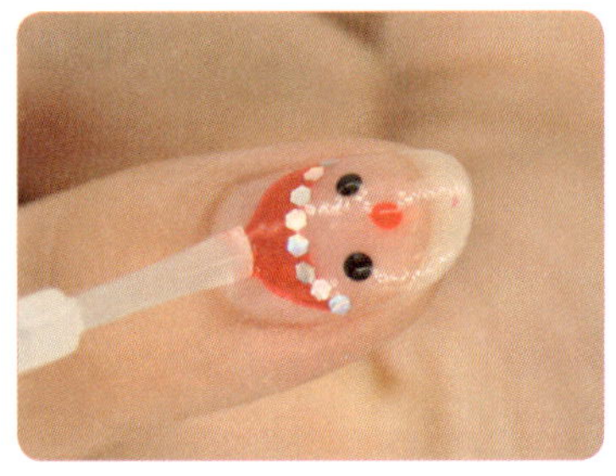 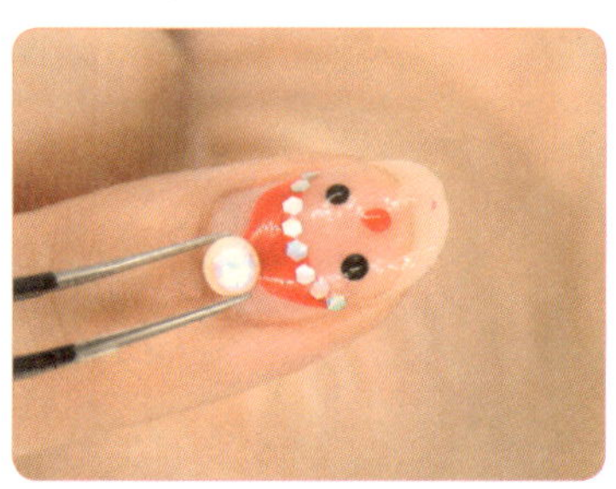 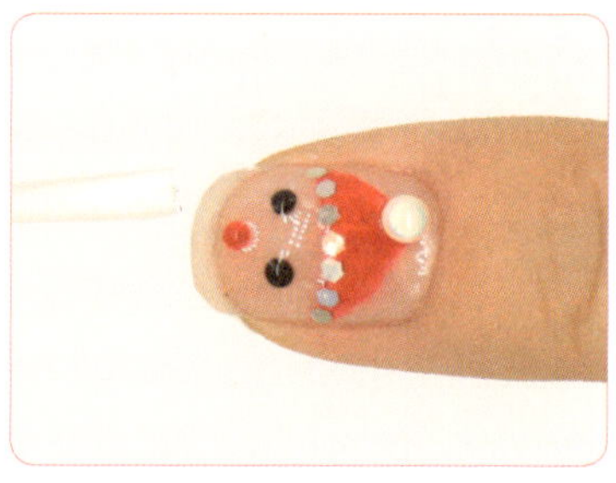

07 모자 끝부분에 파츠 글루를 살짝 묻힙니다.

08 포셋으로 진주 스톤을 모자 끝부분에 붙인 다음, 탑 젤을 바르고 큐어링합니다(UV 램프 60초, LED 램프 30초).

09 손톱 끝부분에 파츠 글루를 톡톡 찍어 묻힙니다.

 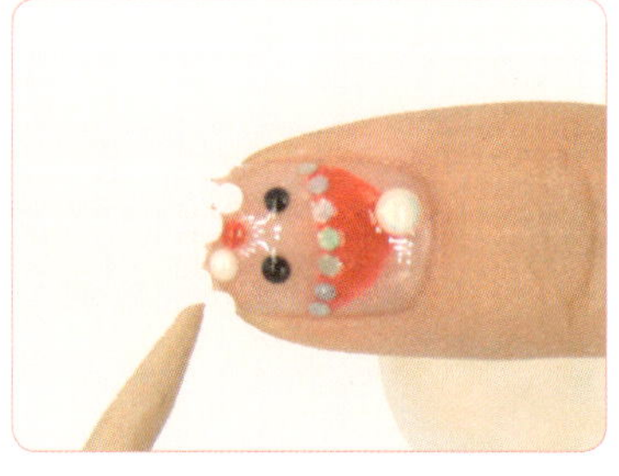 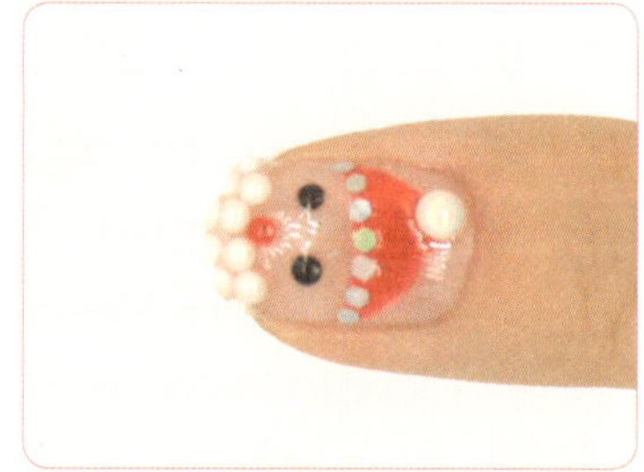

10 오렌지 우드스틱으로 작은 진주 스톤을 집어 올립니다.

11 작은 진주 스톤을 손톱 끝부분에 붙여서 수염을 표현합니다.

12 완성합니다.